Adobe After Effects CC 影视后期设计与制作案例教程

尹百慧　编著

清华大学出版社
北　京

内 容 简 介

本书以学以致用为出发点，系统并详细地讲解了 After Effects CC 绘图软件的使用方法和操作技巧。

本书分 8 章，分别包括创建我的项目——After Effects CC 基础操作、常用影视特效——图层与三维合成、界面动态效果——关键帧效果与高级运动控制、影视字幕效果——文字与表达式、常用影视类效果——蒙版的使用、影视短片效果——颜色校正与抠像特效、常用自然现象效果——仿真特效、常用滤镜效果——扭曲与透视特效。

本书由浅入深、循序渐进地介绍了 After Effects CC 的使用方法和操作技巧。本书每一章都围绕综合实例来介绍，以便提高读者对 After Effects CC 基本功能的掌握与应用水平。

本书内容翔实、结构清晰、语言流畅、实例分析透彻、操作步骤简洁实用，适合广大初学 After Effects CC 的用户使用，也可作为各类高等院校相关专业的教材。

图书在版编目(CIP)数据

Adobe After Effects CC影视后期设计与制作案例教程/尹百慧编著. —北京：清华大学出版社，2020.6（2021.12重

ISBN 978-7-302-55445-5

Ⅰ. ①A… Ⅱ. ①尹… Ⅲ. ①图像处理软件－教材 Ⅳ. ①TP391.413

中国版本图书馆CIP数据核字(2020)第084745号

责任编辑：韩宜波
装帧设计：杨玉兰
责任校对：吴春华
责任印制：沈 露
出版发行：清华大学出版社
网 址：http://www.tup.com.cn, http://www.wqbook.com
地 址：北京清华大学学研大厦A座 **邮 编**：100084
社 总 机：010-62770175 **邮 购**：010-62786544
投稿与读者服务：010-62776969, c-service@tup.tsinghua.edu.cn
质量反馈：010-62772015, zhiliang@tup.tsinghua.edu.cn
课件下载：http://www.tup.com.cn, 010-62791865
印 刷 者：小森印刷（北京）有限公司
经 销：全国新华书店
开 本：185mm×260mm **印 张**：17.5 **字 数**：467 千字
版 次：2020 年 7 月第 1 版 **印 次**：2021 年 12 月第 2 次印刷
定 价：79.80 元

产品编号：084421-01

前 言 PREFACE

Adobe After Effects CC 软件是为动态图形图像、网页设计人员以及专业的影视后期编辑人员提供的一款功能强大的影视后期特效软件，其简单友好的工作界面、方便快捷的操作方式，使得视频编辑进入家庭成为可能。从普通的视频处理到高端的影视特效，After Effects CC 都能应对自如。

Adobe After Effects CC 可以帮助用户高效、精确地创建无数种引人注目的动态图形和视觉效果。其利用与其他 Adobe 软件的紧密集成，高度灵活的 2D、3D 合成，以及数百种预设的效果和动画，能为电影、视频、DVD 和 Macromedia Flash 作品增添令人激动的效果。其全新的流线型工作界面、全新的曲线编辑器都将为用户带来耳目一新的感觉。

Adobe After Effects CC 较之旧版本而言有了较大的升级，为了使读者能够更好地学习它，我们对本书进行了详尽的编排，希望通过基础知识与实例相结合的学习方式，让读者以最有效的方式来尽快掌握 Adobe After Effects CC。

1. 本书内容

本书分 8 章，按照影视后期工作的实际需求组织内容，基础知识以实用、够用为原则。其中内容包括创建我的项目——After Effects CC 基础操作、常用影视特效——图层与三维合成、界面动态效果——关键帧效果与高级运动控制、影视字幕效果——文字与表达式、常用影视类效果——蒙版的使用、影视短片效果——颜色校正与抠像特效、常用自然现象效果——仿真特效、常用滤镜效果——扭曲与透视特效。

2. 本书特色

本书面向 After Effects CC 的初、中级用户，采用由浅入深、循序渐进的讲述方法，内容丰富。

◎ 本书案例丰富，每章都有不同类型的案例，适合上机操作教学 。

◎ 每个案例都经过编者精心挑选，可以引导读者发挥想象力，调动读者学习的积极性。

◎ 案例实用，技术含量高，与实践紧密结合。

◎ 配套资源丰富，方便教学。

3. 海量的电子学习资源和素材

本书附带大量的学习资料和视频教程，下面截图给出部分概览。

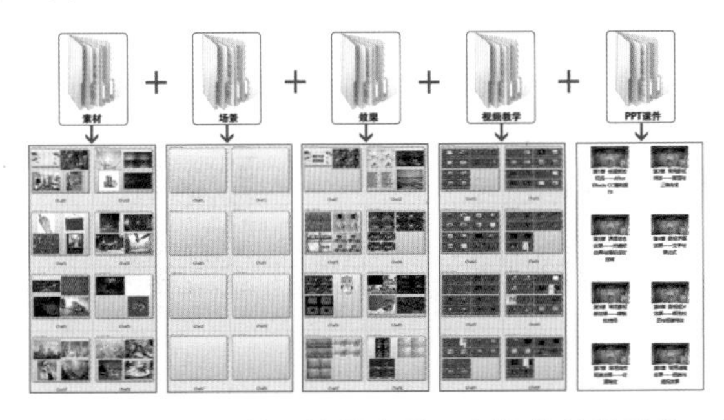

本书附带所有的素材文件、场景文件、效果文件、多媒体教学录像，读者在学完本书内容以后，可以调用这些资源进行深入学习。

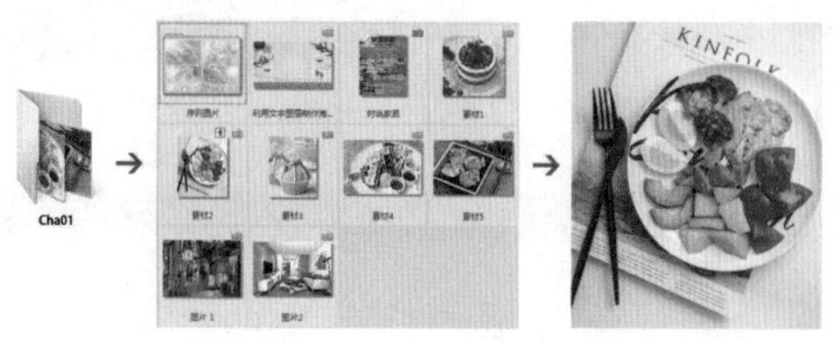

本书视频教学贴近实际，几乎手把手教学。

4. 本书约定

为便于阅读理解，本书的写作风格遵从以下约定。

- 本书中出现的中文菜单和命令将用鱼尾号（【】）括起来，以示区分。此外，为了使语句更简洁易懂，本书中所有的菜单和命令之间以竖线（|）分隔。例如，单击【编辑】菜单，再选择【移动】命令，就用【编辑】|【移动】来表示。
- 用加号（+）连接的两个或3个键表示快捷键，在操作时表示同时按下这两个或3个键。例如，Ctrl+V是指在按下Ctrl键的同时，按下V字母键；Ctrl+Alt+F10是指在按下Ctrl和Alt键的同时，按下功能键F10。
- 在没有特殊指定时，单击、双击和拖动是指用鼠标左键单击、双击和拖动，右击是指用鼠标右键单击。

5. 读者对象

（1）After Effects初学者。

（2）大中专院校和社会培训班平面设计及其相关专业的学生。

（3）平面设计从业人员。

6. 致谢

本书由山东女子学院的尹百慧老师编写，其他参与编写的人员还有朱晓文、刘蒙蒙、李少勇、陈月娟、魏兆禄、张英超等。

本书的出版凝结了许多优秀教师的心血，在这里衷心感谢对本书的出版给予过帮助的编辑老师、视频测试老师，感谢你们！

本书提供了案例的素材、场景、效果、PPT课件以及教学视频，扫一扫下面的二维码，推送到自己的邮箱后下载获取。

素材、场景及PPT课件

效果、视频教学

由于作者水平有限，疏漏在所难免，希望广大读者批评指正。

编　者

目 录 CONTENTS

第1章 创建我的项目——After Effects CC基础操作

本章主要针对After Effects CC的工作界面以及工作区做简单的介绍，并介绍了一些基本的操作，使用户逐渐熟悉这款软件。

基础知识

- 【项目】面板
- 【时间轴】面板

重点知识

- 界面的布局
- 设置工作界面

提高知识

- 项目操作
- 导入素材文件

1.1 制作海报文字——工作界面和功能面板

本例将讲解如何利用文字图层制作海报文字。首先导入素材，然后在【时间轴】面板中进行创建，具体操作方法如下，完成后的效果如图 1-1 所示。

图1-1　海报文字

素材	素材\Cha01\利用文字图层制作海报文字.jpg
场景	场景\Cha01\制作海报文字——工作界面和功能面板.aep
视频	视频教学\Cha01\1.1　制作海报文字——工作界面和功能面板.mp4

01 启动软件后，按 Ctrl+I 组合键，打开【导入】对话框，选择“素材\Cha01\利用文字图层制作海报文字.jpg”素材文件，单击【导入】按钮，如图 1-2 所示。

图1-2　选择素材

02 将素材导入【项目】面板后，使用鼠标将素材图片拖至【时间轴】面板中，即可新建合成，并在【合成】面板中显示效果，如图 1-3 所示。

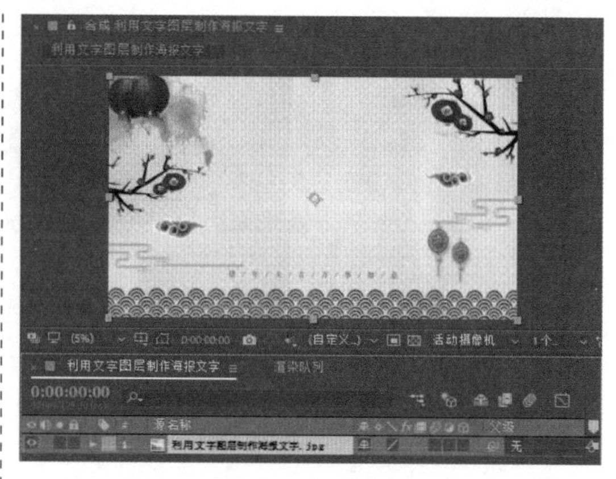

图1-3　在【合成】面板中显示效果

03 在【时间轴】面板中右击，从弹出的快捷菜单中选择【新建】|【文本】命令，如图 1-4 所示。

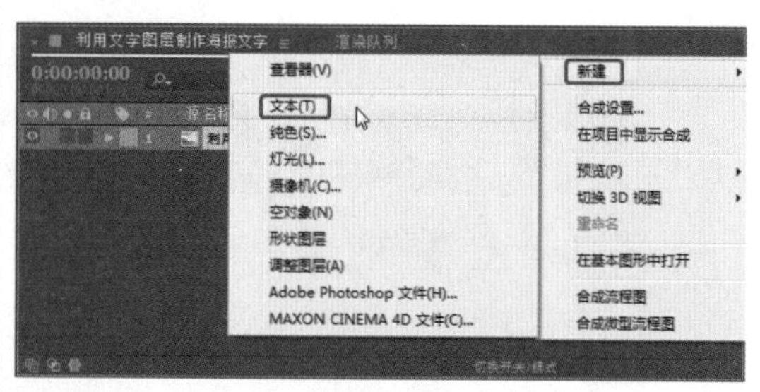

图1-4　选择【文本】命令

04 执行上一步操作后即可开始输入文字“猪年大吉”，在工作界面右侧的【字符】面板中将【字体系列】设置为【汉仪菱心体简】，将颜色设置为 #B9B9B9，【字体大小】设置为 1000 像素，【设置所选字符的字符间距】为 −53，单击【仿斜体】按钮，如图 1-5 所示。

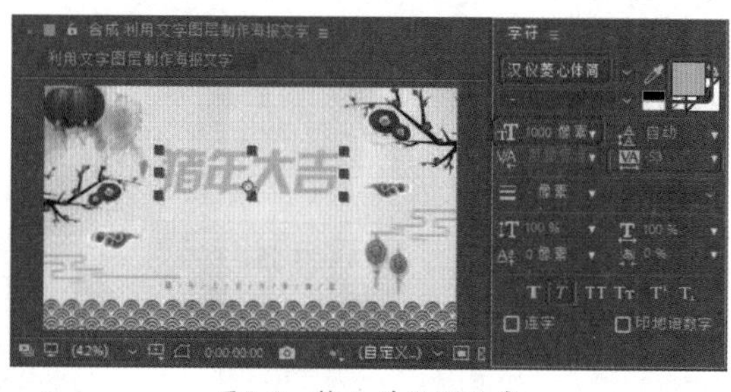

图1-5　输入并设置文字

知识链接：文本图层

用户可以使用文本图层向合成中添加文本。文本图层有许多用途，包括动画标题、下沿字幕、参与人员名单和动态排版。

可以为整个文本图层的属性或单个字符的属性（如颜色、大小和位置）设置动画。可以使用文本动画器属性和选择器创建文本动画。3D 文本图层还可以包含 3D 子图层，每个字符一个子图层。

文本图层是合成图层，这意味着文本图层不使用素材项目作为其来源，但可以将来自某些素材项目的信息转换为文本图层。文本图层也是矢量图层。与形状图层和其他矢量图层一样，文本图层也是始终连续地栅格化，因此在缩放图层或改变文本大小时，它会保持清晰、不依赖于分辨率的边缘。无法将文本图层在其他面板中打开，但是可以在【合成】面板中操作文本图层。

After Effects 使用两种类型的文本：点文本和段落文本。点文本适用于输入单个词或一行字符；段落文本适用于将文本输入和格式化为一个或多个段落。

05 按 Ctrl+D 组合键，复制文字图层并调整它的位置，然后更改文字内容，如图 1-6 所示。

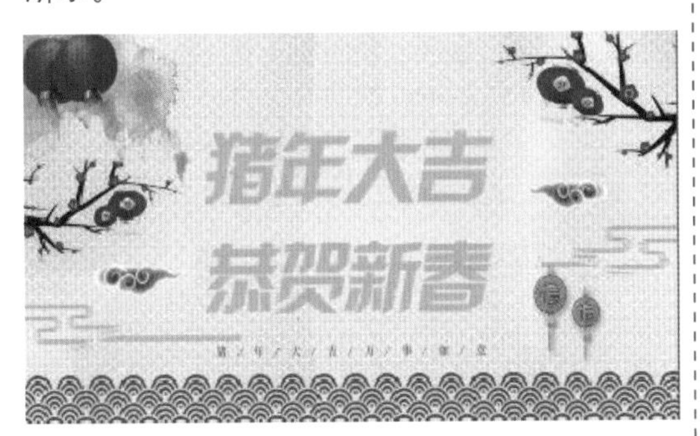

图1-6 复制并调整文字

06 根据前面介绍的方法，复制多次文字图层并调整位置，更改文字内容，将最顶端的文字颜色设置为 #EE0043，效果如图 1-7 所示。

图1-7 对文字多次复制并更改顶端文字颜色

1.1.1 After Effects CC 的工作界面

After Effects CC 软件的工作界面给人的第一感觉就是界面更暗，去掉了面板的圆角，感觉更紧凑。界面依然使用面板随意组合、泊靠的模式，为用户操作带来很大的便利。

在 Windows 7 操作系统下，选择【开始】|【所有程序】|Adobe After Effects CC 2018 命令，或在桌面上双击该软件的图标，运行 After Effects CC 软件，它的启动界面如图 1-8 所示。

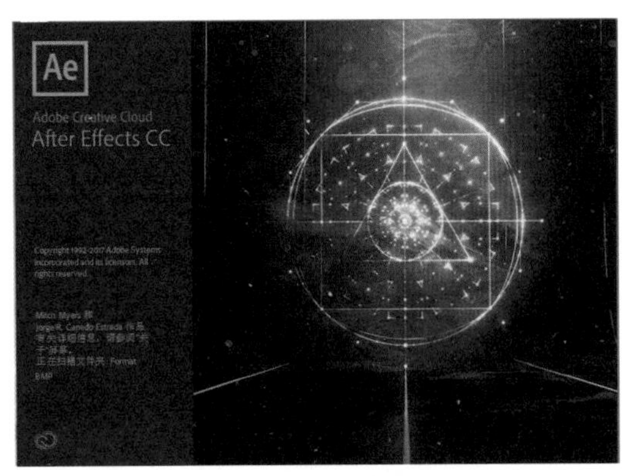

图1-8 After Effects CC的启动界面

After Effects CC 启动后，会弹出【开始】对话框，用户可以通过该对话框新建项目、打开项目等，如图 1-9 所示。

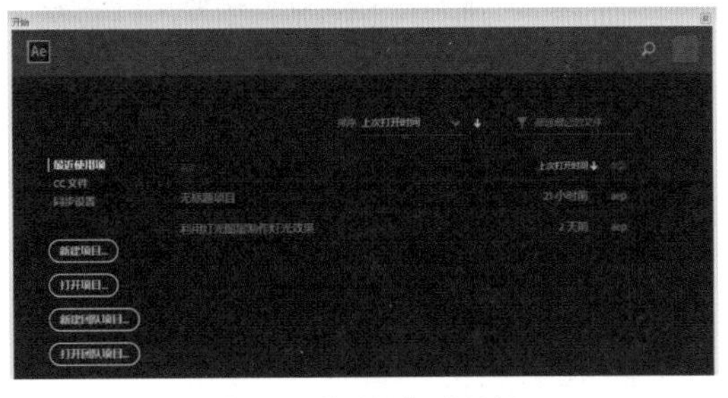

图1-9 【开始】对话框

启动 After Effects CC 后，该软件会自动新建一个项目文件，如图 1-10 所示，After Effects CC 的默认工作界面主要包括菜单栏、工具栏、【项目】面板、【合成】面板、【时间轴】面板、【信息】面板、【音频】面板、【预览】面板、【效果和预设】面板等。

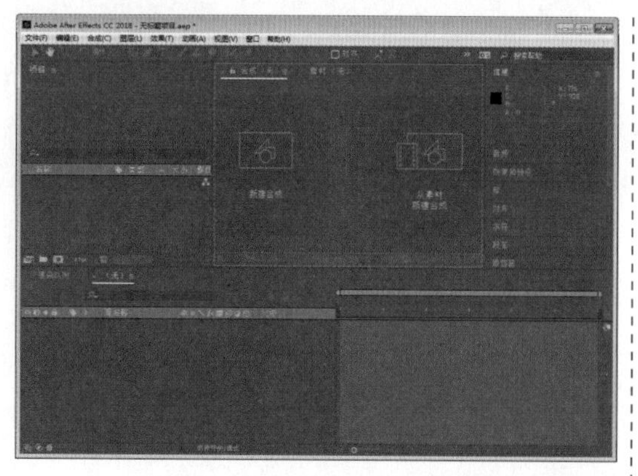

图1-10　After Effects CC工作界面

1.1.2　After Effects CC的工作区及工具栏

在深入学习 After Effects CC 之前，首先要熟悉 After Effects CC 的工作区以及工具栏中的各个工具。本节将简单介绍 After Effects CC 的工作区和工具栏。

1.【项目】面板

【项目】面板用于管理导入 After Effects CC 中的各种素材以及通过 After Effects CC 创建的图层，如图 1-11 所示。

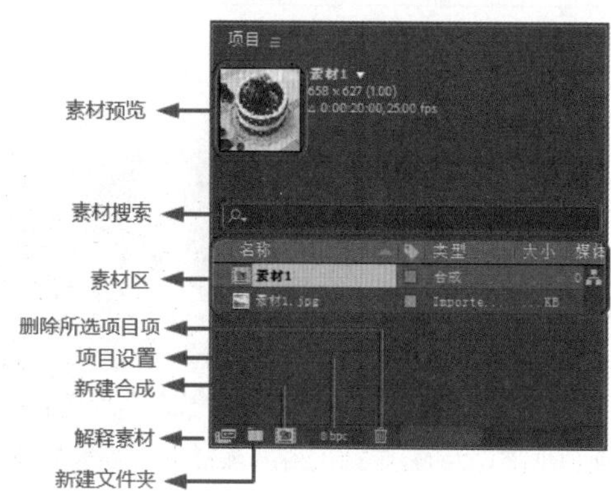

图1-11　【项目】面板

- 【素材预览】：当在【项目】面板中选中某一个素材时，都会在预览框中显示当前素材的画面，在预览面板右侧会显示当前选中素材的详细资料，包括文件名、文件类型等。
- 【素材搜索】：当【项目】面板中存在很多素材时，寻找想要的素材就变得不方便了，这时查找素材的功能就变得很有用。如在当前查找框内输入 B，那么在素材区就只会显示名字中包含字母 B 的素材。输入的字母不区分大小写。
- 【素材区】：所有导入的素材和在 After Effects CC 中建立的图层都会在这里显示。应该注意的是，合成也会出现在这里，也就是说，合成也可以作为素材被其他合成使用。
- 【删除所选项目项】：如果要删除某个素材，可以使用该按钮。使用该按钮删除素材的方法有两种：一种是拖曳想要删除的素材到这个按钮上；另一种就是选中想要删除的素材，然后单击该按钮。
- 【项目设置】 8 bpc ：单击该按钮，可以弹出【项目设置】对话框，在该对话框中可以对项目进行个性化的设置，时间码的显示风格、颜色深度、音频等的设置都可以在这里找到。
- 【新建合成】：要开始工作就必须先建立一个合成，合成是开始工作的第一步，所有的操作都是在合成里面进行的。
- 【解释素材】：当导入一些比较特殊的素材时，比如带有 Alpha 通道、序列帧图片等，需要单独对这些素材进行一些设置。在 After Effects CC 中这种素材叫作解释素材。
- 【新建文件夹】：为了更方便地管理素材，需要对素材进行分类管理。文件夹为分类管理提供了方便。把相同类型的素材放进一个单独的文件夹里面，就可以在文件夹中快速查找到所需要的素材。

> **提　示**
>
> 如果删除一个【合成】面板中正在使用的素材，系统会提示该素材正被使用，如图 1-12 所示。单击【删除】按钮将从【项目】面板中删除素材，同时该素材也将从【合成】面板中删除，单击【取消】按钮，将取消删除该素材文件。

图1-12 提示对话框

2.【合成】面板

【合成】面板是查看合成效果的地方，也可以在这里对图层的位置等属性进行调整，以便达到理想的状态，如图 1-13 所示。

图1-13 【合成】面板

1）认识【合成】面板中的控制按钮

在【合成】面板的底部是一些控制按钮，这些控制按钮将帮助用户对素材项目进行交互的操作。下面对其进行介绍，如图 1-14 所示。

图1-14 【合成】面板中的控制按钮

【始终预览此视图】：总是显示该视图。

【放大率弹出式菜单】 25%：单击该按钮，在弹出的下拉列表中可选择素材的显示比例。

> **提 示**
>
> 用户也可以通过滚动鼠标中键来实现放大或缩小素材的显示比例。

【选择网格和参考线选项】：单击该按钮，在弹出的下拉列表中可以选择要开启或关闭的辅助工具，如图 1-15 所示。

图1-15 【选择网格和参考线选项】下拉列表

【切换蒙版和形状路径可见性】：如果图层中存在路径或遮罩，通过单击该按钮可以选择是否在【合成】面板中显示。

【当前时间（单击可编辑）】 0:00:00:00：显示当前时间标尺停留的时间。单击该按钮，可以弹出【转到时间】对话框，通过在该对话框中输入时间，从而快速地到达某一个时间刻度，如图 1-16 所示。

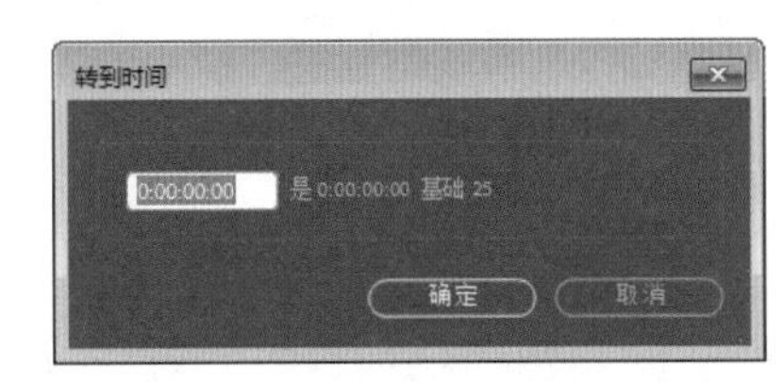

图1-16 【转到时间】对话框

【拍摄快照】：当需要在两种效果之间进行对比时，通过快照可以先把前一个效果暂时保存在内存中，再调整下一个效果，然后进行对比。

【显示快照】：单击该按钮，After Effects CC 会显示上一次通过快照保存的效果，以方便对比。

【显示通道及色彩管理设置】：单击该按钮，用户可以在弹出的下拉列表中选择一种模式，如图 1-17 所示。当选择一种通道模式后，将只显示当前通道效果。当选择 Alpha 通道模式时，图像中的透明区域将以黑色显示，不透明区域将以白色显示。

【分辨率 / 向下采样系数弹出式菜单】 完整：单击该按钮，在弹出的下拉列表中选择面板中图像显示的分辨率，其中包括【二分之一】、【三分之一】、【四分之一】等，如图 1-18 所示。分辨率越高，图像越清晰；分辨率越低，图像越模糊，但可以减少预览或渲染的时间。

图1-17　【显示通道及色彩管理设置】下拉列表

图1-18　【分辨率/向下采样系数弹出式菜单】下拉列表

【目标区域】：单击该按钮，然后拖动鼠标，可以在【合成】面板中绘制一个矩形区域，系统将只显示该区域内的图像内容，如图 1-19 所示。将鼠标指针放在矩形区域边缘，当指针变为样式时，拖曳矩形区域则可以移动矩形区域的位置。拖曳矩形边缘的控制手柄时，可以缩放矩形区域的大小。使用该功能可以加速预览的速度。在渲染图层时，只有该目标区域内的屏幕进行刷新。

【切换透明网格】：该按钮控制着【合成】面板中是否启用棋盘格透明背景功能。默认状态下，【合成】面板的背景为黑色，当单击该按钮后，该面板的背景将被设置为棋盘格透明模式，如图 1-20 所示。

图1-19　显示目标区域

图1-20　显示透明网格

【3D 视图弹出式菜单】活动摄像机：单击该按钮，在弹出的下拉列表中可以选择各种视图模式。这些视图在做三维合成的时候很有用，如图 1-21 所示。

图1-21　【3D 视图弹出式菜单】下拉列表

【选择视图布局】1个：单击该按钮，在弹出的下拉列表中可以选择视图的显示布局，如【1 个视图】、【2 个视图 - 水平】等，如图 1-22 所示。

图1-22 【选择视图布局】下拉列表

【切换像素长宽比校正】：当单击该按钮时，素材图像可以被压扁或拉伸，从而矫正图像中非正方形的像素。

【快速预览】：单击该按钮，在弹出的下拉列表中可以选择一种快速预览选项。

【时间轴】：单击该按钮，可以直接转换到【时间轴】面板。

【合成流程图】：单击该按钮，可以切换到【流程图】面板。

【重置曝光度（仅影响视图）】：调整【合成】面板的曝光度。

2）向【合成】面板中加入素材

向【合成】面板中添加素材的方法非常简单，用户可以在【项目】面板中选择素材（一个或多个），然后执行下列操作之一。

- 将当前所选定的素材直接拖至【合成】面板中。
- 将当前所选定的素材拖至【时间轴】面板中。

提 示

当将多个素材一起通过拖曳的方式添加到【合成】面板中时，它们的排列顺序将以【项目】面板中的顺序为基准，并且这些素材中也可以包含其他的合成影像。

将当前所选定的素材拖至【项目】面板中【新建合成】按钮的上方，如图 1-23 所示，然后释放鼠标，即可用该素材文件新建一个合成文件并将其添加至【合成】面板中，如图 1-24 所示。

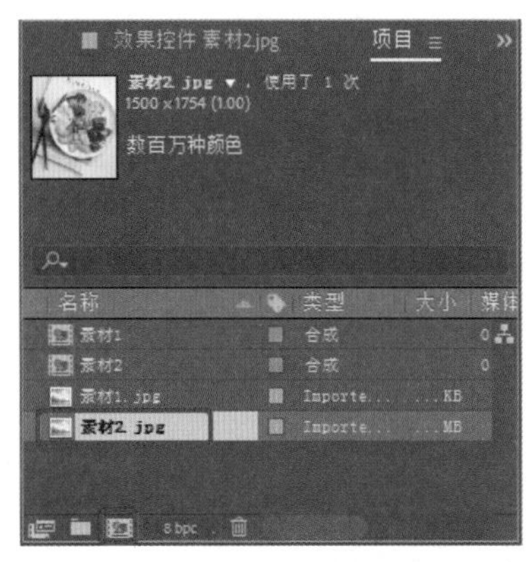

图1-23 将素材拖曳至【新建合成】按钮的上方

图1-24 添加至合成面板中后的效果

3.【图层】面板

只要将素材添加到【合成】面板中，然后双击，该素材层就可以在【图层】面板中打开，如图 1-25 所示。在【图层】面板中，可以对【合成】面板中的素材层进行剪辑、绘制遮罩、移动滤镜效果控制点等操作。

图1-25 【图层】面板

在【图层】面板中可以显示素材在【合成】面板中的遮罩、滤镜效果等设置。在【图层】面板中可以调节素材的切入点和切出点及其在【合成】面板中的持续时间、遮罩设置、调节滤镜控制点等。

4.【时间轴】面板

【时间轴】面板提供了图层的入点、出点、图层特性控制的开关及其调整，如图 1-26 所示。

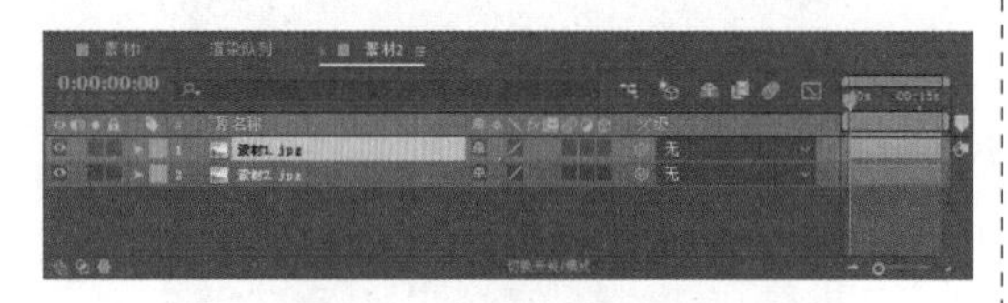

图1-26 【时间轴】面板

5. 工具栏

在工具栏中罗列了各种常用的工具，单击某工具图标即可选中该工具。某些工具右边的小三角形符号表示还存在其他的隐藏工具，将鼠标指针放在该工具上方按住鼠标左键不动，稍后就会显示其隐藏的工具，然后移动鼠标指针到所需工具上方，释放鼠标即可选中该工具。也可通过连续按该工具的快捷键循环选择其中的隐藏工具。使用 Ctrl+1 组合键可以显示或隐藏工具栏，如图 1-27 所示。

图1-27 工具栏

自左向右依次为：【选取工具】、【手形工具】、【缩放工具】、【旋转工具】、【统一摄像机工具】、【向后平移（锚点）工具】、【矩形工具】、【钢笔工具】、【横排文字工具】、【画笔工具】、【仿制图章工具】、【橡皮擦工具】、【Roto 笔刷工具】、【控制点工具】。

6.【信息】面板

在【信息】面板中以 RGB 值记录【合成】面板中的色彩信息以及以 X、Y 值记录鼠标位置，数值随鼠标指针在【合成】面板中的位置实时变化。按 Ctrl+2 组合键即可显示或隐藏【信息】面板，如图 1-28 所示。

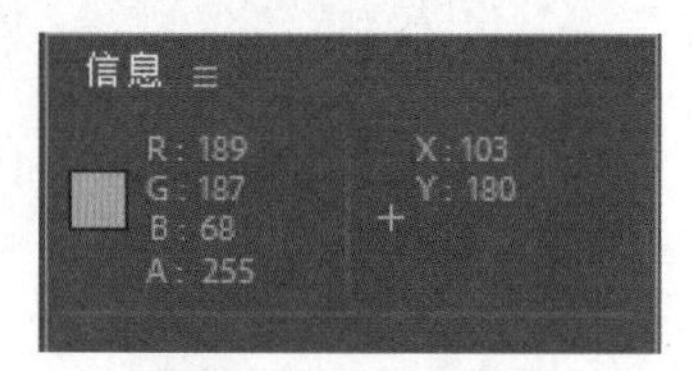

图1-28 【信息】面板

7.【音频】面板

在播放或音频预览过程中，音频面板显示了音频播放时的音量级。利用该面板，用户可以调整选取层的左、右音量级，并且通过【时间轴】面板的音频属性可以为音量级设置关键帧。如果【音频】面板是不可见的，在菜单栏中执行【面板】|【音频】命令，或按 Ctrl+4 组合键，即可打开【音频】面板，如图 1-29 所示。

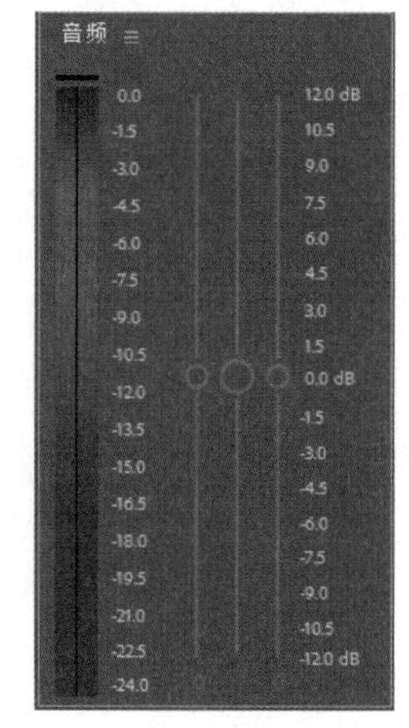

图1-29 【音频】面板

用户可以改变音频层的音量级，以特定的质量进行预览、识别和标记位置。通常情况下，音频层与一般素材层不同，它们包含不同的属性。但是，却可以用同样的方法修改它们。

8.【预览】面板

在【预览】面板中提供了一系列的预览控制选项，用于播放素材、前进一帧、退后一帧、预演素材等。按 Ctrl+3 组合键可以显示或隐藏【预览】面板。

单击【预览】面板中的【播放 / 暂停】按钮或按空格键，即可一帧一帧地演示合成影像。如果想终止演示，再次按空格键或在 After Effects CC 中的任意位置单击鼠标即可。【预览】面板如图 1-30 所示。

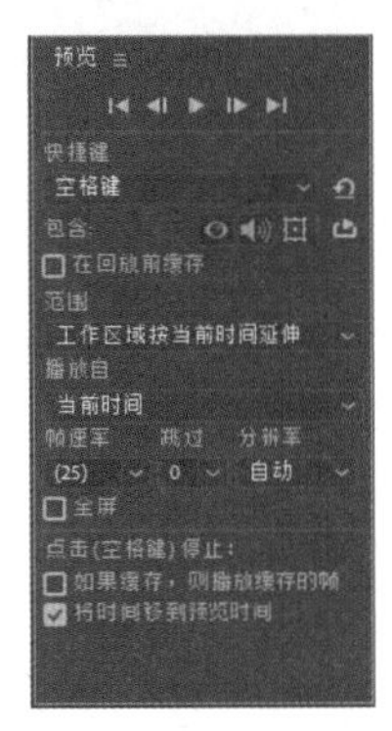

图1-30 【预览】面板

提 示

在低分辨率下，合成影像的演示速度比较快。但是，速度的快慢主要还是取决于用户系统的快慢。

9.【效果和预设】面板

通过【效果和预设】面板可以快速地为图层添加效果。预置效果是 After Effects CC 编辑好的一些动画效果，可以直接应用到图层上，从而产生动画效果，如图 1-31 所示。

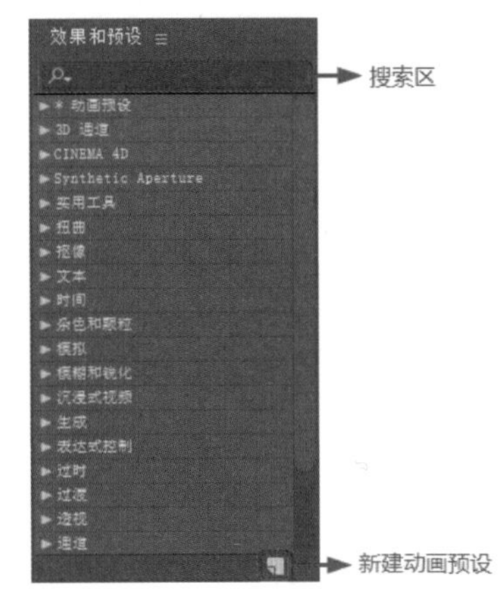

图1-31 【效果和预设】面板

- 【搜索区】：可以在搜索框中输入某个效果的名字，After Effects CC 会自动搜索出该效果。这样可以方便用户快速地找到需要的效果。
- 【新建动画预设】：当用户在合成中调整出一个很好的效果，并且不想每次都重新制作时，便可以把这个效果作为一个预设保存下来，以便以后用到时调用。

10.【流程图】面板

【流程图】面板是指显示项目流程的面板，在该面板中以方向线的形式显示合成影像的流程。流程图中合成影像和素材的颜色以它们在【项目】面板中的颜色为准，并且以不同的图标表示不同的素材类型。创建一个合成影像后，可以利用【流程图】面板对素材之间的流程进行观察。

打开当前项目中所有合成影像的【流程图】面板的方法如下。

- 在菜单栏中执行【合成】|【合成流程图】命令，如图 1-32 所示。

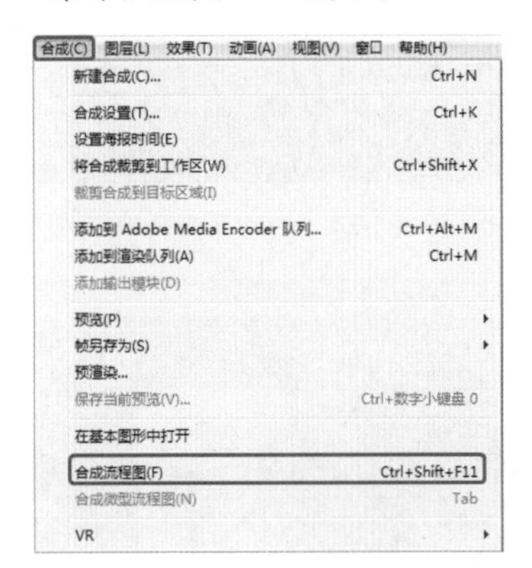

图1-32 选择【合成流程图】命令

- 在菜单栏中执行【面板】|【流程图】命令，即可打开【流程图】面板。
- 在【项目】面板中单击【项目流程图查看】按钮，即可弹出【流程图】面板，如图 1-33 所示。

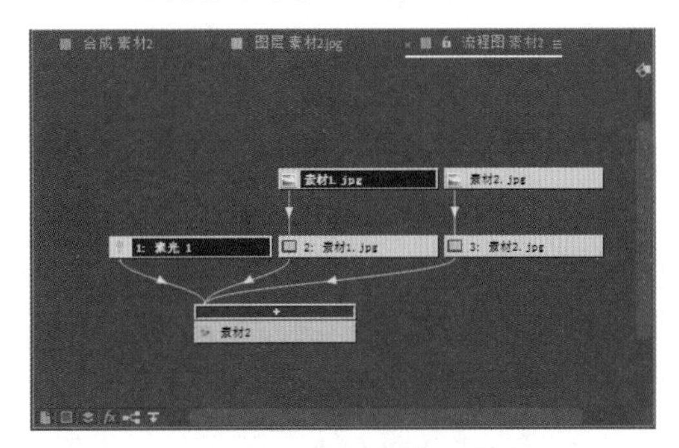

图1-33 【流程图】面板

1.1.3 界面的布局

在工具栏中单击右侧的»按钮，在弹出的菜单中包含了After Effects CC中几种预置的工作界面方案，如图1-34所示，各界面的功能如下。

- 【所有面板】：设置此界面后，将显示所有可用的面板，其中包含最丰富的功能元素。
- 【效果】：设置此界面后，将会显示【效果控件】面板，如图1-35所示。

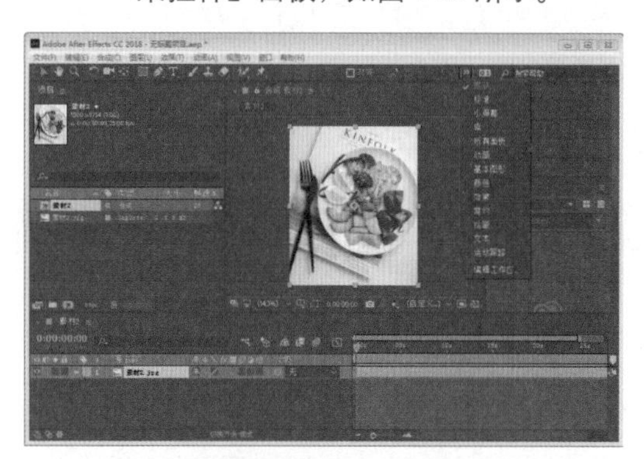

图1-34 工作界面方案

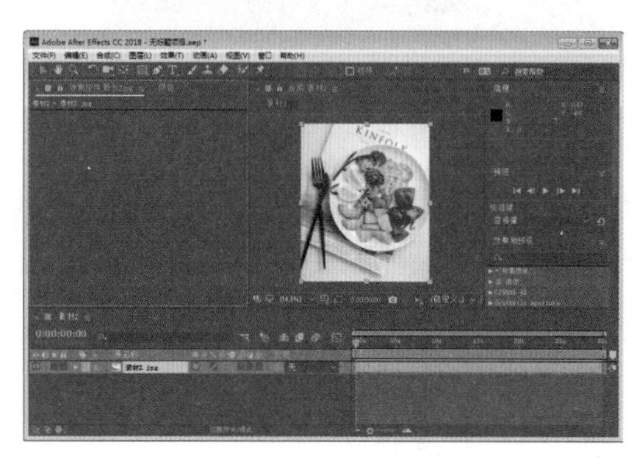

图1-35 【效果】工作界面

- 【文本】：适用于创建文本效果。
- 【标准】：使用标准的界面模式，即默认的界面。
- 【浮动面板】：单击每个面板上的☰按钮，选择【浮动面板】时，【信息】面板和【预览】面板将独立显示，如图1-36所示。
- 【简约】：该工作界面包含的界面元素最少，仅有【合成】面板与【时间轴】面板，如图1-37所示。

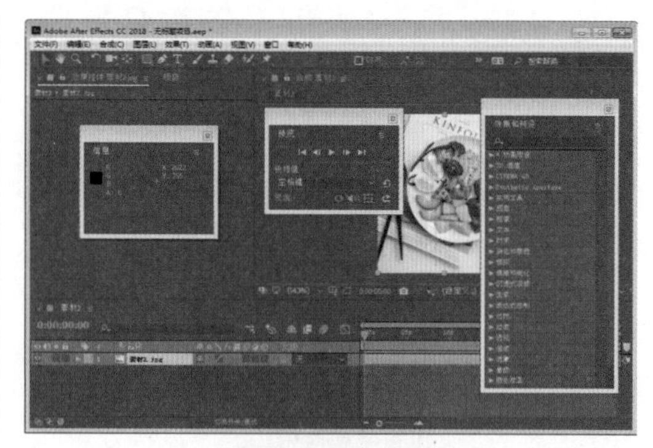

图1-36 【浮动面板】工作界面

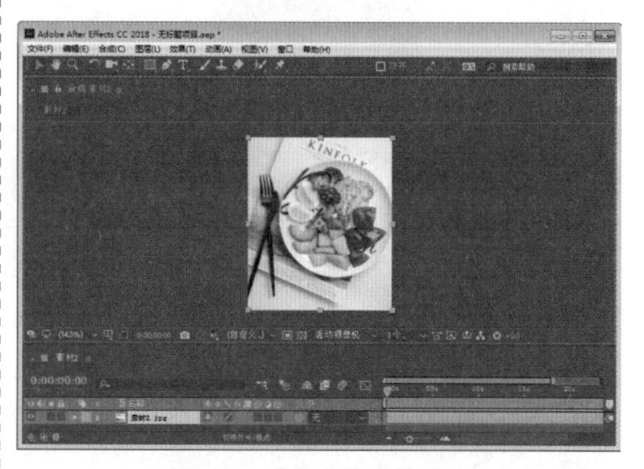

图1-37 【简约】工作界面

- 【绘画】：适用于创作绘画作品。
- 【运动跟踪】：该工作界面适用于关键帧的编辑处理。

1.1.4 设置工作界面

对于After Effects CC工作界面，用户可以根据自己的需要对其进行设置。下面介绍设置工作界面的一些方法。

1. 改变工作界面中区域的大小

在After Effects CC中拥有太多的面板，在操作使用时，经常需要调节面板的大小。例如，想要查看【项目】面板中素材文件的更多信息，可将【项目】面板放大；当【时间轴】面板中的层较多时，将【时间轴】面板的高度调高，可以看到更多的层。

改变工作界面中区域大小的操作方法如下。

01 新建一个项目文件，导入“素材\Cha01\素材3.jpg”素材文件，将其添加至【时间轴】面板中，将鼠标指针移至【信息】面板与【合成】面板之间，这时鼠标指针会发生变化，如图 1-38 所示。

图1-38 将鼠标指针放置在两个面板的中间

02 按住鼠标左键，并向左拖动鼠标，即可将【合成】面板缩小，如图 1-39 所示。

图1-39 缩小【合成】面板

03 将鼠标指针移至【项目】面板、【合成】面板和【时间轴】面板之间，按住鼠标左键并拖动鼠标，可改变这 3 个面板的大小，如图 1-40 所示。

图1-40 纵向、横向同时调节面板大小

2. 浮动或停靠面板

After Effects 7.0 及以后版本改变了之前版本中面板与浮动面板的界面布局，将面板与面板连接在一起，作为一个整体存在。After Effects CC 沿用了这种界面布局，并保存了面板或面板浮动的功能。

在 After Effects CC 的工作界面中，面板或面板既可分离又可停靠，其操作方法如下。

01 新建一个项目文件，导入“素材\Cha01\素材 3.jpg”素材文件，将其添加至【时间轴】面板中，单击【合成】面板右上角的按钮，在弹出的下拉菜单中选择【浮动面板】命令，如图 1-41 所示。

图1-41 选择【浮动面板】命令

02 执行操作后，【合成】面板将会独立显示出来，效果如图 1-42 所示。

图1-42 浮动面板

分离后的面板或面板可以重新放回原来的位置。以【合成】面板为例，在【合成】面板的上方选择拖动点，按下鼠标左键拖动【合成】面板至【项目】面板的右侧，此时【合成】面板会变为半透明状，且在【项目】面板的右侧出现紫色阴影，如图 1-43 所示。这时松开鼠标，即可将【合成】面板放回原位置。

图1-43　将【合成】面板放回原位置

3. 自定义工作界面

在 After Effects CC 中除了自带的几种界面布局外，还有自定义工作界面的功能。用户可将工作界面中的各个面板随意搭配，组合成新的界面风格，并可以保存新的工作界面，方便以后的使用。

自定义工作界面的操作方法如下。

01 设置好自己需要的工作界面布局。

02 在菜单栏中选择【窗口】|【工作区】|【另存为新工作区】命令，如图 1-44 所示。

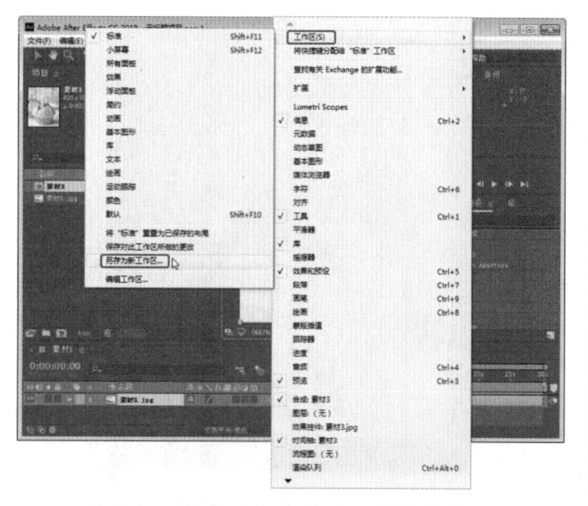

图1-44　选择【另存为新工作区】命令

03 弹出【新建工作区】对话框，在该对话框的【名称】文本框中输入名称，如图 1-45 所示。

图1-45　【新建工作区】对话框

04 设置完成后单击【确定】按钮，在工具栏中单击右侧的»按钮，将显示新建的工作区类型，如图 1-46 所示。

图1-46　新建工作区后的效果

4. 删除工作界面方案

在 After Effects CC 中，用户也可以将不需要的工作界面删除。在工具栏中单击右侧的»按钮，从弹出的菜单中选择【编辑工作区】命令，如图 1-47 所示。在弹出的【编辑工作区】对话框中选中要删除的对象，单击【删除】按钮，如图 1-48 所示。然后单击【确定】按钮，即可删除选中的工作区，效果如图 1-49 所示。

图1-47　选择【编辑工作区】命令

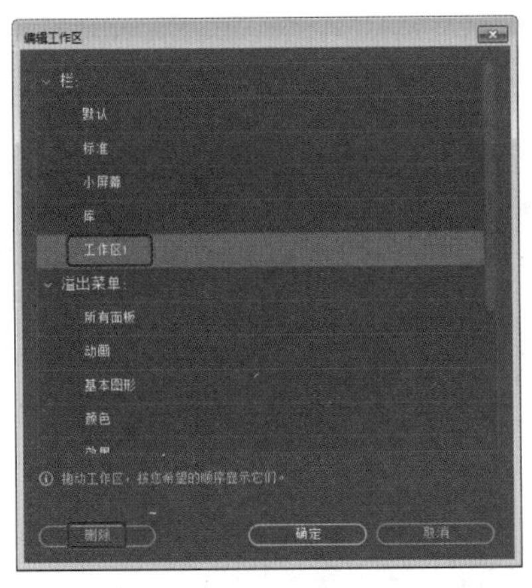

图1-48 选择要删除的工作区

图1-49 删除工作区后的效果

提 示

在删除界面方案时，当前使用的界面方案不可以被删除。如果想要将其删除，可先切换到其他的界面方案，然后将其删除。

5. 为工作界面设置快捷键

在 After Effects CC 中，用户可为工作界面指定快捷键，以方便工作界面的改变。为工作界面设置快捷键的方法如下。

01 新建一个项目文件，导入“素材\Cha01\素材 3.jpg”素材文件，将其添加至【时间轴】面板中，并调整工作界面中的面板至需要的状态，如图 1-50 所示。

02 在菜单栏中选择【窗口】|【工作区】|【另存为新工作区】命令，在打开的【新建工作区】对话框中使用默认名称，然后单击【确定】按钮。

03 在菜单栏中选择【窗口】|【将快捷键分配给“未命名工作区”工作区】命令，在弹出的子菜单中有 3 个命令，可选择其中任意一个，如选择【Shift+F10（替换“默认”）】命令，如图 1-51 所示。这样就将 Shift+F10 组合键设置为【未命名工作区】工作界面的快捷键。在其他工作界面下，按 Shift+F10 组合键，即可快速切换到【未命名工作区】工作界面。

图1-50 调整工作区

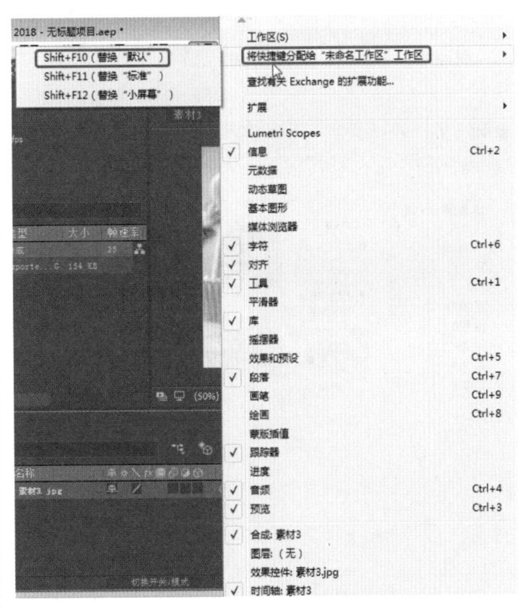

图1-51 选择要替换的快捷键

1.2 制作镜头效果——项目的基本操作

本例将讲解如何利用摄像机图层制作镜头效果。首先导入素材，然后创建摄像机图层并进行设置，完成后的效果如图 1-52 所示。

图1-52　镜头效果

素材	素材\Cha01\图片 1.jpg
场景	场景\Cha01\制作镜头效果——项目的基本操作.aep
视频	视频教学\Cha01\1.2　制作镜头效果——项目的基本操作.mp4

01 启动软件后，按 Ctrl+I 组合键，打开【导入文件】对话框，选择“素材\Cha01\图片 1.jpg”素材文件，单击【导入】按钮，如图 1-53 所示。

图1-53　选择素材

02 将素材导入【项目】面板后，用鼠标将素材图片拖至【时间轴】面板中，即可新建合成，并在【合成】面板中显示效果，如图 1-54 所示。

03 在【时间轴】面板中单击【3D 图层 - 允许在三维中操作此图层】按钮下方图层的方框，将图层转换为三维图层，如图 1-55 所示。

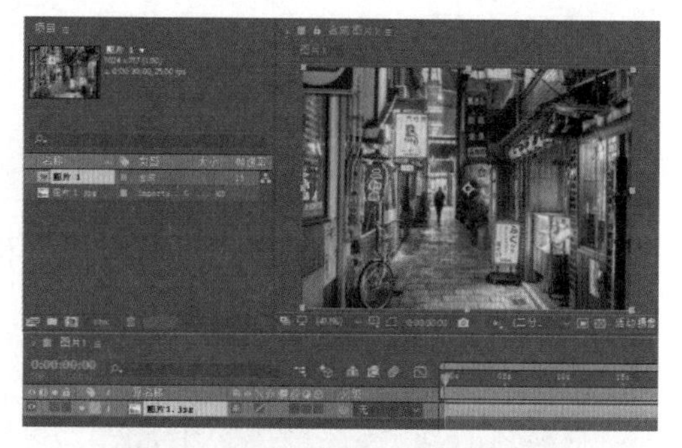

图1-54　在【合成】面板中显示效果

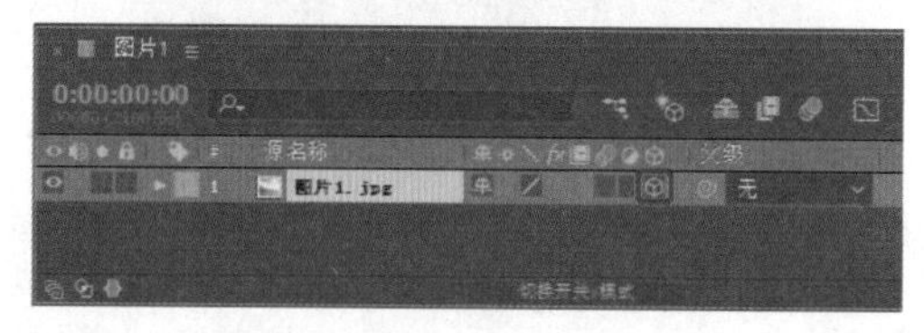

图1-55　图层转换为三维图层

04 在【时间轴】面板中右击，从弹出的快捷菜单中选择【新建】|【摄像机】命令，如图 1-56 所示。

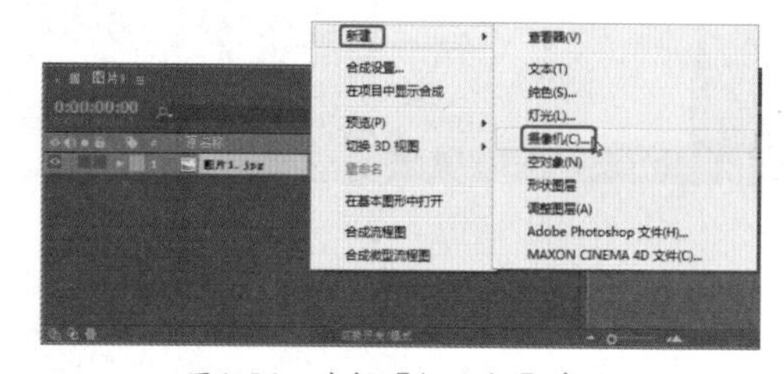

图1-56　选择【摄像机】命令

05 在打开的【摄像机设置】对话框中，使用默认设置，单击【确定】按钮，如图 1-57 所示。

06 在【时间轴】面板中单击“摄像机 1”图层左侧的下三角按钮，然后单击【变换】左侧的下三角按钮，如图 1-58 所示。

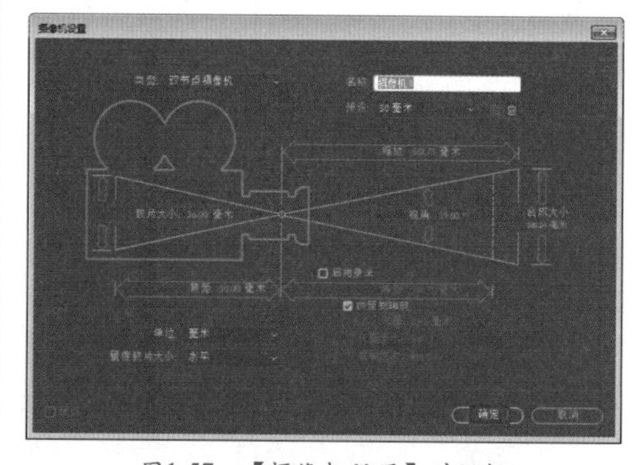

图1-57　【摄像机设置】对话框

图1-58 展开选项

知识链接：摄像机图层

用户可以使用摄像机图层从任何角度和距离查看3D图层。如果要使用多台摄像机进行多视角展示，可以在同一个合成中添加多个摄像机图层来完成。如果在场景中使用了多台摄像机，此时应该在【合成】面板中将当前视图设置为【活动摄像机】视图，【活动摄像机】视图显示的是当前图层中最上面的摄像机，在对合成进行最终渲染或对图层进行嵌套时，使用的就是【活动摄像机】视图。

用户可以通过修改摄像机设置来配置摄像机。用户还可以使用摄像机设置将类似摄像机的行为（包括景深模糊以及平移和移动镜头）添加到合成效果和动画中。

对于摄像机图层，可以通过调节【位置】和【目标点】属性来设置摄像机的拍摄内容。在移动摄像机时，除了直接调节参数以及移动其坐标轴的方法外，还可以通过直接拖曳摄像机的图标来自由移动其设置。

07 单击【目标点】和【位置】左侧的【时间变化秒表】按钮，即可在右侧时间区域添加关键帧，如图1-59所示。

图1-59 添加关键帧

08 将当前时间设置为0:00:01:00，将【目标点】设置为586、347、0，【位置】设置为586、347、-167，如图1-60所示。

09 将当前时间设置为0:00:04:00，将【目标点】设置为512、358.5、0，【位置】设置为512、358.5、-796.4，如图1-61所示。

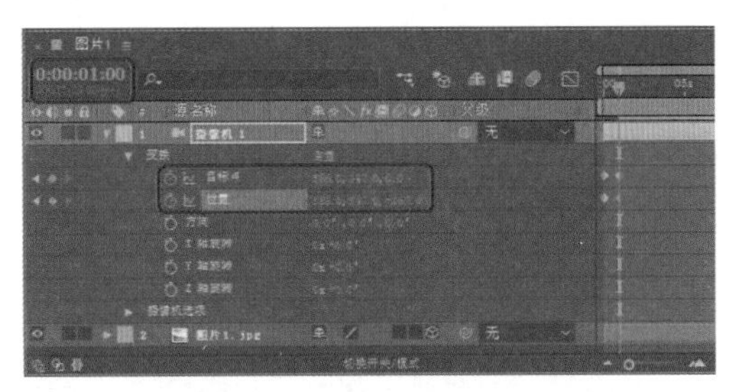

图1-60 设置【目标点】和【位置】

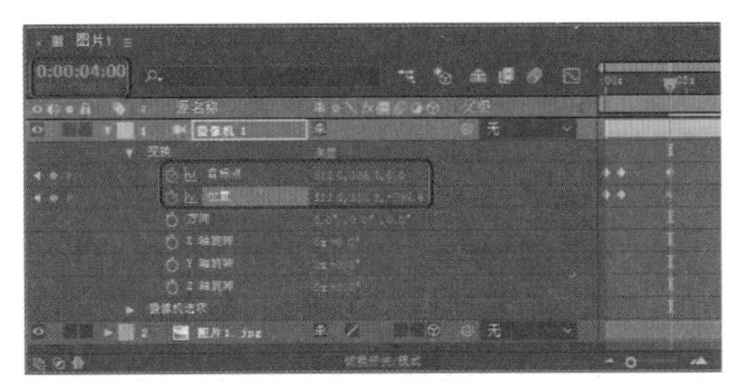

图1-61 继续设置【目标点】和【位置】

10 将当前时间设置为0:00:05:00，将【目标点】设置为220、464、0，【位置】设置为220、464、-110.4，如图1-62所示。

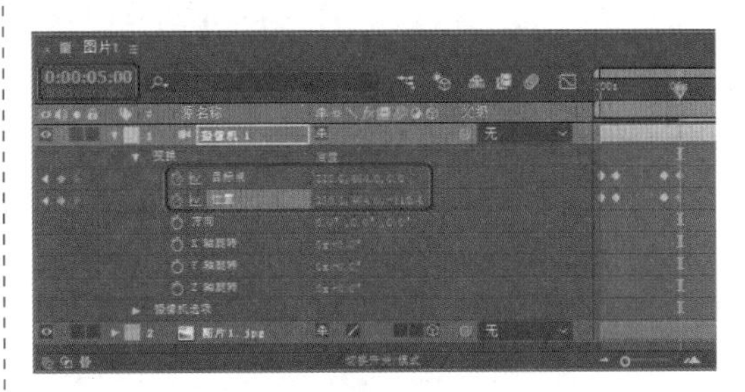

图1-62 再次设置【目标点】和【位置】

11 将当前时间设置为0:00:05:01，单击【目标点】和【位置】左侧的【在当前时间添加或移除关键帧】按钮，即可在当前时间添加关键帧，如图1-63所示。

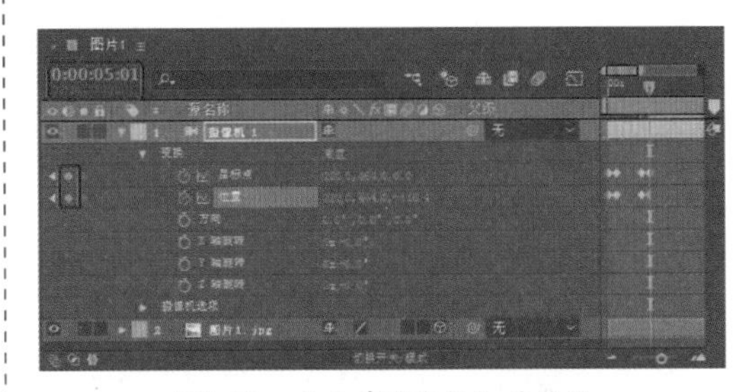

图1-63 在当前时间添加关键帧

12 将当前时间设置为0:00:06:00，将【目标点】设置为190、440、0，【位置】设置为190、

464、-110.4，如图 1-64 所示。

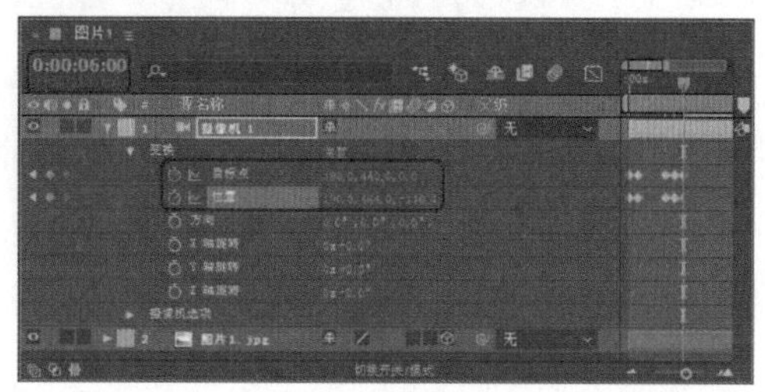

图1-64 更改时间再次设置【目标点】和【位置】

13 将当前时间设置为 0:00:06:01，单击【目标点】和【位置】左侧的【在当前时间添加或移除关键帧】按钮，即可在当前时间添加关键帧，如图 1-65 所示。

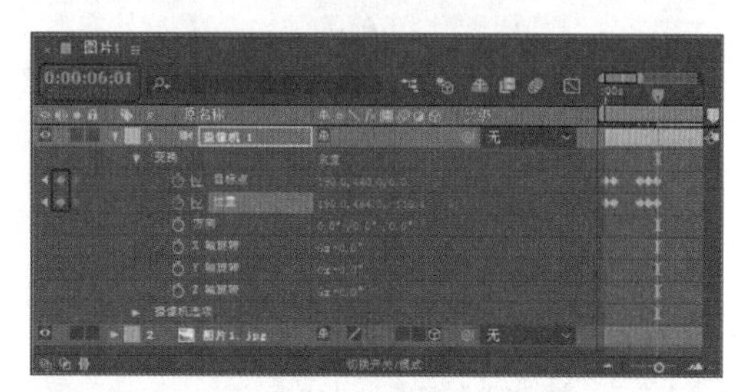

图1-65 添加关键帧

14 将当前时间设置为 0:00:07:00，将【目标点】设置为 150、400、0，【位置】设置为 150、400、-65.4，如图 1-66 所示。

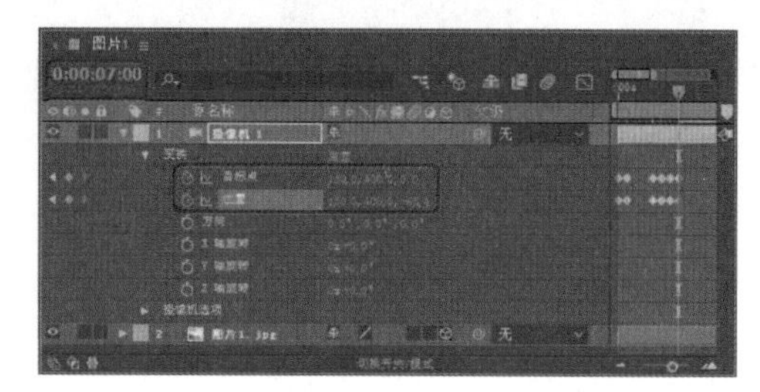

图1-66 设置【目标点】和【位置】

15 将当前时间设置为 0:00:07:05，单击【目标点】和【位置】左侧的【在当前时间添加或移除关键帧】按钮，即可在当前时间添加关键帧，如图 1-67 所示。

16 将当前时间设置为 0:00:09:00，将【目标点】设置为 448、358.5、0，【位置】设置为 512、358.5、-796.4，如图 1-68 所示。

17 设置完成后，在【预览】面板中单击【播放 / 暂停】按钮，可以查看效果。

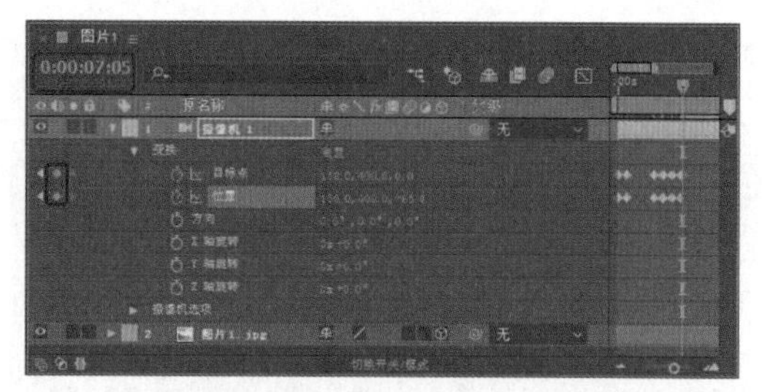

图1-67 在当前时间添加关键帧

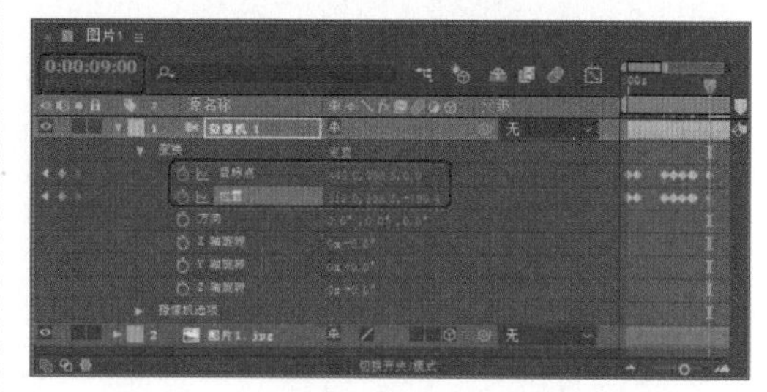

图1-68 继续设置【目标点】和【位置】

1.2.1 项目操作

启动 After Effects CC 后，如果要进行影视后期编辑操作，首先需要创建一个新的项目文件或打开已有的项目文件。这是 After Effects CC 进行工作的基础，没有项目是无法进行编辑工作的。

1. 新建项目

每次启动 After Effects CC 软件，系统都会新建一个项目文件。用户也可以自己创建一个新的项目文件。

在菜单栏中选择【文件】|【新建】|【新建项目】命令，如图 1-69 所示。

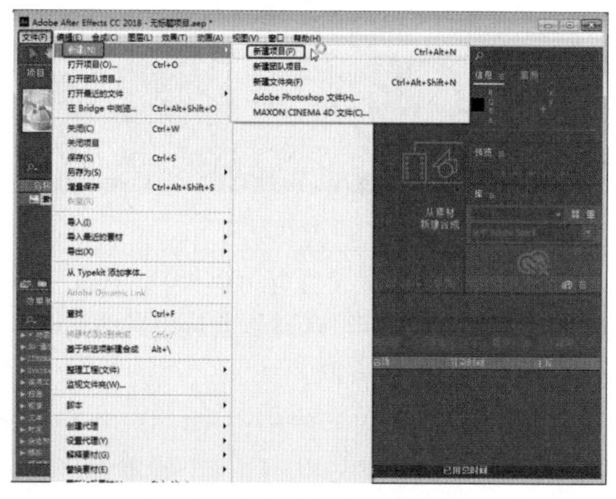

图1-69 选择【新建项目】命令

除此之外，用户还可以按 Ctrl+Alt+N 组合键新建项目。如果用户没有对当前打开的文件进行保存，用户在新建项目时会弹出如图 1-70 所示的提示对话框。

图1-70　提示对话框

2. 打开已有项目

用户经常会需要打开原来的项目文件查看或进行编辑，这是一项很基本的操作，操作方法如下。

01 在菜单栏中选择【文件】|【打开项目】命令，或按 Ctrl+O 组合键，弹出【打开】对话框。

02 在【查找范围】下拉列表框中选择项目文件所在的路径位置，然后选择要打开的项目文件，如图 1-71 所示，单击【打开】按钮，即可打开选择的项目文件。

图1-71　选择项目文件

如果要打开最近使用过的项目文件，可在菜单栏中选择【文件】|【打开最近使用项目】命令，在其子菜单中会列出最近打开的项目文件，然后单击要打开的项目文件即可。

当打开一个项目文件时，如果该项目所使用的素材路径发生了变化，需要为其指定新的路径。丢失的文件会以彩条的形式替换。为素材重新指定路径的操作方法如下。

01 在菜单栏中选择【文件】|【打开项目】命令，在弹出的对话框中选择一个改变了素材路径的项目文件，将其打开。

02 在该项目文件打开的同时会弹出如图 1-72 所示的对话框，提示最后保存的项目中缺少文件。

图1-72　提示对话框

03 单击【确定】按钮，打开项目文件，可看到丢失的文件以彩条显示，如图 1-73 所示。

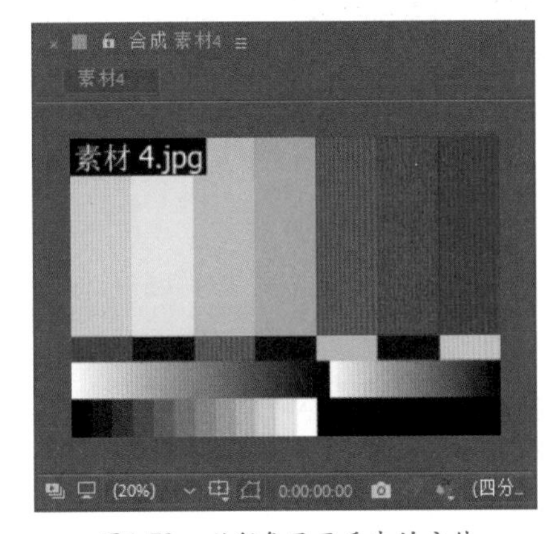

图1-73　以彩条显示丢失的文件

04 在【项目】面板中双击要重新指定路径的素材文件，打开【替换素材文件（素材 4.jpg）】对话框，在其中选择替换的素材，如图 1-74 所示。

图1-74　选择素材文件

05 单击【导入】按钮即可替换素材，效果如图 1-75 所示。

图1-75　替换素材后的效果

3. 保存项目

编辑完项目后，最终要对其进行保存，方便以后使用。

保存项目文件的操作方法如下。

在菜单栏中选择【文件】|【保存】命令，打开【另存为】对话框。在该对话框中选择文件的保存路径并输入名称，然后单击【保存】按钮即可，如图 1-76 所示。

图1-76　【另存为】对话框

如果当前文件保存过，再次对其保存时不会弹出【另存为】对话框。

在菜单栏中选择【文件】|【另存为】命令，打开【另存为】对话框，将当前的项目文件另存为一个新的项目文件，而原项目文件的各项设置不变。

4. 关闭项目

如果要关闭当前的项目文件，可在菜单栏中选择【文件】|【关闭项目】命令，如图 1-77 所示。如果当前项目没有保存，则会弹出如图 1-78 所示的信息提示框。

图1-77　选择【关闭项目】命令

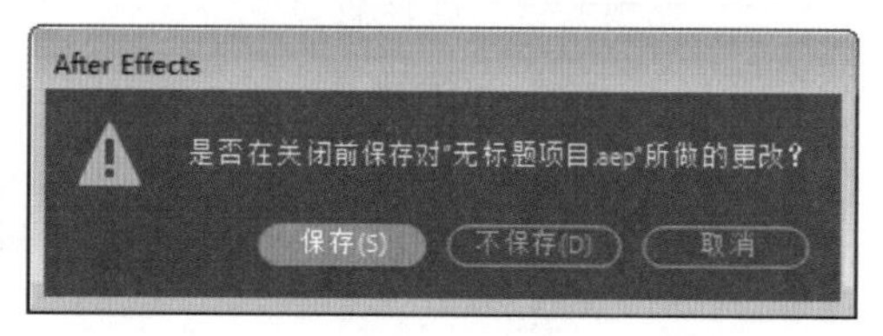

图1-78　提示对话框

单击【保存】按钮，可保存文件；单击【不保存】按钮，则不保存文件；单击【取消】按钮，则会取消关闭项目操作。

1.2.2 合成操作

合成是在一个项目中建立的，是项目文件中的重要部分。After Effects CC 的编辑工作都是在合成中进行的，当新建一个合成后，会激活该合成的【时间轴】面板，然后在其中进行编辑工作。

1. 新建合成

在一个项目中要进行操作，首先需要创建合成。其创建方法如下。

01 在菜单栏中选择【文件】|【新建】|【新建项目】命令，新建一个项目。

02 执行下列操作之一。

- 在菜单栏中选择【合成】|【新建合成】命令。
- 单击【项目】面板底部的【新建合成】按钮。
- 右击【项目】面板的空白区域，在弹出的快捷菜单中选择【新建合成】命令，如图1-79所示。执行操作后，在弹出的【合成设置】对话框中可对创建的合成进行设置，如设置持续时间、背景色等，如图1-80所示。
- 在【项目】面板中选择目标素材（一个或多个），将其拖曳至【新建合成】按钮上释放鼠标进行创建。

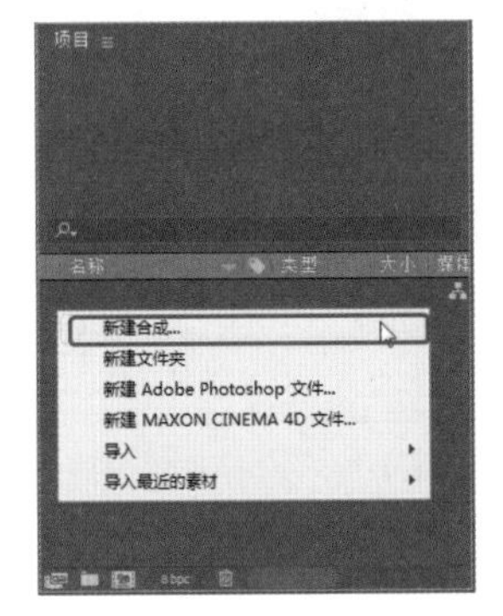

图1-79 选择【新建合成】命令

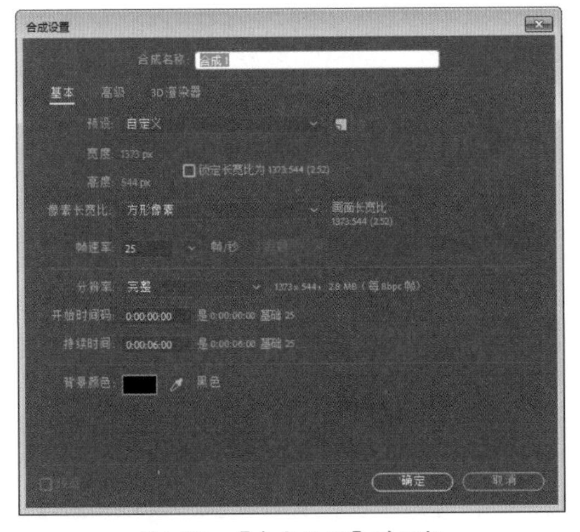

图1-80 【合成设置】对话框

03 设置完成后，单击【确定】按钮即可。

提　示

通过将素材文件拖曳至【新建合成】按钮上创建合成时，将不会弹出【合成设置】对话框。

2. 合成的嵌套

在一个项目中，合成是独立存在的。不过在多个合成之间也存在着引用的关系，一个合成可以像素材文件一样导入另一个合成中，形成合成之间的嵌套关系，如图1-81所示。

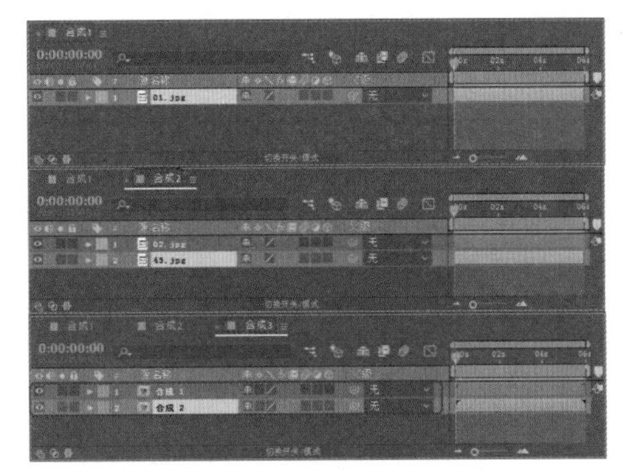

图1-81 合成嵌套

使用流程图可方便地查看它们之间的关系，如图1-82所示。

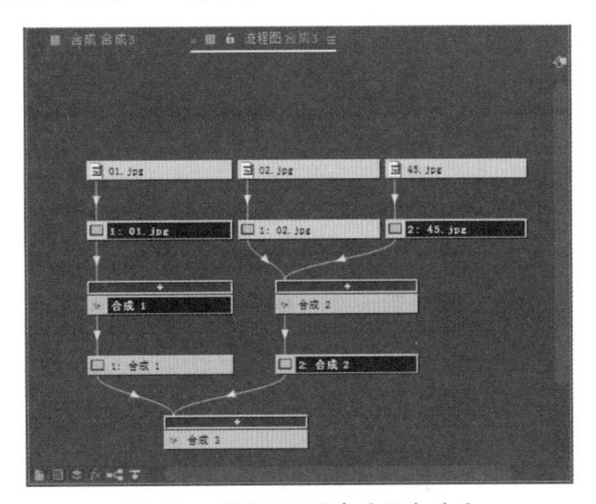

图1-82 通过流程图查看嵌套关系

合成的嵌套在后期合成制作中起到很重要的作用，因为并不是所有的制作都在一个合成中完成，在制作一些复杂的效果时可能用到合成的嵌套。在对多个图层应用相同设置时，可通过合成嵌套，为这些图层所在的合成应用该设置，可以节省很多的时间，提高工作效率。

1.2.3 在项目中导入素材

在 After Effects CC 中，虽然能够使用矢量图形制作视频动画，但是丰富的外部素材才是视频动画中的基础元素，比如视频、音频、图像、序列图片等，所以如何导入不同类型的素材，才是制作视频动画的关键。

1. 导入素材的方法

在进行影片的编辑时，一般首要的任务是导入要编辑的素材文件。素材的导入主要是将素材导入【项目】面板中或相关文件夹中，向【项目】面板中导入素材的方法有以下几种。

- 执行菜单栏中的【文件】|【导入】|【文件】命令，或按 Ctrl+I 组合键，在打开的【导入文件】对话框中选择要导入的素材，然后单击【导入】按钮。
- 在【项目】面板的空白区域右击，在弹出的快捷菜单中选择【导入】|【文件】命令，在打开的【导入文件】对话框中选择需要导入的素材，然后单击【导入】按钮。
- 在【项目】面板的空白区域直接双击，在打开的【导入文件】对话框中选择需要导入的素材，然后单击【导入】按钮。
- 在 Windows 的资源管理器中选择需要导入的文件，然后直接将其拖动到 After Effects CC 软件的【项目】面板中。

2. 导入单个素材文件

在 After Effects CC 中，导入单个素材文件是素材导入的最基本操作，其操作方法如下。

01 在【项目】面板的空白区域右击，在弹出的快捷菜单中选择【导入】|【文件】命令，如图 1-83 所示。

02 在弹出的【导入文件】对话框中选择“素材\Cha01\素材 4.jpg”素材文件，如图 1-84 所示。单击【导入】按钮，即可导入素材。

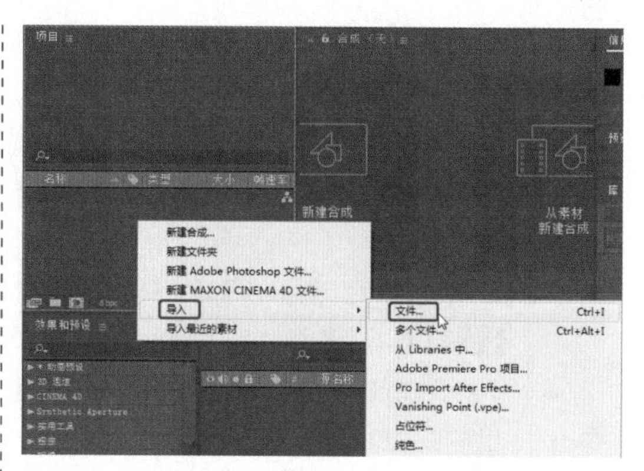

图1-83 选择【文件】命令

图1-84 选择素材文件

3. 导入多个素材文件

在导入文件时可同时导入多个文件，这样可节省操作时间。同时导入多个文件的操作方法如下。

01 在菜单栏中选择【文件】|【导入】|【文件】命令，打开【导入文件】对话框。

02 在该对话框中，按住 Ctrl 键或 Shift 键的同时单击要导入的文件，如图 1-85 所示。

03 选择完成后，单击【导入】按钮，即可将选中的素材导入【项目】面板中，如图 1-86 所示。

如果要导入的素材全部存在于一个文件夹中，可在【导入文件】对话框中选择该文件夹，然后单击【导入文件夹】按钮，将其导入【项目】面板中。

图1-85　选择素材文件

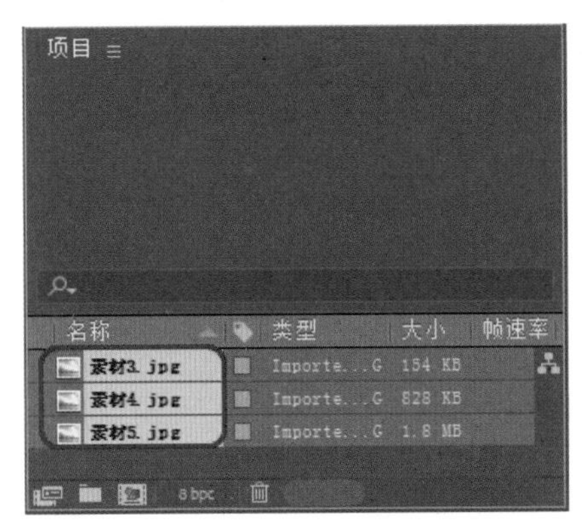

图1-86　导入多个素材文件

4. 导入序列图片

在使用三维动画软件输出作品时，经常会将其渲染成序列图像文件。序列文件是指由若干张按顺序排列的图片组成的一个图片序列，每张图片代表一帧，记录运动的影像。下面将介绍如何导入序列图片，具体操作步骤如下。

01 在菜单栏中选择【文件】|【导入】|【文件】命令，打开【导入文件】对话框。

02 在该对话框中打开需要导入的序列图片的文件夹，在该文件夹中选择一个序列图片，然后选中【Importer JPEG 序列】复选框，如图 1-87 所示。

03 单击【导入】按钮，即可导入序列图片，效果如图 1-88 所示。

04 在【项目】面板中双击序列文件，在【素材】面板中将其打开，按空格键可进行预览，效果如图 1-89 所示。

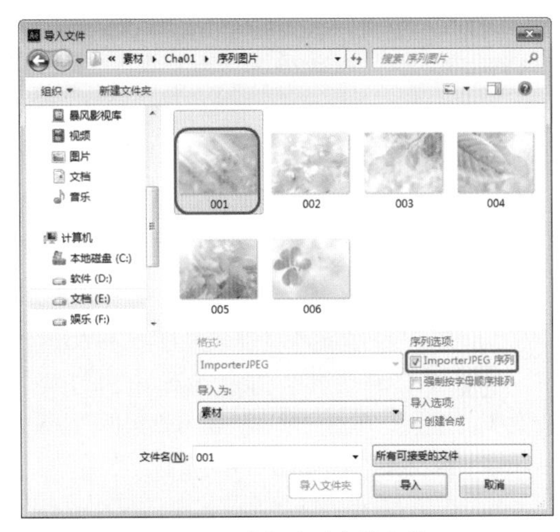

图1-87　选择序列素材文件

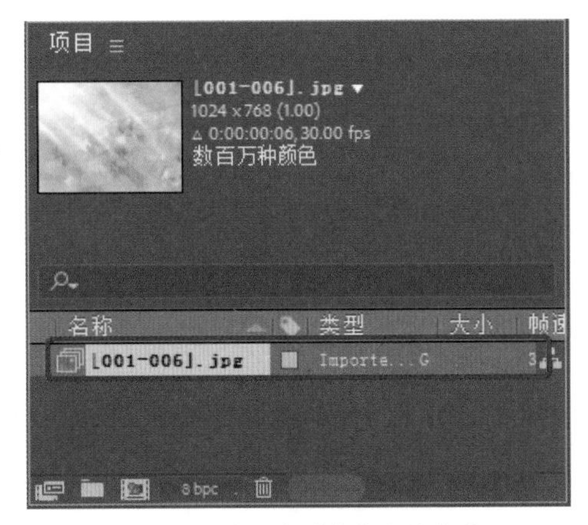

图1-88　导入序列文件后的效果

图1-89　预览效果

5. 导入 Photoshop 文件

After Effects 与 Photoshop 同为 Adobe 公司开发的软件，两款软件各有所长，且 After Effects 对 Photoshop 文件有很好的兼容性。使用 Photoshop 来处理 After Effects 所需的静态图像元素，可拓展思路，创作出更好的效果。在将 Photoshop 文件导入 After Effects 中时，有多种导入方法，产生的效果也有所不同。

1）将 Photoshop 文件以合并层方式导入

01 按 Ctrl+I 组合键，在弹出的【导入文件】对话框中选择“素材\Cha01\时尚家居.psd”素材文件，如图 1-90 所示。

图1-90　选择素材文件

02 单击【导入】按钮，在弹出的【时尚家居.psd】对话框中使用默认参数，如图 1-91 所示。

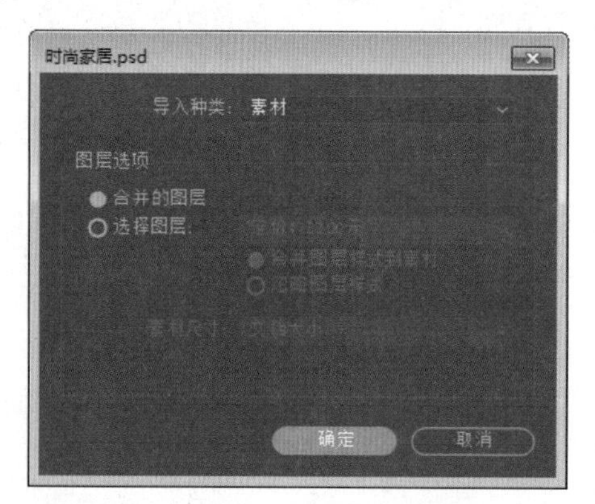

图1-91　【时尚家居.psd】对话框

03 单击【确定】按钮，即可将选中的素材文件导入软件中，如图 1-92 所示。

图1-92　导入psd素材文件

2）导入 Photoshop 文件中的某一层

01 按 Ctrl+I 组合键，在弹出的【导入文件】对话框中继续选中“时尚家居.psd”素材文件，单击【导入】按钮，在弹出的【时尚家居.psd】对话框中选中【选择图层】单选按钮，将图层设置为【背景】，如图 1-93 所示。

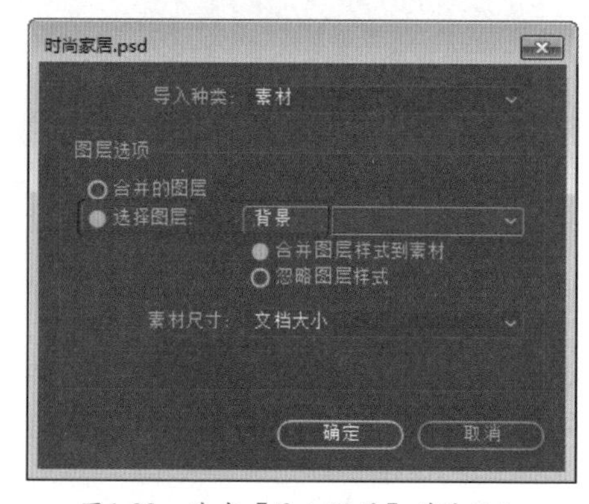

图1-93　选中【导入图层】单选按钮

02 设置完成后，单击【确定】按钮，即可导入选中图层，如图 1-94 所示。

3）以合成方式导入 Photoshop 文件

除了上述两种方法外，用户还可以将 Photoshop 文件以合成文件的方式导入软件中，在导入 PSD 文件的对话框中设置导入类型，如图 1-95 所示。

图1-94　导入选中图层

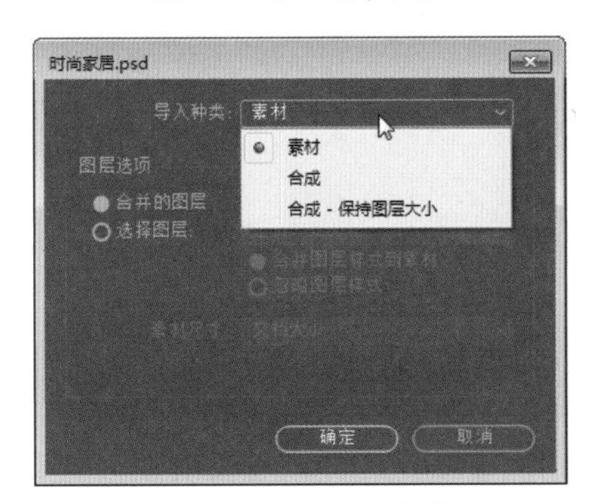

图1-95　设置导入类型

1.3 上机练习——制作百叶窗效果

本例将讲解如何利用调整图层制作百叶窗效果。导入素材后，新建调整图层，并为其添加效果预设，具体操作方法如下，完成后的效果如图1-96所示。

图1-96　利用调整图层制作百叶窗效果

素材	素材\Cha01\图片2.jpg
场景	场景\Cha01\上机练习——制作百叶窗效果.aep
视频	视频教学\Cha01\1.3　上机练习——制作百叶窗效果.mp4

01 启动软件后，按Ctrl+I组合键，打开【导入文件】对话框，选择“素材\Cha01\图片2.jpg”素材文件，单击【导入】按钮，如图1-97所示。

图1-97　选择素材

02 将素材导入【项目】面板后，使用鼠标将素材图片拖至【时间轴】面板中，即可新建合成，并在【合成】面板中显示效果，如图1-98所示。

图1-98　在【合成】面板中显示效果

03 在【时间轴】面板中右击，从弹出的快捷菜单中选择【新建】|【调整图层】命令，如图1-99所示。

04 新建调整图层后，在【效果和预设】面板中，选择【过渡】|【百叶窗】效果，并双击，在【时间轴】面板中单击【调整图层1】左侧的下三角按钮，展开【效果】|【百叶窗】，单击【过渡完成】左侧的【时间变化秒表】按钮，然后将【宽度】设置为70，如图1-100所示。

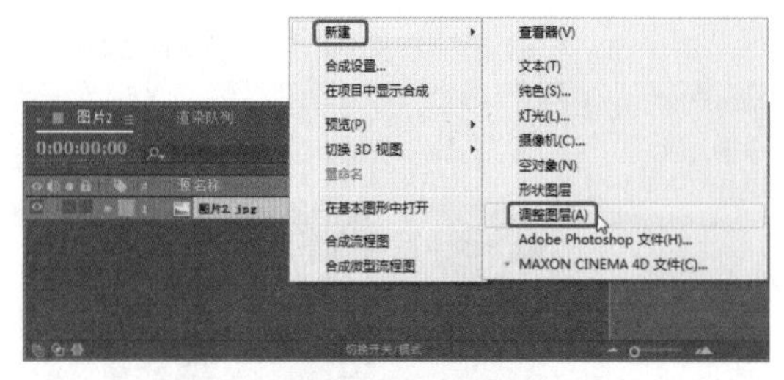

图1-99 选择【调整图层】命令

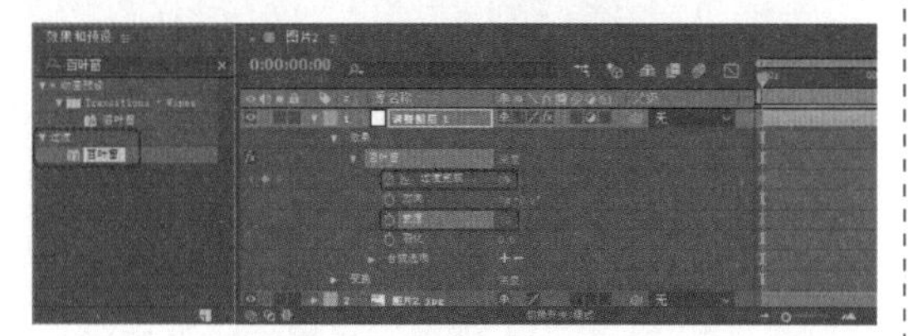

图1-100 设置百叶窗效果

提 示

在向某个图层应用效果时，该效果将仅应用于该图层，不会应用于其他图层。如果用户为某个效果创建了一个调整图层，则该效果可以独立存在。应用于某个调整图层的任何效果会影响在图层堆叠顺序中位于该图层之下的所有图层。位于图层堆叠顺序底部的调整图层没有可视结果。

因为调整图层上的效果应用于位于其下的所有图层，所以它们非常适用于同时将效果应用于许多图层。在其他方面，调整图层的行为与其他图层一样，例如，用户可以将关键帧或表达式与任何调整图层属性一起使用。

05 将当前时间设置为0:00:05:00，将【过渡完成】设置为100%，添加关键帧，如图1-101所示。

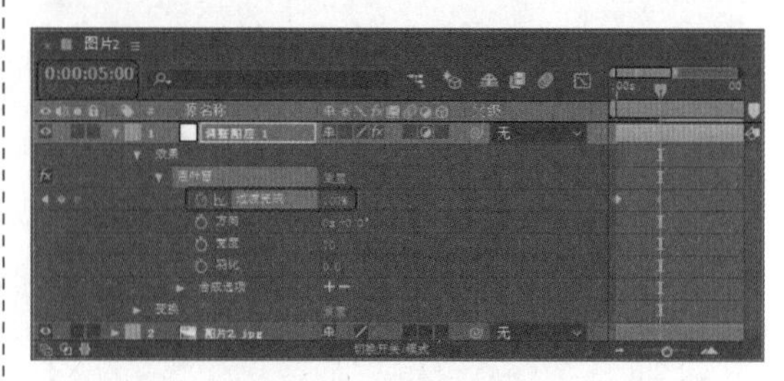

图1-101 添加关键帧

06 设置完成后可以按数字键盘区域的0键查看效果。

1.4 思考与练习

1. 简述非线性编辑概念。
2. 常用的色彩模式有哪些？
3. 什么是帧速率？

第 2 章 常用影视特效——图层与三维合成

在After Effects CC中，图层是进行特效添加和合成设置的场所，大部分视频编辑是在图层上完成的，它的主要功能是方便图像处理操作以及显示或隐藏当前图像文件中的图像，还可以进行图像透明度、模式设置以及图像特殊效果的处理等，使设计者对图像的组合一目了然，从而方便地对图像进行编辑和修改。

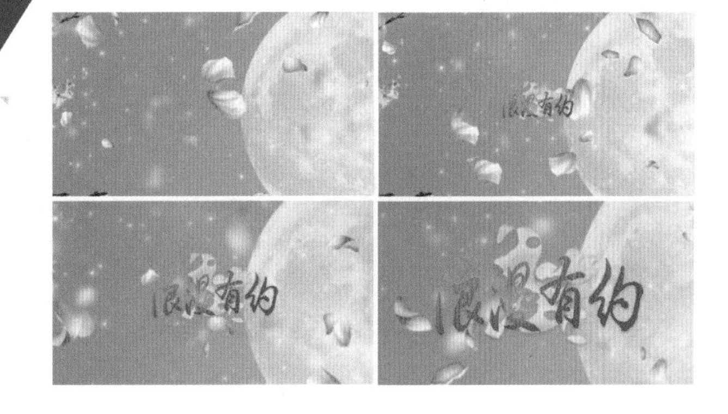

2.1 制作浪漫有约片头动画——图层的操作

本例将介绍如何制作浪漫有约片头动画。首先将素材文件添加到【项目】面板中，通过对素材的缩放添加关键帧，使其呈现出动画效果，具体操作方法如下，完成后的效果如图 2-1 所示。

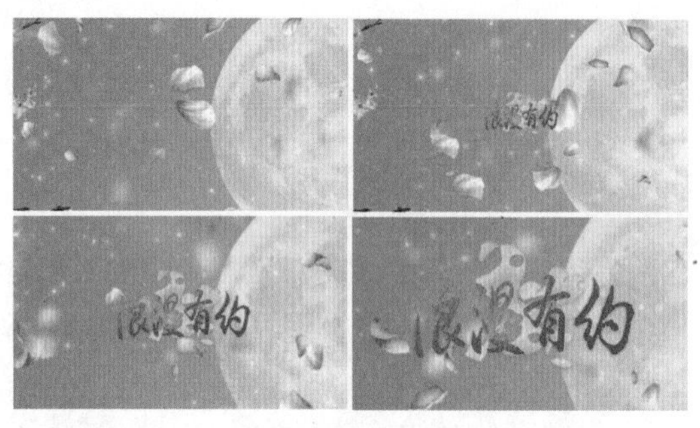

图2-1　效果展示

素材	素材\Cha02\浪漫有约.png、浪漫背景.mp4
场景	场景\Cha02\制作浪漫有约片头动画——图层的操作.aep
视频	视频教学\Cha02\2.1　制作浪漫有约片头动画——图层的操作.mp4

01 启动软件后，按 Ctrl+N 组合键，弹出【合成设置】对话框，将【合成名称】设为“浪漫有约片头动画”，切换到【基本】选项卡，将【宽度】和【高度】分别设置为 780 px 和 432 px，将【像素长宽比】设置为【方形像素】，将【帧速率】设置为 25 帧 / 秒，将【持续时间】设置为 0:00:09:00，将【背景颜色】设置为黑色，单击【确定】按钮，如图 2-2 所示。

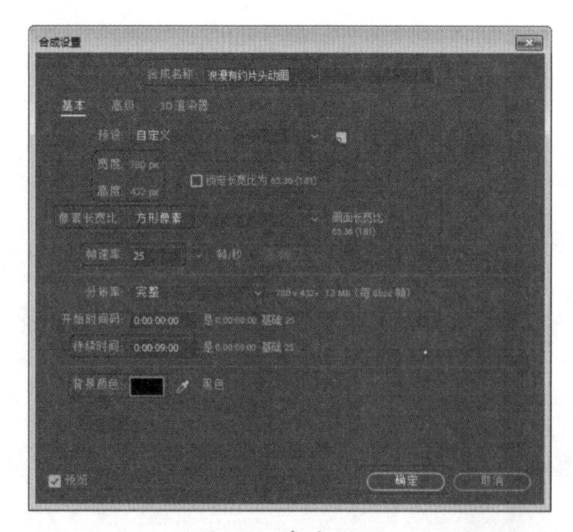

图2-2　合成设置

02 在【项目】面板中双击，弹出【导入文件】对话框，在该对话框中选择“素材\Cha02\浪漫有约 .png”和“素材\Ch02\浪漫背景 .mp4”素材文件，然后单击【导入】按钮，如图 2-3 所示。

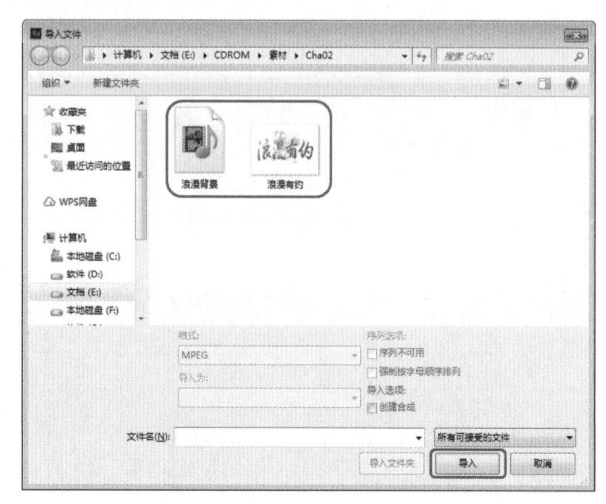

图2-3　选择素材文件

03 导入素材之后，在【项目】面板中查看导入的素材文件，如图 2-4 所示。

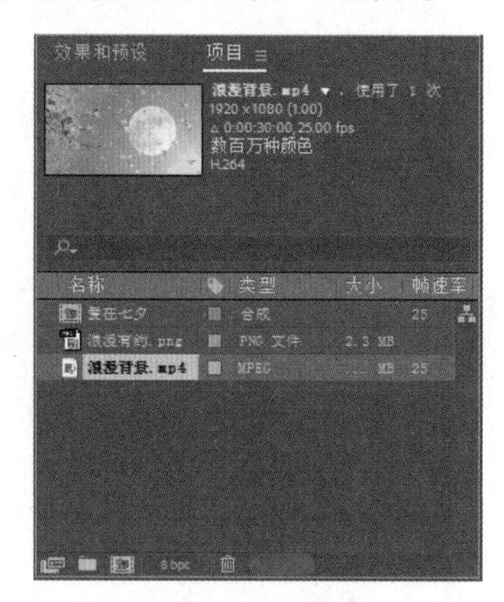

图2-4　查看导入的素材文件

04 在【项目】面板中选择“浪漫背景 .jpg”文件并将其拖至【时间轴】面板中，如图 2-5 所示。

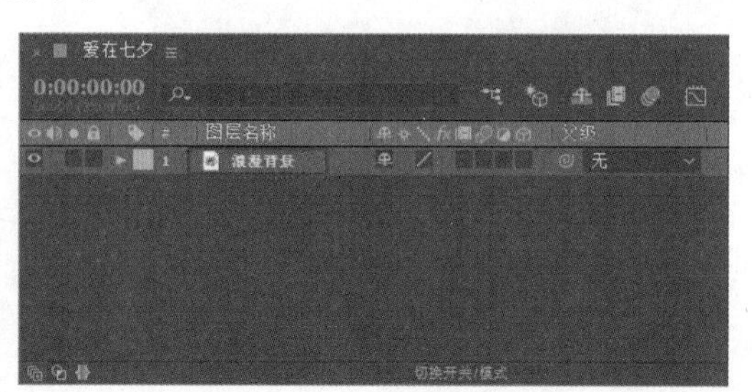

图2-5　添加素材到时间轴

05 将当前时间设置为 0:00:04:00，打开【变换】选项组，单击【缩放】左边的【时间变换秒表】按钮，添加关键帧，如图 2-6 所示。

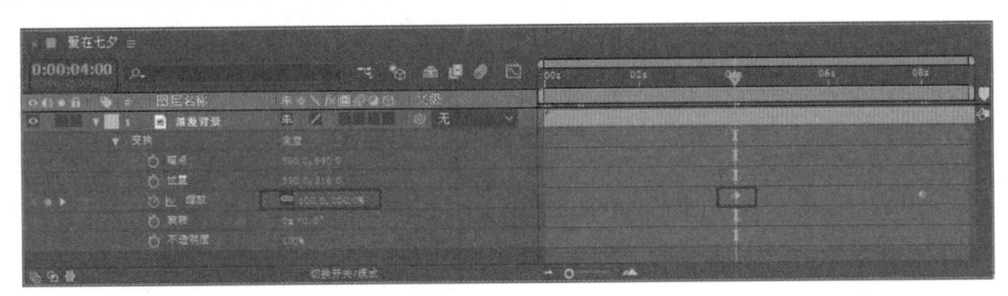

图2-6　添加关键帧

06 将当前时间设置为 0:00:08:00，在时间轴上将【缩放】设置为 135%，如图 2-7 所示。

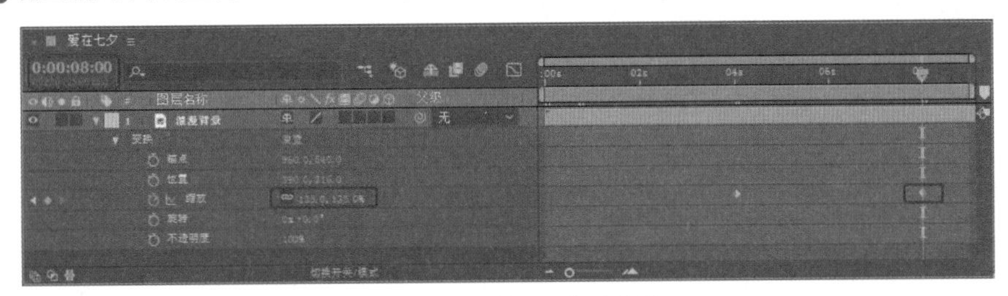

图2-7　添加【缩放】关键帧

07 在【项目】面板中选择“浪漫有约.png”素材文件，将其添加到“浪漫背景”图层的上方，并单击【3D 图层】按钮，开启 3D 图层，如图 2-8 所示。

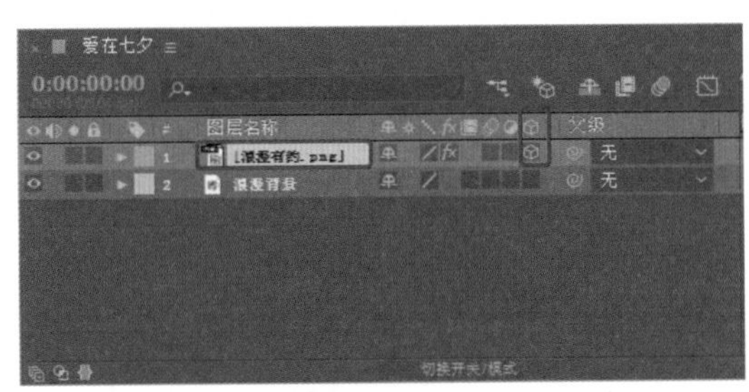

图2-8　合成设置

08 将当前时间设置为 0:00:00:00，单击“浪漫有约”图层【缩放】左侧的【时间变换秒表】按钮，并将【缩放】设置为 0，如图 2-9 所示。

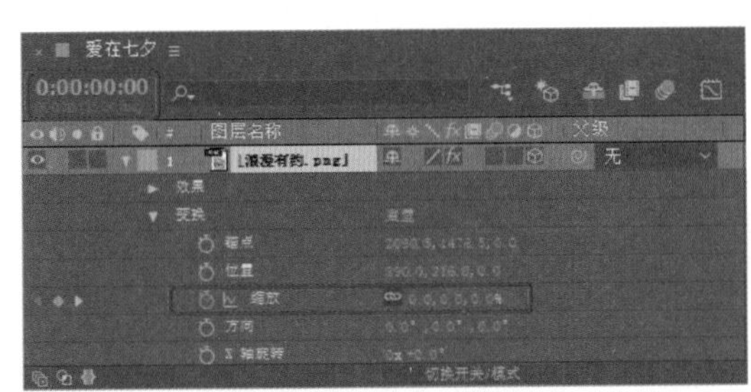

图2-9　添加【缩放】关键帧

09 将当前时间设置为 0:00:04:00，在【时间轴】面板中将【缩放】设置为 5%，如图 2-10 所示。

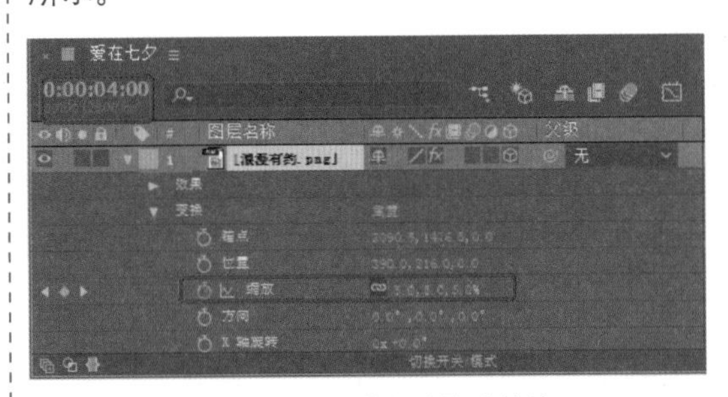

图2-10　添加【缩放】关键帧

10 将当前时间设置为 0:00:08:00，在【时间轴】面板中将【缩放】设置为 15%，如图 2-11 所示。

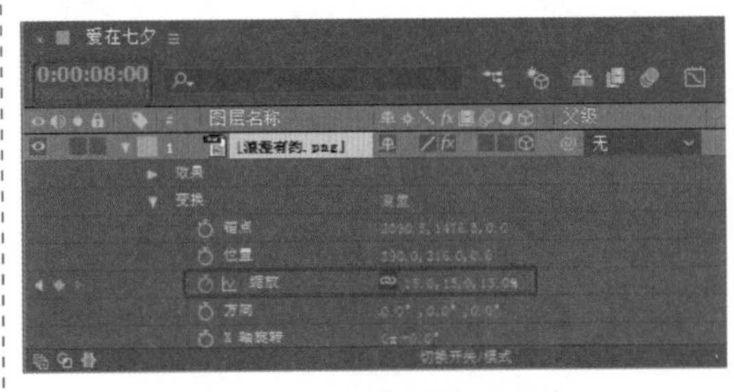

图2-11　添加【缩放】关键帧

11 在【效果和预设】面板中搜索【投影】特效，将其添加到“浪漫有约”图层上。打开【效果控件】面板，将【方向】设置为115，将【距离】设置为10，将【柔和度】设置为55，如图2-12所示。

图2-12　设置效果

12 投影设置完成后，浪漫有约片头动画就制作完成了，然后对场景文件进行保存。

2.1.1　图层的基本操作

图层是After Effects CC软件中重要的组成部分，基本上所有的特效及动画效果都是在图层中完成的。图层的基本操作包括创建图层、选择图层、删除图层等，只有掌握这些基本操作，才能制作出更好的影片。

1. 创建图层

若要创建图层，只需要将导入【项目】面板中的素材文件拖曳到【时间轴】面板中即可，如图2-13和图2-14所示。如果同时拖动多个素材到【项目】面板中，就可以创建多个图层。

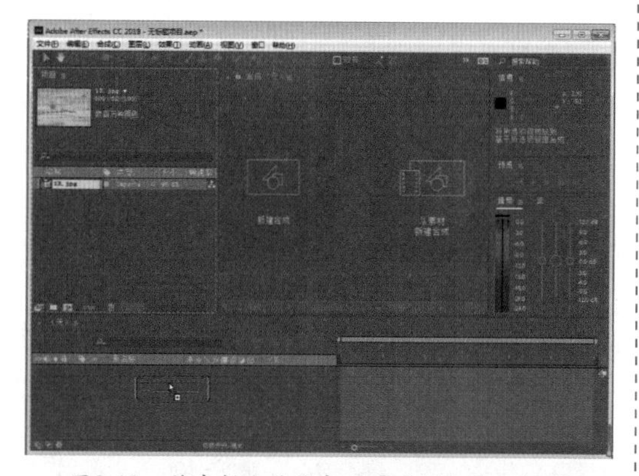

图2-13　将素材文件拖曳到【时间轴】面板中

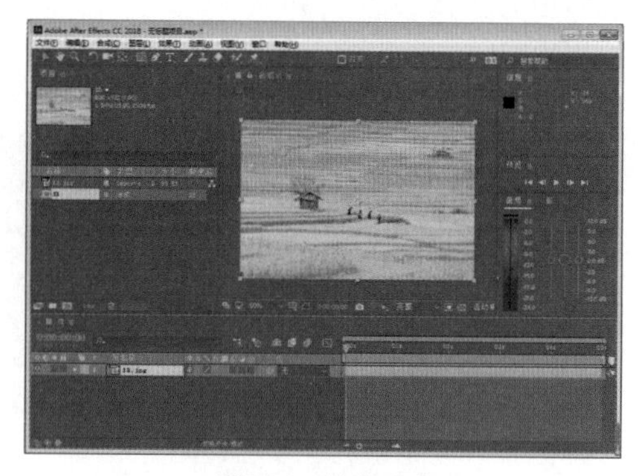

图2-14　创建图层

2. 选择图层

在编辑图层之前，首先要选择图层，可以在【时间轴】面板或【合成】面板中完成。

在【时间轴】面板中直接单击某图层的名称，或在【合成】面板中单击该图层中的任意素材图像，即可选中该层。如果需要选择多个连续的图层，可在【时间轴】面板中按住Shift键进行选择，除此之外，用户还可以按住Ctrl键选择不连续的图层。

如果要选择全部图层，可以在菜单栏中单击【编辑】按钮，在弹出的下拉菜单中选择【全选】命令，如图2-15所示。除此之外，用户还可以按Ctrl+A组合键选择全部图层。

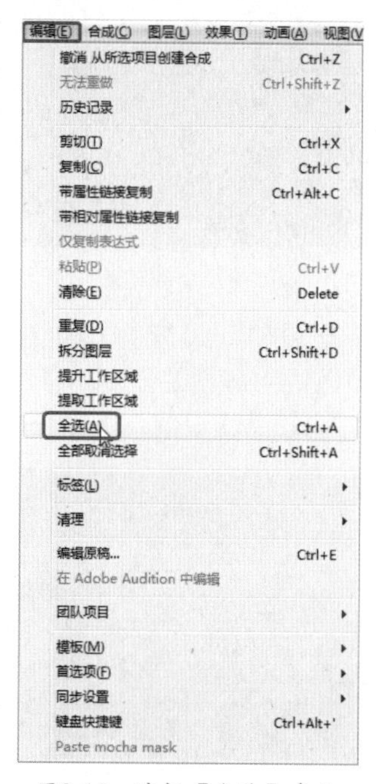

图2-15　选择【全选】命令

3. 删除图层

删除图层的方法十分简单，首先选择要删除的图层，然后在菜单栏中选择【编辑】|【清除】命令，如图2-16所示。除此之外，用户还可以在【时间轴】面板中选择需要删除的图层，然后按键盘上的Delete键删除图层。

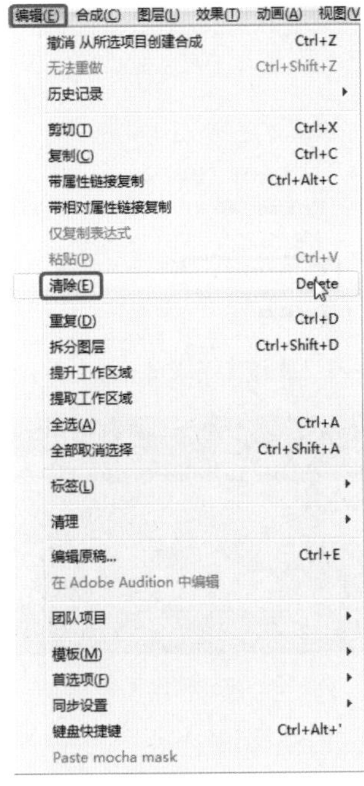

图2-16 选择【清除】命令

4. 复制图层与粘贴图层

若要重复使用相同的素材，可以使用【复制】命令。选择要复制的图层后，在菜单栏中选择【编辑】|【复制】命令，或按Ctrl+C组合键进行复制。

在需要的合成中，选择菜单栏中的【粘贴】命令，或按Ctrl+V组合键进行粘贴。粘贴的图层将位于当前选择图层的上方，如图2-17所示。

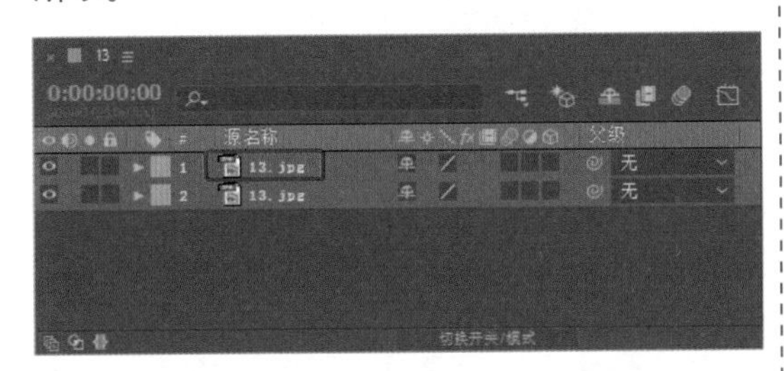

图2-17 复制层

另外，还可以应用【重复】命令复制图层，在菜单栏中选择【编辑】|【重复】命令，或按Ctrl+D组合键，可以快速复制一个位于所选图层上方的同名重复图层。

2.1.2 图层的管理

在After Effects CC中对合成进行操作时，每个导入合成图像的素材都会以图层的形式出现在合成中。当制作一个复杂效果时，往往会应用到大量的图层，为使制作更顺利，我们需要学会在【时间轴】面板中对图层进行移动、标记、设置属性等管理操作。

1. 调整图层的顺序

新创建的图层一般位于所有图层的上方，但有时根据场景的安排，需要将图层进行前后移动，这时就要调整层的顺序。在【时间轴】面板中，通过拖动可以调整层的顺序。选择某个图层后，按住鼠标左键将其拖曳到需要调整到的位置，当在移至的位置出现一条黑线后，如图2-18所示，释放鼠标即可调整图层的顺序，效果如图2-19所示。

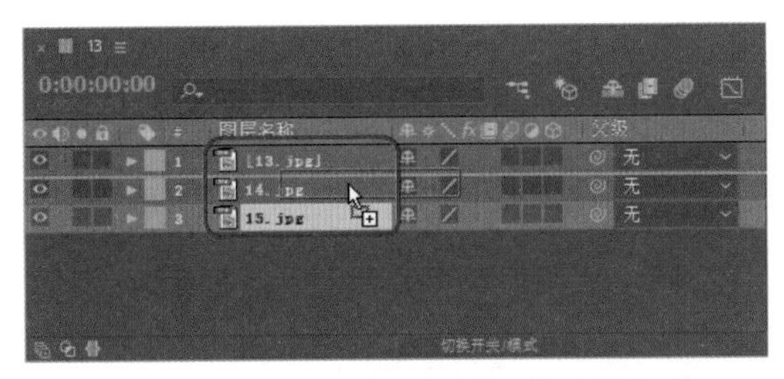

图2-18 拖曳需要调整图层至合适的位置

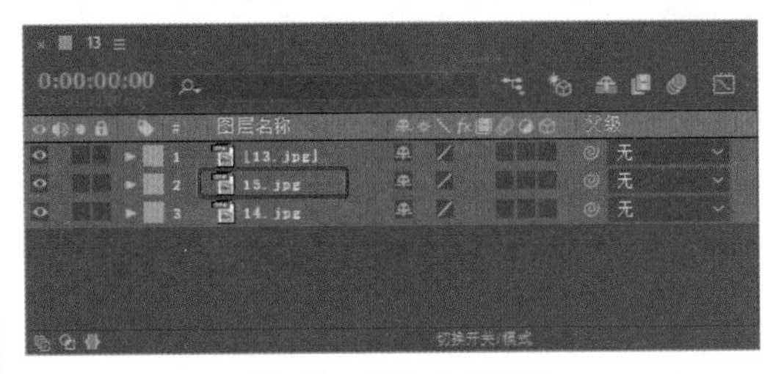

图2-19 调整后的效果

除此之外，用户还可以在菜单栏中选择【图层】|【排列】命令，在此菜单中包含了4种移动图层的命令，如图2-20所示。

将图层置于顶层	Ctrl+Shift+]
使图层前移一层	Ctrl+]
使图层后移一层	Ctrl+[
将图层置于底层	Ctrl+Shift+[

图2-20 【排列】菜单命令

使用快捷键也可对当前选择的图层进行移动。

- 图层移到顶层：Ctrl+ Shift+]。
- 图层前移：Ctrl+]。
- 图层后移：Ctrl+ [。
- 图层移到底层：Ctrl+Shift+[。

2. 为图层添加标记

标记功能对于声音来说有着特殊的意义，例如，在某个高音处或鼓点处设置图层标记，在整个创作过程中，可以快速而准确地了解某个时间位置发生了什么。图层标记有合成时间标记和图层时间标记两种方式。

1）合成时间标记

合成时间标记是在【时间轴】面板中显示时间的位置创建的。在【时间轴】面板中，用鼠标左键按住右侧的【合成标记素材箱】按钮，并向右拖曳至时间轴上，这样，标记就会显示出数字 1，如图 2-21 所示。

图2-21 标记

如果要删除标记，可以使用以下三种方法。

- 选中创建的标记，然后将其拖曳到创建标记的【合成标记素材箱】按钮上。
- 在要删除的标记上右击，在弹出的快捷菜单中选择【删除此标记】命令，如图 2-22 所示，则会删除选定的标记。用户如果想删除所有的标记，可在弹出的快捷菜单中选择【删除所有标记】命令，如图 2-23 所示。
- 按住 Ctrl 键，将鼠标指针放在需要删除的标记上，当指针变为剪刀的形状时，单击鼠标左键，即可将该标记删除，如图 2-24 所示。

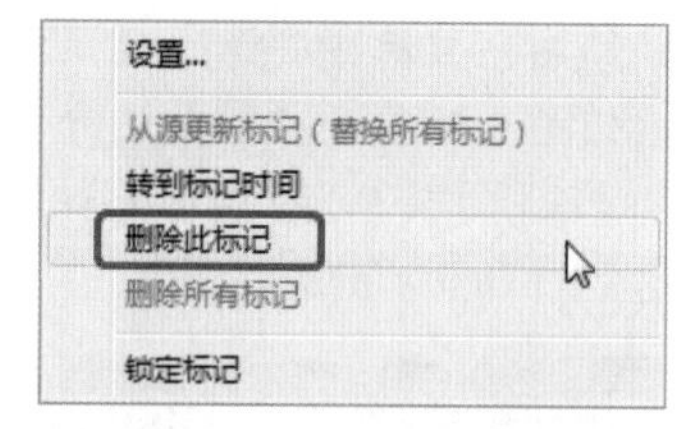

图2-22 选择【删除此标记】命令

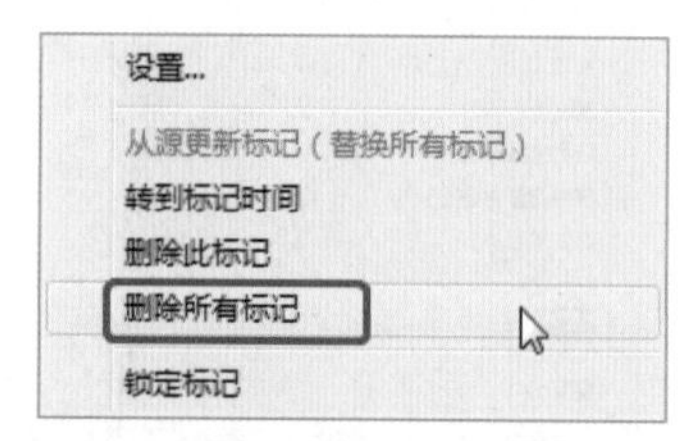

图2-23 选择【删除所有标记】命令

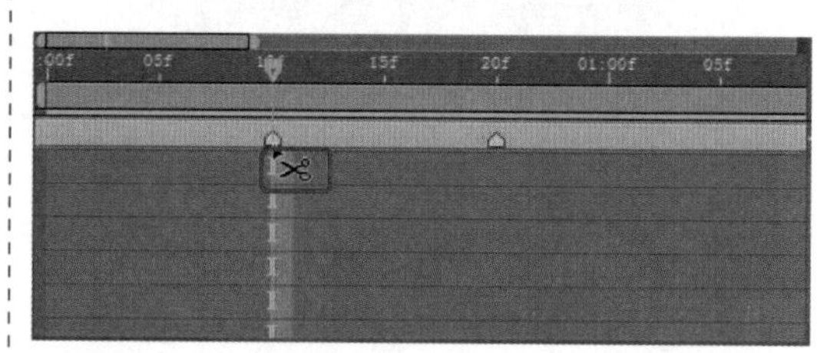

图2-24 删除标记

2）图层时间标记

图层时间标记是在图层上添加的标记，它在图层上的显示方式为一个小三角形按钮。在图层上添加图层时间标记的方法如下。

选定要添加标记的图层，然后将时间标签移动到需要添加标记的位置，在菜单栏中选择【图层】|【添加标记】命令或按小键盘上的 * 键，即可在该图层上添加标记，如图 2-25 所示。

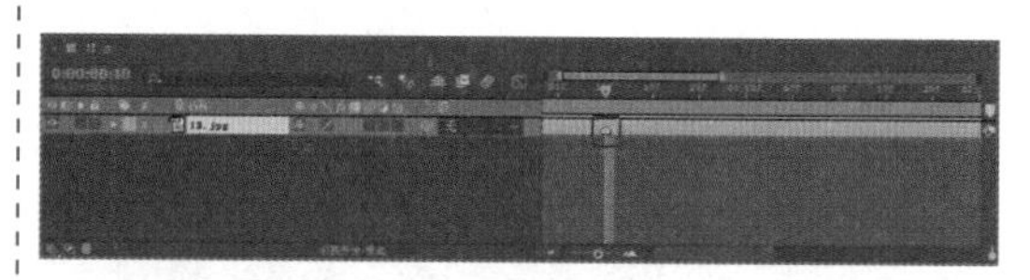

图2-25 为图层添加标记

若要对标记时间进行精确定位，则可以双击图层标记，或在标记上右击，在弹出的快捷菜单中选择【设置】命令，如图 2-26 所示，即可弹出【图层标记】对话框，用户可以在该对话框的【时间】文本框中输入确切的时间，以更精确地修改图层标记时间的位置，如图 2-27 所示。

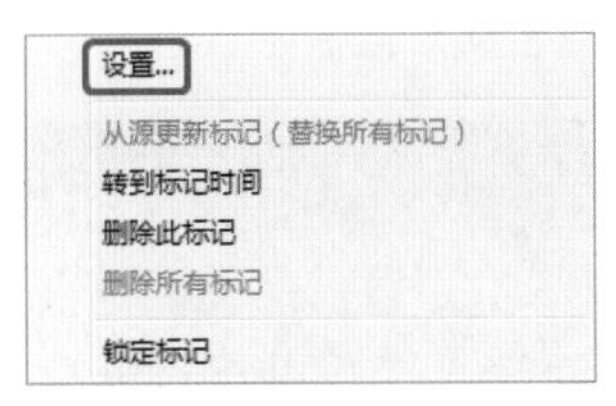

图2-26　选择【设置】命令

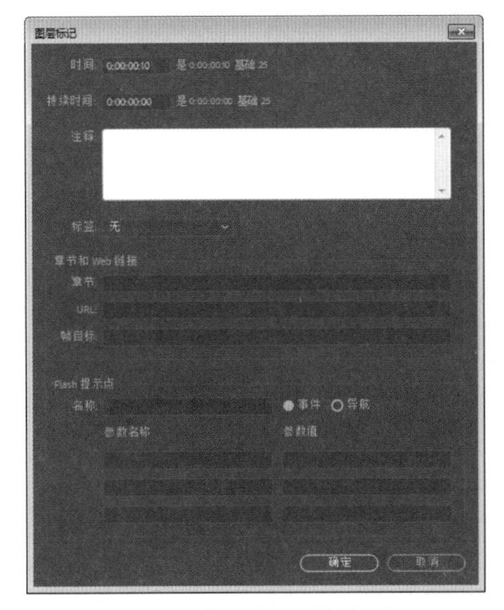

图2-27　【图层标记】对话框

另外，可以给标记添加注释来更好地识别各个标记，双击标记图标，弹出【图层标记】对话框，在【注释】文本框中输入所要说明的文字，单击【确定】按钮，即可为该标记添加注释，如图 2-28 所示。

如果想要锁定标记，可在要锁定标记的图标上右击，在弹出的快捷菜单中选择【锁定标记】命令，如图 2-29 所示。锁定标记后，用户不可以再对其进行设置、删除等操作。

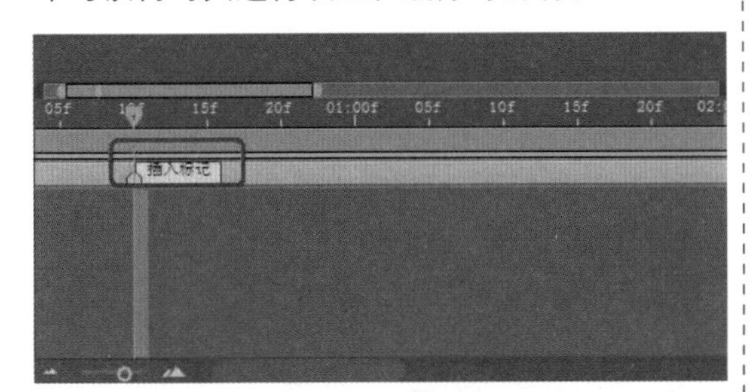

图2-28　添加注释

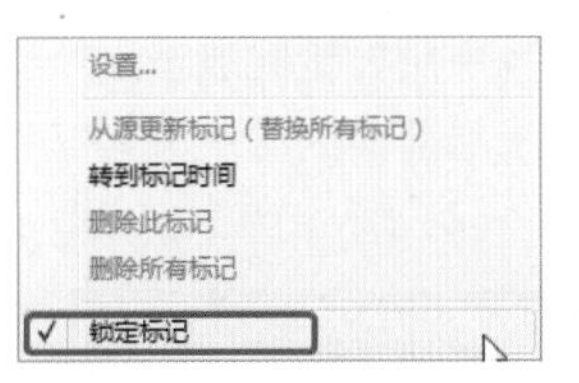

图2-29　选择【锁定标记】命令

3. 注释图层

在进行复杂的合成制作时，为了分辨各图层的作用，可以为图层添加注释。在【注释】栏下单击，可打开输入框，在其中输入相关信息，即可对该位置的图层进行注释，如图 2-30 所示。

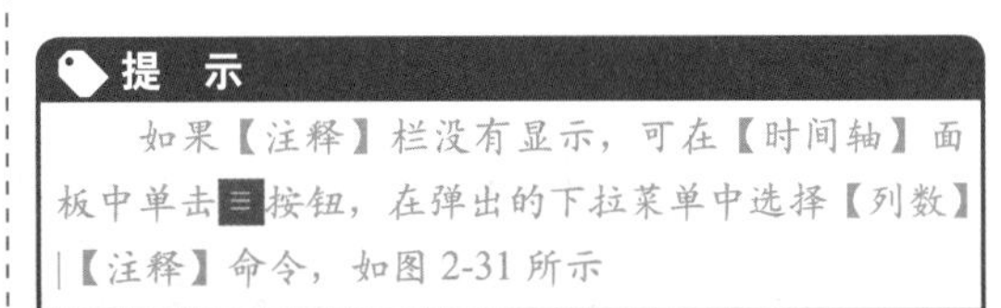

提　示

如果【注释】栏没有显示，可在【时间轴】面板中单击☰按钮，在弹出的下拉菜单中选择【列数】|【注释】命令，如图 2-31 所示

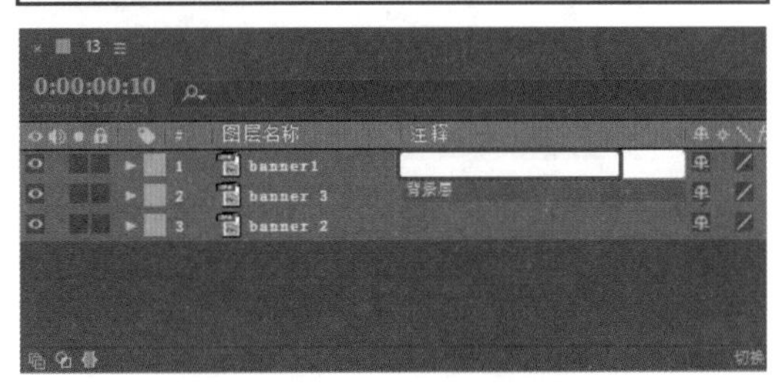

图2-30　输入注释

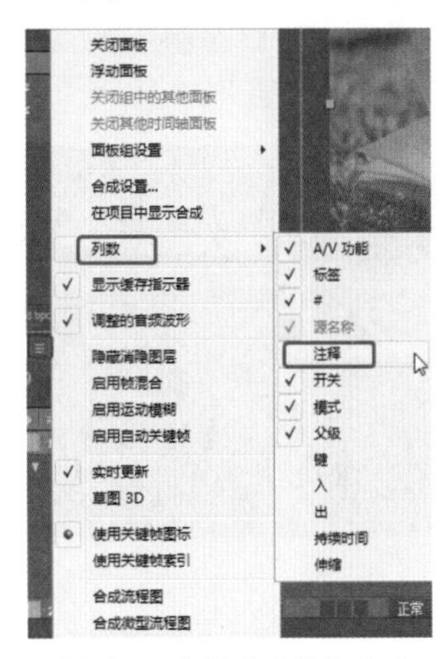

图2-31　选择【注释】命令

4. 显示/隐藏图层

在制作过程中为方便观察位于下面的图层，通常要将上面的图层进行隐藏。下面介绍几种不同情况的图层隐藏。

- 当用户想要暂时取消一个图层在【合成】面板中的显示时，可在【时间轴】面板中单击该图层前面的【视频】按钮，该图标消失，在【合成】面板中该图层则不会显示，如图 2-32 所示；再次单击，该图标显示，图层也会在【合成】面板中显示。

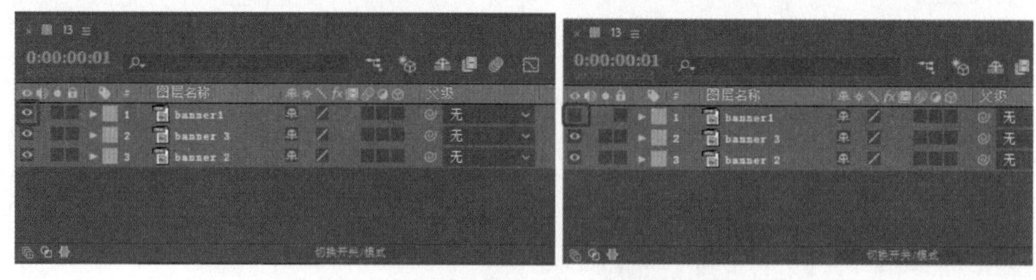

图2-32　在【合成】面板中显示/隐藏图层

- 若将不需要的图层在【时间轴】面板中隐藏，单击要隐藏图层的【消隐】按钮，按钮图标会转换为。然后，单击【隐藏】按钮，这样图层将在【时间轴】面板中隐藏，如图 2-33 所示。

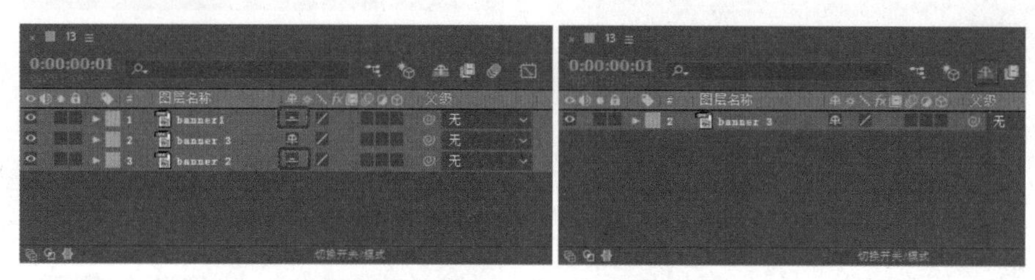

图2-33　在【时间轴】面板中隐藏图层

- 当需要单独显示一个图层，而将其他图层全部隐藏时，在【独奏】栏下相应的位置单击，出现图标。这时会发现【合成】面板中的其他图层已全部隐藏，如图 2-34 所示。

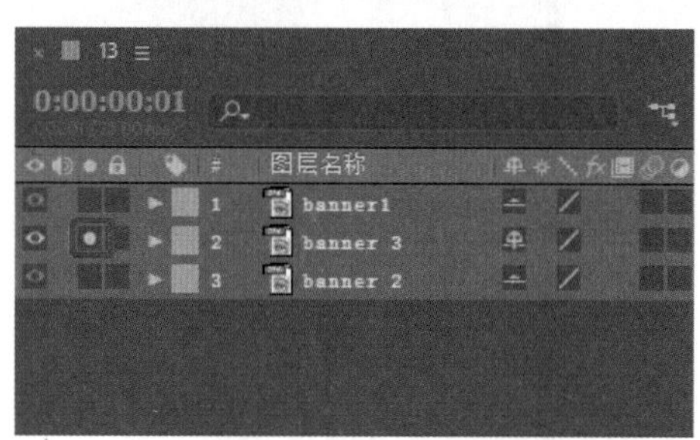

图2-34　单独显示图层

提　示

在使用该方法隐藏其他图层时，摄像机层和照明层不会被隐藏。

5. 设置隐藏图层

下面练习隐藏图层的操作。

01 启动 After Effects CC 软件，选择【文件】|【打开项目】命令，打开“素材\Cha02\隐藏层项目 .aep”项目文件，如图 2-35 所示。

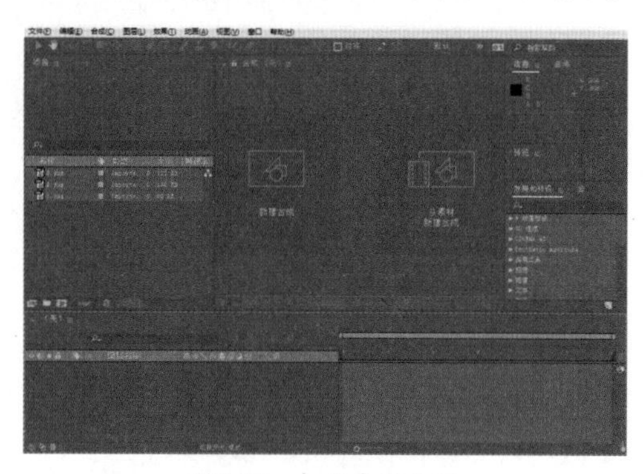

图2-35　打开素材文件

02 将【项目】面板中的 3 个素材文件拖到【时间轴】面板中，在弹出的【基于所选项新建合成】对话框中选中【序列图层】和【重叠】复选框，将【持续时间】设置为 00:00:01:00，如图 2-36 所示。

03 单击【确定】按钮，在【时间轴】面板中将时间设置为 0:00:02:00，如图 2-37 所示。

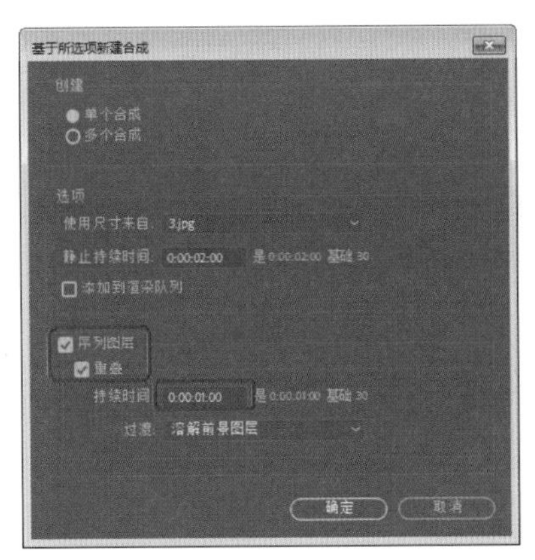

图2-36 【基于所选项新建合成】对话框

图2-37 设置时间

04 在【时间轴】面板中同时选择第一个层和第二个图层，然后单击【消隐】按钮，该按钮转换为状态，如图2-38所示。

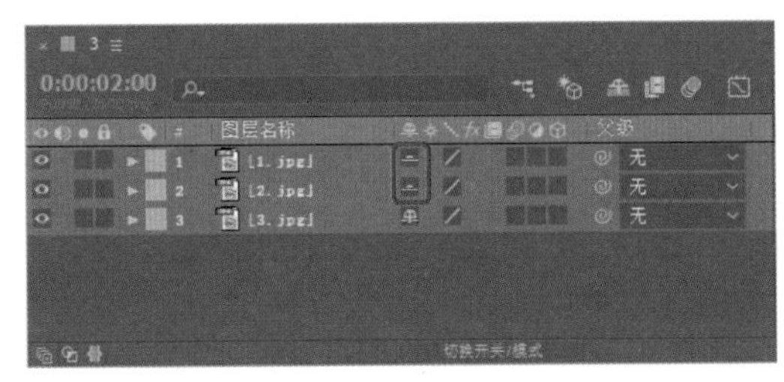

图2-38 设置消隐

05 单击【隐藏】按钮，将选中的图层在【时间轴】面板中隐藏，如图2-39所示。

06 选择第三个图层，在【独奏】栏下相应的位置单击，出现图标。将其他图层隐藏，在【合成】面板中只显示第三个图层，如图2-40所示。

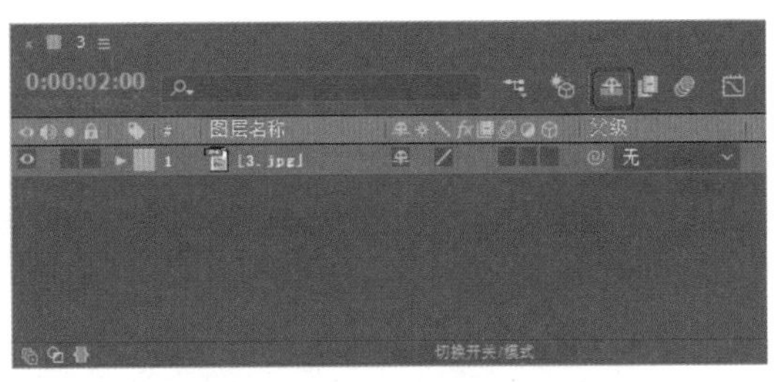

图2-39 设置隐藏

图2-40 只显示第三个图层

6. 重命名图层

在制作合成过程中，对图层进行复制或分割等操作后，会产生名称相同或相近的图层。为方便区分这些重名的图层，用户可对图层进行重命名。

在【时间轴】面板中选择一个图层，按主键盘区的Enter键，使图层的名称处于可编辑状态，如图2-41所示。输入一个新的名称，再次按主键盘区的Enter键，完成重命名。也可以右击要重命名的图层名称，在弹出的快捷菜单中选择【重命名】命令，即可对图层重命名。

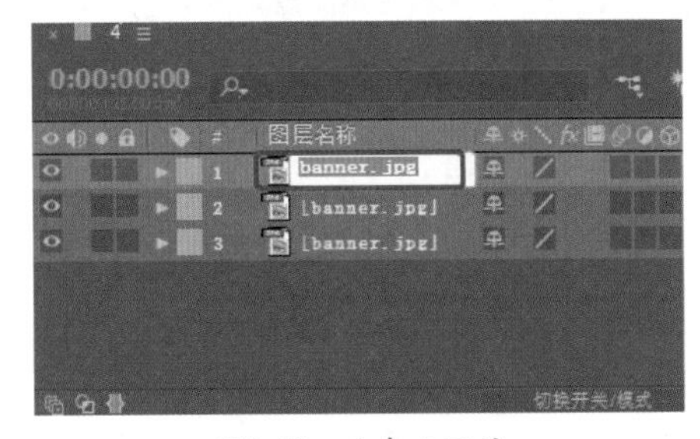

图2-41 重命名图层

提　示

在【时间轴】面板中为素材重命名时，改变的是素材的图层名称，原素材的名称并未改变。单击图层名称上方的栏目名称，可使图层名称在源名称与图层名称之间切换，如图2-42所示。

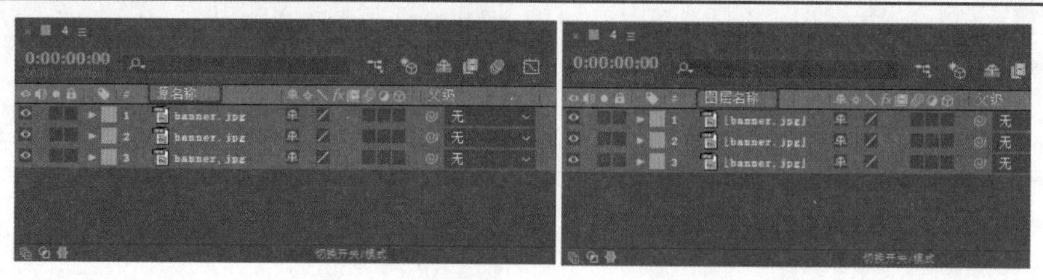

图2-42　名称切换

2.1.3　图层的模式

在After Effects CC中进行合成制作时，可以通过切换图层模式来控制上图层与下图层的融合效果。当某一个图层选用某一个图层模式时，其根据图层模式的类型与下层图层进行相应的融合，并产生相应的合成效果。在【模式】栏中可以选择图层模式的类型，如图2-43所示。

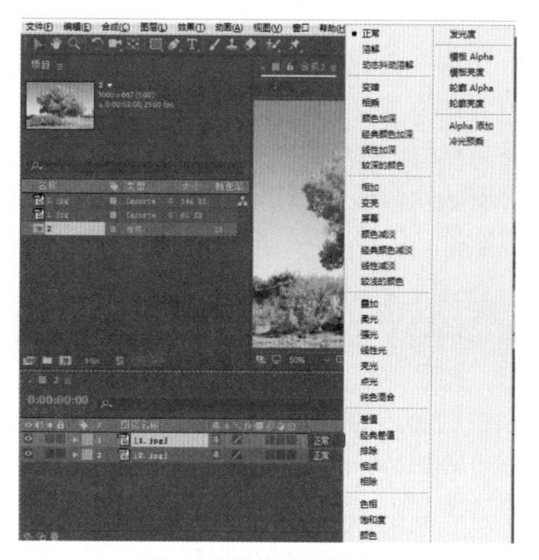

图2-43　图层模式的类型

图层模式改变了图层上某些颜色的显示，选择的模式类型决定了图层的颜色如何显示，即图层模式是基于上下图层的颜色值的运算。下面介绍图层混合模式的类型。

- 【正常】：当透明度设置为100%时，此合成模式将根据Alpha通道正常显示当前图层，并且此图层的显示不受其他图层的影响；当透明度设置为小于100%时，当前图层的每一个像素点的颜色都将受到其他图层的影响。图2-44所示为不透明度为100%时的效果。

图2-44　【正常】模式

- 【溶解】：选择该混合模式，会把溶解的透明度作为混合色的像素百分比，并按此比例把混合色放于基色之上(基色是图层混合之前位于原处的色彩或图像，是被溶解于基准色或图像之上的色彩或图像)。随着顶层图层透明度数值的变化，杂色的浓度也会发生变化，如图2-45所示。
- 【动态抖动溶解】：该模式与【溶解】模式相同，但它对图层间的融合区域进行了随机动画，效果如图2-46所示。
- 【变暗】：该模式用于查看每个颜色通道中的颜色信息，并选择原色或混合色中较暗的颜色作为结果色，比混合色亮的像素将被替换，而比混合色暗的像素保持不变，效果如图2-47所示。

图2-45 【溶解】模式

图2-46 【动态抖动溶解】模式

图2-47 【变暗】模式

- 【相乘】：该模式为一种减色模式，将底色与图层颜色相乘，类似一种光线透过两张叠加在一起的幻灯片，会呈现一种较暗的效果。任何颜色与黑色相乘都产生黑色，与白色相乘则保持不变。当透明度由小到大时会产生如图 2-48 所示的效果。

图2-48 【相乘】模式

- 【颜色加深】：该模式可以让底层的颜色变暗，有点类似于【相乘】混合模式。但不同的是，它会根据叠加的像素颜色相应地增加底层的对比度。和白色混合时没有效果。当透明度由大到小时的效果如图 2-49 所示。

图2-49 【颜色加深】模式

- 【经典颜色加深】：该模式通过增加对比度，使基色变暗以反映混合色，优于【颜色加深】模式。当不透明度为 50% 时的效果如图 2-50 所示。

图2-50　【经典颜色加深】模式

- 【线性加深】：在该模式下，可以查看每个通道中的颜色信息，并通过减小亮度使当前图层变暗以反映下一图层的颜色。下一图层与当前图层上的白色混合后不会产生变化，与黑色混合后将显示黑色。当不透明度为50%时的效果如图2-51所示。

图2-51　【线性加深】模式

- 【较深的颜色】：该模式用于显示两个图层中色彩暗的部分，如图2-52所示。

图2-52　【较深的颜色】模式

- 【相加】：使用该模式可将基色与图层颜色相加，得到更明亮的颜色。图层颜色为纯黑或基色为纯白时，都不会发生变化，如图2-53所示。

图2-53　【相加】模式

- 【变亮】：该模式和【较深的颜色】混合模式相反，使用该模式时，比较相互混合的像素亮度，混合颜色中较亮的像素保留，而其他较暗的像素则被替代。透明度不同时的效果如图2-54所示。

图2-54　【变亮】模式

- 【屏幕】：利用该模式可制作出与【相乘】混合模式相反的效果，图像中的白色部分在结果中仍是白色，图像中的黑色部分在结果中显示出另一幅图像中相同位置的内容，效果如图2-55所示。

图2-55 【屏幕】模式

- 【颜色减淡】：该模式通过减小对比度，使基色变亮以反映混合色。如果混合色为黑色则不发生变化，画面整体变亮，如图 2-56 所示。

图2-56 【颜色减淡】模式

- 【经典颜色减淡】：该模式通过减小对比度，使基色变亮以反映混合色，优于【颜色减淡】模式。不透明度为 50% 时的效果如图 2-57 所示。

图2-57 【典型颜色减淡】模式

- 【线性减淡】：该模式用于查看每个通道中的颜色信息，并通过增加亮度使基色变亮以反映混合色，与黑色混合后不发生变化。不透明度为 40% 时的效果如图 2-58 所示。

图2-58 【线性减淡】模式

- 【较浅的颜色】：该模式用于显示两个图层中亮度较大的色彩，如图 2-59 所示。

图2-59 【较浅的颜色】模式

- 【叠加】：复合或过滤颜色，具体取决于基色。颜色在现有像素上叠加，同时保留基色的明暗对比。不替换基色，但基色与混合色相混以反映原色的亮度或暗度。该模式对于中间色调影响较明显，对于高亮度区域和暗调区域影响不大。不透明度为 30% 时的效果如图 2-60 所示。

图2-60 【叠加】模式

- 【柔光】：该模式用于使颜色变亮或变暗，具体取决于混合色。如果混合色比 50%灰色亮，则图像变亮，就像被减淡了一样。如果混合色比 50%灰色暗，则图像变暗，就像被加深了一样。用纯黑色或纯白色绘画会产生明显较暗或较亮的区域，但不会产生纯黑色或纯白色，如图 2-61 所示。

图2-61 【柔光】模式

- 【强光】：该模式用于模拟强光照射、复合或过滤颜色，具体取决于混合色。如果混合色比 50%灰色亮，则图像变亮，就像过滤后的效果。这对于向图像中添加高光非常有用。如果混合色比 50%灰色暗，则图像变暗，就像复合后的效果。这对于向图像中添加暗调非常有用。用纯黑色或纯白色绘画会产生纯黑色或纯白色，如图 2-62 所示。

图2-62 【强光】模式

- 【线性光】：该模式通过减小或增加亮度来加深或减淡颜色，具体取决于混合色，透明度不同时的效果如图 2-63 所示。
- 【亮光】：该模式通过减小或加深对比度来加深或减淡颜色，具体取决于混合色。如果混合色比 50% 的灰色亮，则通过减小对比度来使图像变亮；如果混合色比 50% 的灰色暗，则通过增加对比度来使图像变暗。透明度不同时的效果如图 2-64 所示。

图2-63 【线性光】模式

图2-64 【亮光】模式

- 【点光】：该模式通过增加或减小对比度来加深或减淡颜色。具体取决于混合色，不透明度为20%时的效果如图2-65所示。

图2-65 【点光】模式

- 【纯色混合】：该模式用于产生一种强烈的色彩混合效果，使图层中亮度区域变得更亮，暗调区域颜色变得更深。不透明度为30%时的效果如图2-66所示。

图2-66 【纯色混合】模式

- 【差值】：从基色中减去混合色，或从混合色中减去基色，具体取决于亮度值大的颜色。与白色混合，基色值会反转；与黑色混合，不会产生变化。不透明度为25%时的效果如图2-67所示。
- 【经典差值】：从基色中减去混合色，或从混合色中减去基色，优于【插值】模式。不透明度为20%时的效果如图2-68所示。
- 【排除】：该模式与【差值】模式相似，但对比度要更低一些。不透明度为30%时的效果如图2-69所示。

图2-67 【差值】模式

图2-68 【经典差值】模式

图2-69 【排除】模式

- 【相减】：对黑色、灰色部分进行加深，完全覆盖白色。不透明度为40%时的效果如图2-70所示。

图2-70 【相减】模式

- 【相除】：用白色覆盖黑色，把灰度部分的亮度相应提高。不透明度为 40% 时的效果如图 2-71 所示。
- 【色相】：用基色的亮度和饱和度以及混合色的色相创建结果色，效果如图 2-72 所示。

图2-71 【相除】模式

图2-72 【色相】模式

- 【饱和度】：用基色的亮度和色相，以及图层颜色的饱和度创建结果颜色。如果底色为灰度区域，用此模式不会引起变化。不透明度为 50% 时的效果如图 2-73 所示。

图2-73 【饱和度】模式

- 【颜色】：用基色的亮度以及混合色的色相和饱和度创建结果色，保留了图像中的灰阶，可以很好地用于单色图像上色和彩色图像着色。不透明度为 80% 时的效果如图 2-74 所示。

图2-74 【颜色】模式

- 【发光度】：用基色的色相和饱和度以及混合色的亮度创建结果色。透明度不同时的效果如图 2-75 所示。

图2-75 【发光度】模式

- 【模板 Alpha】：该模式可以使模板层的 Alpha 通道影响下方的层。图层包含透明度信息，当应用【模板 Alpha】模式后，其下方的图层也具有相同的透明度信息，效果如图 2-76 所示。

图2-76 【模板Alpha】模式

- 【模板亮度】：该模式通过模板图层的像素亮度显示多个图层。使用该模式，图层中较暗的像素比较亮的像素更透明，效果如图 2-77 所示。

图2-77 【模板亮度】模式

- 【轮廓 Alpha】：下层图像将根据模板图层的 Alpha 通道生成图像的显示范围。不透明度为15%时的效果如图2-78 所示。
- 【轮廓亮度】：在该模式下，图层中较亮的像素会比较暗的像素透明。不透明度为 70% 时的效果如图 2-79 所示。
- 【Alpha 添加】：底图层与目标图层的 Alpha 通道共同建立一个无痕迹的透明区域。不透明度为 70% 时的效果如图 2-80 所示。

图2-78 【轮廓Alpha】模式

图2-79 【轮廓亮度】模式

图2-80 【Alpha添加】模式

- 【冷光预乘】：该模式可以将图层的透明区域像素和底层作用，使 Alpha 通道具有边缘透镜和光亮效果。不透明度为 30% 时的效果如图 2-81 所示。

提 示

不能利用图层模式设置关键帧动画，如果需要在某个时间改变层模式，则需要在该时间点将层分割，对分割后的层应用新的模式即可。

图2-81　【冷光预乘】模式

2.1.4 图层的栏目属性

在【时间轴】面板中，图层的栏目属性有多种分类，在属性栏上右击，在弹出的快捷菜单中选择【列数】命令，在弹出的子菜单中可选择要显示的栏目，如图 2-82 所示。名称前有“✓”标志的是已打开的栏目。

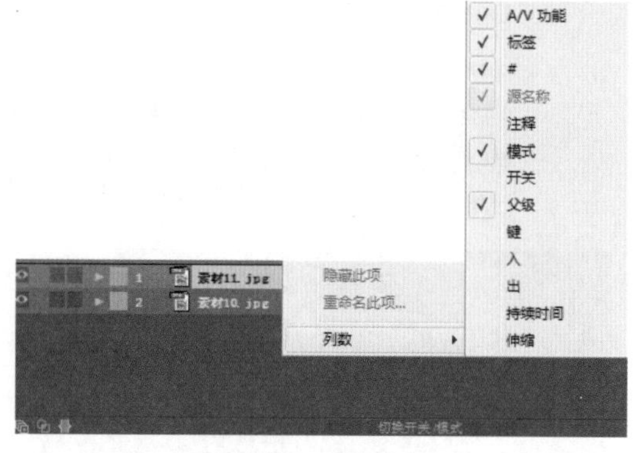

图2-82　显示栏目

1. A/V 功能

【A/V 功能】栏中的工具按钮主要用于设置图层的显示和锁定，其中包括【视屏】、【音频】、【独奏】和【锁定】等工具图标。

- 【视频】 ：单击该图标可以让该图标显示或隐藏，并影响这一图层的显示或隐藏。单击其中几个图层的图标，将其关闭，在【合成】面板中将隐藏相应的图层。
- 【音频】 ：该图标仅在有音频的图层中出现，单击这个图标可让该图标显示或隐藏，同时也会打开或关闭该图层的音频输出，并影响这一音频图层中音频的使用或关闭。这里在【时间轴】面板中放置一个音频层，按小键盘上的“.”（小数点）键监听其声音，并在【音频】面板中查看其音量指示，如图 2-83 所示。

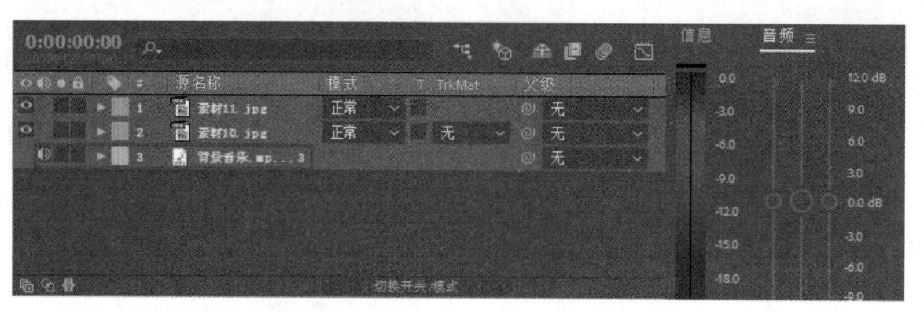

图2-83　预览音频和查看其音量指示

- 如果单击音频图层前面的图标将其关闭，预览时将没有声音，同时也看不到音频指示，如图 2-84 所示。

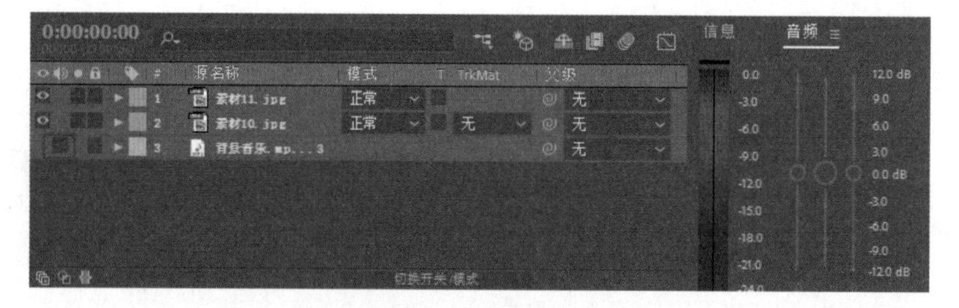

图2-84　关闭音频

- 【独奏】：如果想单独显示某一图层，单击这一层的图标后，合成预览面板中将会只显示这一图层。
- 【锁定】：为了防止图层被编辑，可以选择要锁定的图层，然后单击图标，该图层便无法进行其他编辑操作，不能被选中。这就有效地避免了在制作过程中对图层可能产生的错误操作。

2. 标签、# 和源名称

【标签】、# 和【源名称】都是用于显示层的相关信息，如【标签】用于显示层在【时间轴】面板中的颜色，# 用于显示层的序号，【源名称】则用于显示层的名称。

- 【标签】：在【时间轴】面板中，可使用不同颜色的标签来区分不同类型的图层。不同类型的图层有自己默认的颜色，如图 2-85 所示。用户也可以自定义标签的颜色，在标签颜色的色块上单击，在弹出的菜单中可选择系统预置的标签颜色，如图 2-86 所示。用户也可为相同类型的图层设置不同的标签颜色。

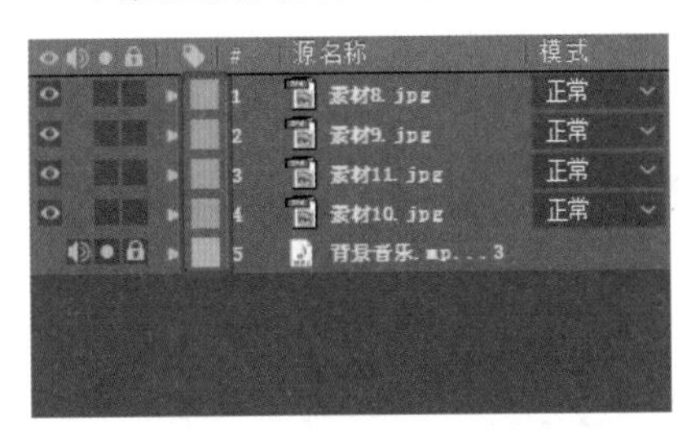

图2-85　不同的标签颜色

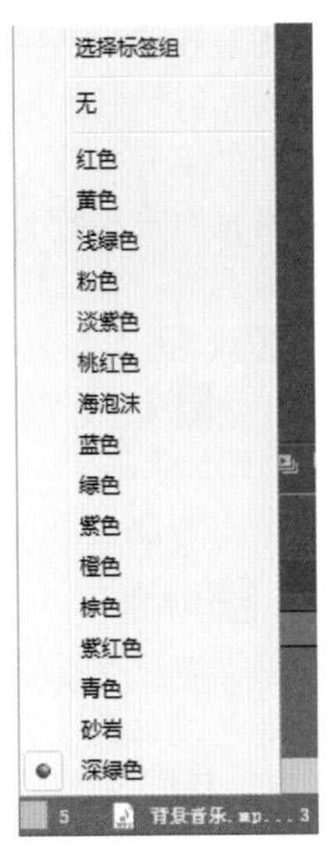

图2-86　系统预置的标签颜色

- #：用于显示图层序号。图层的序号由上至下从 1 开始递增。图层的序号只代表该层当前位于第几层，与图层的内容无关。图层的顺序改变后，序号由上至下递增的顺序不变。
- 【源名称】：用于显示图层的来源名称。【源名称】图标与【图层名称】图标之间可互相转换。单击其中一个时，当前图标会转换成另一个。【源名称】用于显示图片、音乐素材图层原来的名称；【图层名称】用于显示图层新的名称。如果在【图层名称】状态下，素材图层没有经过重命名，则会在图层源名称上添加 ⌊ ⌋，如图 2-87 所示。

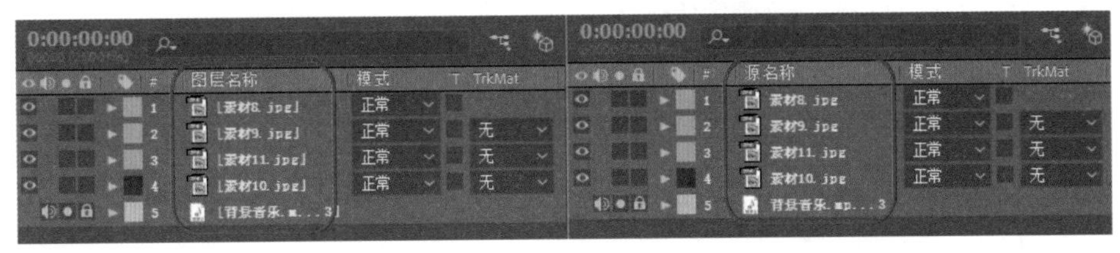

图2-87　源名称与图层名称

3. 开关

【开关】栏中的工具按钮主要用于设置图层的效果，各个工具按钮的功能如下。

- 【躲避】：该图标用于隐藏【时间轴】面板中的图层。这个图标需要和【时间轴】面板上方的图标配合使用，当需要隐藏过多的图层时，可以使用隐藏功能，将一些不用设置的图层在【时间轴】面板中暂时隐藏，从而有针对性地对重点图层进行操作。使用方法分为两步：第一步先在时间轴中选择暂时不做处理、可以隐藏的图层，然后单击图标，使其变为状态；第二步单击【时间轴】面板上方的图标，将所有标记图标的图层设置躲避。

- 如果要将设置躲避的图层显示出来，再次单击图标即可。
- ：当图层为合成图层时，该图标起到折叠变化的作用；对于矢量图层，则起到连续栅格化的作用。
- 图标针对导入的矢量图层、相关制作的图层和嵌套的合成图层等的操作。例如，导入一个EPS格式的矢量图，并将其【缩放】参数调大，效果如图2-88所示。放大后的矢量图形有些模糊，单击该图层的图标，图像会变清晰，如图2-89所示。

图2-88　矢量图

图2-89　图像变清晰

提　示

对于以线条为基础的矢量图形，其优势是无限放大也不会变形，只是在细节上没有以像素为基础的位图细腻了。

- 【品质】：该图标用于设置图层在【合成】面板中以怎样的品质显示画面效果。图标是以较好的质量显示图层效果；图标是以差一些的草稿质量显示图层效果；图标是双立方采样，在某些情况下，使用此采样可获得明显更好的结果，但速度更慢。选择【图层】|【品质】|【线框】命令，可显示线框图，如图2-90所示。此时，在【时间轴】面板的图层上会出现图标。

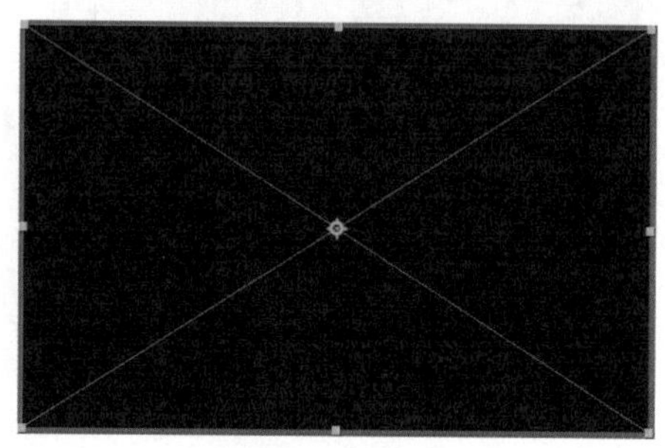

图2-90　线框图

- 【效果】：该图标用于打开或关闭图层上的所有特效应用。单击该图标，该图标会隐藏，同时关闭相应图层中特效的应用。再次单击则显示该图标，并同时打开相应图层中的特效应用。
- 【帧混合】：此图标能够使帧的内容混合。当将某段视频素材的速度调慢时，需将同样数量的帧画面分配到更长的时间段播放，这时帧画面的数量不够，会产生画面抖动的现象。【帧混合】能够对抖动模糊的画面进行平滑处理，对缺少的画面进行补充，使视频画面清晰，提高视频的质量。
- 【动态模糊】：该图标用于设置画面的运动模糊，模拟快门状态。

4. 画面的动态模糊

若播放电影或电视时，其每一帧画面看起来像照片一样清晰，那么，会出现画面闪烁的现象，使得画面看起来并不像连续的变化。这时需要运用运动模糊为静止图像设置动画，这样更有利于表现物体的动势，能够提高图像动画中的运动视觉效果。

在没有使用运动模糊技术时，动画的静止画面是清晰的，当打开图标后，单击【时间轴】面板上部的图标，这时再播放动画，【合成】面板中的图像会有明显的运动模糊效果，同时动画效果也变得平滑自然。下面将介绍设置【动态模糊】的操作方法。

01 新建项目文件，在【项目】面板中右击，在弹出的快捷菜单中选择【新建合成】命令，在弹出的【合成设置】对话框中，将【合成名称】设置为“运动模糊”，【宽度】设置为1024px，【高度】设置为576px，【持续时间】设置为0:00:00:05，如图2-91所示。

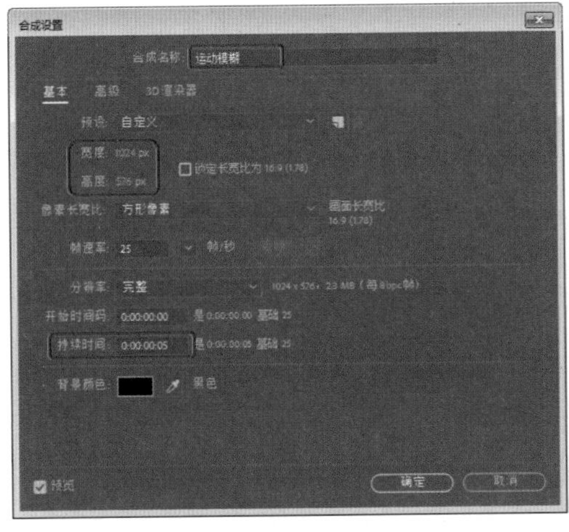

图2-91 【合成设置】对话框

02 在工具栏中选取【椭圆工具】，在【合成】面板中按住Shift键绘制一个圆形，然后单击【切换透明网格】按钮，效果如图2-92所示。

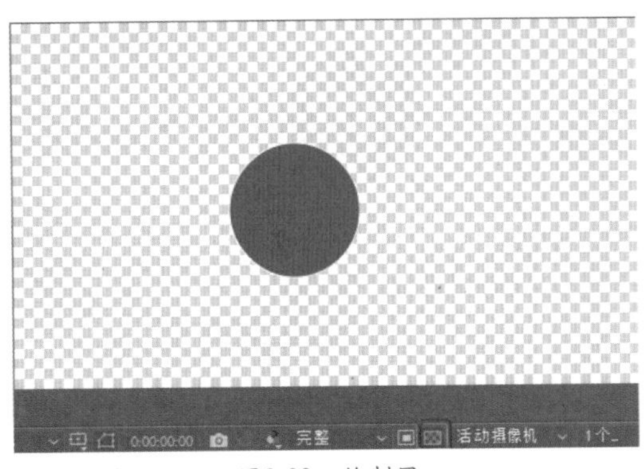

图2-92 绘制圆

03 在【时间轴】面板中将时间设置为0:00:00:00，在【形状图层1】的【变换】选项下，单击【位置】左侧的【时间变化秒表】按钮，将其值设置为512、288，如图2-93所示。

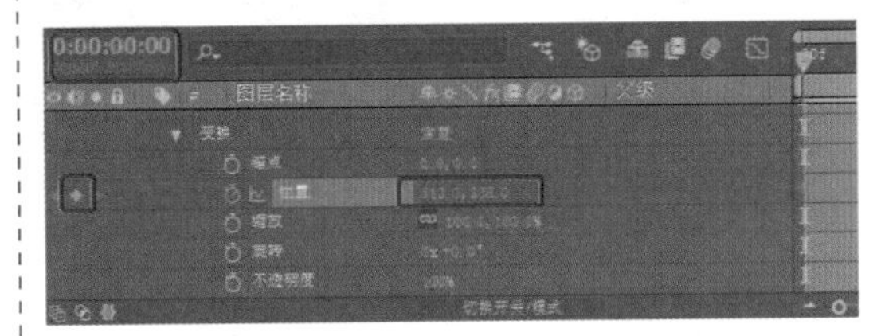

图2-93 设置【位置】参数

04 在【时间轴】面板中将时间设置为0:00:00:04，将【位置】设置为512、700，如图2-94所示。

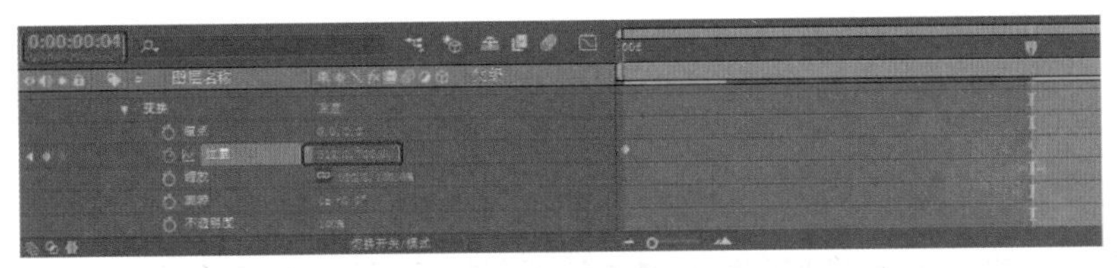

图2-94 设置【位置】参数

05 在【时间轴】面板中将时间设置为0:00:00:02，在【动态模糊】栏中单击图标，为其标记图标，然后单击【时间轴】面板上部的图标，如图2-95所示。

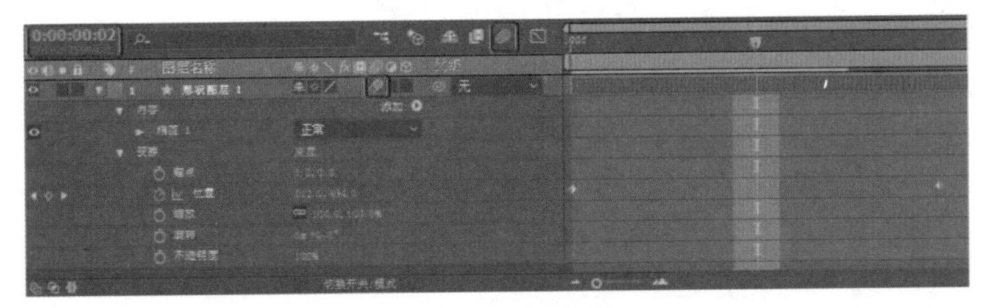

图2-95 设置运动模糊

06 设置运动模糊前的圆形如图 2-96 所示，设置运动模糊后的圆形如图 2-97 所示。

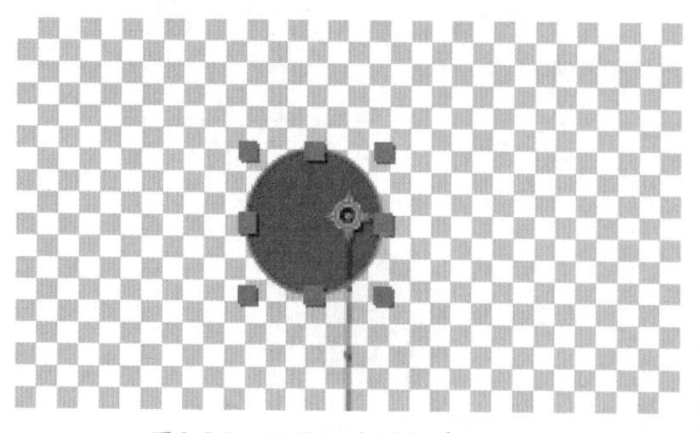

图2-96 设置运动模糊前的圆形

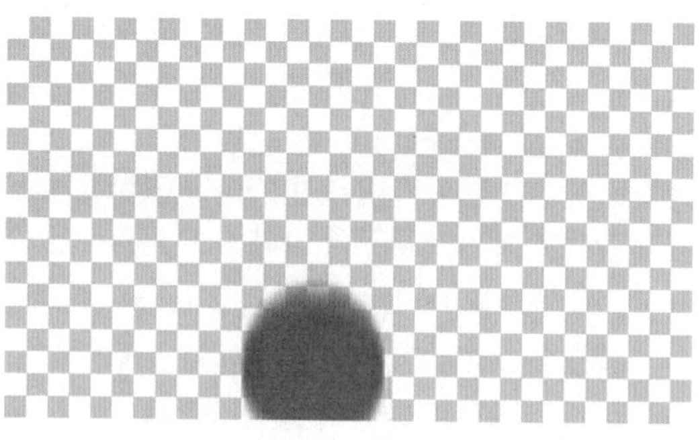

图2-97 设置运动模糊后的圆形

- 【调整图层】：使用该图标可以将调整图层上使用的特效，将其效果反映在其下的全部图层上。调节图层自身不会显示任何效果，只是对其下面所有的图层进行效果调节，而不影响其上面的图层。
- 【3D 图层】：使用该图标可将图层转换为在三维环境中操作的图层。当为一个图层设置图标后，由于受到摄像机或灯光的影响，这个图层的属性由原来的二维属性变为三维属性，如图 2-98 所示。

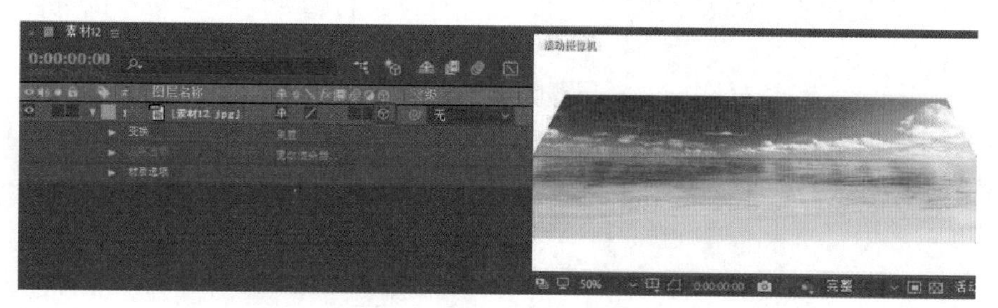

图2-98 二维图层转为三维图层

5. 模式

【模式】用于设置图层之间的叠加效果或蒙版设置等。

- 【模式】模式：用于设置图层间的模式，不同的模式可产生不同的效果。
- 【保留基础透明度】:使用该图标可将当前图层的下一层图像作为当前图层的透明遮罩。导入两个素材图片并在底层图片添加椭圆形蒙版后，单击顶部图层【保留基础透明度】栏下的按钮，此时图标状态为，其效果如图 2-99 所示。

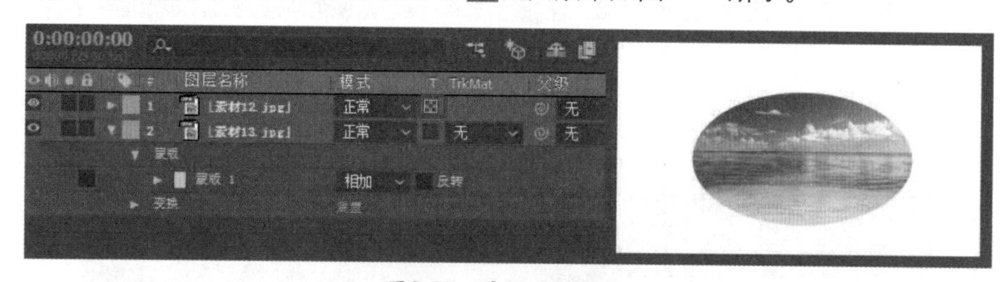

图2-99 遮罩显示图片

- 【轨道遮罩】TrkMat：在 After Effects CC 中可以使用轨道遮罩功能，通过一个遮罩图层的 Alpha 通道或亮度值定义其他图层的透明区域。其遮罩方式分为 Alpha、【Alpha 反转遮罩】、【亮度】和【亮度反转遮罩】4 种。

➢ Alpha 遮罩：在下层图层使用该项可将上层图层的 Alpha 通道作为图像层的透明蒙版，同时上层图层的显示状态也被关闭，如图 2-100 所示。

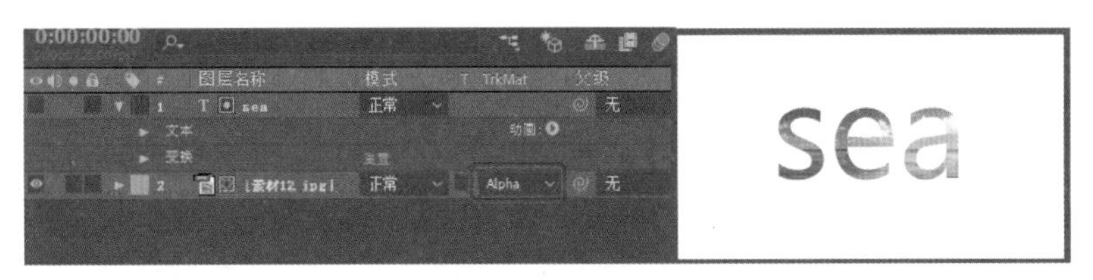

图2-100 设置Alpha

➢ 【Alpha 反转遮罩】：使用该项可将上层图层作为图像层的透明蒙版，同时上层图层的显示状态也被关闭，如图 2-101 所示。

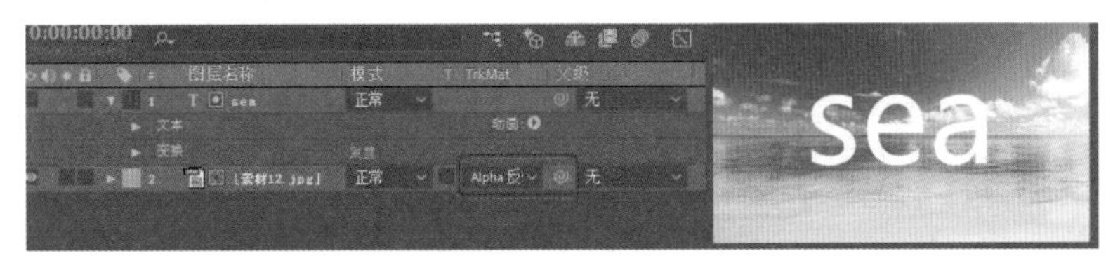

图2-101 设置Alpha反转蒙版

➢ 【亮度】：使用该项可通过亮度来设置透明区域，如图 2-102 所示。

图2-102 设置亮度蒙版

➢ 【亮度反转遮罩】：使用该项可反转亮度蒙版的透明区域，如图 2-103 所示。

图2-103 设置亮度反转蒙版

6. 注释和键

【注释】栏用来对图层进行备注说明，方便区分图层，起辅助作用。

在【键】栏中，可以设置图层参数的关键帧。当图层中的参数设置项中有多个关键帧时，可以使用向前或向后的指示图标，跳转到前一关键帧或后一关键帧，如图 2-104 所示。

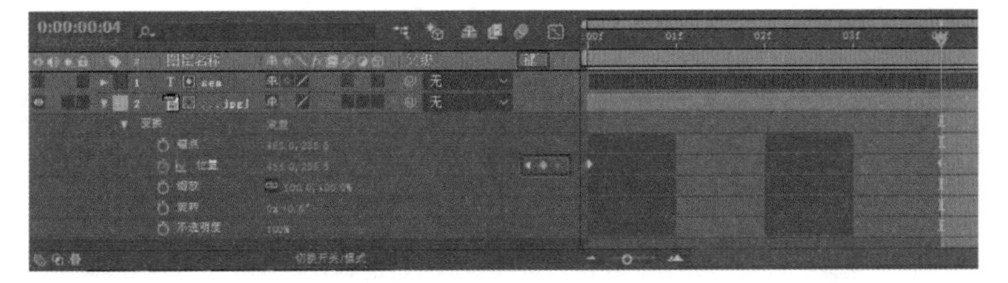

图2-104 在【键】栏显示关键帧

7. 其他功能设置

在【时间轴】面板中还有其他一些图标，它们有着不同的功能，详细介绍如下。

【展开或折叠“图层开关”窗格】：该图标位于【时间轴】面板的底部，用于打开或关闭【开关】栏。单击该图标打开【开关】栏，如图 2-105 左图所示，再次单击则关闭【开关】栏，如图 2-105 右图所示。

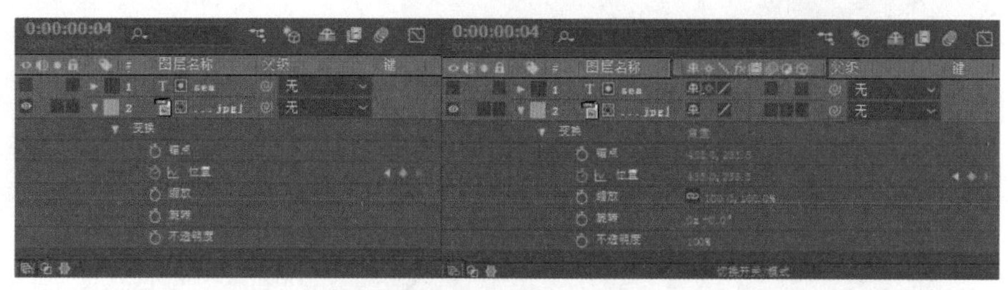

图2-105　打开与关闭【开关】栏

【展开或折叠“转换控制”窗格】：该图标同样也位于【时间轴】面板的底部，单击该图标，打开【转换控制】栏，如图 2-106 左图所示，再次单击则关闭【转换控制】栏，如图 2-106 右图所示。

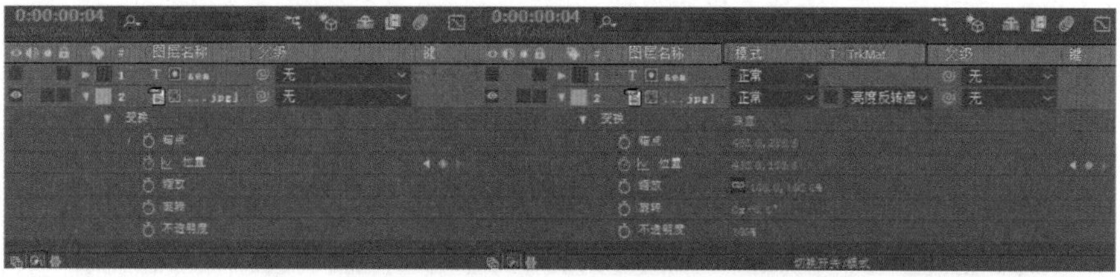

图2-106　打开与关闭【转换控制】栏

【展开或折叠“入点”/“出点”/“持续时间”/“伸缩”窗格】：该图标同样也位于【时间轴】面板的底部，该单击该图标，打开窗格，如图 2-107 左图所示，再次单击则关闭窗格，如图 2-107 右图所示。

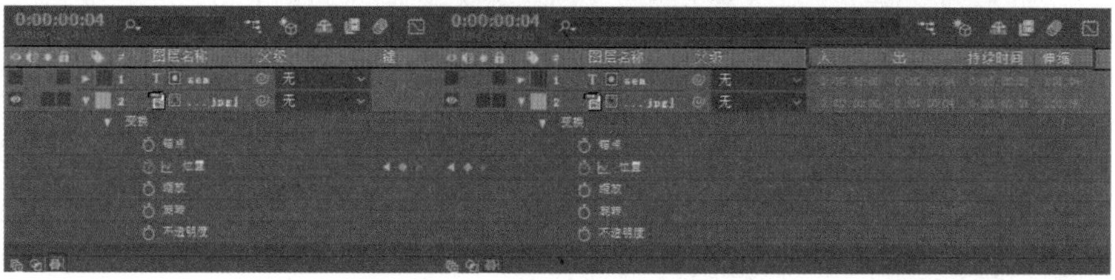

图2-107　打开与关闭窗格

【切换开关 / 模式】：该图标用于切换【开关】栏和【模式】栏，单击此图标后，将打开其中一个栏并关闭另一个栏。

【放大到单帧级别或缩小到整个合成】：用于对时间轴进行缩放。单击左侧的图标或将滑块向左移，将时间轴缩小到整个合成，可以查看【时间轴】面板中素材的全局时间。相反，单击右侧的图标或将滑块向右移，将时间轴放大到单帧级别，可以查看【时间轴】面板中素材的局部时间点。滑块移到最右侧时，以帧为单位查看，如图 2-108 所示。

【合成标记容器】：向左拖曳可获得一个新标记。可以用添加标记的方式，在【时间轴】面板中标记时间点，辅助制作合成时进行入点、出点、对齐或关键帧设置时间点的确定。

图2-108 以帧为单位查看

【合成】按钮：单击该按钮，可激活【合成】面板，将其显示在最前方。

【时间范围】滑块：用于调节时间范围。时间范围调节条在【时间轴】面板中的时间标尺上面，可以用来调整时间轴的某一时间区域的显示。在时间范围调节条的两端可以用鼠标向左右拖动，将其向两端拖至最大时，将显示这个合成时间轴的全部时间范围，如图2-109所示。当将时间范围调节条的左端向右拖动，或者将右端向左拖动时，可以查看时间轴中的局部时间区域，用来进行局部的操作，如图2-110所示。

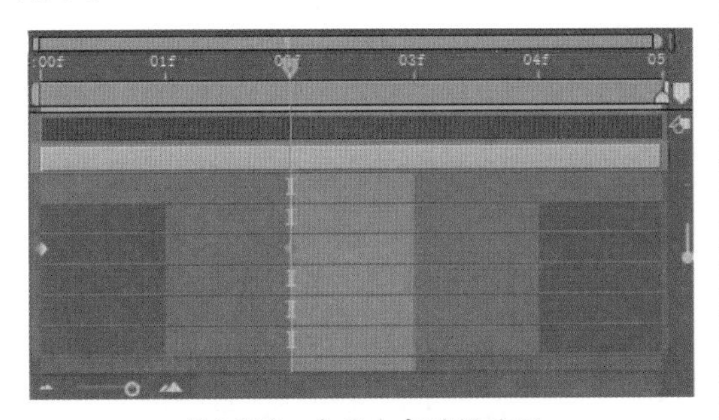

图2-109 查看全部时间范围

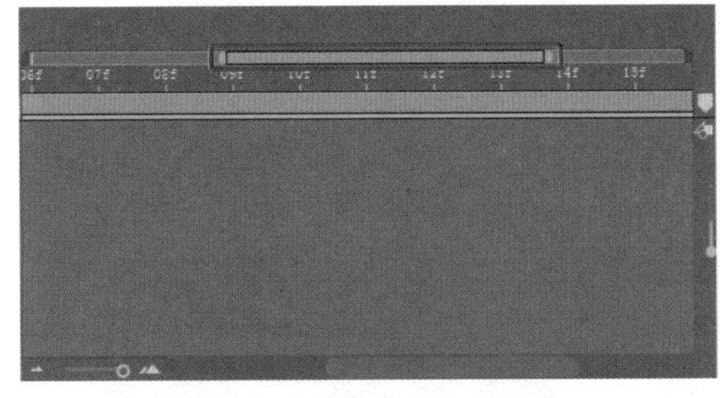

图2-110 查看局部时间范围

【工作区】范围滑块：用于调整工作区范围。工作区范围在【时间轴】面板的时间标尺下面，与上面介绍的时间范围在操作方法上相同，但两者的作用不同。为了方便操作，时间范围对显示区域的大小进行控制，而工作区范围则影响这个合成时间轴中最终效果输出时的视频长度。例如，在一个长度为2s的合成中，将工作区范围设置为从第0帧至第20帧。这样在最终的渲染输出时，会以工作区范围的长度为准，输出一个长度为20帧的文件，如图2-111所示。

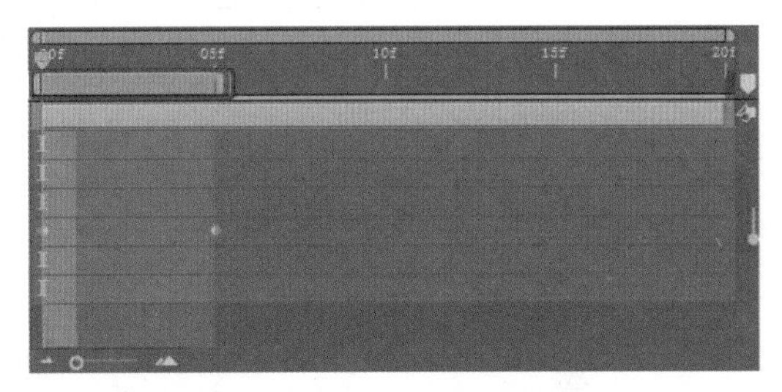

图2-111 设置工作区范围

【当前时间指示器】：用来在【时间轴】面板中进行时间的定位，辅助合成制作。可以在【时间轴】面板的当前时间的时码显示处改变当前时间码，来移动【当前时间指示器】的位置；也可以直接用鼠标在【时间轴】面板的时间标尺上进行拖动，改变时间位置，同时时间码处会显示当前的时间，如图2-112所示。

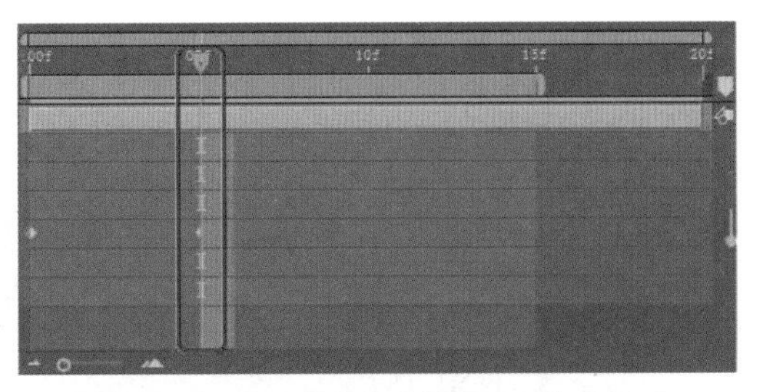

图2-112 设置【当前时间指示器】的位置

2.1.5 图层的【父级】设置

【父级】功能可以使一个子级图层继承父级图层的属性，当父级图层的属性改变时，子级图层的属性也会产生相应的变化。

当在【时间轴】面板中有多个图层时，选择一个图层，单击【父级】栏下该图层的【无】按钮，在弹出的下拉菜单中选择一个图层作为该图层的父层，如图 2-113 所示。选择一个图层作为父层后，在【父级】栏下会显示该父层的名称，如图 2-114 所示。

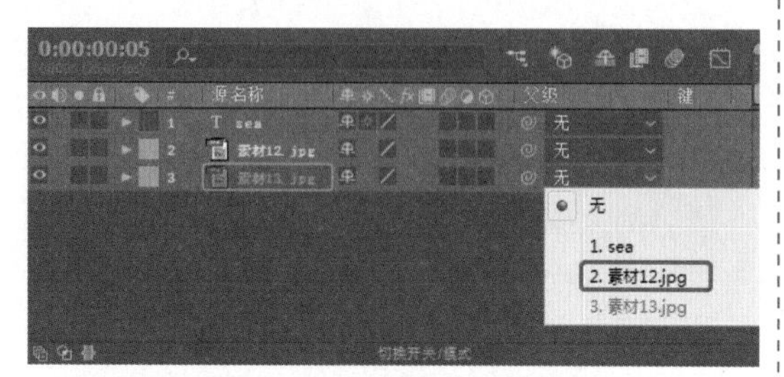

图2-113　在弹出的下拉菜单中选择父层

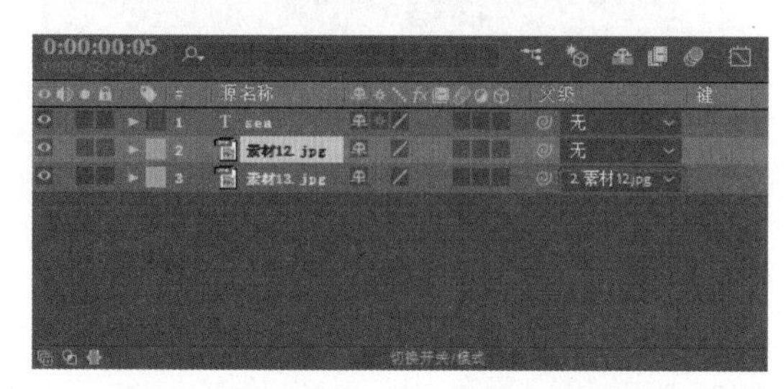

图2-114　选择父层后的效果

使用图标也可以设置图层间的父子层关系。选择一个图层作为子图层，单击该图层【父级】栏下的图标，按住并移动鼠标，拖出一条连线，然后移动到作为父级图层的图层上，如图 2-115 所示。释放鼠标后，两个图层便建立起了父子层关系。

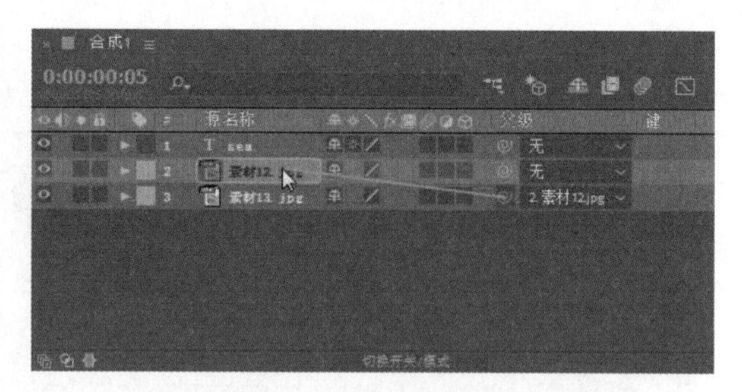

图2-115　使用连线建立父子层

提　示

当两个图层建立了父子层关系后，子层的【透明度】属性不受父层【透明度】属性的影响。

2.1.6 时间轴控制

在 After Effects CC 中，所有的动画都是基于时间轴进行设置的，如同在 Flash 中一样，通过对关键帧的设置，在不同的时间，物体的属性将发生变化，即通过改变物体的形态或状态来实现动画效果。在真实世界里，时间是不能倒流的，但在 After Effects CC 中设置动画，可以将其加速或减速，甚至倒放时间。

在【时间轴】面板底部单击【展开或折叠“入点”/“出点”/“持续时间”/“伸缩”窗格】按钮，将打开控制时间的各个参数栏，在此设置参数可以控制合成中的各个图层的时间。

1. 使用【入点】和【出点】

使用【入点】和【出点】可以方便地控制图层播放的开始时间和结束时间，也可以改变素材片段的播放速度，改变【伸缩】值。在【时间轴】面板中选择素材图层，将时间轴拖曳到某个时间位置，按住 Ctrl 键的同时，单击【入点】或【出点】的数值，即可设置素材图层播放的开始时间和结束时间，【持续时间】和【伸缩】的数值也将随之改变，如图 2-116 所示。

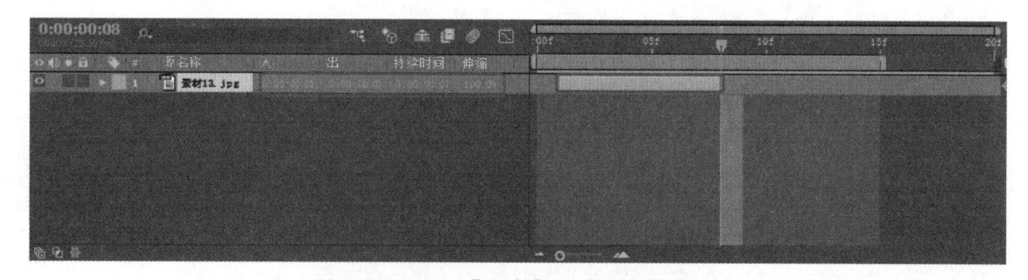

图2-116　设置【入点】和【出点】参数

2. 视频倒放播放技术

在一些视频节目中，经常会看到倒放的动态影像，利用【伸展】属性可以很方便地实现视频的倒放，只要把【伸缩】调整为负值即可。

下面介绍设置倒放时间的操作步骤。

01 打开“素材\Cha02\倒放时间项目.aep”项目文件，如图 2-117 所示。

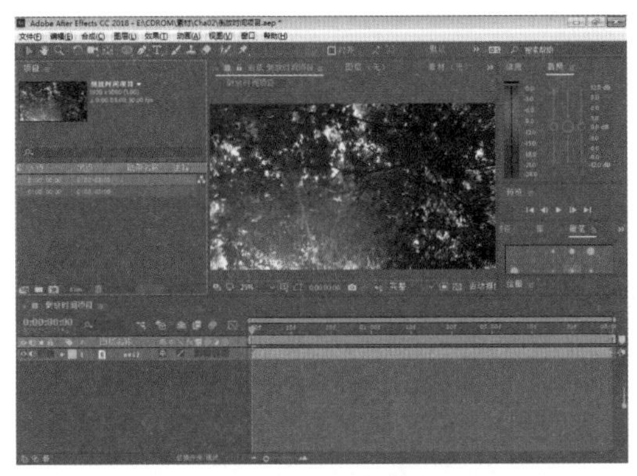

图2-117　打开素材文件

02 在【时间轴】面板中，单击【伸缩】栏下的数值，在弹出的【时间伸缩】对话框中，将【拉伸因数】设置为 -100%，如图 2-118 所示。

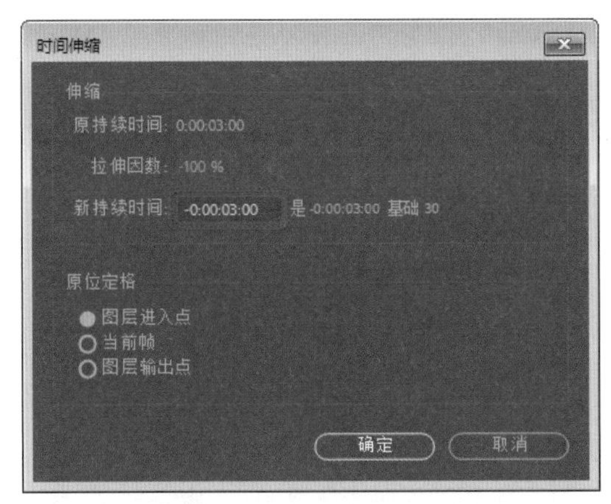

图2-118　【时间伸缩】对话框

03 单击【确定】按钮，在【时间轴】面板的【工作区】滑块下，拖曳视频素材层的时间条，如图 2-119 所示。

04 将时间条拖曳到适当位置，对视频进行播放即可完成倒放时间的设置操作，如图 2-120 所示。

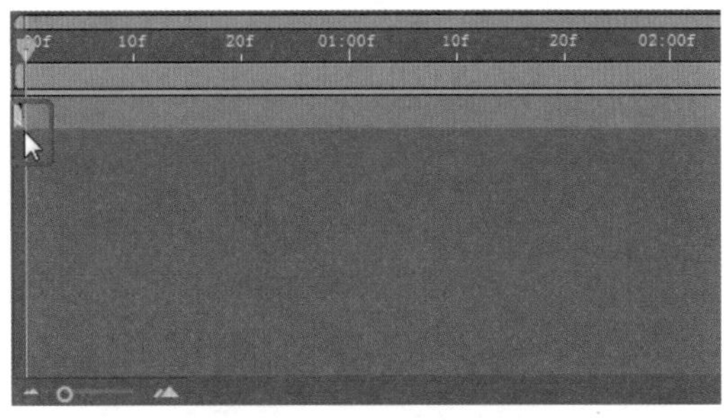

图2-119　拖曳进度条

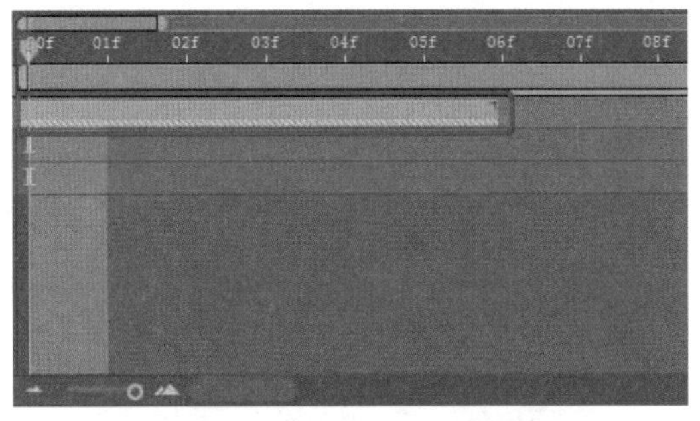

图2-120　将进度条拖曳到适当位置

当将【伸缩】设置为负值时，时间条上会出现斜线，表示已经颠倒了时间，但是图层会移动到其他地方，因为在倒放的过程中，图层以入点为变化基准，所以反向时会导致位置上的变动。除了使用鼠标拖曳图层时间条外，也可以通过设置【入点】和【出点】来调整位置。

在【时间轴】面板中选择视频素材图层，在菜单栏中选择【图层】|【时间】|【时间反向图层】命令，或按 Ctrl+Alt+R 组合键，时间条上会出现斜线，这样可以快速地实现倒播整个视频素材。

3. 伸缩时间

在【时间轴】面板中选择素材图层，单击【伸缩】栏下的数值，或在菜单栏中选择【图层】|【时间】|【时间伸缩】命令，在弹出的【时间伸缩】对话框中，对【拉伸因子】或【新持续时间】进行设置，可以设置延长时间或缩放时间，如图 2-121 所示。

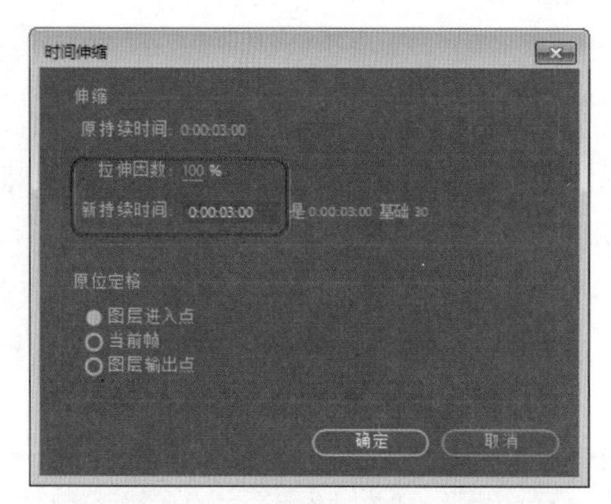

图2-121 【时间伸缩】对话框

4. 冻结帧

在【时间轴】面板中选择视频素材层，将【时间范围】滑块放置在需要停止的时间位置，然后在菜单栏中选择【图层】|【时间】|【冻结帧】命令，画面将停止在【时间范围】滑块所在的位置，并在图层中添加【时间重印象】属性，如图 2-122 所示。

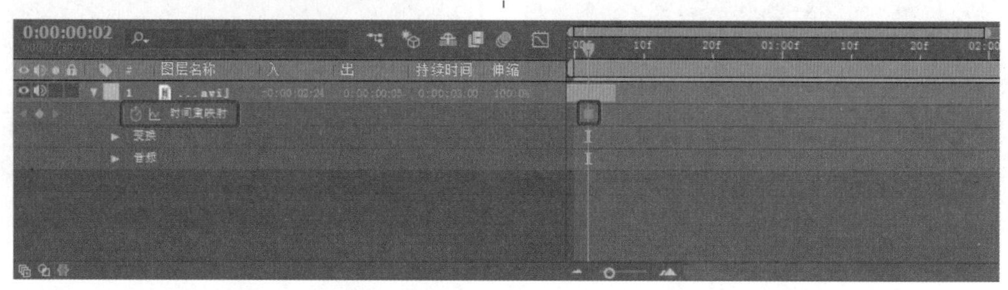

图2-122 添加冻结帧

2.2 制作玻璃文字——图层的类型

本案例将介绍如何制作玻璃文字，该案例主要通过为图像添加亮度和对比度效果，然后输入文字，并为图像添加轨道遮罩来达到最终效果，如图 2-123 所示。

图2-123 玻璃文字

素材	素材\Cha02\朦胧背景.jpg
场景	场景\Cha02\制作玻璃文字——图层的类型.aep
视频	视频教学\Cha02\2.2 制作玻璃文字——图层的类型.mp4

01 启动 After Effects CC 软件，按 Ctrl+N 组合键，在弹出的对话框中将【宽度】、【高度】分别设置为 1024px、768px，将【像素长宽比】设置为【方形像素】，如图 2-124 所示。

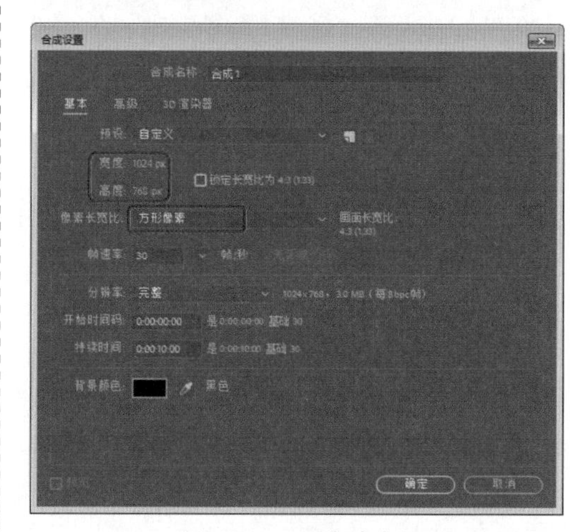

图2-124 设置新建参数

02 设置完成后，单击【确定】按钮，按 Ctrl+I 组合键，在弹出的对话框中选择“素材\

Cha02\ 朦胧背景 .jpg”素材文件，如图 2-125 所示。

图2-125 选择素材文件

提 示

玻璃：一种透明的固体物质，在熔融时形成连续网络结构，冷却过程中黏度逐渐增大并硬化而不结晶的硅酸盐类非金属材料。普通玻璃的化学组成是 Na_2SiO_3、$CaSiO_3$、SiO_2 或 $Na_2O \cdot CaO \cdot 6SiO_2$)，主要成分是二氧化硅，广泛应用于建筑物，用来隔风透光，属于混合物。另有混入了某些金属的氧化物或者盐类而显现出颜色的有色玻璃和通过特殊方法制得的钢化玻璃等。有时把一些透明的塑料（如聚甲基丙烯酸甲酯）也称作有机玻璃。

03 单击【导入】按钮，即可将该素材导入【项目】面板中，按住鼠标将其拖曳至【合成】面板中，在【时间轴】面板中将【缩放】设置为 207，效果如图 2-126 所示。

图2-126 导入素材文件

04 在【合成】面板中选择“朦胧背景 .jpg”素材文件，按 Ctrl+D 组合键，对其进行复制，并将其命名为“副本”，效果如图 2-127 所示。

05 选中【副本】图层，在菜单栏中选择【效果】|【颜色校正】|【亮度和对比度】命令，如图 2-128 所示。

06 在【效果控件】面板中将【亮度】、【对比度】分别设置为 50、23，勾选【使用旧版（支持 HDR）】复选框，如图 2-129 所示。

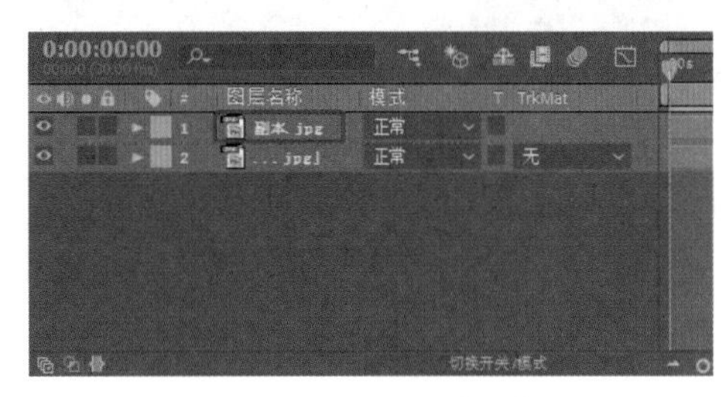

图2-127 复制图层并重命名

图2-128 选择【亮度和对比度】命令

图2-129 设置亮度、对比度

提 示

可以选择【色彩校正】|【亮度 / 对比度】特效，对亮度较低的素材图片进行亮度和对比度的调整。

07 在工具栏中单击【横排文字工具】T，在【合成】面板中单击鼠标，输入文字。选中输入的文字，在【字符】面板中将字体设置为 Segoe Script，将字体大小设置为 173 像素，将字符间距设置为 -50，单击【仿粗体】按钮，将其填充颜色设置为# C4C3C3，并调整其位置，效果如图2-130所示。

图2-130　输入文字并进行设置

08 在【时间轴】面板中选中“副本”图层，将【轨道遮罩】设置为【Alpha遮罩“rainy day”】，效果如图2-131所示。

图2-131　设置轨道遮罩

2.2.1 文本

文本图层主要用于输入文本并设置文本动画效果，在【字符】和【段落】面板中可以对文本的字体、大小、颜色和对齐方式等属性进行设置，如图2-132所示。在【时间轴】面板的空白处右击，在弹出的快捷菜单中选择【新建】|【文本】命令，即可创建文本图层。

图2-132　创建文本图层

2.2.2 纯色

纯色图层是一个单一颜色的静态图层，主要用于制作蒙版、添加特效或合成的动态背景。在【时间轴】面板的空白处右击，在弹出的快捷菜单中选择【新建】|【纯色】命令，将弹出【纯色设置】对话框，如图2-133所示。在此对话框中可以对以下参数进行设置。

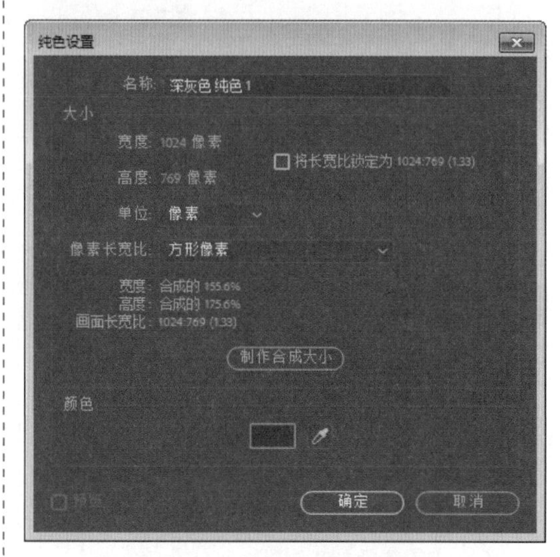

图2-133　【纯色设置】对话框

- 【名称】：设置纯色层的名称。
- 【宽度】：设置纯色层的宽度。
- 【高度】：设置纯色层的高度。
- 【将长宽比锁定为】：设置是否将纯色层的宽高比锁定。
- 【单位】：设置宽高的尺寸单位。
- 【像素长宽比】：设置像素比的类型。
- 【制作合成大小】：使纯色层的大小与创建的合成相同。
- 【颜色】：设置纯色层的背景颜色。

在【纯色设置】对话框中对参数设置完成后，单击【确定】按钮，在【项目】面板中将自动创建一个【固态层】文件夹，纯色图层将保存在此文件夹中，如图2-134所示。

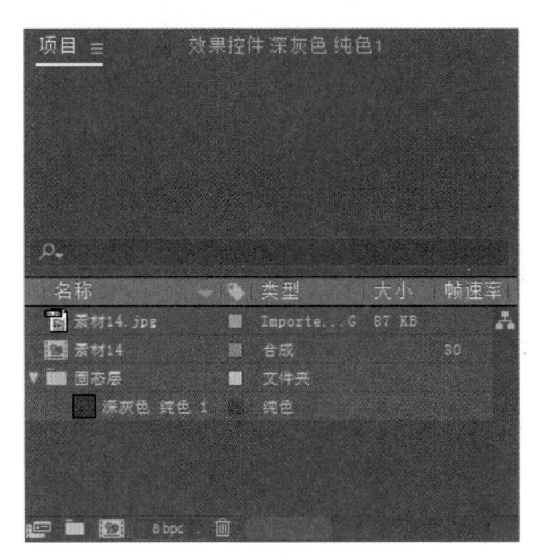

图2-134 【固态层】文件夹

2.2.3 灯光

在制作三维合成时，为增强合成的视觉效果，需要创建灯光来添加照明效果，这时需要创建灯光图层。在【时间轴】面板的空白处右击，在弹出的快捷菜单中选择【新建】|【灯光】命令，将弹出【灯光设置】对话框，如图 2-135 所示。在此对话框中可以对其参数进行设置。

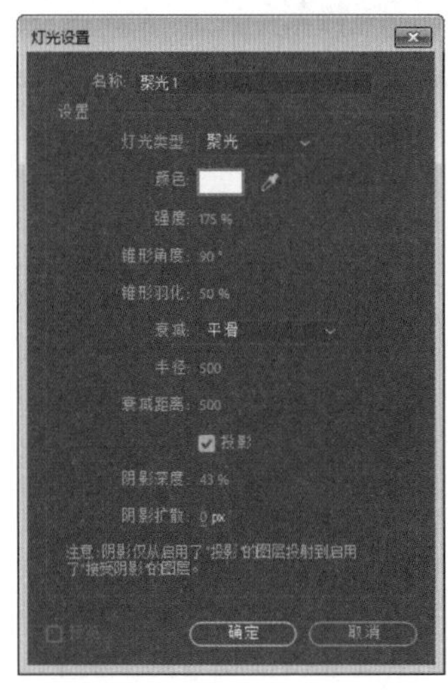

图2-135 【灯光设置】对话框

> **提 示**
>
> 灯光图层只能用于 3D 图层，在使用时需要将要照射的图层转换为 3D 图层。选择要转换的图层，在菜单栏中选择【图层】|【3D 图层】命令，即可将图层转换为 3D 图层。

2.2.4 摄像机

为了更好地控制三维合成的最终视图，需要创建摄像机图层。通过对摄像机图层的参数进行设置，可以改变摄像机的视角。在【时间轴】面板的空白处右击，在弹出的快捷菜单中选择【新建】|【摄像机】命令，将弹出【摄像机设置】对话框，如图 2-136 所示。

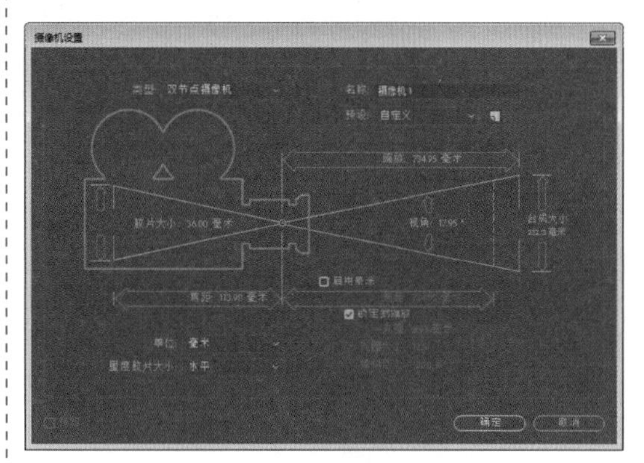

图2-136 【摄像机设置】对话框

2.2.5 空对象

空对象图层可用于辅助动画制作，也可以用于进行效果和动画的设置，但它不能在最终的合成效果中显示。通过将多个图层与空对象图层进行链接，当改变空对象图层时，其链接的所有子对象也将随之变化。在【时间轴】面板的空白处右击，在弹出的快捷菜单中选择【新建】|【空对象】命令，即可创建空对象图层。

2.2.6 形状

形状图层用于绘制矢量图形和制作动画效果，能够快速绘制其预设形状，也可以在【工具栏】中使用【钢笔工具】绘制形状。在【时间轴】面板的空白处右击，在弹出的快捷菜单中选择【新建】|【形状图层】命令，即可创建形状图层。在形状图层中添加一些特殊效果可以增强形状效果。

2.2.7 调整

调整图层用于对其下面所有图层进行效果调整，当该图层应用某种效果时，只影响其下所有图层，并不影响其上的图层。在【时间轴】面板的空白处右击，在弹出的快捷菜单中选择【新建】|【调整图层】命令，即可创建调整图层，如图2-137所示。

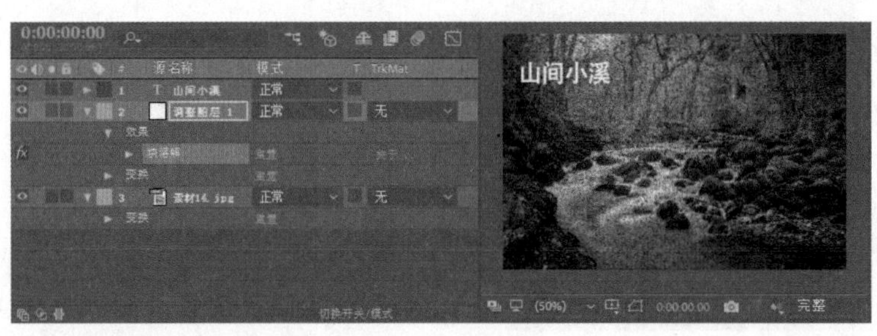

图2-137　调整图层

2.2.8 Adobe Photoshop 文件

在创建合成的过程中，若要使用Photoshop编辑图片文件，可以在【时间轴】面板的空白处右击，在弹出的快捷菜单中选择【新建】|【Adobe Photoshop 文件】命令，将弹出【另存为】对话框。选择文件的保存位置后，单击【保存】按钮，系统将自动打开Photoshop软件，这样就可以编辑图片，并且在【时间轴】面板中创建Photoshop文件图层。

2.2.9 MAMON CINEMA 4D文件

After Effects CC新增加了对MAMON CINEMA 4D文件的支持。若要创建MAMON CINEMA 4D文件，可以在【时间轴】面板的空白处右击，在弹出的快捷菜单中选择【新建】|【MAMON CINEMA 4D 文件】命令，将弹出【新建 MAMON CINEMA 4D 文件】对话框。选择文件的保存位置后，系统将自动打开MAMON CINEMA 4D软件，这样就可以编辑图像，并且在【时间轴】面板中创建MAMON CINEMA 4D文件图层。

2.3 制作旋转的文字——3D图层

本例将介绍如何利用3D图层制作旋转的文字，其中主要包括应用3D图层中的【X轴旋转】设置关键帧，然后对其添加视频特效，具体操作方法如下，完成后的效果如图2-138所示。

图2-138　旋转文字

素材	素材\Cha02\星空背景.jpg、青春不散场.png
场景	场景\Cha02\制作旋转的文字——3D图层.aep
视频	视频教学\Cha02\2.3　制作旋转的文字——3D图层.mp4

01 启动软件后，按Ctrl+N组合键，弹出【合成设置】对话框，将【合成名称】设为“旋转的文字”，在【基本】选项组中，将【宽度】和【高度】分别设置为900px和500px，将【像素长宽比】设置为【方形像素】，将【帧速率】设为25帧/s，将【持续时间】设置为0:00:05:00，【背景颜色】设置为黑色，单击【确定】按钮，如图2-139所示。

02 在【项目】面板中双击，弹出【导入文件】对话框，选择“素材\Cha02\青春不散场.png和星空背景.jpg”文件，然后单击【导入】按钮，如图2-140所示。

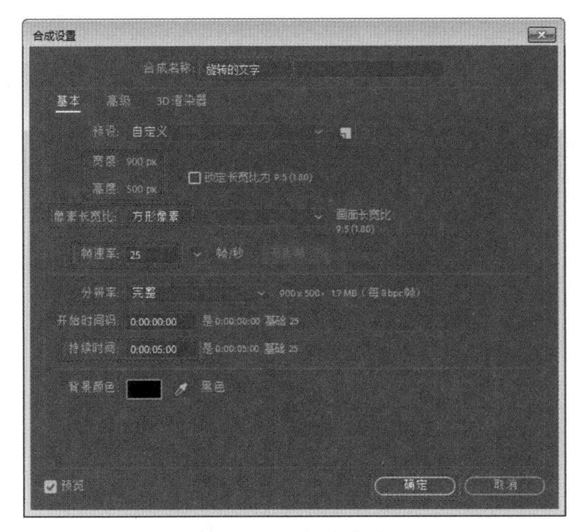

图2-139　新建合成

图2-140　选择素材文件

03 在【项目】面板中，查看导入的素材文件，如图 2-141 所示。

04 在【项目】面板中选择“星空背景.jpg”素材文件并拖至【时间轴】面板中，如图 2-142 所示。

05 在【项目】面板中选择“青春不散场.png”素材文件，将其拖至时间轴上，并将其放置到“星空背景”图层的上方，将其名字修改为“文字”，然后打开其“3D 图层”，如图 2-143 所示。

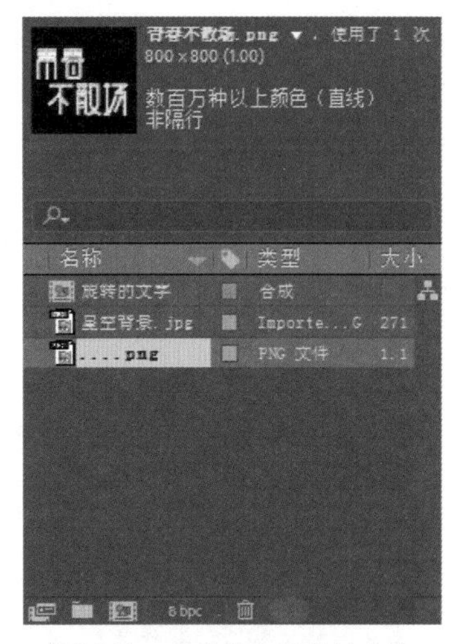

图2-141　查看导入的素材文件

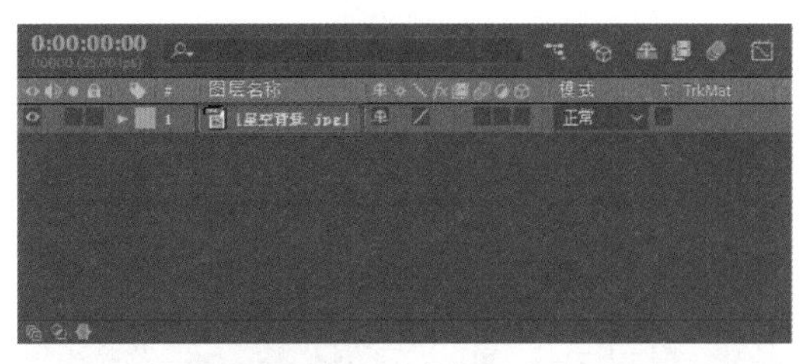

图2-142　添加素材到时间轴

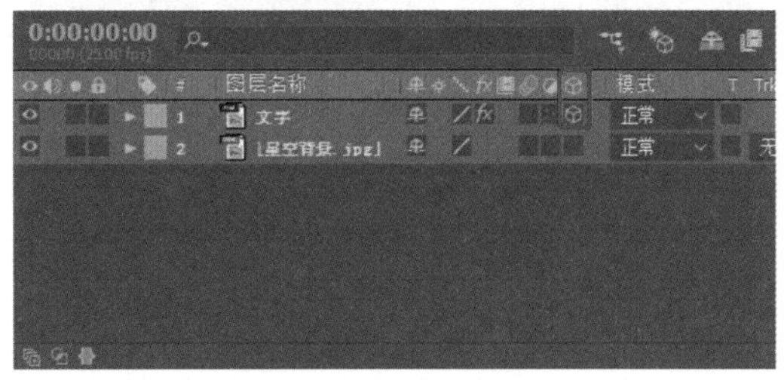

图2-143　设置图层

06 将当前时间设为 0:00:00:00，打开“文字”图层下的【变换】选项组，将其【缩放】均设置为 71，单击【X 轴旋转】前面的【添加关键帧】按钮，添加关键帧，如图 2-144 所示。

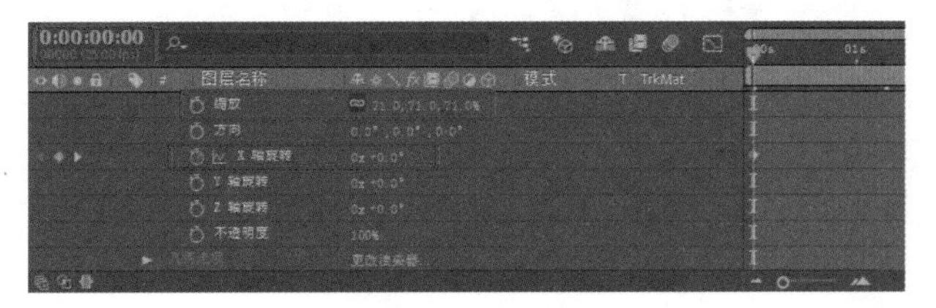

图2-144　添加【X轴旋转】关键帧

07 将当前时间设置为 0:00:02:00，打开“文字”图层下的【变换】选项组，将【X 轴旋转】设置为 0x+340.0°，如图 2-145 所示。

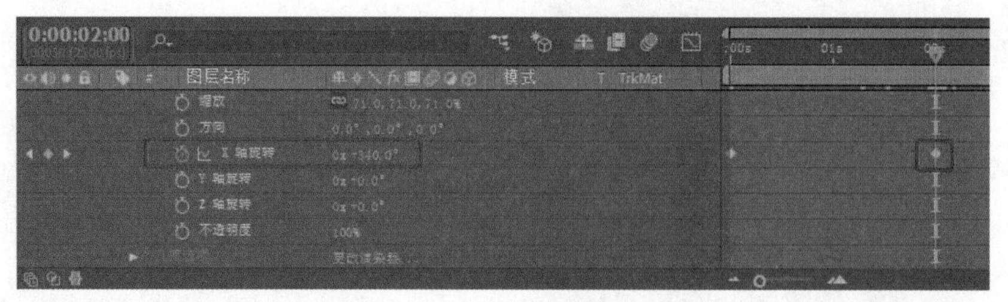

图2-145 添加关键帧

08 将当前时间设置为 0:00:04:00，在【时间轴】面板中将【X 轴旋转】设置为 1x+0.0°，如图 2-146 所示。

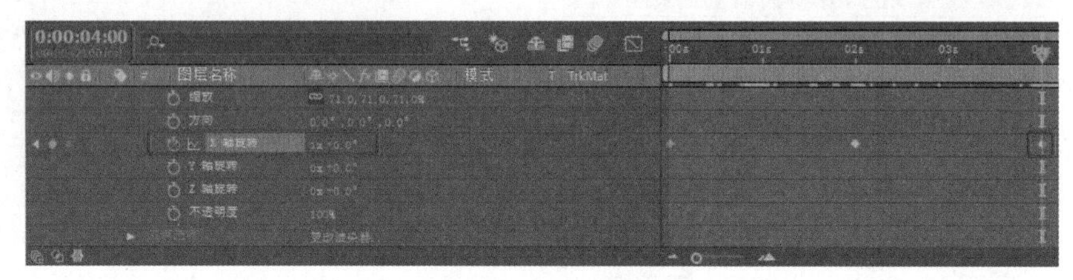

图2-146 添加关键帧

09 拖动时间标尺，在【合成】面板中查看效果，当前时间为 0:00:01:19，效果如图 2-147 所示。

图2-147 查看效果

10 在【效果和预设】面板中，选择【动画预设】|Transitions—Movement|【卡片擦除-3D 像素风暴】命令，确认当前时间为 0:00:00:00，将其添加到“文字”图层上。在【效果控件】面板中查看添加的特效，如图 2-148 所示。

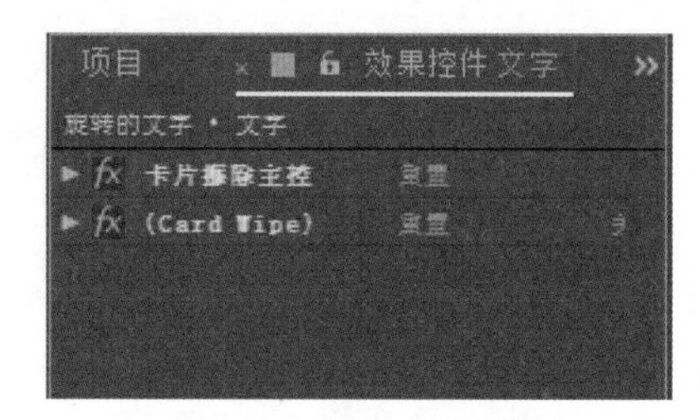

图2-148 查看添加的特效

11 将当前时间设置为 0:00:04:00，在时间轴面板中打开“文字”图层下的【效果】|【卡片擦除主控】|【过渡完成】的最后一个关键帧，将其移动到时间线上，如图 2-149 所示。

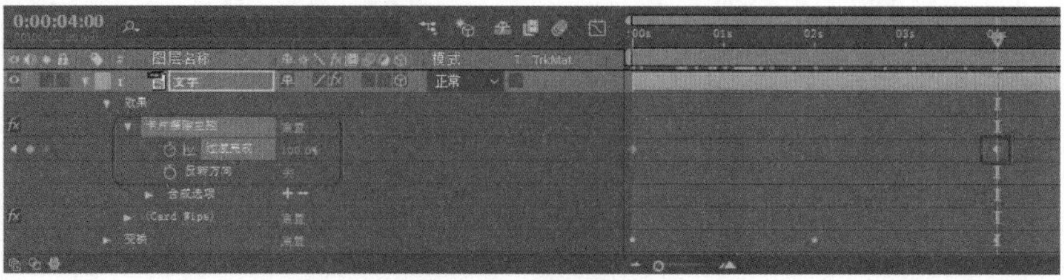

图2-149 移动关键帧

2.3.1 3D图层的基本操作

3D 图层的操作与 2D 图层相似，可以改变 3D 对象的位置、旋转角度，也可以通过调节其坐标参数进行设置。

1. 创建 3D 图层

选择一个 3D 图层，在【合成】面板中可看到出现了一个立体坐标，如图 2-150 所示。

红色箭头代表X轴（水平），绿色箭头代表Y轴（垂直），蓝色箭头代表Z轴（纵深）。

图2-150 在【合成】面板中显示3D坐标

2. 移动 3D 图层

当一个 2D 图层转换为 3D 图层后，在其原有属性的基础上又会添加一组参数，用来调整 Z 轴，也就是 3D 图层深度的变化。

用户可通过在【时间轴】面板中改变图层的【位置】参数来移动图层，也可在【合成】面板中使用【选择工具】，直接调整图层的位置。选择一个坐标轴即可在该方向上进行移动，如图 2-151 所示。

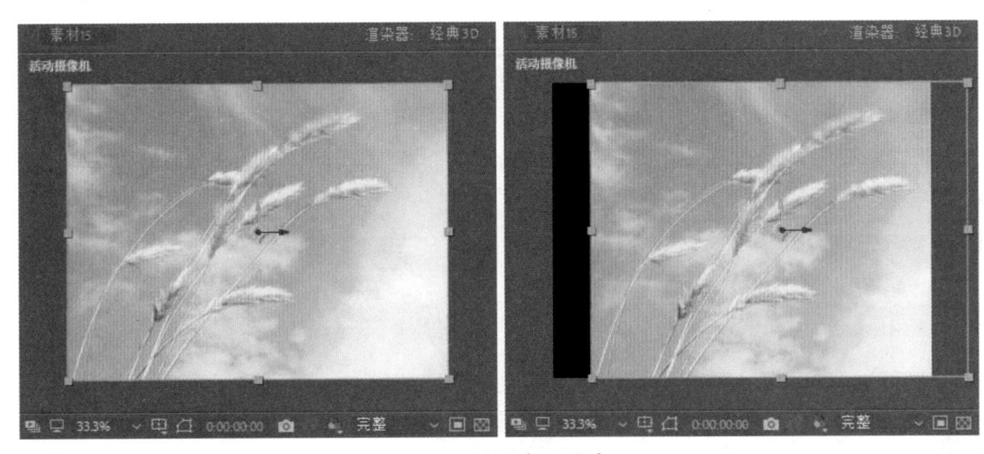

图2-151 移动3D图层

使用【选择工具】改变 3D 图层的位置时，【信息】面板的下方会显示图层的坐标信息，如图 2-152 所示。

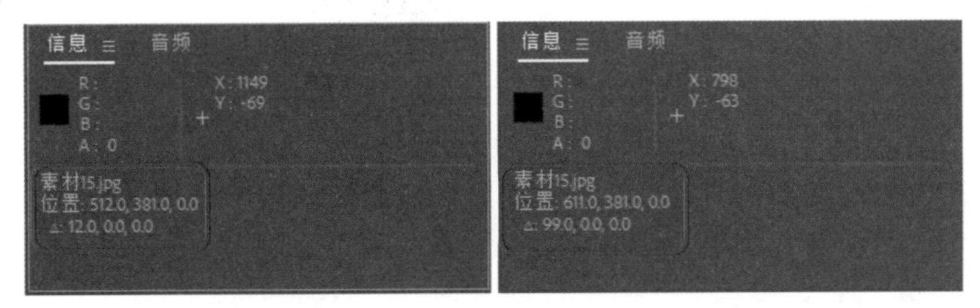

图2-152 在【信息】面板中显示的坐标信息

3. 缩放 3D 图层

用户既可以通过在【时间轴】面板中改变图层的【缩放】参数来缩放图层，也可以使用【选择工具】在【合成】面板中调整图层的控制点来缩放图层，如图 2-153 所示。

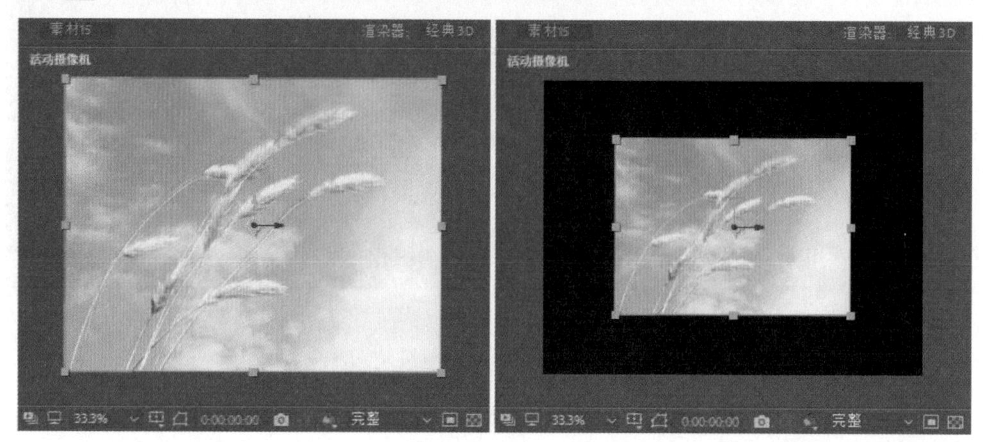

图2-153　调整层的控制点

4. 旋转 3D 图层

用户既可以通过在【时间轴】面板中改变图层的【方向】参数或【X 轴旋转】、【Y 轴旋转】、【Z 轴旋转】参数来旋转图层，还可以使用【旋转工具】在【合成】面板中直接控制图层进行旋转。如果要单独以某一个坐标轴进行旋转，可将鼠标指针移至坐标轴上，当鼠标指针中包含该坐标轴的名称时，再拖动鼠标即可进行单一方向上的旋转。图 2-154 所示为以 X 轴旋转 3D 图层。

当选择一个图层时，【合成】面板中该图层的四周会出现 8 个控制点，如果使用【旋转工具】拖曳拐角的控制点，图层会沿 Z 轴旋转；如果拖曳左右两边中间两个控制点，图层会沿 Y 轴旋转；如果拖曳上下两个控制点，图层会沿 X 轴旋转。

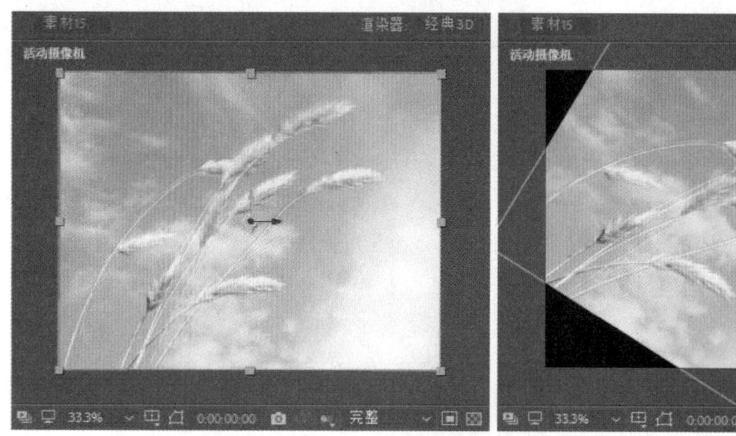

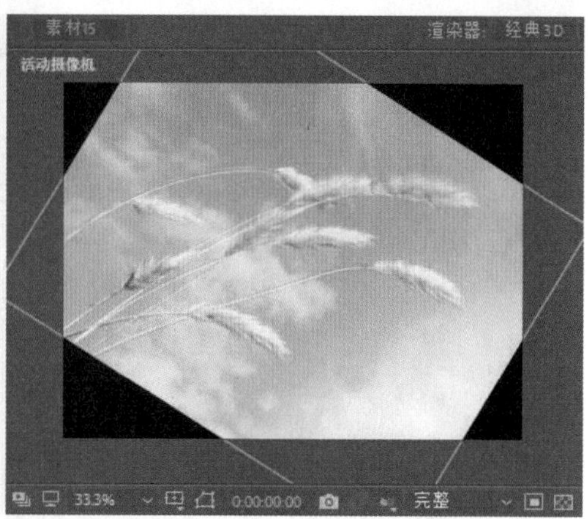

图2-154　以X轴旋转3D图层

当改变 3D 图层的【X 轴旋转】、【Y 轴旋转】、【Z 轴旋转】参数时，图层会沿着每个单独的坐标轴旋转，所调整的旋转数值就是图层在该坐标轴上的旋转角度。用户可以在每个坐标轴上添加图层旋转并设置关键帧，以此来创建图层的旋转动画。利用坐标轴的旋转属性来创建图层的旋转动画要比应用【方向】属性来生成动画具有更多的关键帧控制选项。但是，这样也可能会导致运动结果比预想的要差，这种方法对于创建沿一个单独坐标轴旋转的动画是非常有用的。

5.【材质选项】属性

当 2D 图层转换为 3D 图层后，除了原有属性的变化外，系统又添加了一组新的属性——【材质选项】，如图 2-155 所示。

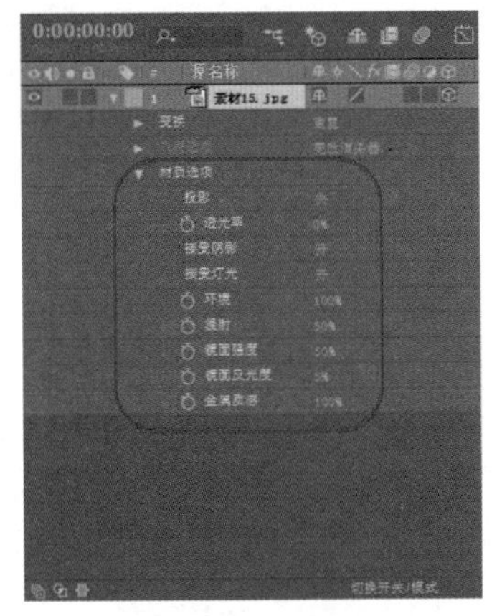

图2-155 【材质选项】属性

- 【投影】：用于设置当前图层是否产生阴影，阴影的方向和角度取决于光源的方向和角度。【关】表示不产生阴影；【开】表示产生阴影；【仅】表示只显示阴影，不显示图层，如图 2-156 所示。

【材质选项】属性主要用于控制光线与阴影的关系。当场景中设置灯光后，场景中的图层怎样接受照明，又怎样设置阴影，这都需要在【材质选项】属性中进行设置。

> **提 示**
>
> 要使一个 3D 图层投射阴影，一方面要在该图层的【材质选项】属性中设置【接受阴影】选项；另一方面也要在发射光线的灯光图层的【灯光选项】属性中设置【投影】选项。

- 【接受阴影】：用于设置当前图层是否接受其他图层投射的阴影。当前选择图层为背景图片，该属性设置为【开】时，接受来自文本图层的投影，如图 2-157 左图所示；设置为【关】时，则不接受来自文本图层的投影，如图 2-157 右图所示。

图2-156 【投射阴影】三种选项效果

图2-157 设置【接受阴影】后的效果

- 【接受灯光】：用于设置当前图层是否受场景中灯光的影响。如图 2-158 所示，当前图层为文本图层，左图为【接受灯光】设置为【开】时的效果，右图为设置为【关】时的效果。

图2-158　设置【接受照明】后的效果

- 【环境】：用于设置当前图层受环境光影响的程度。
- 【漫射】：用于设置当前图层扩散的程度。当设置为 100% 时将反射大量的光线，当设置为 0 时不反射光线。如图 2-159 左图所示为将文本图层中的【漫射】设置为 0 时的效果，图 2-159 右图所示为将文本图层中的【漫射】设置为 100% 时的效果。

图2-159　设置【漫射】后的效果

- 【镜面强度】：用于设置图层上镜面反射高光的亮度。其参数范围为 0~100%。
- 【镜面反光度】：用于设置当前图层上高光的大小。数值越大，发光越小；数值越小，发光越大。
- 【金属质感】：用于设置图层上镜面高光的颜色。当设置为 100% 时为图层的颜色，设置为 0 时为灯光颜色。如图 2-160 左图所示为将背景图片中的【金属质感】设置为 0 时的效果，图 2-160 右图所示为将背景图片中的【金属质感】设置为 100% 时的效果。

图2-160　设置【金属质感】效果

6. 3D 视图

在 2D 模式下图层与图层之间是没有空间感的，系统总是先显示处于前方的图层，并且前面的图层会遮住后面的图层。在【时间轴】面板中，图层在堆栈中的位置越靠上，在【合成】面板中它的位置就越靠前，如图 2-161 所示。

由于 After Effects CC 中的 3D 图层具有深度属性，因此在不改变【时间轴】面板中图层堆栈顺序的情况下，处于后面的图层也可以放置到【合成】面板的前面来显示，前面的图层也可以放到其他图层的后面去显示。因此，After Effects CC 的 3D 图层在【时间轴】面板中的图层序列并不代表它们在【合成】面板中的显示顺序，系统会以图层在 3D 空间中的前后来显示各图层的图像，如图 2-162 所示。

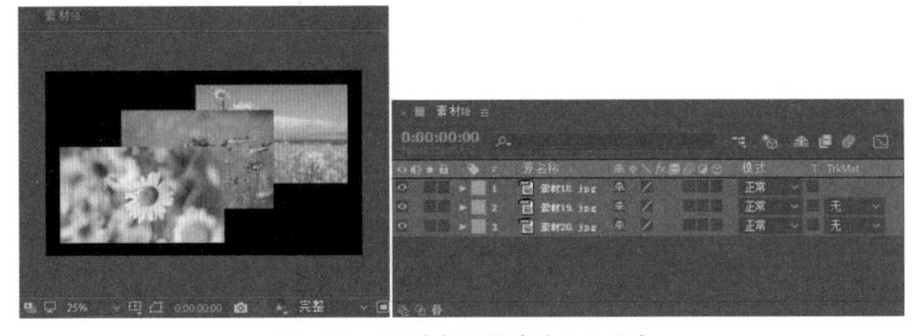

图2-161　2D模式下图层的显示顺序

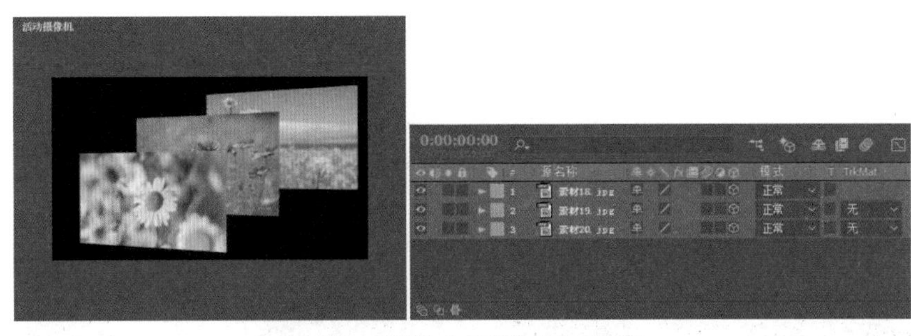

图2-162　3D模式下图层的显示顺序

在 3D 模式下，用户可以在多种视图模式下观察【合成】面板中图层的排列。视图模式大体可以分为两种：正交视图模式和自定义视图模式，如图 2-163 所示。正交视图模式包括【正面】、【左侧】、【顶部】、【背面】、【右侧】、【底部】6 种。用户可以从不同角度来观察 3D 图层在【合成】面板中的位置，但并不能显示图层的空间透视效果。自定义视图模式有 3 种，可以显示图层与图层之间的空间透视效果。在这种视图模式下，用户就好像置身于【合成】面板中的某一高度和角度，用户可以使用摄像机工具来调节所处的高度和角度，以改变观察方位。

用户可以随时更改 3D 视图，以便从不同的角度来观察 3D 图层。要切换视图模式，可以执行下面的操作。

- 单击【合成】面板底部的【3D 视图弹出式菜单】按钮，在弹出的下拉列表中可以选择一种视图模式。
- 在菜单栏中选择【视图】|【切换 3D 视图】命令，在弹出的子菜单中可以选择一种视图模式。
- 在【合成】面板或【时间轴】面板中右击，在弹出的快捷菜单中选择【切换 3D 视图】命令，在弹出的子菜单中选择一种视图模式。

图2-163　3D视图模式

如果用户希望在几种经常使用的3D视图模式之间快速切换，可以为其设置快捷键。设置快捷键的方法如下。

将视图切换到经常使用的视图模式下，例如切换到【自定义视图 1】模式下，然后在菜单栏中选择【视图】|【将快捷键分配给“活动摄像机”】命令，在弹出的子菜单中有3个命令，可选择其中任意一个，如选择【F11（替换“自定义视图 1”）】命令，如图2-164所示。这样便将F11键设置为【自定义视图 1】视图的快捷键。在其他视图模式下，按F11键，即可快速切换到【自定义视图 1】视图模式。

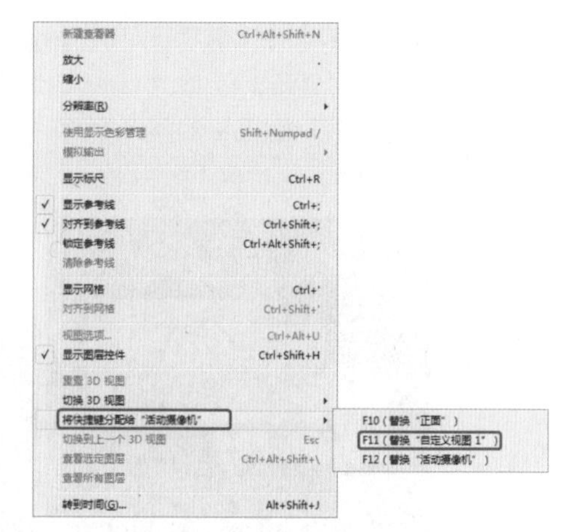

图2-164　选择【F11（替换“自定义视图1”）】命令

用户可以选择菜单栏中的【视图】|【切换到上一个3D视图】命令或按Esc键快速切换到上次的3D视图模式下。注意，该操作只能向上返回一次3D视图模式，如果反复选择此操作，【合成】面板会在最近的两次3D视图模式之间来回切换。

当用户在不同的3D视图模式间进行切换时，个别图层可能在当前视图中无法完全显示。这时，用户可以在菜单栏中选择【视图】|【查看所有图层】命令来显示所有图层，如图2-165所示。

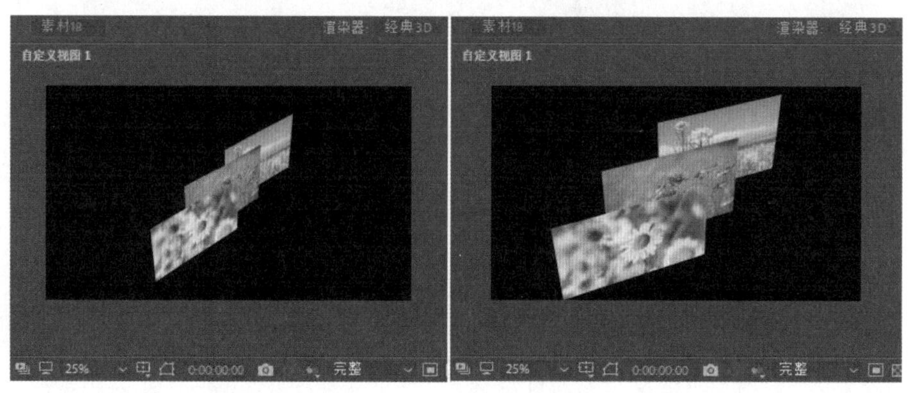

图2-165　查看所有图层

在菜单栏中选择【视图】|【查看选定图层】命令，只显示当前所选择的图层，如图2-166所示。

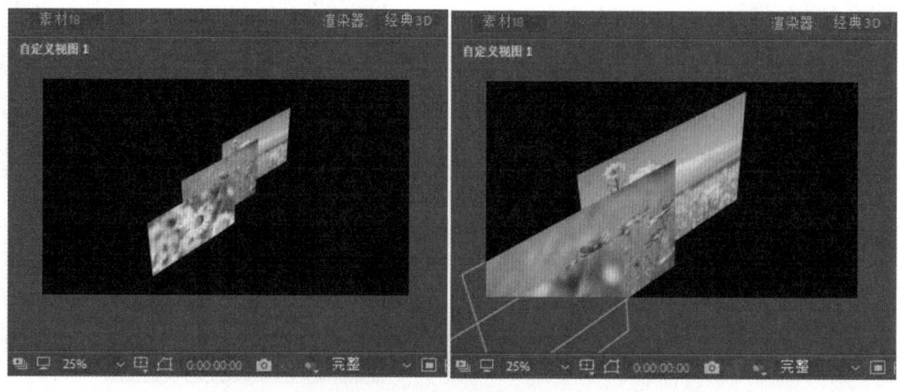

图2-166　查看所选择图层

如果用户觉得在几种视图模式之间切换太麻烦，那么可以在【合成】面板中同时打开多个视图，从不同的角度观察图层。单击【合成】面板下方的【选择视图布局】按钮 1个... ，在弹出的下拉菜单中可选择视图的布局方案，如图2-167所示。例如，选择【4个视图 - 左侧】、【4个视图 - 顶部】两种视图方案的效果如图2-168所示。

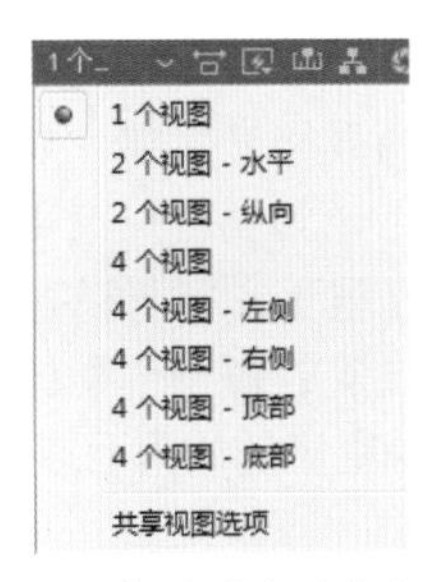

图2-167 视图的布局方案菜单

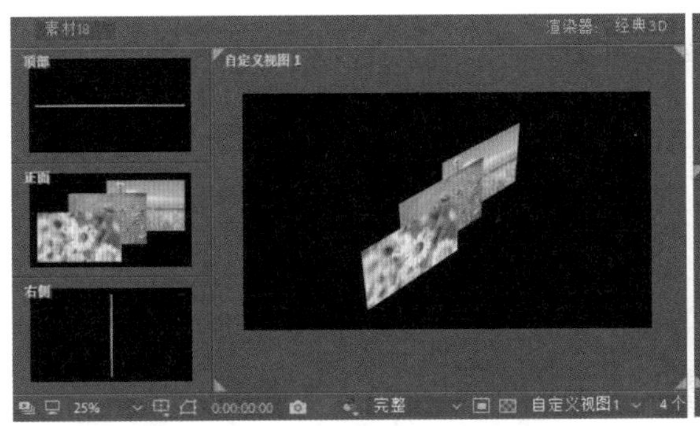
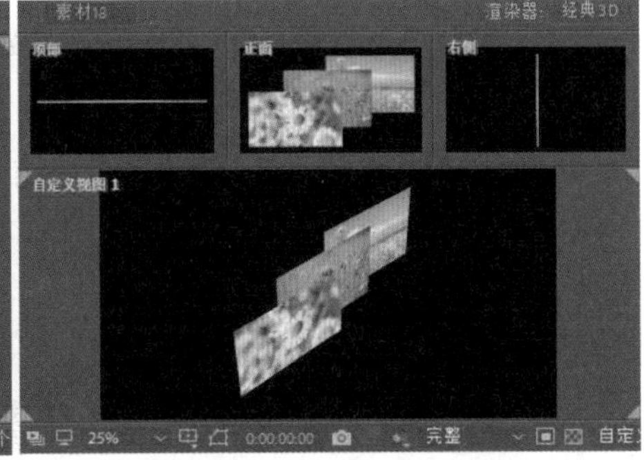

图2-168 两种视图方案的效果

2.3.2 灯光的应用

在合成制作中，使用灯光可模拟现实世界中的真实效果，并能够渲染影片气氛，突出重点。

1. 创建灯光

在After Effects CC中，灯光是一个图层，可以用来照亮其他的图像层。

用户可以在一个场景中创建多个灯光，并且有四种不同的灯光类型可供选择。要创建一个照明用的灯光来模拟现实世界中的光照效果，可以执行下面的操作。

在菜单栏中选择【图层】|【新建】|【灯光】命令，如图2-169所示。弹出【灯光设置】对话框，在该对话框中对灯光进行设置后，单击【确定】按钮，即可创建灯光，如图2-170所示。

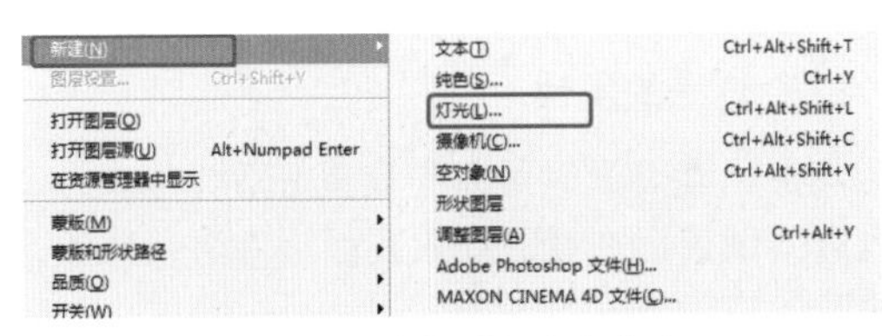

图2-169 选择【灯光】命令

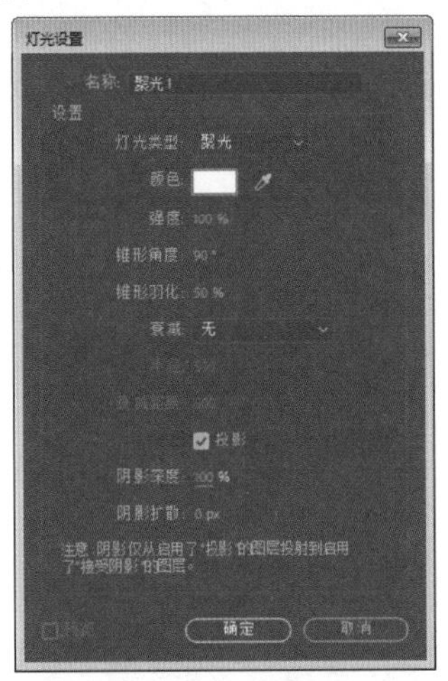

图2-170 【灯光设置】对话框

> **提 示**
>
> 在【合成】面板或【时间轴】面板中右击，在弹出的快捷菜单中选择【新建】|【灯光】命令，也可弹出【灯光设置】对话框。

2. 灯光类型

After Effects CC中提供了4种类型的灯光，即【平行】、【聚光】、【点】和【环境】，选择不同的灯光类型会产生不同的灯光效果。在【灯光设置】对话框中的【灯光类型】下拉列表框中可选择所需的灯光。

- 【平行】：这种类型的灯光可以模拟现实中的平行光效果，如探照灯。它从一个点光源发出一束平行光线，光照范围无限远。它可以照亮场景中位于目标位置的每一个物体或画面，并不会因为距离的原因而衰减，如图 2-171 所示。

图2-171 【平行】光效果

- 【聚光】：这种类型的灯光可以模拟现实中的聚光灯效果，如手电筒。它从一个点光源发出锥形的光线，其照射面积受锥角大小的影响，锥角越大，照射面积越大；锥角越小，照射面积越小。该类型的灯光还受距离的影响，距离越远，亮度越弱，照射面积越大，如图 2-172 所示。

图2-172 【聚光】灯效果

- 【点】：这种类型的灯光可以模拟现实中的散光灯效果，如照明灯。光线从某个点向四周发射，如图 2-173 所示。
- 【环境】：该光线没有发光点，光线从远处射来照亮整个环境，并且它不会产生阴影，如图 2-174 所示。我们可以对这种类型的灯光发出的光线颜色进行设置，并且整个环境的颜色也会随着灯光颜色的不同发生改变，与置身于五颜六色的霓虹灯下的效果相似。

图2-173 【点】光效果

图2-174 【环境】光效果

3. 灯光的属性

在创建灯光时可以先设置好灯光的属性，也可以创建后在【时间轴】面板中进行修改，如图 2-175 所示。

- 【强度】：用于控制灯光亮度。当【强度】值为 0 时，场景变黑。当【强度】

值为负值时，可以起到吸光的作用。当场景中有其他灯光时，负值的灯光可减弱场景中的光照强度，如图 2-176 所示。左图是两盏灯强度为 100 的效果，右图是一盏灯强度为 150、一盏灯强度为 50 的效果。

- 【颜色】：用于设置灯光的颜色。单击右侧的色块，在弹出的【颜色】对话框中设置一种颜色，也可以使用色块右侧的吸管工具在工作界面中拾取一种颜色，从而创建出有色光照射的效果。

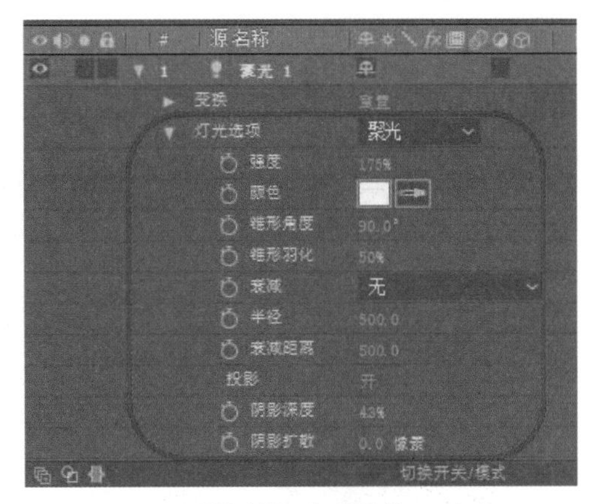

图2-175　灯光属性

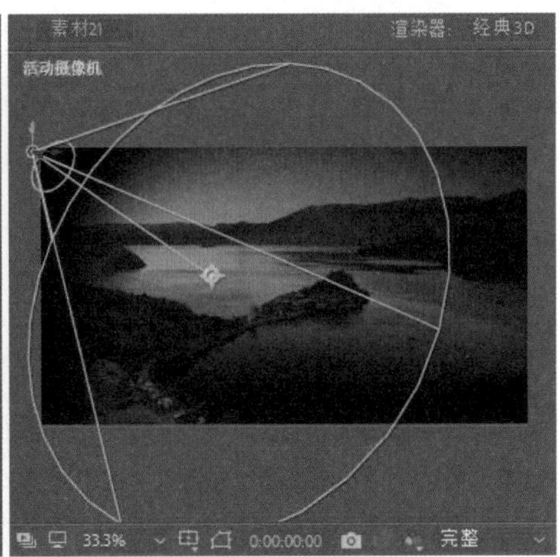

图2-176　设置【强度】参数后的效果

- 【锥形角度】：当选择【聚光灯】类型时才会出现该参数。用于设置灯光的照射范围，角度越大，光照范围越大；角度越小，光照范围越小。如图 2-177 所示，分别为角度为 60.0°（左）和 90.0°（右）时的效果。

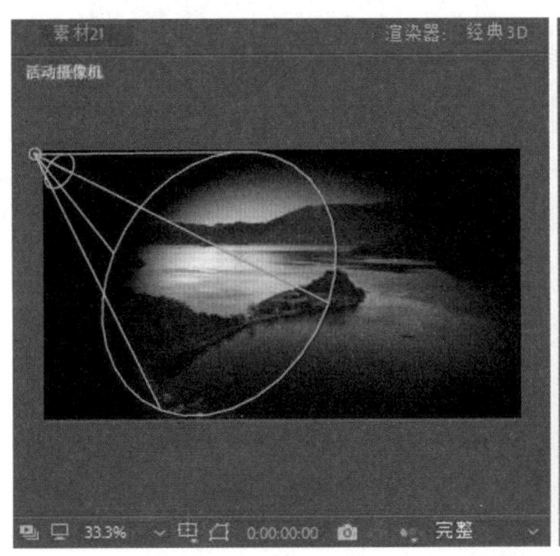

图2-177　设置不同【锥形角度】参数后的效果

- 【锥形羽化】：当选择【聚光灯】类型时才会出现该参数。该参数用于设置聚光灯照明区域边缘的柔和度，默认设置为 50%。当设置为 0 时，照明区域边缘界线比较明显。参数越大，边缘越柔和，如图 2-178 所示为设置不同【锥形羽化】参数后的效果。

图2-178　不同【锥化羽化】参数的效果

- 【投影】：决定三维图层是否投射阴影，该属性必须在三维图层的材质属性中开启了【投射阴影】选项才能起到作用。
- 【阴影深度】：设置阴影的颜色深度，默认设置为 100%。参数越小，阴影的颜色越浅。
- 【阴影扩散】：设置阴影的漫射扩散大小。值越高，阴影边缘越柔和。

2.3.3　摄像机的应用

在 After Effects CC 中，可以借助摄像机灵活地从不同角度和距离观察 3D 图层，并可以为摄像机添加关键帧，得到精彩的动画效果。After Effects CC 中的摄像机与现实中的摄像机相似，用户可以调节它的镜头类型、焦距大小、景深等。

在 After Effects CC 中，合成影像中的摄像机在【时间轴】面板中也是以层的形式出现的。在默认状态下，新建的摄像机层总是排列在层堆栈的最上方。After Effects CC 虽然以【活动摄像机】的视图方式显示合成影像，但是合成影像中并不包含摄像机，这只不过是 After Effects CC 的一种默认的视图方式而已。

每创建一个摄像机，在【合成】面板的右下角 3D 视图方式列表中就会添加一个摄像机名称，用户随时可以选择需要的摄像机视图方式来观察合成影像。

创建摄像机的方法是：在菜单栏中选择【图层】|【新建】|【摄像机】命令，打开【摄像机设置】对话框，如图 2-179 所示。在该对话框中设置完成后单击【确定】按钮，即可创建摄像机。

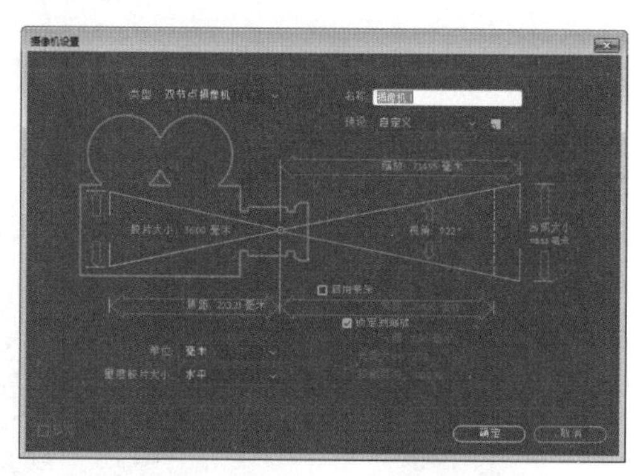

图2-179　【摄像机设置】对话框

> **提　示**
>
> 在【合成】面板或【时间轴】面板中右击，在弹出的快捷菜单中选择【新建】|【摄像机】命令，也可弹出【摄像机设置】对话框。

1. 参数设置

在新建摄像机时会弹出【摄像机设置】对

话框，用户可以对摄像机的镜头、焦距等进行设置。

【摄像机设置】对话框中的各项参数的功能如下。

- 【名称】：用于设置摄像机的名称。在After Effects CC系统默认的情况下，用户在合成影像中所创建的第一个摄像机命名为【摄像机1】，以后所创建的摄像机依次命名为【摄像机2】、【摄像机3】、【摄像机4】等，数值逐渐增大。
- 【预设】：用于设置摄像机镜头的几种类型。After Effects CC提供了几种常见的摄像机镜头类型，以便模拟现实中不同摄像机镜头的效果。这些摄像机镜头是以它们的焦距大小来表示的，从35mm的标准镜头到15mm的广角镜头以及200mm的鱼眼镜头，用户都可以在这里找到，并且当选择这些镜头时，它们的一些参数都会调到相应的数值。
- 【缩放】：用于设置摄像机位置与视图面之间的距离。
- 【胶片大小】：用于模拟真实摄像机中所使用的胶片尺寸，与合成画面的大小相对应。
- 【视角】：视图角度的大小由焦距、胶片尺寸和缩放所决定，也可以自定义设置，使用宽视角或窄视角。
- 【合成大小】：显示合成的高度、宽度或对角线的参数，以【测量胶片大小】中的设置为准。
- 【启用景深】：用于建立真实的摄像机调焦效果。选中该复选框可对景深进行进一步的设置，如焦距、光圈值等。
- 【焦距1】：用于设置摄像机焦点范围的大小。位于【胶片大小】选项的下方。
- 【焦距2】：用于设置摄像机的焦距大小。位于【启用景深】选项的下方。
- 【锁定到缩放】：当选中该复选框时，系统将焦点锁定到镜头上。这样，在改变镜头视角时始终与其一起变化，使画面保持相同的聚焦效果。
- 【光圈】：用于调节镜头快门的大小。镜头快门开得越大，受聚焦影响的像素就越多，模糊范围就越大。
- 【光圈大小】：用于改变透镜的大小。
- 【模糊层次】：用于设置景深模糊大小。
- 【单位】：可以使用【像素】、【英寸】或【毫米】作单位。
- 【量度胶片大小】：可将测量标准设置为水平、垂直或对角。

2. 使用工具控制摄像机

在After Effects CC中创建摄像机后，单击【合成】面板右下角的【3D视图弹出式菜单】按钮，在弹出的下拉菜单中会出现相应的摄像机名称，如图2-180所示。

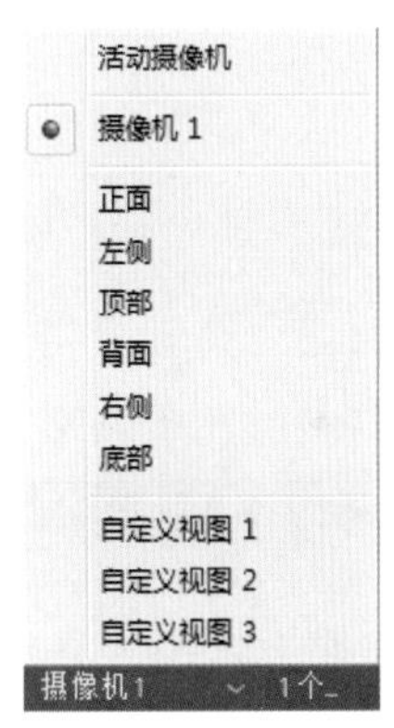

图2-180　3D视图弹出式菜单

当以摄像机视图的方式观察当前合成影像图像时，用户就不能在【合成】面板中对当前摄像机进行直接调整了，这时最好的办法就是使用摄像机工具来调整摄像机视图。

After Effects CC提供的摄像机工具主要用来旋转、移动和推拉摄像机视图。需要注意的是，利用该工具对摄像机视图的调整不会影响摄像机的镜头设置，也无法设置动画，只不过是通过调整摄像机的位置和角度来改变当前视图而已。

【轨道摄像机工具】：该工具用于旋转摄像机视图。使用该工具可向任意方向旋转摄像机视图。

【跟踪XY摄像机工具】：该工具用于水平或垂直移动摄像机视图。

【跟踪Z摄像机工具】：该工具用于缩放摄像机视图。

2.4 上机练习——产品展示效果

本例将介绍如何制作产品展示效果。首先将素材文件添加到【项目】面板中，然后通过对素材的缩放添加关键帧，使其呈现出动画效果，具体操作方法如下，完成后的效果如图2-181所示。

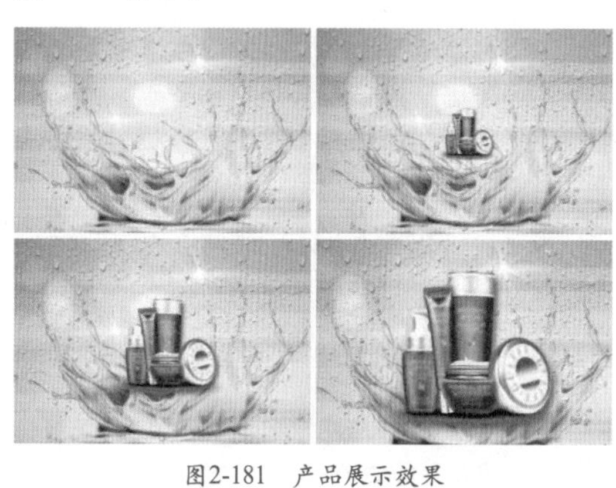

图2-181　产品展示效果

素材	素材\Cha02\产品背景.jpg、护肤品.png
场景	场景\Cha02\上机练习——产品展示效果.aep
视频	视频教学\Cha02\2.4　上机练习——产品展示效果.mp4

01 启动软件后，按Ctrl+N组合键，弹出【合成设置】对话框，将【合成名称】设为“产品展示效果”，在【基本】选项卡中，将【宽度】和【高度】分别设置为1024 px和683 px，将【像素长宽比】设置为【方形像素】，将【帧速率】设置为25帧/s，将【持续时间】设置为0:00:05:00，将【背景颜色】设置为黑色，单击【确定】按钮，如图2-182所示。

02 在【项目】面板中双击，弹出【导入文件】对话框，在该对话框中，选择“素材\Cha02\产品背景.jpg和护肤品.png”素材文件，然后单击【导入】按钮，如图2-183所示。

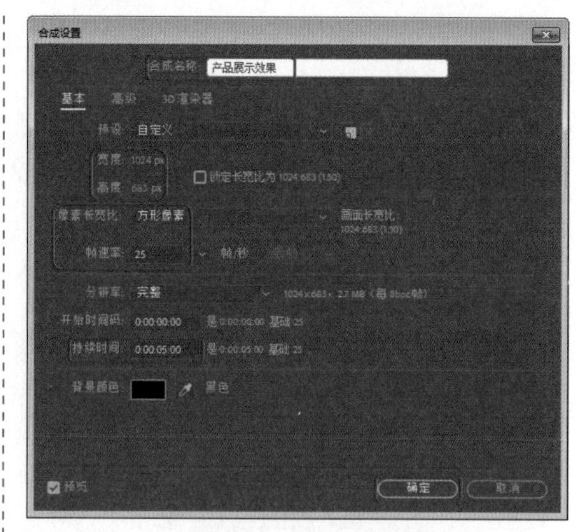

图2-182　合成设置

图2-183　选择素材文件

提　示

产品展示是企业信息化中很重要的一环，主要用于在企业网站中建立产品的展示栏目，通常也叫产品中心。网络公司通常把产品展示定义为一种功能模块。

03 导入素材之后，在【项目】面板中查看导入的素材文件，如图2-184所示。

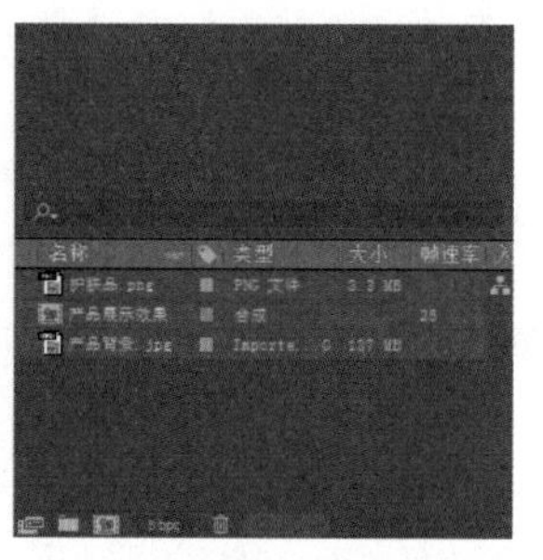

图2-184　查看导入的素材文件

04 在【项目】面板中选择“产品背景.jpg”文件，将其拖至【时间轴】面板中，如图 2-185 所示。

05 将当前时间设置为 0:00:04:00，打开【变换】选项组，将【缩放】设置为 103，单击【缩放】左侧的【添加关键帧】按钮，添加关键帧，如图 2-186 所示。

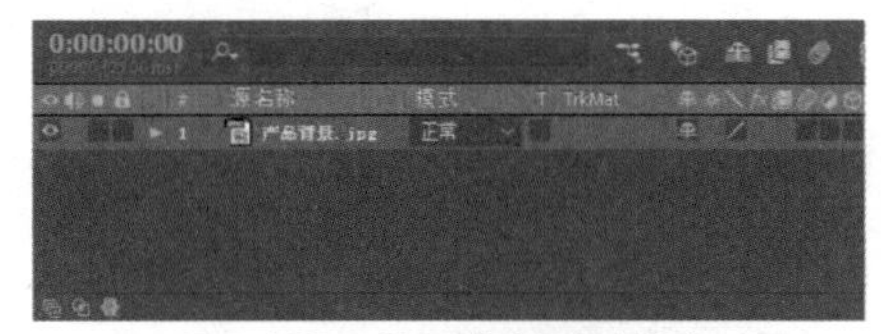

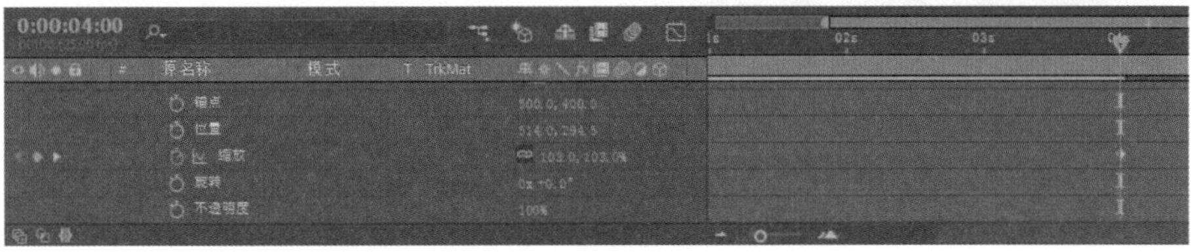

图2-185 添加素材到时间轴

图2-186 添加关键帧

06 将当前时间设置为 0:00:04:24，在时间轴上将【缩放】设置为 115%，如图 2-187 所示。

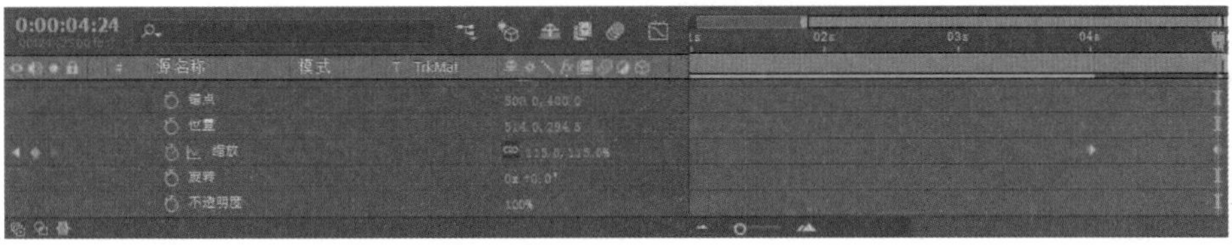

图2-187 添加【缩放】关键帧

07 在【项目】面板中选择“护肤品.png”素材文件，将其添加到“产品背景”图层的上方，并单击【3D 图层】按钮，开启 3D 图层，如图 2-188 所示。

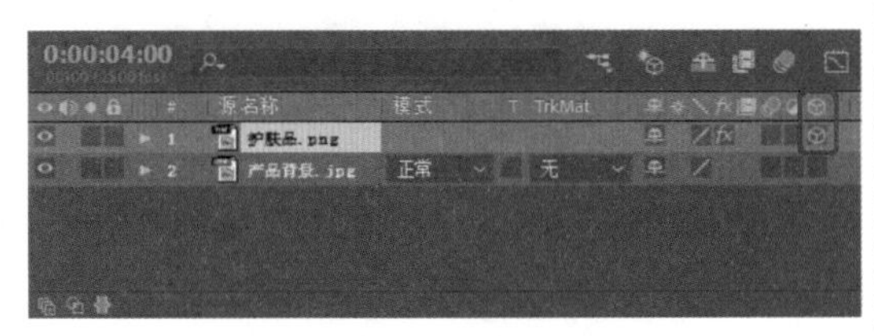

图2-188 开启3D图层

08 将当前时间设置为 0:00:00:00，单击“护肤品”图层【缩放】前面的【时间变化秒表】按钮，并将【缩放】设置为 0，如图 2-189 所示。

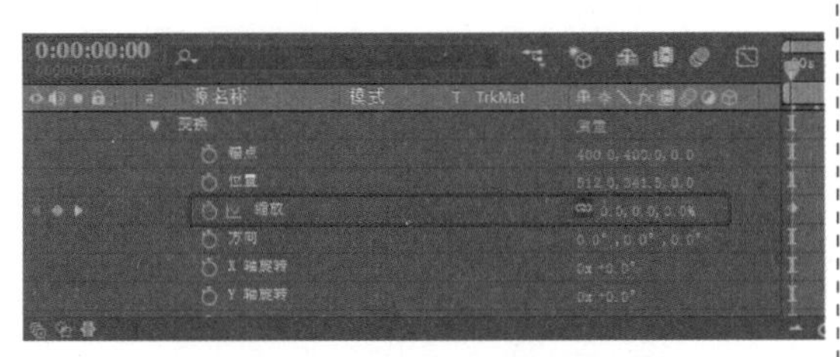

图2-189 添加【缩放】关键帧

09 将当前时间设置为 0:00:04:00，在【时间轴】面板中将【缩放】设置为 60%，如图 2-190 所示。

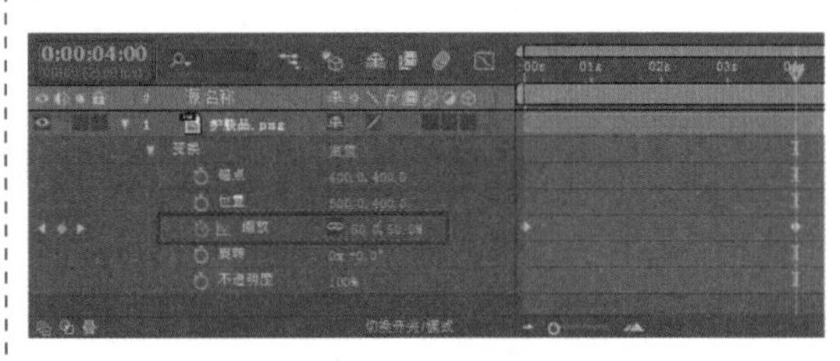

图2-190 添加【缩放】关键帧

10 将当前时间设置为 0:00:04:24，在时间轴上将【缩放】设置为 100%，如图 2-191 所示。

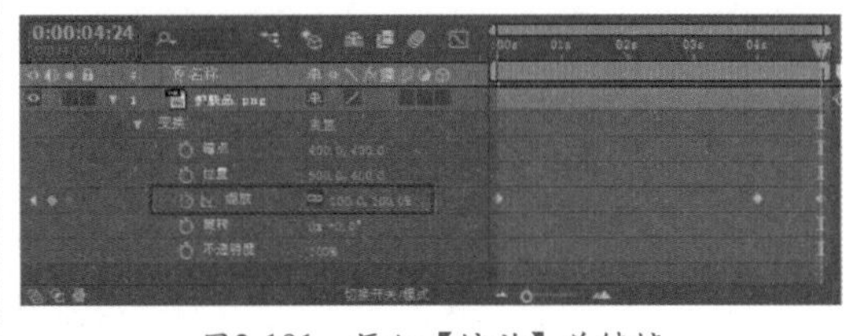

图2-191 添加【缩放】关键帧

11 在【效果和预设】面板中搜索【投影】特效，将其添加到“护肤品”图层上。打开【效果控件】面板，将【方向】设置为 0x+156°，将【距离】设置为 22，将【柔和度】设置为 55，如图 2-192 所示。

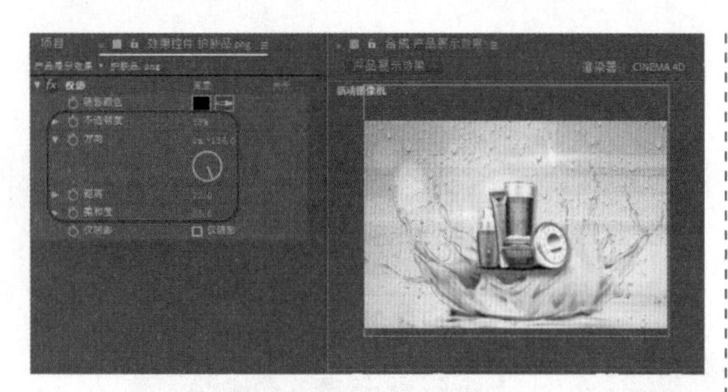

图2-192　设置效果

12 投影设置完成后，产品展示效果就制作完成了，对场景文件进行保存即可。

2.5 思考与练习

1. 简述隐藏层的方法。
2. 切换3D视图模式的方法有哪几种?
3. 简述图层的【父级】功能。

第3章 界面动态效果——关键帧效果与高级运动控制

本章将详细介绍关键帧在视频动画中的创建、编辑和应用，以及与关键帧动画相关的动画控制功能。关键帧部分包括关键帧的设置、选择、移动和删除。高级动画控制部分包括曲线编辑器、时间控制、运动草图等，这些设置可帮助我们制作出更复杂的动画效果，运动跟踪技术更是制作高级效果所必备的技术。

基础知识
➢ 关键帧的概念
➢ 关键帧的基础操作
重点知识
➢ 编辑关键帧
➢ 关键帧差值
提高知识
➢ 使用关键帧辅助
➢ 速度控制

3.1 制作黑板摇摆动画——关键帧基础操作

本案例将介绍如何制作黑板摇摆动画。首先添加素材图片，然后输入文字，并将文字图层与黑板所在图层进行链接，最后设置黑板所在图层的【旋转】参数。完成后的效果如图3-1所示。

图3-1　黑板摇摆动画

素材	素材\Cha03\黑板摇摆动画背景.jpg、HB01.png
场景	场景\Cha03\制作黑板摇摆动画——关键帧基础操作.aep
视频	视频教学\Cha03\3.1　制作黑板摇摆动画——关键帧基础操作.mp4

01 在【项目】面板中右击，在弹出的快捷菜单中选择【新建合成】命令。在弹出的【合成设置】对话框中，将【合成名称】设置为“制作黑板摇摆动画——关键帧基础操作”，将【宽度】和【高度】分别设置为1000 px、681 px，【帧速率】设置为25帧/秒，【持续时间】设置为0:00:05:00，【背景颜色】设置为黑色，然后单击【确定】按钮，如图3-2所示。

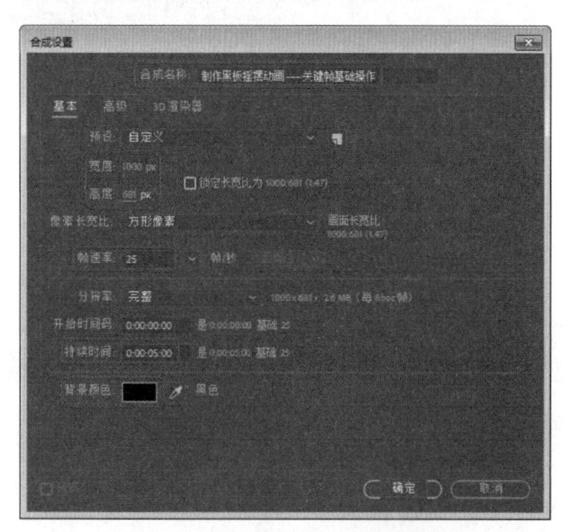

图3-2　【合成设置】对话框

02 将“HB01.png”和“黑板摇摆动画背景.jpg”素材图片添加到【项目】面板中，然后将“黑板摇摆动画背景.jpg”素材图片添加到时间轴中，如图3-3所示。

图3-3　添加素材图片

03 确认当前时间为0:00:00:00，将“HB01.png”素材图片添加到时间轴的顶端，然后将“HB01.png”图层中的【变换】|【缩放】设置为33.0%，【位置】设置为496.7、108.5，【锚点】设置为480、53，如图3-4所示。

图3-4　设置【缩放】、【位置】和【锚点】参数

04 在工具栏中选择【横排文字工具】T，在【合成】面板中输入字母STUDY HARD，在【字符】面板中将字体设置为Impact，【字体大小】设置为43像素，字体颜色的RGB值设置为237、255、255，如图3-5所示。

图3-5 输入文字

知识链接：父图层和子图层

要通过将某个图层的变换分配给其他图层来同步对图层所做的更改，可以使用父级。在一个图层成为另一个图层的父级之后，另一个图层称为子图层。在用户分配父级时，子图层的变换属性将与父图层而非合成有关。例如，如果父图层向其开始位置的右侧移动5个像素，则子图层也会向其位置的右侧移动5个像素。父级类似于分组，对组所做的变换与父级的锚点相关。

父级影响除【不透明度】以外的所有变换属性：【位置】、【缩放】、【旋转】和【方向】（针对3D图层）。

05 在时间轴中，将文字图层的【父级】设置为2.HB01.png，如图3-6所示。

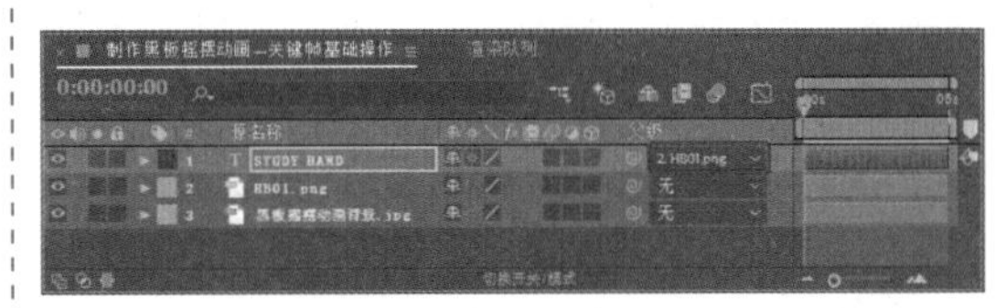

图3-6 设置父级

06 确认当前时间为0:00:00:00，在时间轴中，设置“HB01.png”图层的【变换】|【旋转】参数为0x+20.0°，单击左侧的按钮，如图3-7所示。

07 将当前时间设置为0:00:01:00，将“HB01.png”图层的【变换】|【旋转】设置为0x−20.0°，如图3-8所示。

图3-7 设置【变换】参数

图3-8 设置【旋转】参数1

08 将当前时间设置为0:00:02:05，将“HB01.png”图层的【变换】|【旋转】设置为0x+20.0°，如图3-9所示。

09 将当前时间设置为0:00:03:10，将“HB01.png”图层的【变换】|【旋转】设置为0x−20.0°，如图3-10所示。

10 将当前时间设置为0:00:04:05，将“HB01.png”图层的【变换】|【旋转】设置为0x+2.0°，如图3-11所示。

图3-9　设置【旋转】参数2

图3-10　设置【旋转】参数3

知识链接：关键帧的概念

After Effects通过关键帧创建和控制动画，即在不同的时间点对对象属性进行变化，而时间点间的变化则由计算机来完成。

当对一个图层的某个参数设置一个关键帧时，表示该图层的某个参数在当前时间有了一个固定值，而在另一个时间点设置了不同的参数后，在这一段时间中，该参数的值会由前一个关键帧向后一个关键帧变化。After Effects通过计算会自动生成两个关键帧之间参数变化时的过渡画面，当这些画面连续播放时，就形成了视频动画的效果。

图3-11　设置【旋转】参数4

在After Effects中，关键帧的创建是在【时间轴】面板中进行的，本质上是为图层的属性设置动画。在可以设置关键帧属性的效果和参数左侧都有一个按钮，单击该按钮，图标变为状态，这样就打开了关键帧记录，并在当前的时间位置设置了一个关键帧。

3.1.1　锚点设置

单击【时间轴】面板中素材名称左边的小三角，可以打开各属性的参数控制，如图3-12所示。

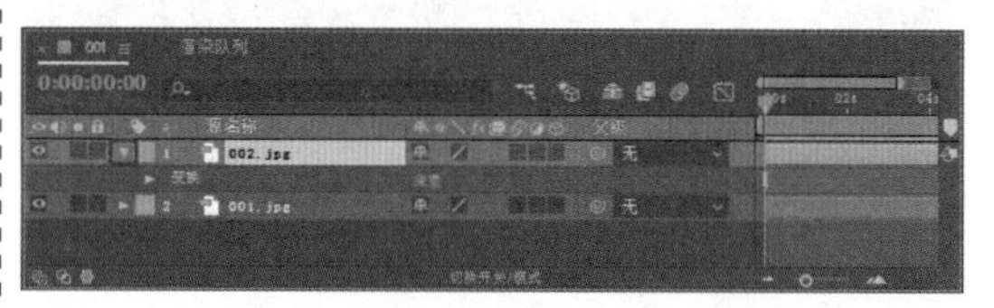

图3-12　属性参数

【锚点】是通过改变参数的数值来定位素材的中心点，在下面的旋转、缩放时将以该中心点为中心执行。其参数的设置方法有多种，下面就来具体介绍一下。

- 单击带有下划线的参数值，可以将该参数值激活，如图3-13所示。在该激活区域输入所需的数值，然后单击【时间轴】面板的空白区域或按Enter键确认。

- 将鼠标指针放置在带有下划线的参数上，当鼠标指针变为双向箭头时，按住鼠标左键拖曳，如图 3-14 所示。向左拖曳减小参数值，向右拖曳增大参数值。

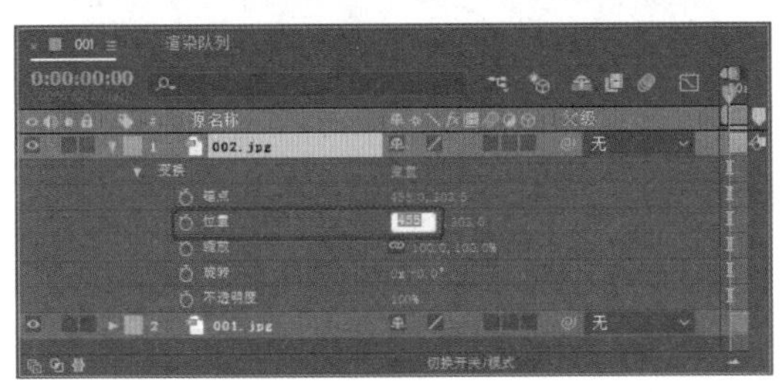

图3-13 输入方法调节参数

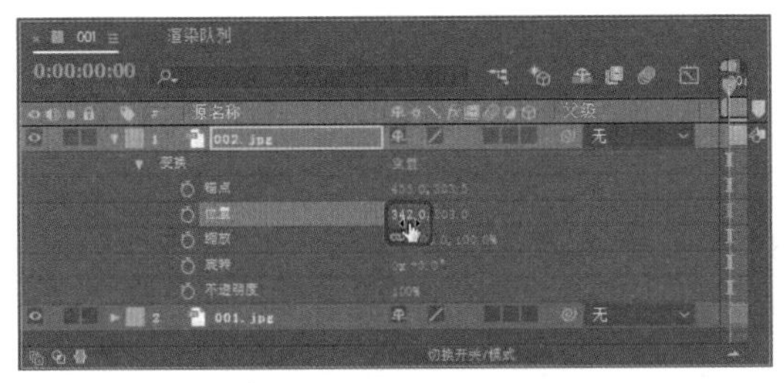

图3-14 拖曳方法调节参数

- 在属性名称上右击，在弹出的快捷菜单中选择【编辑值】命令，或在下划线上右击，从弹出的快捷菜单中选择【编辑值】命令，将打开相应的参数设置对话框。图 3-15 所示为位置参数设置对话框，在该对话框中输入所需的数值，选择【单位】后，单击【确定】按钮进行调整。

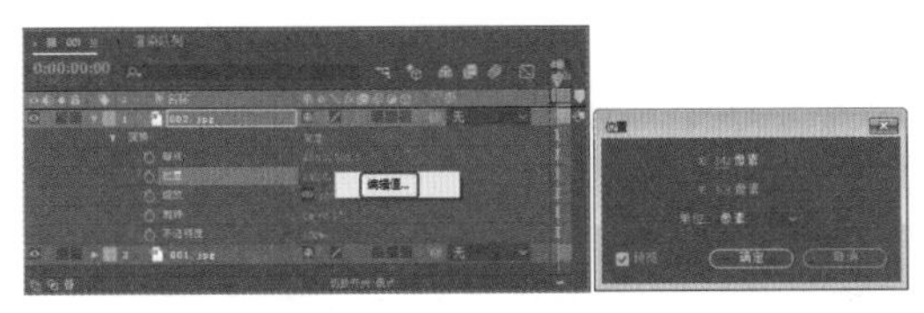

图3-15 编辑参数

3.1.2 创建图层位置关键帧动画

位置是通过调节参数的大小来控制素材的位置，达到想要的效果。

创建图层位置关键帧动画的具体操作步骤如下。

01 首先将“素材 1.jpg”“素材 2.jpg”导入【时间轴】面板中。选择“素材 2.jpg”素材文件，将当前时间设置为 0:00:00:00，然后单击【位置】属性左侧的按钮，打开关键帧，如图 3-16 所示。

02 将时间滑块拖至图层结尾处，选择“素材 2”图层，将【位置】设置为 -460，303，如图 3-17 所示。

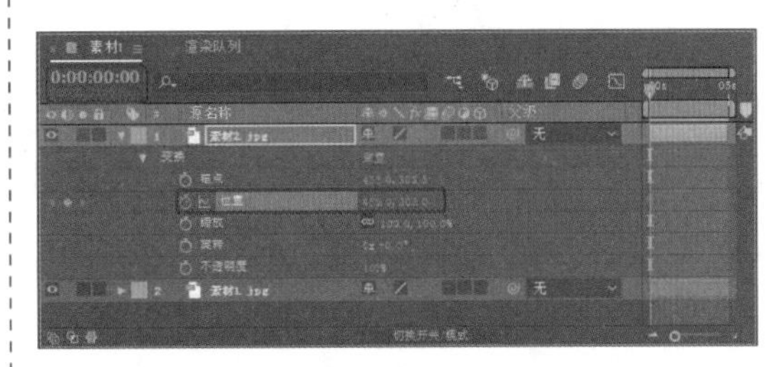

图3-16 设置【位置】关键帧

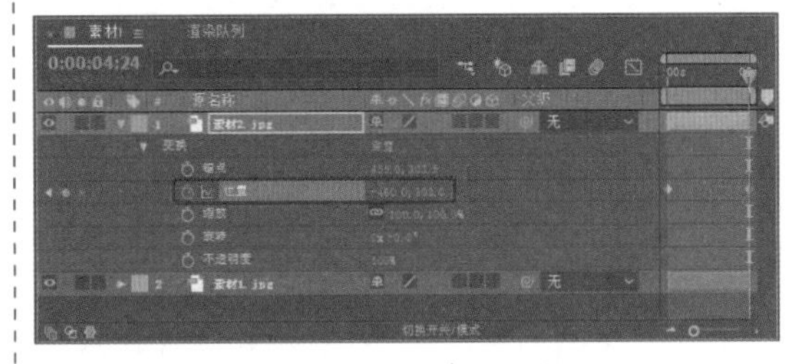

图3-17 设置【位置】参数

03 拖动时间滑块即可观看效果，如图 3-18 所示。

图3-18 效果图

3.1.3 创建图层缩放关键帧动画

缩放是通过调节参数的大小来控制素材的大小，达到想要的效果。值得注意的是，当参数值前边出现一个【约束比例】图标时，表示可以同时改变相互连接的参数值，并且锁定它们之间的比例，单击该图标使其消失便可以取消参数锁定。

创建图层缩放关键帧动画的具体操作步骤如下。

01 首先将“素材 3.jpg”“素材 4.jpg”导入【时间轴】面板中，选择“素材 4.jpg”素材文件，将当前时间设置为 0:00:00:00，然后单击【缩放】属性左侧的按钮，打开关键帧。将时间滑块拖至图层结尾处，然后将【缩放】参数设置为 0，添加关键帧，如图 3-19 所示。

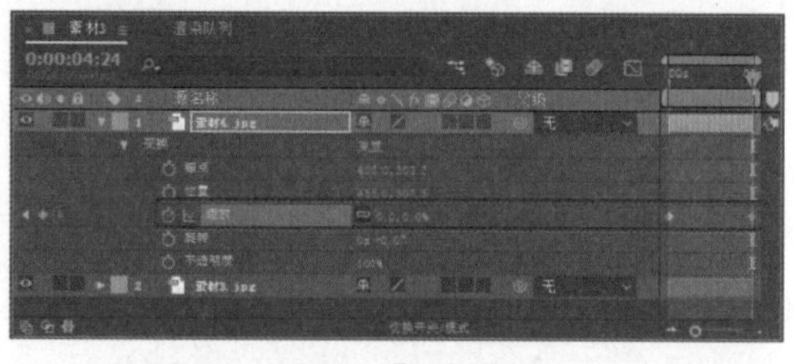

图3-19 设置【缩放】关键帧

02 拖动时间滑块即可观看效果，如图 3-20 所示。

图3-20 效果图

3.1.4 创建图层旋转关键帧动画

旋转是指以锚点为中心，通过调节参数来旋转素材。但要注意的是，改变前面数值的大小，将以圆周为单位来调节角度的变化，前面的参数增加或减少 1，表示角度改变 360°；改变后面数值的大小，将以度为单位来调节角度的变化，每增加 360°，前面的参数值就递增一个数值。

创建图层旋转关键帧动画的具体操作步骤如下。

01 首先将“素材 5.jpg”“素材 6.jpg”导入【时间轴】面板中，选择“素材 6.jpg”素材文件，将当前时间设置为 0:00:00:00，然后单击【旋转】属性左侧的按钮，打开关键帧。将时间滑块拖至图层结尾处，然后将【旋转】参数设置为 0x+24.0°，添加关键帧，如图 3-21 所示。

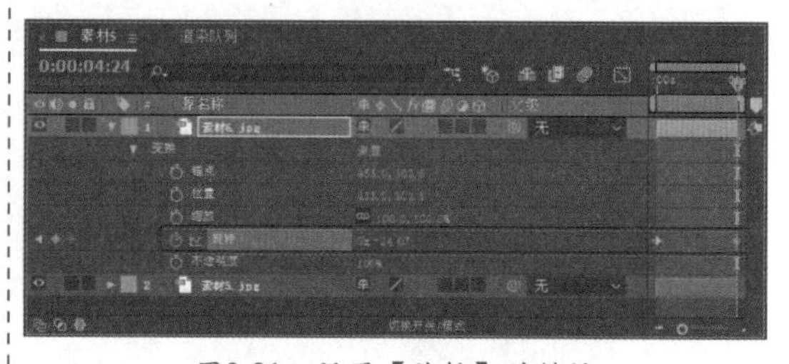

图3-21 设置【旋转】关键帧

02 拖动时间滑块即可观看效果，如图 3-22 所示。

图3-22 效果图

3.1.5 创建图层淡入动画

通过改变素材的透明度，达到想要的效果。

创建图层淡入淡出动画的具体操作步骤如下。

01 首先将“素材7.jpg”“素材8.jpg”导入【时间轴】面板中，选择“素材2.jpg”素材文件，将当前时间设置为0:00:00:00，单击【不透明度】属性左侧的⏱按钮，打开关键帧。将时间滑块拖至图层结尾处，然后将【不透明度】参数设置为0，添加关键帧，如图3-23所示。

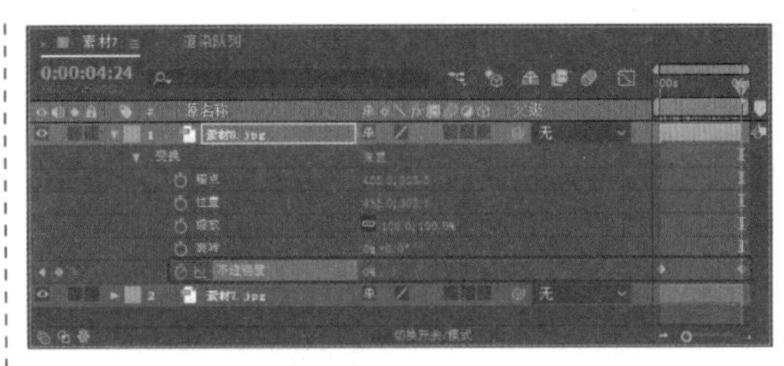
图3-23 设置【不透明度】关键帧

02 拖动时间滑块即可观看效果，如图3-24所示。

图3-24 效果图

3.2 制作点击图片动画——编辑关键帧

本案例将介绍如何制作点击图片动画。首先添加素材图片，然后设置各个图层上的【位置】、【缩放】和【不透明度】关键帧动画。完成后的效果如图3-25所示。

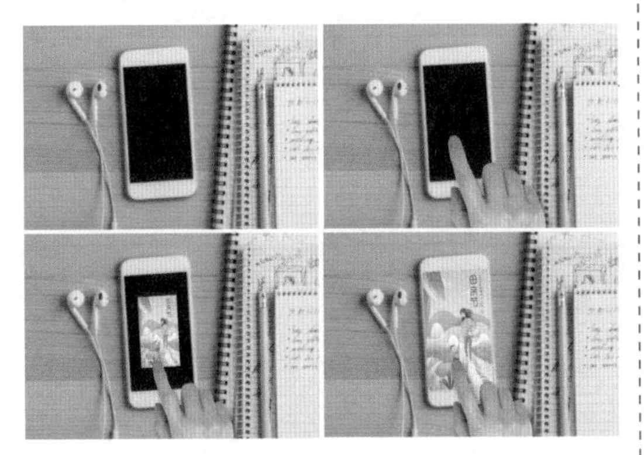
图3-25 点击图片动画

素材	素材\Cha03\点击动画背景.jpg、DJ01.png、手机界面.png
场景	场景\Cha03\制作点击图片动画——编辑关键帧.aep
视频	视频教学\Cha03\3.2 制作点击图片动画——编辑关键帧.mp4

01 在【项目】面板中右击，在弹出的快捷菜单中选择【合成设置】命令。在弹出的【合成设置】对话框中，将【合成名称】设置为“制作点击图片动画—编辑关键帧”，将【宽度】和【高度】分别设置为880 px、640 px，【像素长宽比】设置为【方形像素】，【帧速率】设置为25帧/秒，【持续时间】设置为0:00:05:00，然后单击【确定】按钮，如图3-26所示。

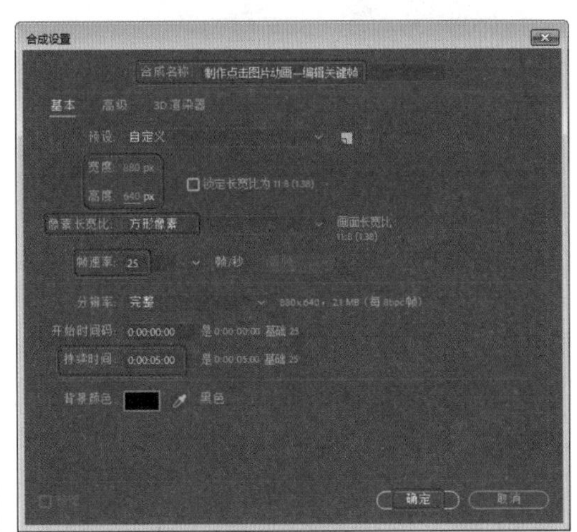
图3-26 【合成设置】对话框

02 在【项目】面板中双击，在弹出的【导入文件】对话框中，选择“素材\Cha03\点击动画背景.jpg、DJ01.png”和手机界面.jpg素材图片，然后单击【导入】按钮，将素材图片导入

【项目】面板中。将“点击动画背景.jpg”素材图片添加到时间轴中，如图3-27所示。

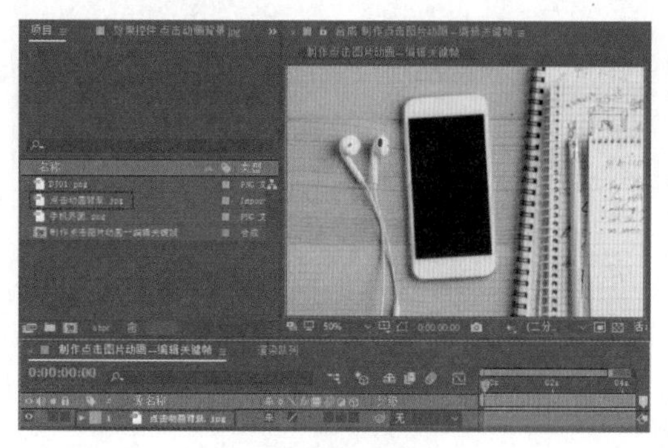

图3-27 添加素材图片

03 将【项目】面板中的“手机界面.jpg”素材图片添加到时间轴的顶层。将当前时间设置为0:00:01:15，在时间轴中，将“手机界面.jpg”层的【变换】|【位置】设置为401、307，【缩放】设置为0，单击【缩放】左侧的按钮，如图3-28所示。

图3-28 设置【变换】参数

04 将当前时间设置为0:00:02:20，将“手机界面.jpg”层的【变换】|【缩放】设置为50%，如图3-29所示。

05 将当前时间设置为0:00:00:20，将【项目】面板中的“DJ01.png”素材图片添加到时间轴的顶层。将“DJ01.png”层的【变换】|【位置】设置为619、616，【缩放】设置为75.0%，然后单击【缩放】、【位置】、【不透明度】左侧的图标，添加关键帧，如图3-30所示。

图3-29 设置【缩放】参数

图3-30 设置【变换】参数

06 将当前时间设置为0:00:00:00，将“DJ01.png”层的【变换】|【不透明度】设置为0，如图3-31所示。

图3-31 设置【不透明度】参数

07 将当前时间设置为0:00:01:15，将“DJ01.png”层的【变换】|【位置】设置为559、613，【缩放】设置为52%，如图3-32所示。

图3-32 设置【变换】参数

3.2.1 选择关键帧

根据选择关键帧的情况不同，可以有多种选择方法。

在【时间轴】面板中单击要选择的关键帧，关键帧图标变为◆状态表示已被选中。

- 如果要选择多个关键帧，按住Shift键单击所要选择的关键帧即可。也可使用鼠标拖出一个选框，对关键帧进行框选，如图3-33所示。

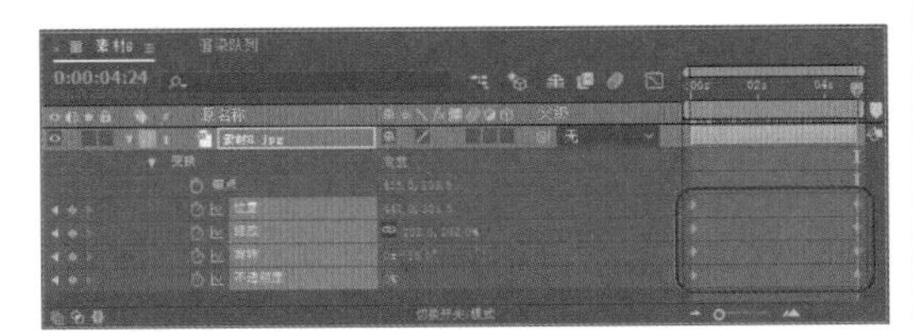

图3-33 框选关键帧

- 单击层的一个属性名称，可将该属性的关键帧全部选中，如图3-34所示。
- 创建关键帧后，在【合成】面板中可以看到一条线段，并且在线上会出现控制点，这些控制点就是设置的关键帧，只要单击这些控制点，就可以选择相对应的关键帧。选中的控制点以实心的方块显示，没选中的控制点则以空心的方块显示，如图3-35所示。

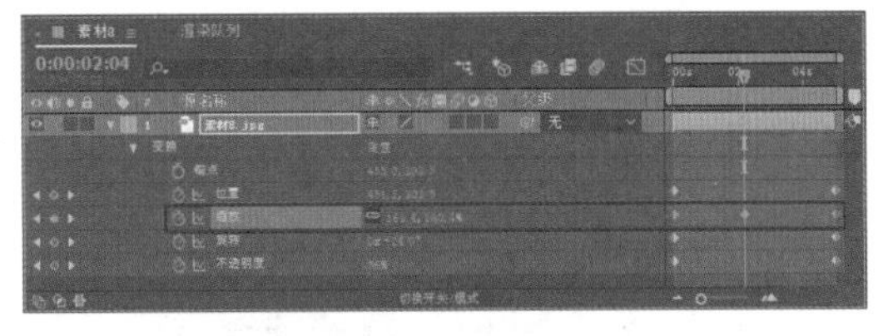

图3-34 选择一个属性的全部关键帧

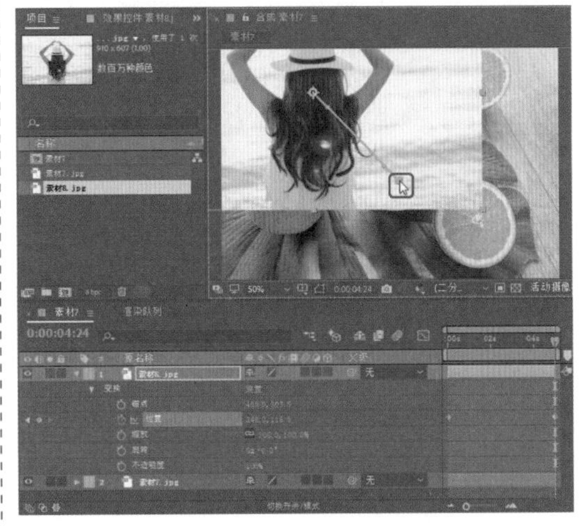

图3-35 在【合成】面板中选择关键帧

3.2.2 移动关键帧

- 移动单个关键帧：如果需要移动单个关键帧，可以选中需要移动的关键帧，直接用鼠标拖至目标位置即可，如图3-36所示。

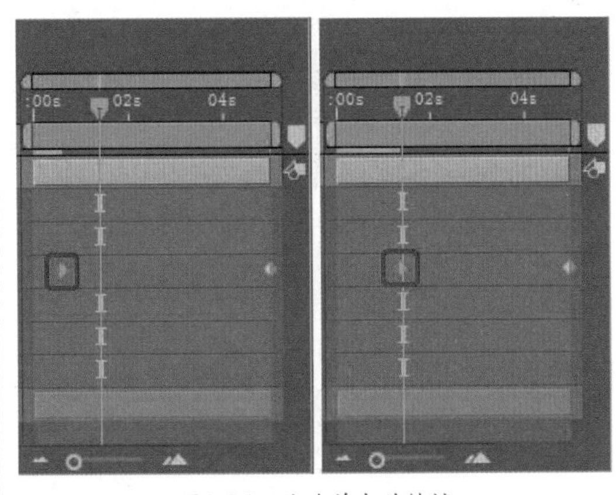

图3-36 移动单个关键帧

- 移动多个关键帧：如果需要移动多

个关键帧，可以框选或者按住键盘上的Shift键选择需要移动的多个关键帧，然后拖至目标位置即可，如图3-37所示。

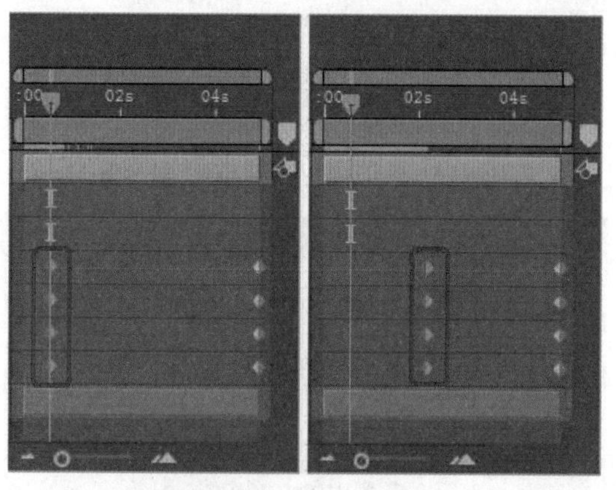
图3-37　移动多个关键帧

为了将关键帧精确地移动到目标位置，通常先移动时间轴滑块的位置，借助时间轴来精确移动关键帧。精确移动时间轴的方法如下。

- 先将时间轴滑块移至大致的位置，然后按Page Up【向前】或Page Down【向后】键逐帧进行精确调整。
- 单击【时间轴】面板左上角的当前时间，此时当前时间变为可编辑状态，如图3-38所示。在其中输入精确的时间，然后按Enter键确认，便将时间轴滑块移至指定位置。

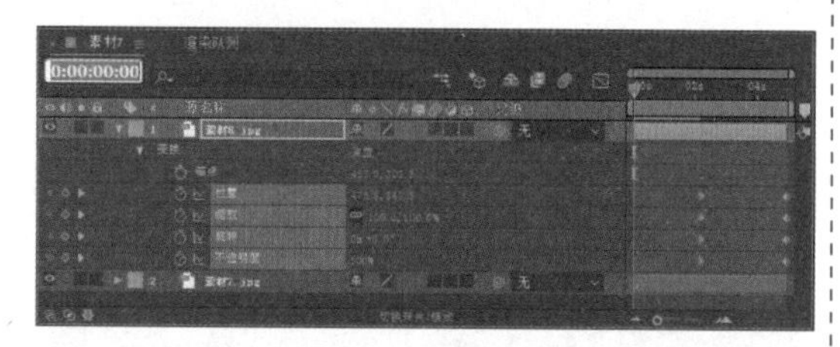
图3-38　编辑时间

提　示

按Home或End键，可将时间轴快速地移至时间的开始处或结束处。

根据时间轴滑块来移动关键帧的方法如下。

- 先将时间轴滑块移至要放置关键帧的位置，然后单击关键帧并按住Shift键进行移动，移至时间轴附近时，关键帧会自动吸附到时间轴上。这样，关键帧就被精确地移至指定的位置。
- 拉长或缩短关键帧：选择多个关键帧后，按住鼠标左键和Alt键的同时向外拖动可以拉长关键帧的距离，向内拖动可以缩短关键帧的距离，如图3-39所示。这种改变只是改变所选关键帧的距离大小，关键帧间的相对距离是不变的。

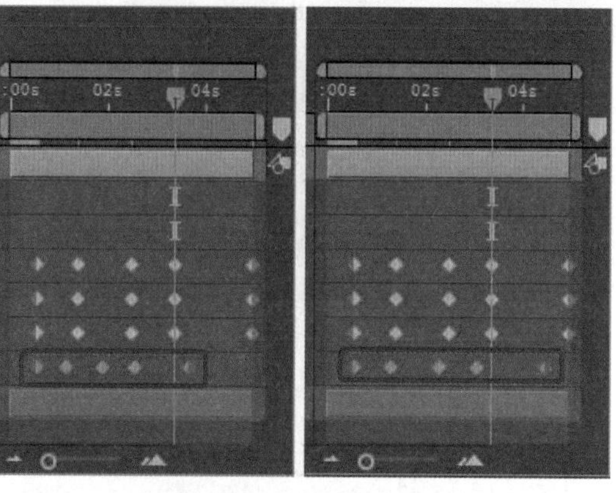
图3-39　拉长和缩短关键帧

3.2.3　复制关键帧

如果要对多个图层设置相同的运动效果，可以先设置好一个图层的关键帧，然后对关键帧进行复制，将复制的关键帧粘贴给其他层。这样可以节省再次设置关键帧的时间，提高工作效率。

- 选择一个图层的关键帧，在菜单栏中选择【编辑】|【复制】命令，对关键帧进行复制。然后选择目标层，在菜单栏中选择【编辑】|【粘贴】命令，粘贴关键帧。在对关键帧进行复制、粘贴时，可使用快捷键Ctrl+C【复制】和Ctrl+V【粘贴】来执行。

提　示

在粘贴关键帧时，关键帧会粘贴在时间轴滑块的位置。所以，一定要先将时间轴滑块移至正确的位置，然后粘贴。

3.2.4　删除关键帧

如果在操作时出现了失误，添加了多余的

关键帧，可以将不需要的关键帧删除，删除方法有以下三种。

- 按钮删除。将当前时间调至需要删除的关键帧位置，可以看到该属性左侧的【在当前时间添加或移除关键帧】按钮◆呈蓝色的激活状态，单击该按钮，即可将当前时间位置的关键帧删除，如图3-40所示。删除后该按钮呈灰色显示，如图3-41所示。

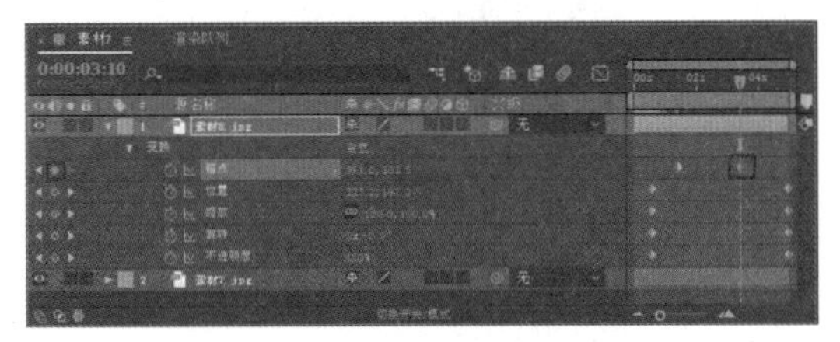

图3-40 利用按钮删除关键帧

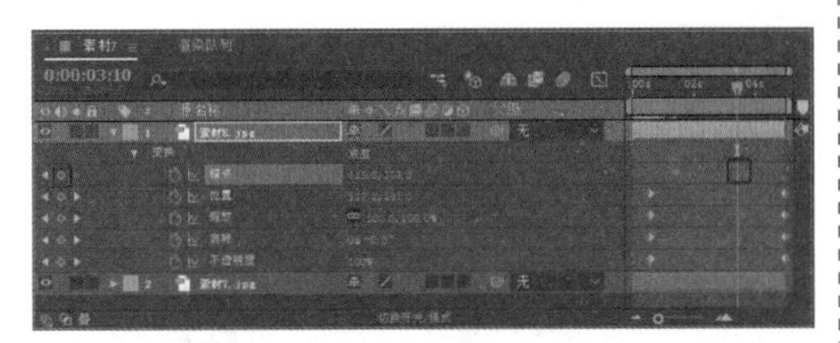

图3-41 利用按钮删除关键帧

- 键盘删除。选择不需要的关键帧，按键盘上的Delete键，即可将选择的关键帧删除。
- 菜单删除。选择不需要的关键帧，执行菜单栏中的【编辑】|【清除】命令，即可将选择的关键帧删除。

3.2.5 改变显示方式

关键帧不但可以显示为方形，还可以显示为阿拉伯数字。

在【时间轴】面板的右上角单击☰按钮，在弹出的菜单中选择【使用关键帧索引】命令，便将关键帧以数字的形式显示，如图3-42所示。

提 示

使用数字形式显示关键帧时，关键帧会以数字顺序命名，即第一个关键帧为1，依次往后排。当在两个关键帧之间添加一个关键帧后，该关键帧后面的关键帧会重新进行排序命名。

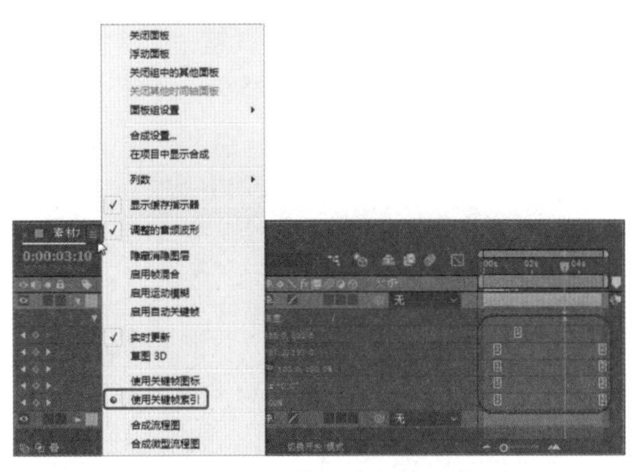

图3-42 以数字形式显示关键帧

3.3 制作科技信息展示——动画控制

本例主要应用【位置】和【缩放】关键帧，对文字图层主要应用软件自身携带的动画预设，具体操作方法如下，完成后的效果如图3-43所示。

图3-43 科技信息展示

素材	素材\Cha03\科技展示背景.jpg、展示01.png~展示03.png
场景	场景\Cha03\制作科技信息展示——动画控制.aep
视频	视频教学\Cha03\3.3 制作科技信息展示——动画控制.mp4

01 启动软件后，按Ctrl+N组合键，弹出【合成设置】对话框，将【合成名称】设置为“制作科技信息展示——动画控制”，切换到【基本】选项卡，将【宽度】和【高度】分别设置为1024 px和768 px，将【像素长宽比】设置为

【方形像素】，将【帧速率】设置为25帧/秒，将【持续时间】设置为0:00:15:00，单击【确定】按钮，如图3-44所示。

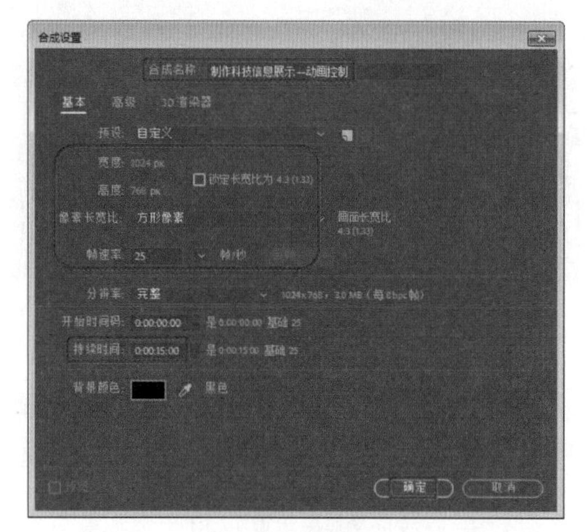

图3-44 新建合成

02 切换到【项目】面板，在该面板中双击，弹出【导入文件】对话框，在该对话框中，选择“素材\Cha03\科技展示背景.jpg、展示01.png、展示02.png、展示03.png”素材文件，然后单击【导入】按钮，如图3-45所示。

图3-45 选择素材文件

03 在【项目】面板中选择“科技展示背景.jpg”文件，将其拖至【时间轴】面板中，按Enter键修改名称为“科技展示背景”，并将其【缩放】设置为34%，如图3-46所示。

提 示

在设置【缩放】时，可以展开图层的【变换】选项组进行设置。

图3-46 设置素材缩放

04 在【项目】面板中将“展示02.png”素材文件拖至【时间轴】面板中，将其名称修改为“展示02”，并将【缩放】设置为35%，如图3-47所示。

图3-47 设置素材缩放

05 在【时间轴】面板中单击底部的按钮，此时可以对素材的【入】、【出】、【持续时间】和【伸缩】进行设定，将【入】设置为0:00:00:00，将【持续时间】设置为0:00:03:00，如图3-48所示。

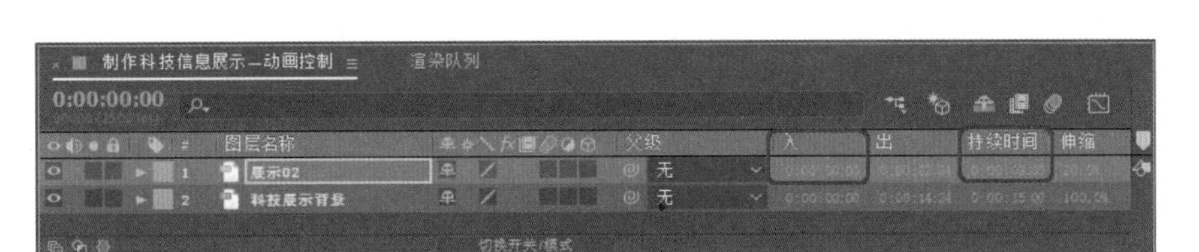

图3-48 设置素材的出入时间

06 将当前时间设置为0:00:01:00，在【时间轴】面板中展开“展示02”图层的【变换】选项组，单击【位置】左侧的【添加关键帧】按钮，添加关键帧，并将【位置】设置为833、384，如图3-49所示。

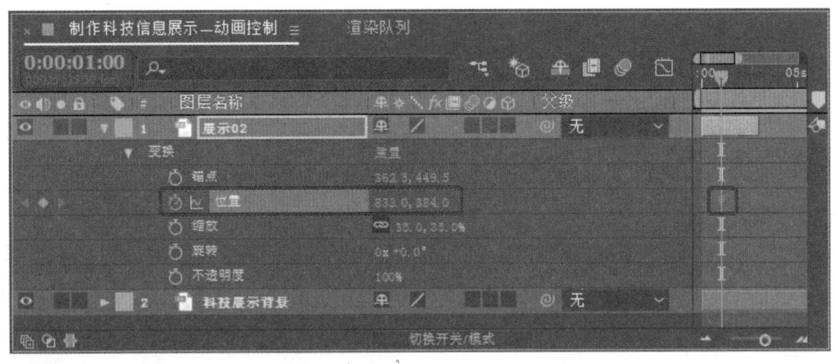

图3-49 添加【位置】关键帧

提 示

在设置【入】时间时，也可以先设置当前时间，如将当前时间设置为0:00:11:00，然后按住Alt键单击【入】下面的时间数值，此时素材图层的起始位置将变为0:00:11:00。

07 将当前时间设置为0:00:02:00，并将【位置】设置为202、384，如图3-50所示。

08 在【项目】面板中选择“展示01.png”素材文件拖至【时间轴】面板中，将其放置到“展示02”图层的上方，修改名字为“展示01”，将【入】设置为0:00:00:00，将【持续时间】设置为0:00:03:00，如图3-51所示。

图3-50 设置【位置】关键帧

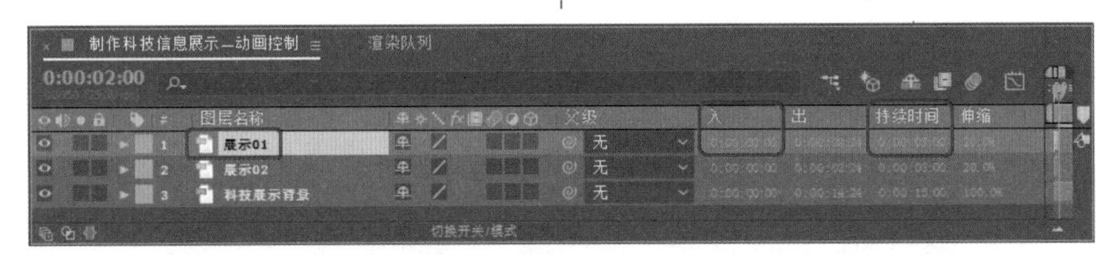

图3-51 设置素材的出入时间

09 将当前时间设置为0:00:01:00，展开“展示01”图层的【变换】选项组，分别单击【缩放】和【位置】左侧的【添加关键帧】按钮，并将【位置】设置为202、384，将【缩放】设置为35%，如图3-52所示。

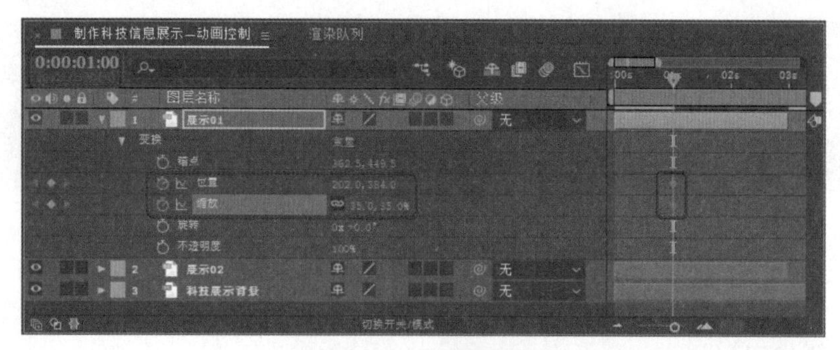

图3-52 设置关键帧

10 将当前时间设置为0:00:02:00，在【时间轴】面板中展开“展示01”图层的【变换】选项组，并将【位置】设置为512、384，将【缩放】设置为40%，如图3-53所示。

图3-53 设置关键帧

11 在【项目】面板中选择“展示03.png”素材文件，并拖至【时间轴】面板，将其放置在“展示01”图层的上方，修改名称为“展示03”，将【入】设置为0:00:00:00，将【持续时间】设置为0:00:03:00，如图3-54所示。

12 将当前时间设置为0:00:01:00，在【时间轴】面板中展开“展示03”图层的【变换】选项组，单击【位置】和【缩放】左侧的【添加关键帧】按钮，添加关键帧，并将【位置】设置为512、384，将【缩放】设置为40%，如图3-55所示。

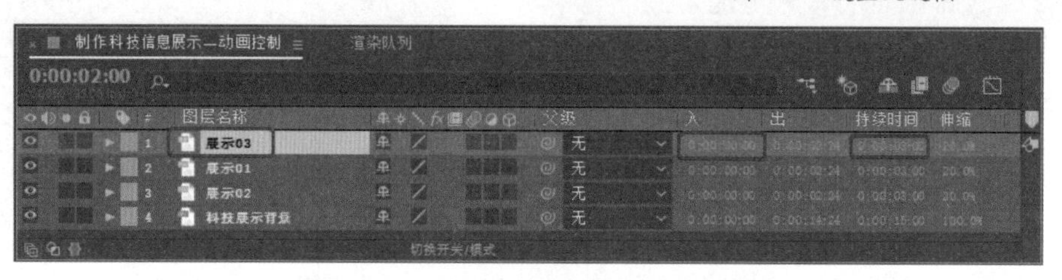

图3-54 设置素材的出入时间

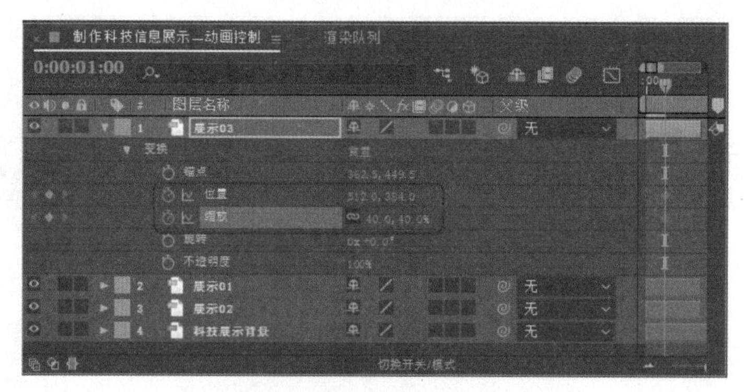

图3-55 设置关键帧

13 将当前时间设置为0:00:02:00，在【时间轴】面板中展开“展示03”图层的【变换】选项组，并将【位置】设置为833、384，将【缩放】设置为35%，如图3-56所示。

14 在【合成】面板中查看效果。时间处于1秒位置时的效果如图3-57所示，时间处于2秒位置时的效果如图3-58所示。

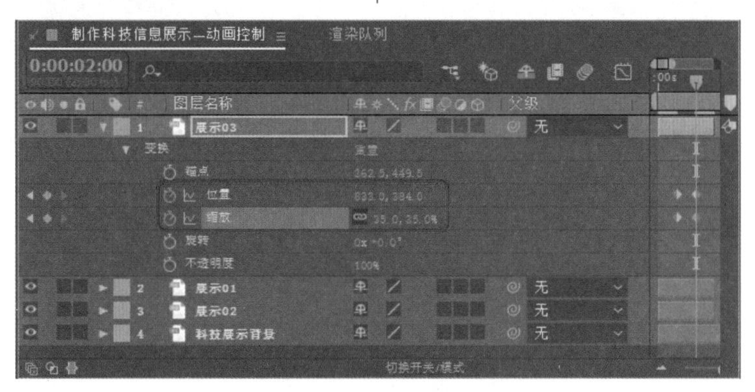

图3-56 设置关键帧

图3-57 1秒位置时的效果

图3-58 2秒位置时的效果

15 在【时间轴】面板中依次对“展示03”“展示02”“展示01”图层进行复制，分别复制出“展示04”“展示05”和“展示06”，并将其排列到图层的最上方，分别将其【入】点设置为0:00:03:00，如图3-59所示。

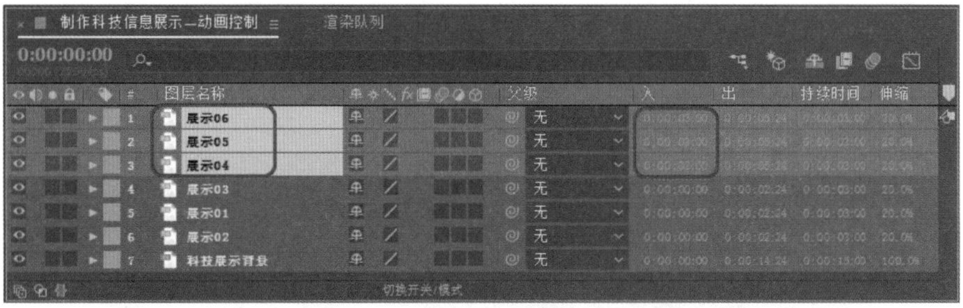

图3-59 复制图层

16 将当前时间设置为0:00:04:00，展开“展示04”图层的【变换】选项组，单击【缩放】左侧的【添加关键帧】按钮，将缩放关键帧删除。并修改【缩放】为35%，将【位置】设置为833、384，如图3-60所示。

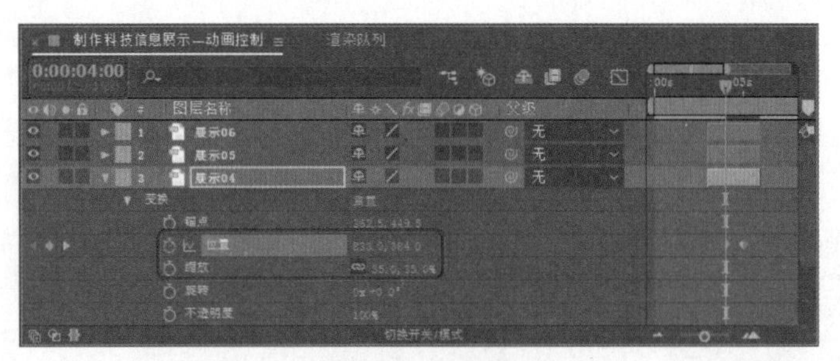

图3-60　设置关键帧

17 将当前时间设置为0:00:05:00，在【时间轴】面板中展开“展示04”图层的【变换】选项组，将【位置】设置为202、384，如图3-61所示。

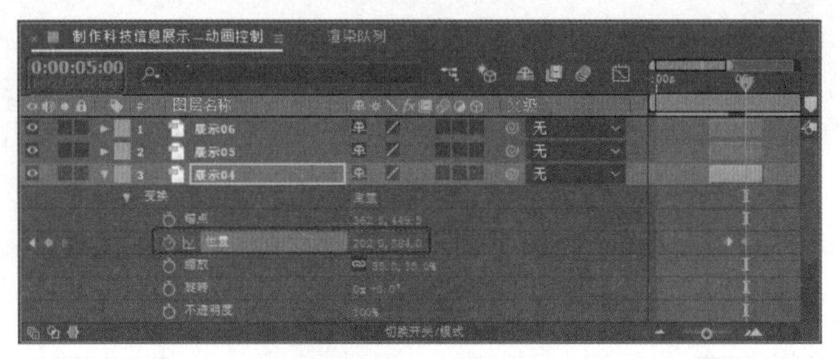

图3-61　编辑关键帧

18 将当前时间设置为0:00:04:00，在【时间轴】面板中展开“展示05”图层的【变换】选项组，将【位置】设置为202、384，并单击【缩放】左侧的【添加关键帧】按钮，将【缩放】设置为35%，如图3-62所示。

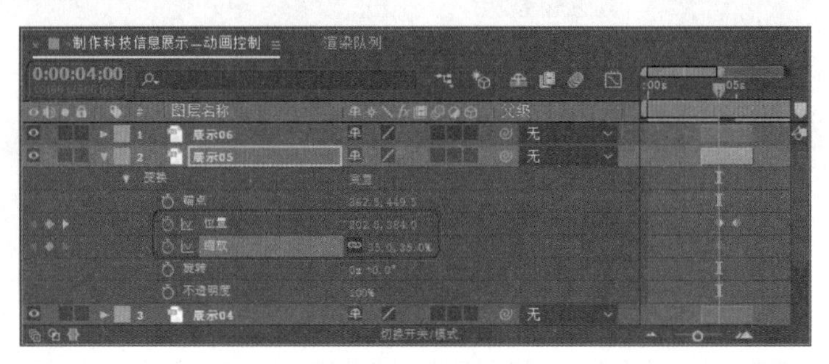

图3-62　编辑关键帧

19 将当前时间设置为0:00:05:00，将【位置】设置为512、384，将【缩放】设置为40%，如图3-63所示。

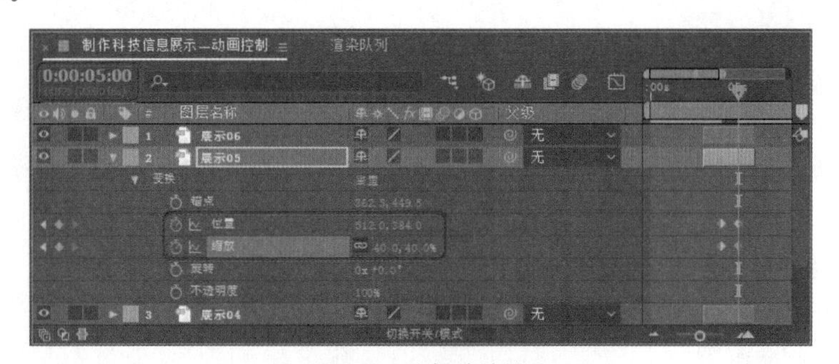

图3-63　编辑关键帧

20 将当前时间设置为0:00:04:00，在【时间轴】面板中展开“展示06”图层的【变换】选项组，将【位置】设置为512、384，将【缩放】设置为40%，如图3-64所示。

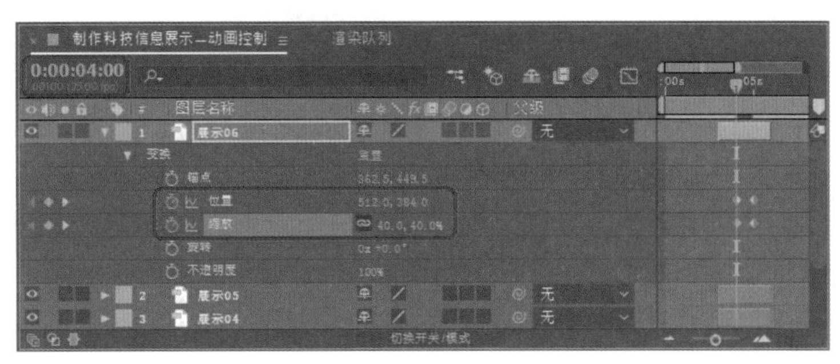

图3-64 编辑关键帧

21 将当前时间设置为0:00:05:00，将“展示06”图层的【位置】设为833、384，将【缩放】设置为35，如图3-65所示。

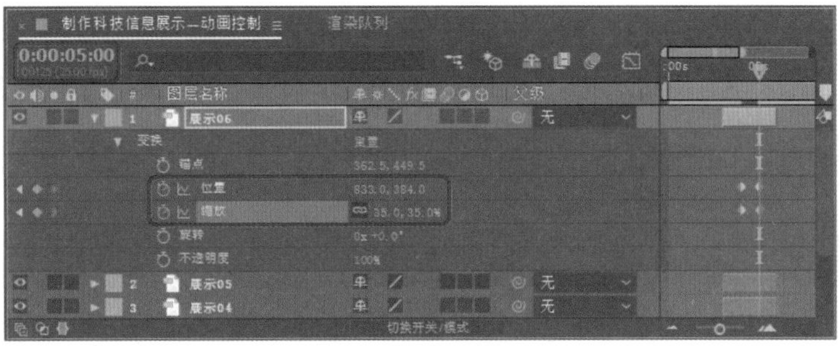

图3-65 编辑关键帧

疑难解答 怎么复制图层?

在复制图层时，用户可以选择该图层，然后按Ctrl+D组合键进行复制；也可以按Ctrl+C组合键进行复制，按Ctrl+V组合键进行粘贴；还可以在菜单栏中选择【编辑】|【复制】命令，然后在菜单栏中选择【编辑】|【粘贴】命令。

22 在【合成】面板中查看效果，在4、5秒时的效果分别如图3-66和图3-67所示。

图3-66 4秒时的效果

图3-67 5秒时的效果

23 对图层进行复制，使用同样的方法设置“展示07”“展示08”“展示09”图层的参数，完成后的效果如图3-68所示。

24 在【合成】面板中输入文本，将【入】点设置为 0:00:09:00，如图 3-69 所示。

25 将当前时间设置为 0:00:09:00，在【效果和预设】面板中选择【动画预设】|Text| Animate In |【平滑移入】特效，分别将其添加到两个文字图层上，当时间为 0:00:09:12 时，在【合成】面板中查看效果如图 3-70 所示。

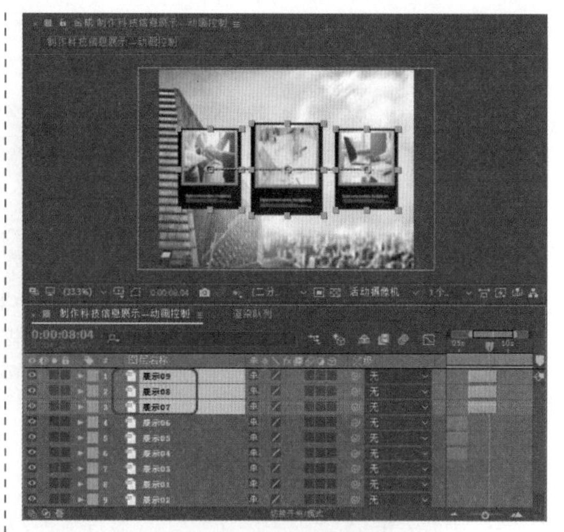

图3-68　完成后的效果

图3-69　设置入的时间

图3-70　查看添加的效果

3.3.1 关键帧插值

After Effects 基于曲线进行插值控制。通过调节关键帧的方向手柄，对插值的属性进行调节。在不同时间插值的关键帧在【时间轴】面板中的图标也不相同，如图 3-71 所示。

在【合成】面板中可以通过调节关键帧的控制柄来改变运动路径的平滑度，如图 3-72 所示。

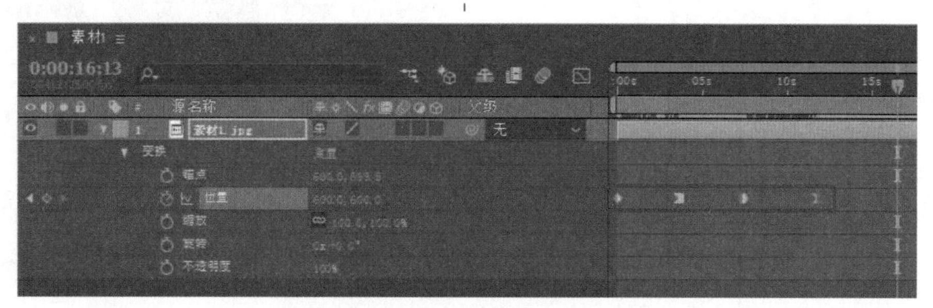

图3-71　不同类型的关键帧

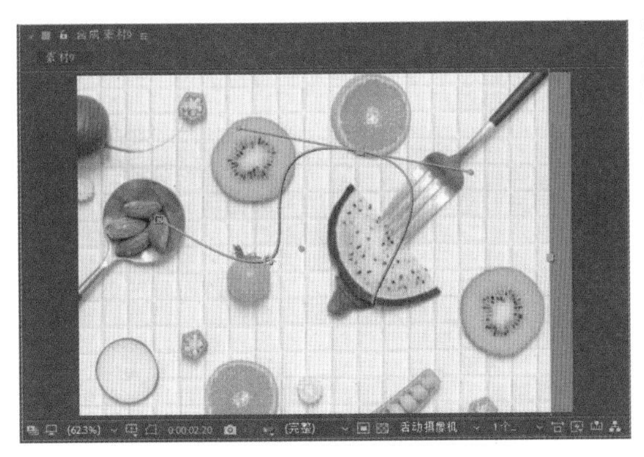

图3-72 调节关键帧的控制柄

1. 改变插值

在【时间轴】面板中线性插值的关键帧上右击，在弹出的快捷菜单中选择【关键帧插值】命令，打开【关键帧插值】对话框，如图3-73所示。

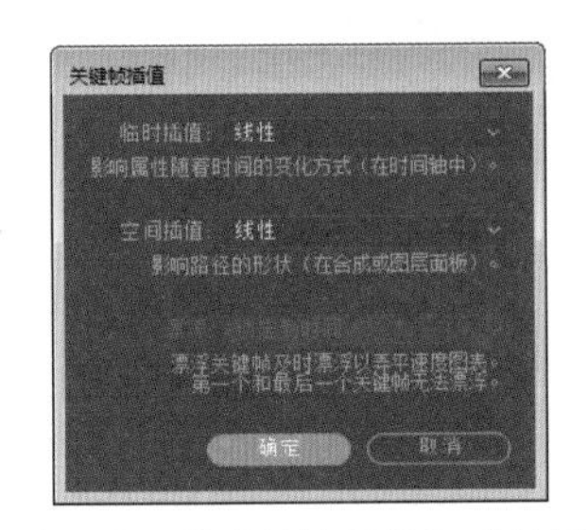

图3-73 【关键帧插值】对话框

在【临时插值】与【空间插值】的下拉列表框中可选择不同的插值方式。如图3-74所示为不同的关键帧插值方式。

- 【当前设置】：保留已应用在所选关键帧上的插值。
- 【线性】：线性插值。
- 【贝塞尔曲线】：贝塞尔插值。
- 【连续贝塞尔曲线】：连续曲线插值。
- 【自动贝塞尔曲线】：自动曲线插值。
- 【定格】：静止插值。

在【漂浮】下拉列表框中可选择关键帧的空间或时间插值方法，如图3-75所示。

- 【当前设置】：保留当前设置。
- 【漂浮穿梭时间】：以当前关键帧的相邻关键帧为基准，通过自动变化它们在时间轴上的位置平滑当前关键帧的变化率。
- 【锁定到时间】：保持当前关键帧在时间上的位置，只能手动进行移动。

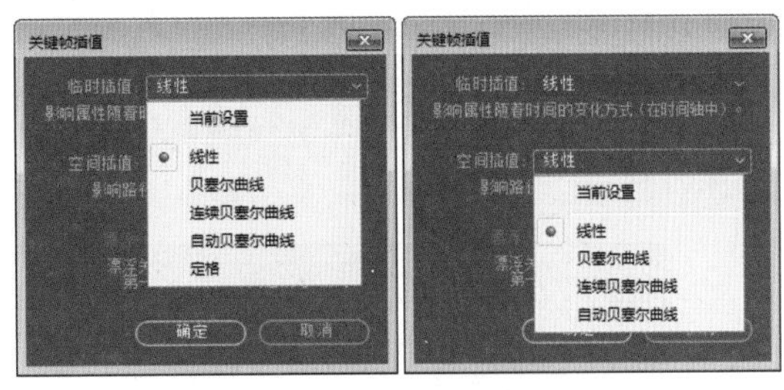

图3-74 不同的关键帧插值方式

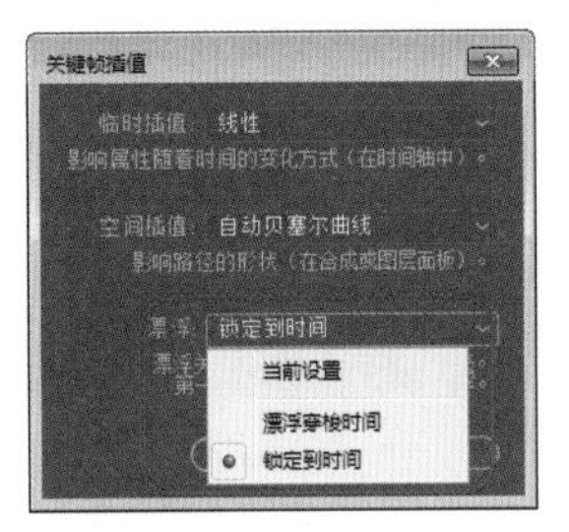

图3-75 【漂浮】下拉列表框

> **提 示**
>
> 使用选择工具，按住Ctrl键单击关键帧标记，即可改变当前关键帧的插值。但插值的变化取决于当前关键帧的插值方法。如果关键帧使用线性插值，则变为自动曲线插值；如果关键帧使用曲线、连续曲线或自动曲线插值，则变为线性插值。

2. 插值介绍

1)【线性】插值

【线性】插值是After Effects默认的插值方式，可使关键帧产生相同的变化率，具有较强的变化节奏，但相对比较机械。

如果一个层上所有的关键帧都是线性插值，则从第一个关键帧开始匀速变化到第二个关键帧。到达第二个关键帧后，变化率转为第二至第三个关键帧的变化率，匀速变化到第三个关键帧。关键帧结束，变化停止。在【图表编辑器】中可观察到线性插值关键帧之间的连接线段显示为直线，如图3-76所示。

2)【贝塞尔曲线】插值

曲线插值方式的关键帧具有可调节的手柄，用于改变运动路径的形状，可为关键帧提供最精确的插值，具有很好的可控性。

如果层上的所有关键帧都使用曲线插值方式，则关键帧间都会有一个平稳的过渡。【贝塞尔曲线】插值通过保持方向手柄的位置平行于连接前一关键帧和下一关键帧的直线来实现。通过调节手柄，可以改变关键帧的变化率，如图 3-77 所示。

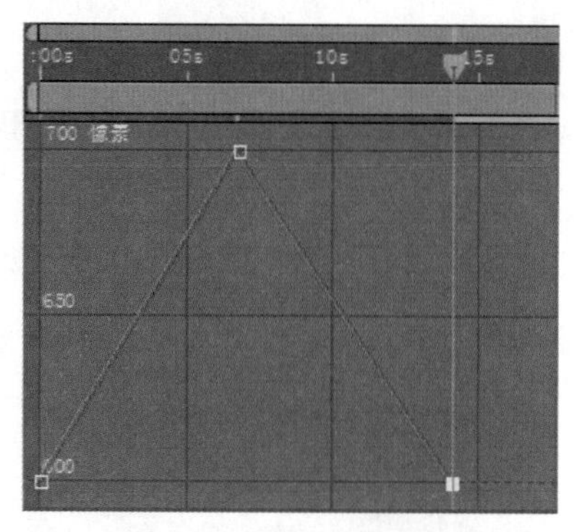

图3-76　【线性】插值

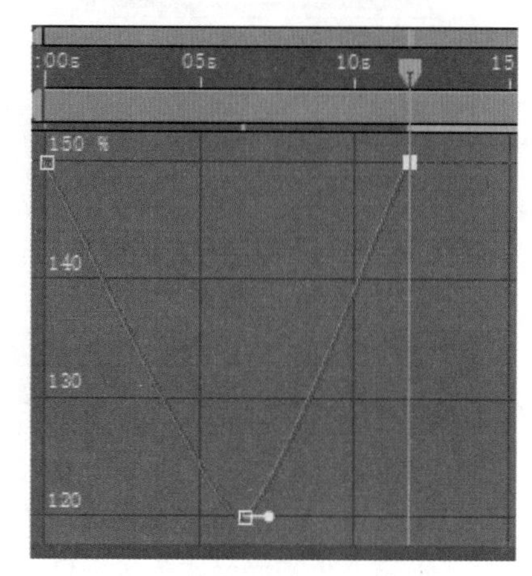

图3-77　【贝塞尔曲线】插值

3）【连续贝塞尔曲线】插值

【连续贝塞尔曲线】插值同【贝塞尔曲线】插值相似，【连续贝塞尔曲线】插值在穿过一个关键帧时，产生一个平稳的变化率。与【贝塞尔曲线】插值不同的是，【连续贝塞尔曲线】插值的方向手柄在调整时只能保持直线，如图 3-78 所示。

4）【自动贝塞尔曲线】插值

【自动贝塞尔曲线】插值在通过关键帧时产生一个平稳的变化率。它可以对关键帧两边的路径进行自动调节。如果以手动方法调节【自动贝塞尔曲线】插值，则关键帧插值变为【连续贝塞尔曲线】插值，如图 3-79 所示。

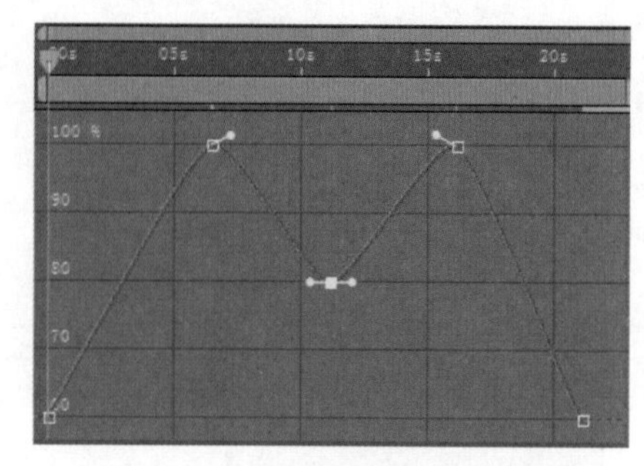

图3-78　【连续贝塞尔曲线】插值

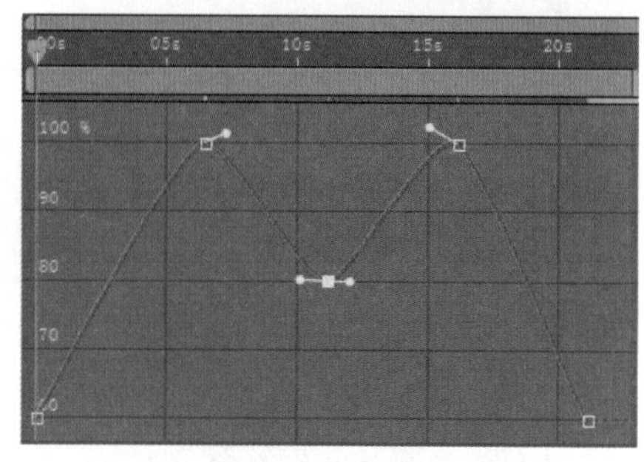

图3-79　【自动贝塞尔曲线】插值

5）【定格】插值

【定格】插值根据时间来改变关键帧的值，关键帧之间没有任何过渡。使用【定格】插值，第一个关键帧保持其值不变，在到下一个关键帧时，值立即变为下一关键帧的值，如图 3-80 所示。

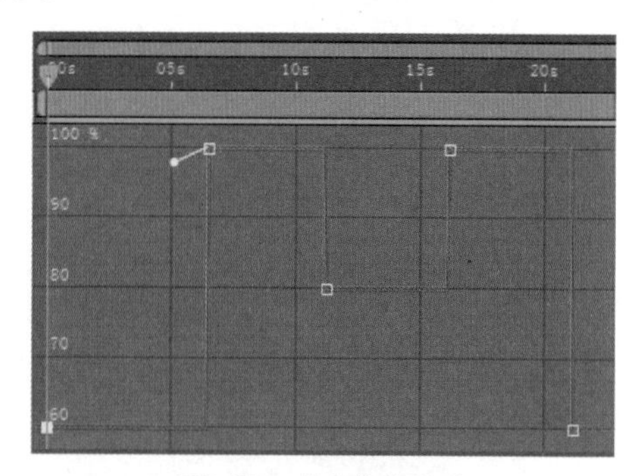

图3-80　【定格】插值

3.3.2　使用关键帧辅助

关键帧辅助可以优化关键帧，对关键帧动画的过渡进行控制，以减缓关键帧进入或离开的速度，使动画更加平滑、自然。

1. 柔缓曲线

该命令可以设置关键帧进入和离开时的平滑速度，可以使关键帧缓入缓出，下面介绍如何进行设置。选择需要柔化的关键帧，如图 3-81 所示，执行菜单栏中的【关键帧辅助】|【缓动】命令，如图 3-82 所示。

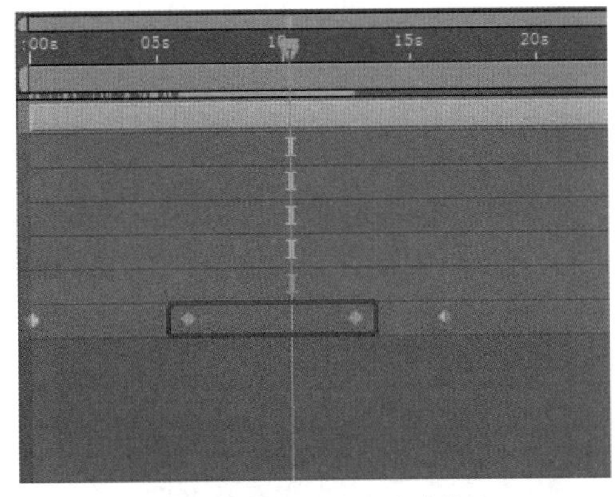

图3-81　选择要柔化的关键帧

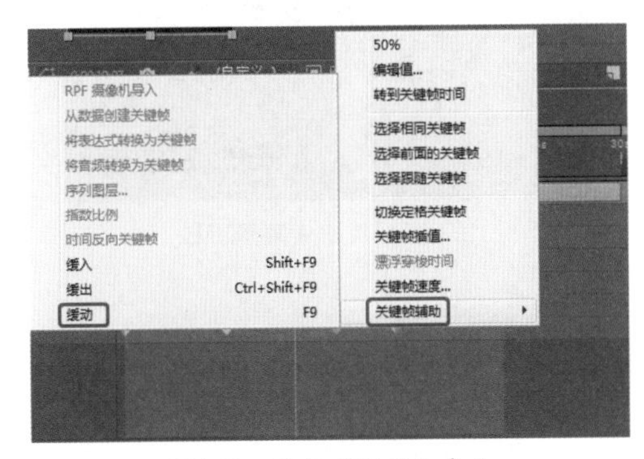

图3-82　选择【缓动】命令

设置完成后的效果如图 3-83 所示。此时单击【图表编辑器】按钮，可以看到关键帧发生了变化，如图 3-84 所示。

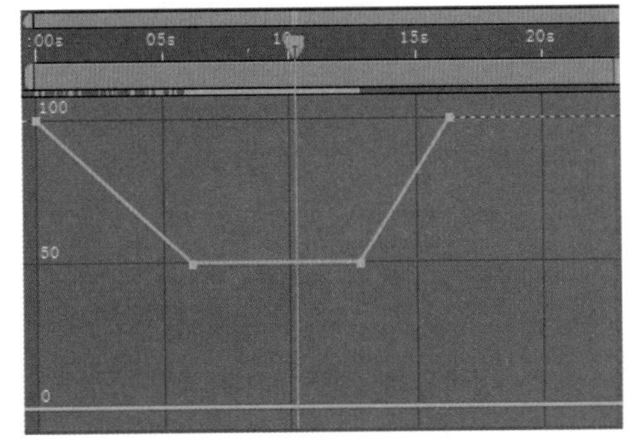

图3-83　柔缓曲线效果

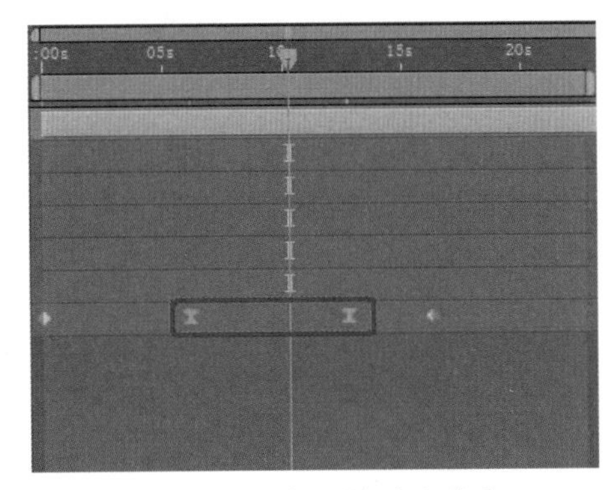

图3-84　关键帧图标变化效果

2. 柔缓曲线入点

该命令只影响关键帧进入时的流畅速度，可以使进入的关键帧速度变缓，下面介绍如何进行设置。选择需要柔化的关键帧，如图 3-85 所示，执行菜单栏中的【关键帧辅助】|【缓入】命令，如图 3-86 所示。

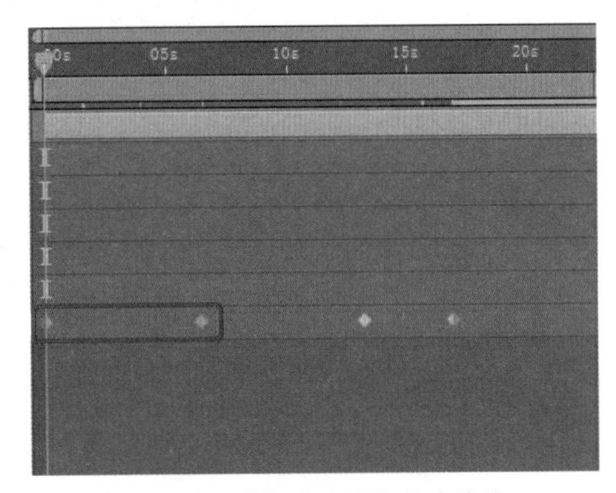

图3-85　选择需要柔化的关键帧

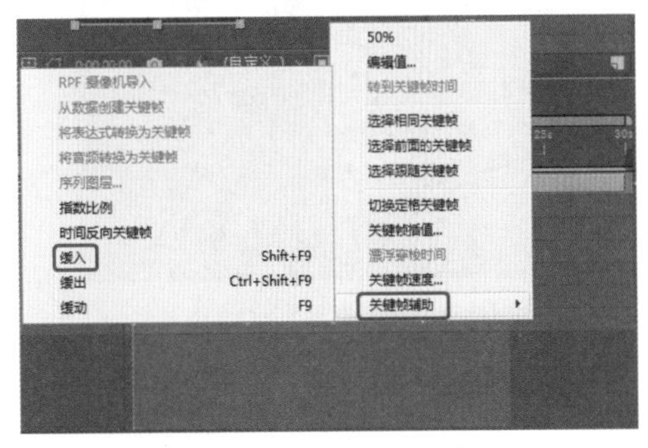

图5-86　选择【缓入】命令

设置完成后的效果如图 3-87 所示。此时单击【图表编辑器】按钮，可以看到关键帧发生了变化，如图 3-88 所示。

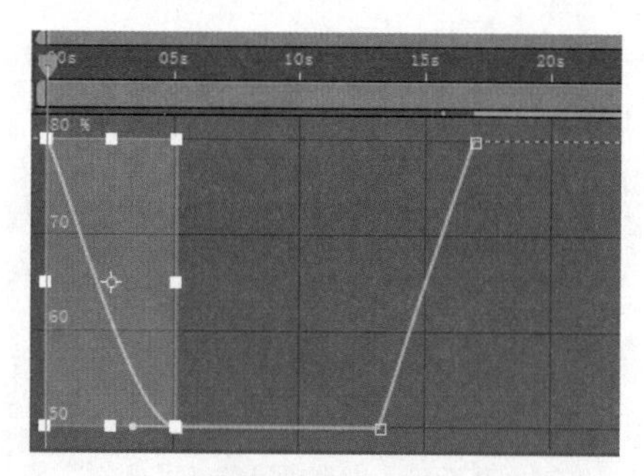

图3-87 缓入效果

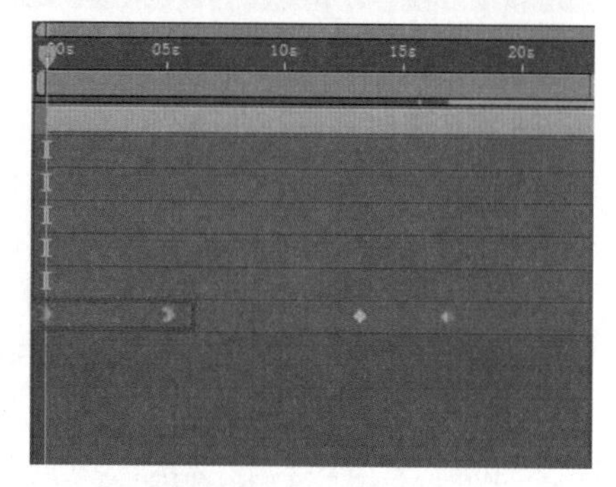

图3-88 缓入关键帧图标

3. 柔缓曲线出点

该命令只影响关键帧离开时的流畅速度，可以使离开的关键帧速度变缓，下面介绍如何进行设置。选择需要柔化的关键帧，如图3-89所示，执行菜单栏中的【关键帧辅助】|【缓出】命令，如图3-90所示。

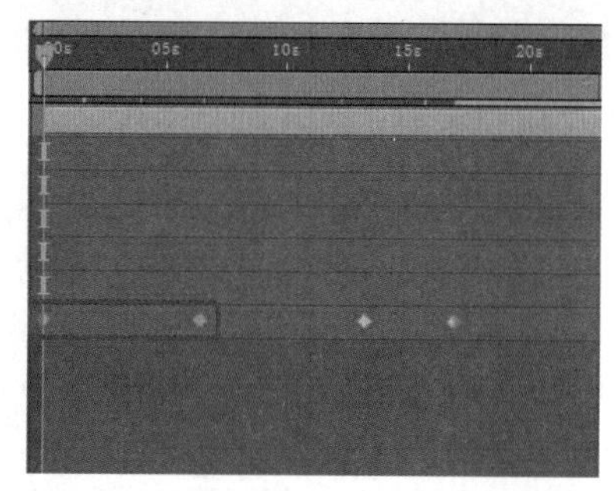

图3-89 选择需要柔化的关键帧

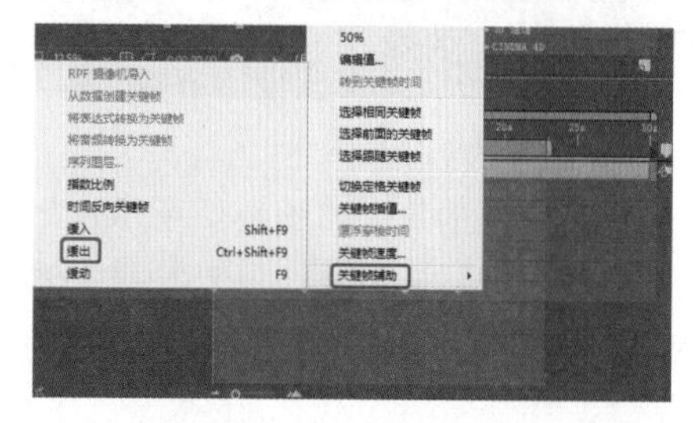

图3-90 选择【缓出】命令

设置完成后的效果如图3-91所示。此时单击【图表编辑器】按钮，可以看到关键帧发生了变化，如图3-92所示。

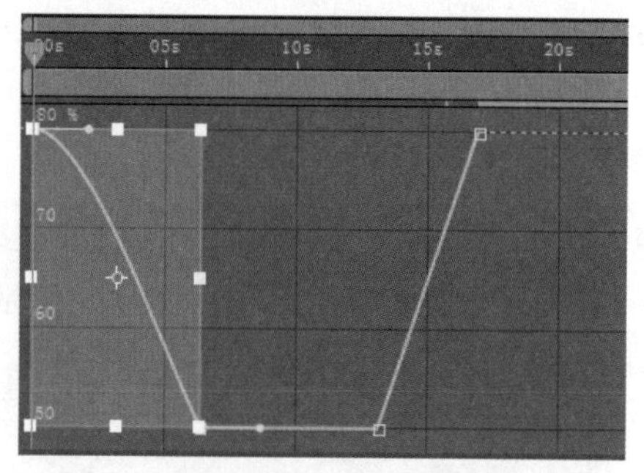

图3-91 缓出效果

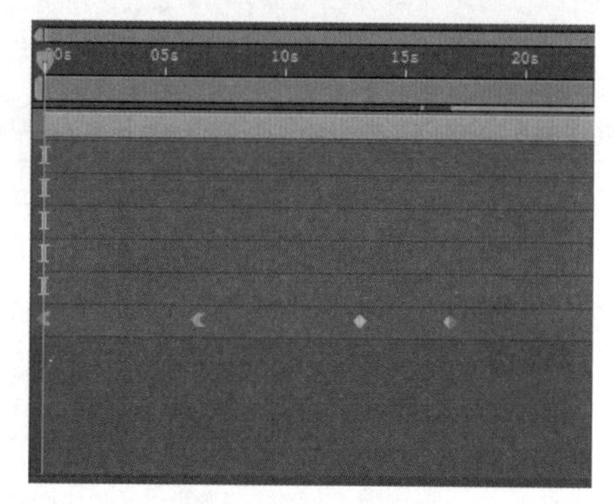

图3-92 缓出关键帧图标

3.3.3 速度控制

在【图表编辑器】中可以观察层的运动速度，并能够对其进行调整。观察【图表编辑器】中的曲线，线的位置高表示速度快，位置低表示速度慢，如图3-93所示。

在【合成】面板中，可通过观察运动路径上点的间隔了解速度的变化。路径上两个关键帧之间的点越密集，表示速度越慢；点越稀疏，表示速度越快。

调整速度的方法如下。

1）调节关键帧间距

调节两个关键帧间的空间距离或时间距离可以改变动画速度。在【合成】面板中调整两个关键帧间的距离，距离越大，速度越快；距离越小，速度越慢。在【时间轴】面板中调整两个关键帧间的距离，距离越大，速度越慢；距离越小，速度越快。

2）控制手柄

在【图表编辑器】中可调节关键帧控制点上的缓冲手柄，产生加速、减速等效果，如图3-94所示。

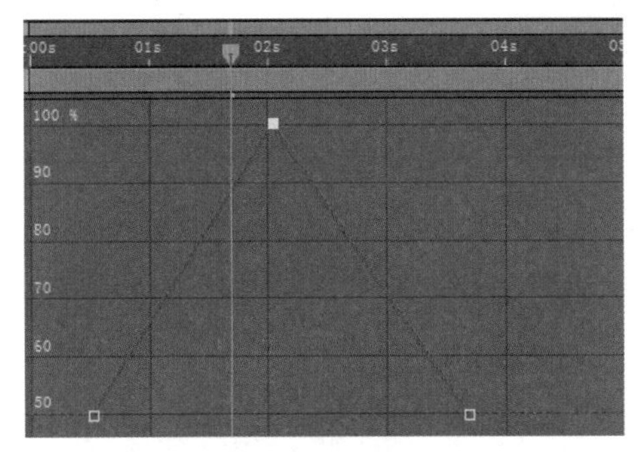

图3-93　在【图表编辑器】中观察速度

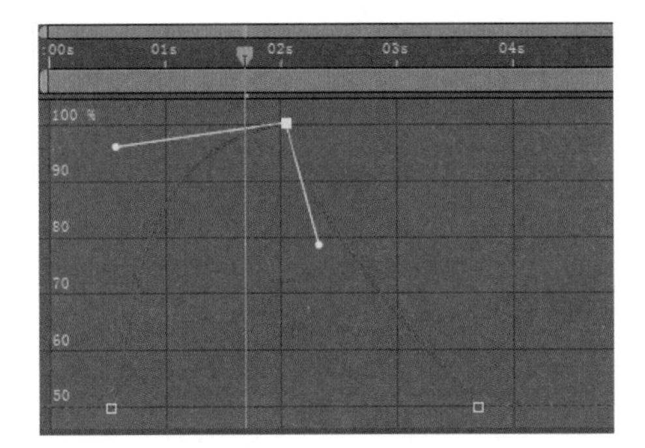

图3-94　控制手柄

拖动关键帧控制点上的缓冲手柄，即可调节该关键帧的速度。向上调节增大速度，向下调节减小速度。左右方向调节手柄，可以扩大或减小缓冲手柄对相邻关键帧产生的影响，如图3-95所示。

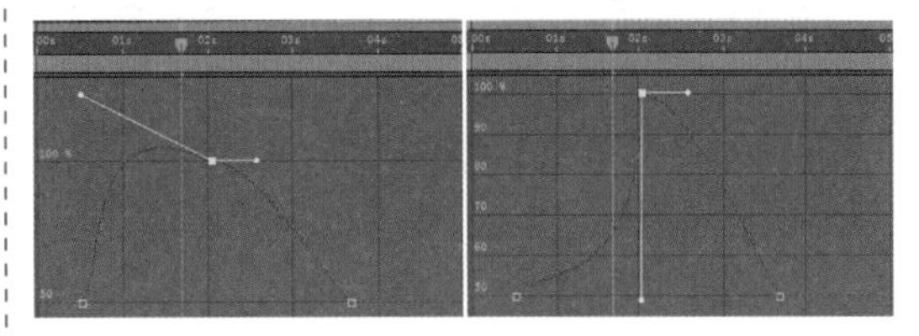

图3-95　调整控制手柄

3）指定参数

在【时间轴】面板中，在要调整速度的关键帧上右击，在弹出的快捷菜单中选择【关键帧速度】命令，打开【关键帧速度】对话框，如图3-96所示。在该对话框中可以设置关键帧速率，当设置某个项目参数时，在【时间轴】面板中关键帧的图标也会发生变化。

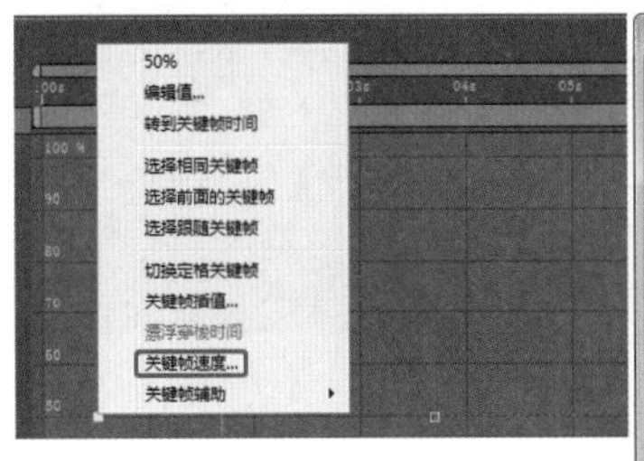

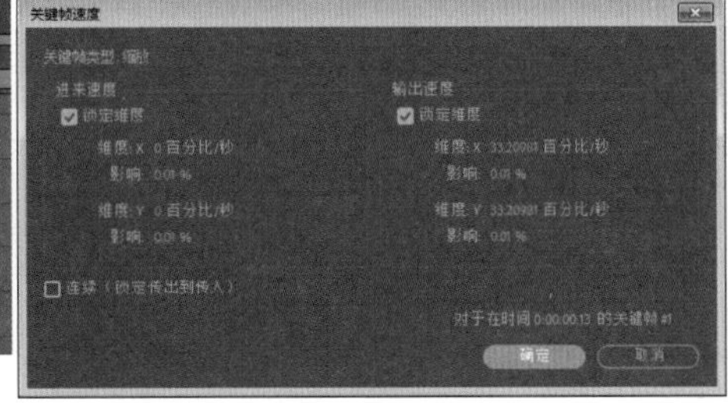

图3-96　【关键帧速度】对话框

- 进来速度：引入关键帧的速度。
- 输出速度：引出关键帧的速度。
- 维度：关键帧的平均运动速度。
- 影响：控制对前面关键帧（进入插值）或后面关键帧（离开插值）的影响程度。
- 连续：保持相等的进入和离开速度产生平稳过渡。

3.3.4 时间控制

选择要进行调整的层并右击，在弹出的快捷菜单中选择【时间】命令，在其下的子菜单中包含对当前层的5种时间控制命令，如图3-97所示。

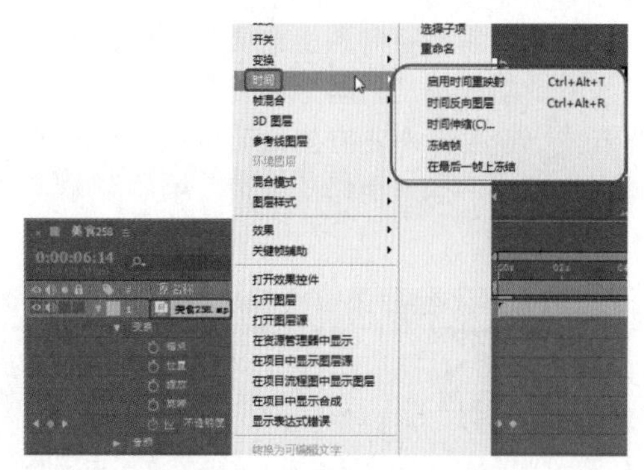

图3-97　【时间】子菜单

1. 时间反向图层

应用【时间反向图层】命令，可对当前层实现反转，即影片倒播。在【时间轴】面板中，设置了反转的层会有斜线显示，如图3-98所示。执行【启用时间重映射】命令后会发现，当时间轴在0:00:00:00时间位置时，“时间滑块”显示为图层的最后一帧。

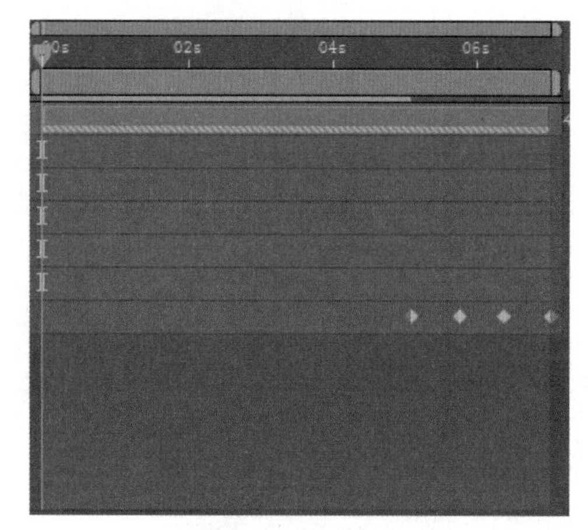

图3-98　时间反向

2. 时间伸缩

应用【时间伸缩】命令，可打开【时间伸缩】对话框，如图3-99所示。在该对话框中显示了当前动画的播放时间和伸缩比例。

【拉伸因数】可按百分比设置层的持续时间。当参数大于100%时，层的持续时间变长，速度变慢；当参数小于100%时，层的持续时间变短，速度变快。

设置【新持续时间】参数，可为当前层设置一个精确的持续时间。

当双击某个关键帧时，可以弹出该关键帧的属性对话框，例如单击【不透明度】参数的其中一个关键帧，即可弹出【不透明度】对话框，如图3-100所示。在弹出的对话框中可以改变其参数。

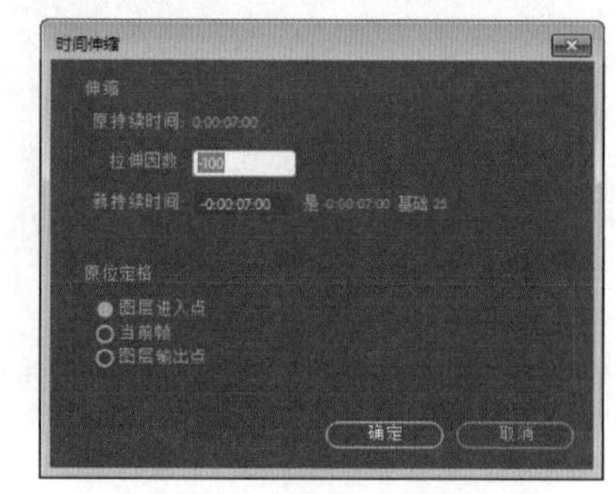

图3-99　【时间伸缩】对话框

图3-100　【不透明度】对话框

3.3.5 动态草图

在菜单栏中选择【窗口】|【动态草图】命令，打开【动态草图】面板，如图3-101所示。

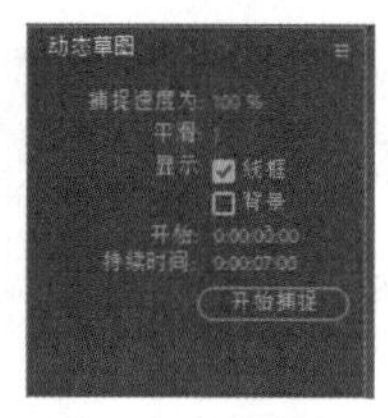

图3-101　【动态草图】面板

- 【捕捉速度为】：指定一个百分比确定记录的速度与绘制路径的速度在回放时的关系。当参数大于100%时，回放速度快于绘制速度；小于100%时，回放速度慢于绘制速度；等于100%时，回放速度与绘制速度相同。
- 【平滑】：设置该参数，可以将运动路径进行平滑处理，数值越大，路径越平滑。
- 【线框】：绘制运动路径时，显示层的边框。

- 【背景】：绘制运动路径时，可以显示【合成】面板中的内容，作为绘制运动路径的参考。该选项只显示合成图像窗口中开始绘制时的第一帧。
- 【开始】：绘制运动路径的开始时间，即【时间轴】面板中工作区域的开始时间。
- 【持续时间】：绘制运动路径的持续时间，即【时间轴】面板中工作区域的总时间。
- 【开始捕捉】：单击该按钮，在【合成】面板中拖动层，即可绘制运动路径。如图3-102所示，松开鼠标后，结束路径的绘制，效果如图3-103所示。运动路径只能在工作区内绘制，当超出工作区时，系统自动结束路径的绘制。

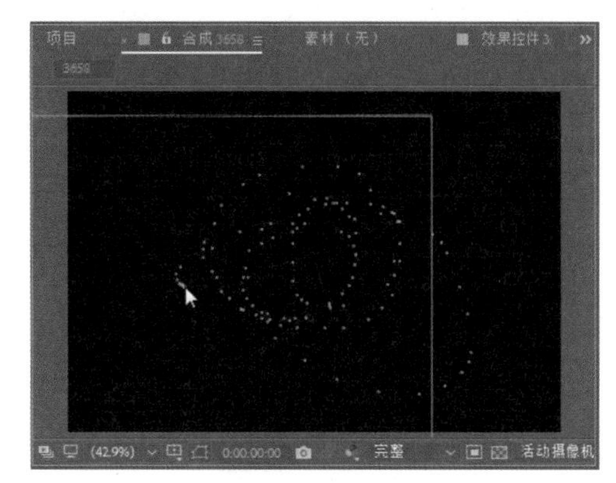

图3-102　绘制路径

图3-103　完成后的效果

3.3.6 平滑运动

在菜单栏中选择【窗口】|【平滑器】命令，打开【平滑器】面板，如图3-104所示。选择需要调节的层的关键帧，设置【宽容度】后，单击【应用】按钮，完成操作。

该操作可适当减少运动路径上的关键帧，使路径平滑，平滑路径前后的效果对比如图3-105所示。

- 【应用到】：控制平滑器应用到何种曲线。系统根据选择的关键帧属性自动选择曲线类型。
- 【时间图表】：依时间变化的时间图表。
- 【空间路径】：修改空间属性的空间路径。
- 【宽容度】：宽容度设置得越高，产生的曲线越平滑，但过高的值会导致曲线变形。

图3-104　【平滑器】面板

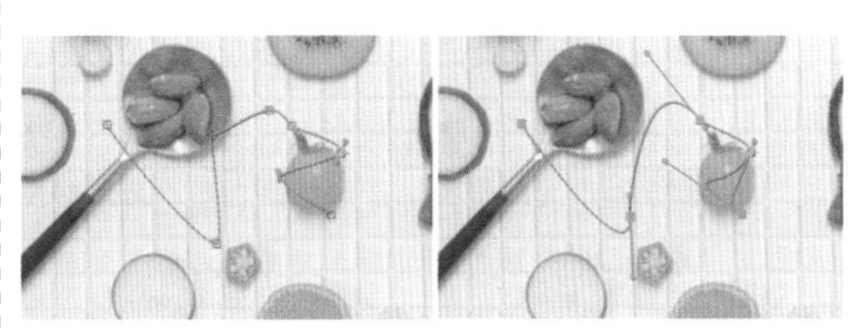

图3-105　平滑路径前后的效果对比

3.3.7 增加动画随机性

在菜单栏中选择【窗口】|【摇摆器】命令，打开【摇摆器】面板，如图3-106所示。

通过在该面板中的设置，可以使依时间变化的属性增加随机性。该功能根据关键帧属性及指定的选项，通过对属性增加关键帧或在已有的关键帧中进行随机插值，对原来的属性值产生一定的偏差，使图像产生更为自然的运动，如图3-107所示。

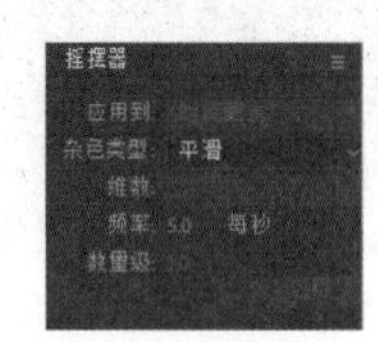

图3-106 【摇摆器】面板

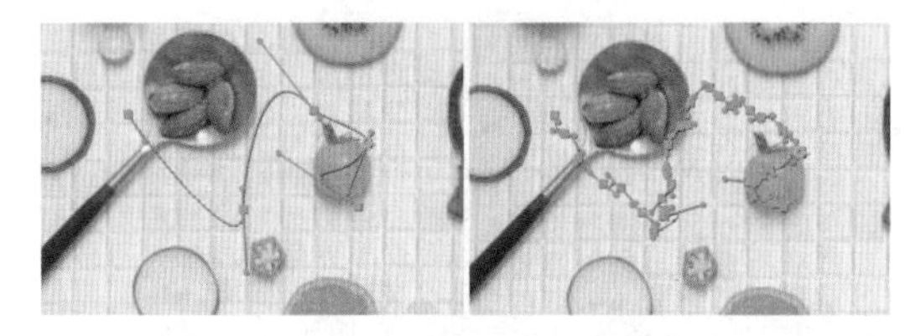

图3-107 摇摆效果对比

- 【应用到】：设置摇摆变化的曲线类型。选择【空间路径】选项增加运动变化，选择【时间图表】选项增加速度变化。如果关键帧属性不属于空间变化，则只能选择【时间图表】选项。
- 【杂色类型】：变化类型。可选择【平滑】产生平缓的变化或选择【成锯齿状】产生强烈的变化。
- 【维数】：设置要影响的属性单元。该参数对选择的属性的单一单元进行变化。例如，选择在X轴对缩放属性随机化或在Y轴对缩放属性随机化；【所有相同】在所有单元上进行变化；【全部独立】对所有单元增加相同的变化。
- 【频率】：设置目标关键帧的频率，即每秒增加多少变化帧。低值产生较小的变化，高值产生较大的变化。
- 【数量级】：设置变化的最大尺寸，与应用变化的关键帧属性单位相同。

3.4 上机练习——制作不透明度动画

本例将介绍如何利用关键帧制作不透明度动画。首先新建合成，然后在【合成】面板中输入文字，在【时间轴】面板中设置【不透明度】关键帧，完成后的效果如图3-108所示。

图3-108 不透明度动画

素材	素材\Cha03\ L1.jpg
场景	场景\Cha03\上机练习——制作不透明度动画.aep
视频	视频教学\Cha03\3.4 上机练习——制作不透明度动画.mp4

01 启动软件后，在【项目】面板中双击，弹出【导入文件】对话框，在该对话框中选择“素材\Cha03\L1.jpg”素材图片，如图3-109所示。

图3-109 【导入文件】对话框

02 单击【导入】按钮，在【项目】面板中右击，在弹出的快捷菜单中选择【新建合成】命令，弹出【合成设置】对话框。在【基本】选项卡中取消选中【锁定长宽比为】复选框，将【宽度】、【高度】分别设置为 1024 px、768 px，将【帧速率】设置为 25 帧 / 秒，单击【确定】按钮，如图 3-110 所示。

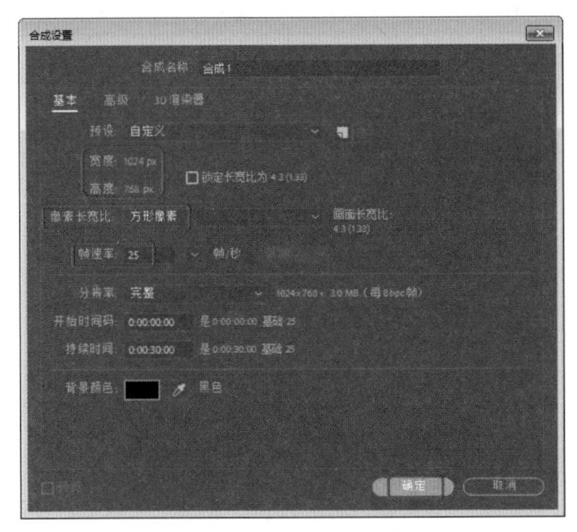

图3-110 【合成设置】对话框

03 在【项目】面板中将“L1.jpg”素材图片拖曳至【合成】面板中，在工具栏中单击【横排文字工具】按钮，在【合成】面板中单击鼠标，输入文字 MISS，按 Ctrl+6 组合键打开【字符】面板，在该面板中将【字体系列】设置为【汉仪太极体简】，将【字体大小】设置为 130 像素，将【填充颜色】的 RGB 值设置为 254、200、201，如图 3-111 所示。

图3-111 建立文字图层并对文字进行设置

04 在【时间轴】面板中选择文字图层，将该图层展开，将【位置】设置为 345、365，如图 3-112 所示。

05 在【时间轴】面板的空白处右击，在弹出的快捷菜单中选择【新建】|【文本】命令。在【合成】面板中输入文字 YOU，在【时间轴】面板中将【位置】设置为 368、495，在【合成】面板中的效果如图 3-113 所示。

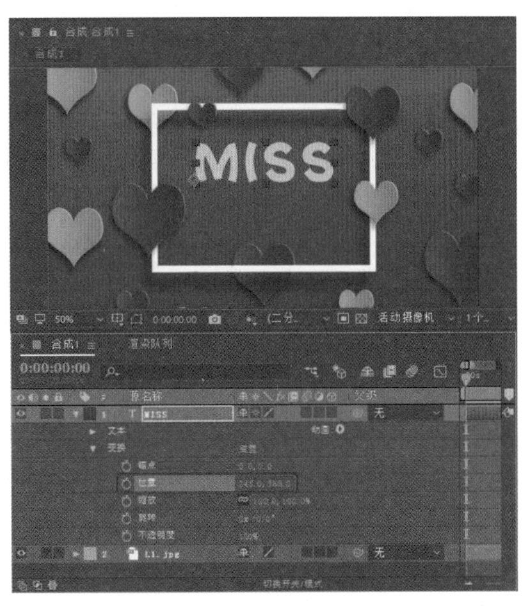

图3-112 设置【位置】参数

图3-113 输入文字后的效果

06 在【项目】面板中选择“合成 1”图层，右击，在弹出的快捷菜单中选择【新建合成】命令，弹出【合成设置】对话框，在该对话框中将【持续时间】设置为 00:00:05:00，如图 3-114 所示。

07 单击【确定】按钮，选择“MISS”图层，将【不透明度】设置为 0，单击其左侧的按钮，添加关键帧。将时间线拖曳至 00:00:01:00 处，将【不透明度】设置为 100，如

图 3-115 所示。

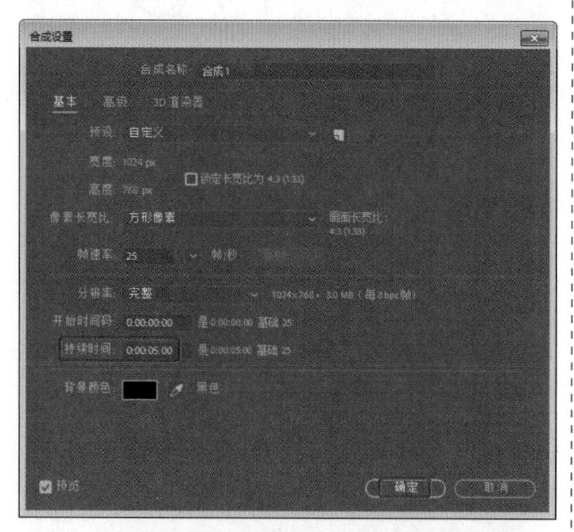

图3-114 【合成设置】对话框

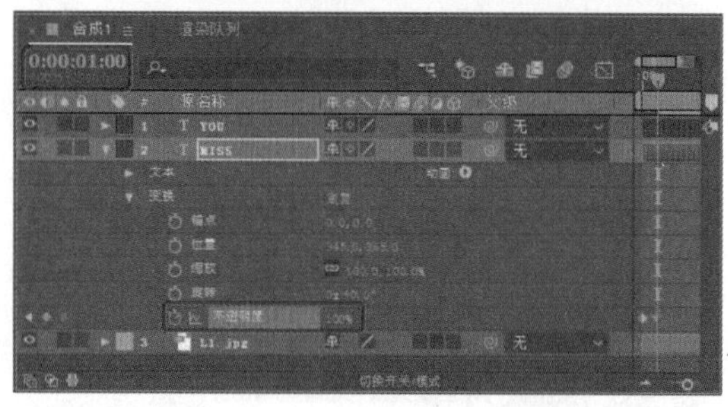

图3-115 设置关键帧

提 示

当某个特定属性的秒表处于活动状态时，如果用户想更改属性值，After Effects CC 将在当前时间自动添加或更改该属性的关键帧。

08 选择“YOU”图层，将【不透明度】设置为 0，单击其左侧的按钮，将时间线拖曳至 00:00:02:00 处，将【不透明度】设置为 100，如图 3-116 所示。

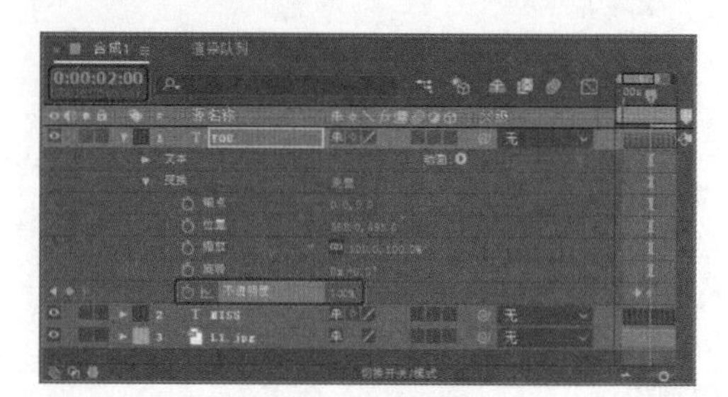

图3-116 设置关键帧

09 制作完成后，按 Ctrl+S 组合键，将场景进行保存即可。

3.5 思考与练习

1. 如何设置关键帧动画？
2. 如何复制关键帧？
3. 简述摇摆器的功能。

第4章 影视字幕效果——文字与表达式

文字在视频制作过程中有着重要的作用，不仅担负着标题、说明性文字的作用，而且通过添加绚丽的文字动画还能丰富视频画面，吸引人们的眼球，本章主要讲解After Effects CC中文字的创建及使用。另外，在后期制作过程中经常会出现大量的重复性操作，此时便可以通过使用表达式使复杂的操作简单化。

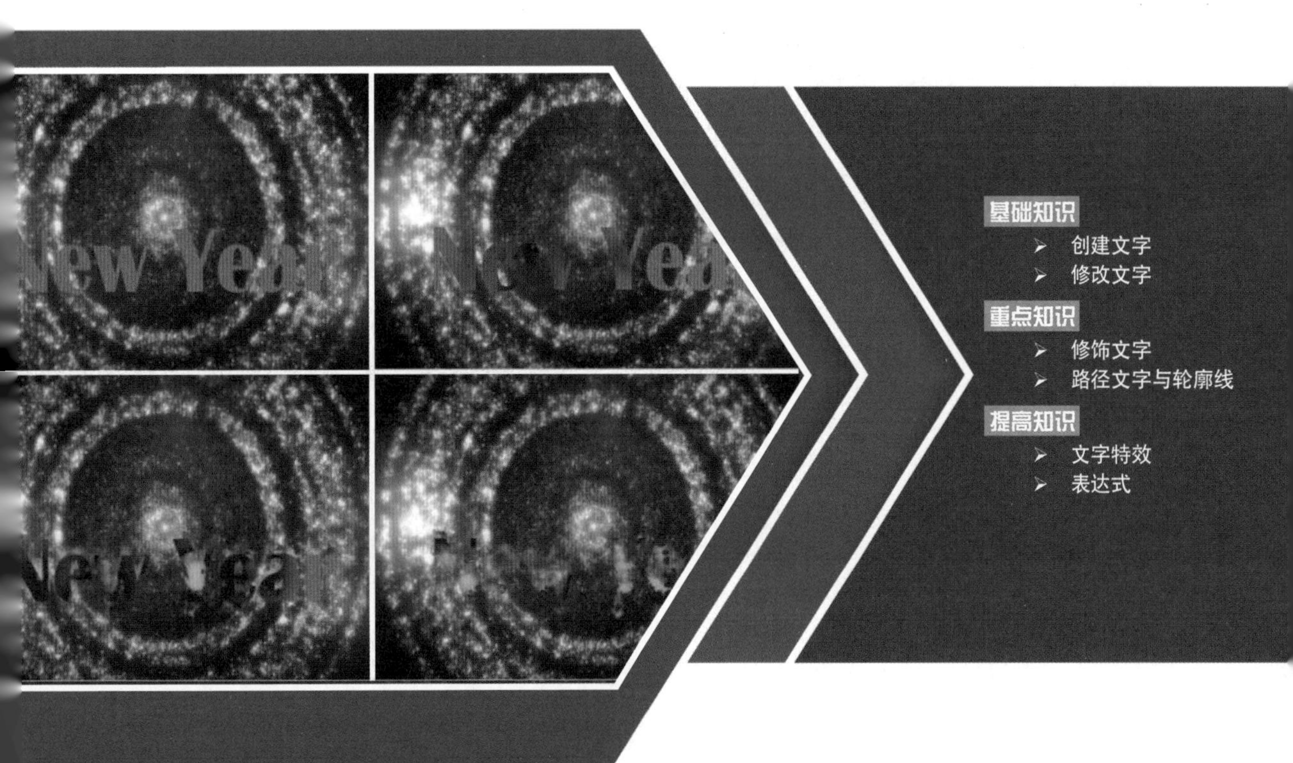

基础知识

- 创建文字
- 修改文字

重点知识

- 修饰文字
- 路径文字与轮廓线

提高知识

- 文字特效
- 表达式

4.1 制作火焰文字——文字的创建与设置

本例将介绍火焰文字的制作方法，该例的制作比较复杂，主要是通过添加多种效果来表现火焰燃烧，完成后的效果如图4-1所示。

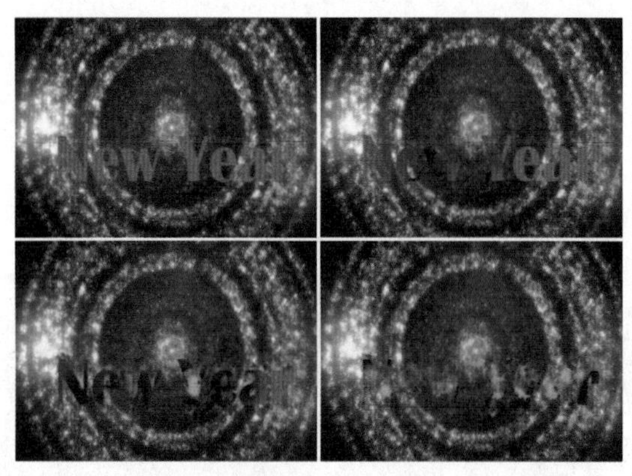

图4-1 火焰文字

素材	素材\Cha04\火焰文字背景.jpg
场景	场景\Cha04\制作火焰文字——文字的创建与设置.aep
视频	视频教学\Cha04\4.1 制作火焰文字——文字的创建与设置.mp4

01 按Ctrl+N组合键，在弹出的【合成设置】对话框中设置【合成名称】为【火焰文字】，将【宽度】和【高度】分别设置为500 px和350 px，将【像素长宽比】设置为【D1/DV PAL (1.09)】，将【持续时间】设置为0:00:07:00，单击【确定】按钮，如图4-2所示。

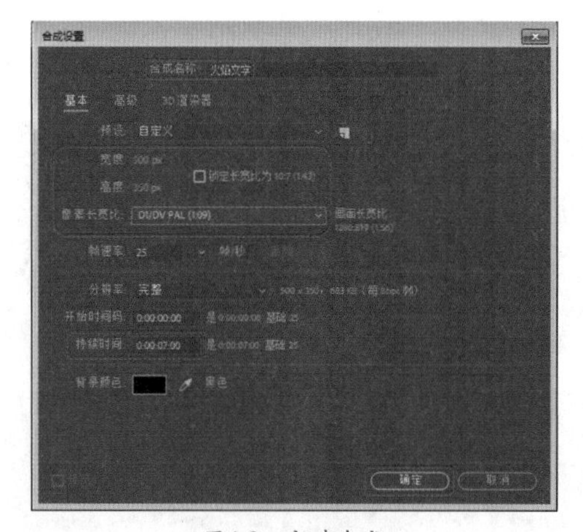

图4-2 新建合成

02 在【项目】面板的空白处双击，弹出【导入文件】对话框，在该对话框中选择“火焰文字背景.jpg”素材图片，单击【导入】按钮，如图4-3所示，即可将选择的素材图片导入【项目】面板中。

图4-3 选择素材图片

知识链接：常用JPEG图像文件格式

JPEG是Joint Photographic Experts Group(联合图像专家组)的缩写，文件后缀名为“.jpg”或“.jpeg”，是一种支持8位和24位色彩的压缩位图格式，适合在网络（Internet）上传输，是非常流行的图形文件格式。

“.jpeg”或“.jpg”是最常用的图像文件格式，是一种有损压缩格式，能够将图像压缩在很小的储存空间，图像中重复或不重要的资料会被丢失，因此容易造成图像数据的损伤。尤其是使用过高的压缩比例，将使最终解压缩后恢复的图像质量明显降低，如果追求高品质图像，不宜采用过高压缩比例。但是JPEG压缩技术十分先进，它用有损压缩方式去除冗余的图像数据，在获得极高的压缩率的同时能展现十分丰富生动的图像。换句话说，就是可以用最少的磁盘空间得到较好的图像品质。而且JPEG是一种很灵活的格式，具有调节图像质量的功能，允许用不同的压缩比例对文件进行压缩，支持多种压缩级别，压缩比例通常在10:1到40:1之间，压缩比越大，品质就越低；相反地，压缩比越小，品质就越好。

03 将素材图片拖至时间轴中，将【缩放】设置为22%，将【位置】设置为257、175，效果如图4-4所示。

04 在工具栏中选择【横排文字工具】，在【合成】面板中输入文字New Year。选择输入的文字，在【字符】面板中将字体设置为Britannic Bold，将【字体大小】设置为108像素，将填充颜色的RGB值设置为255、255、255，效果如图4-5所示。

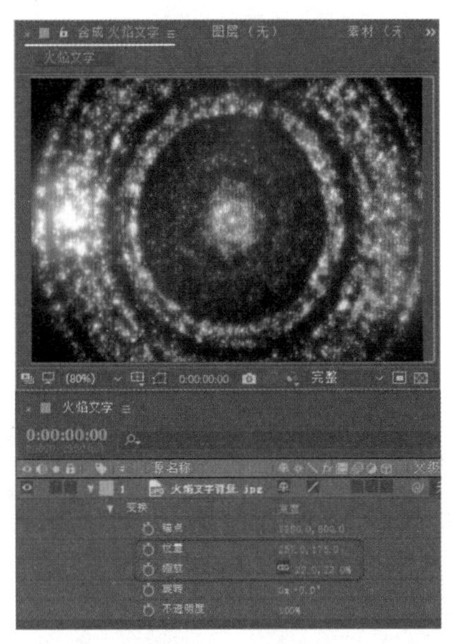

图4-4 调整素材图片

图4-5 输入并设置文字

05 在【时间轴】面板中，将文字图层的【位置】设置为65、250，并将当前时间设置为0:00:02:00，将【不透明度】设置为0%，然后单击左侧的按钮，如图4-6所示。

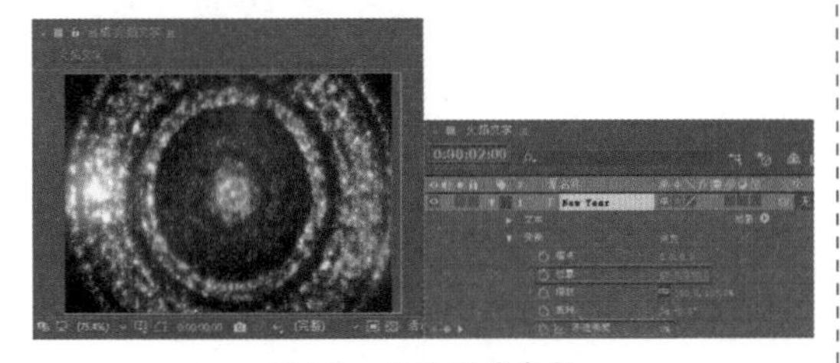

图4-6 设置图层参数

06 将当前时间设置为0:00:03:00，将【不透明度】设置为100%，如图4-7所示。

图4-7 设置不透明度

07 确认文字图层处于选择状态，在菜单栏中选择【效果】|【遮罩】|【简单阻塞工具】命令，如图4-8所示，即可为文字图层添加【简单阻塞工具】效果。

图4-8 选择【简单阻塞工具】命令

08 将当前时间设置为0:00:00:00，在【效果控件】面板中将【阻塞遮罩】设置为100，并单击左侧的按钮，如图4-9所示。

09 将当前时间设置为0:00:03:00，将【阻塞遮罩】设置为0.1，如图4-10所示。

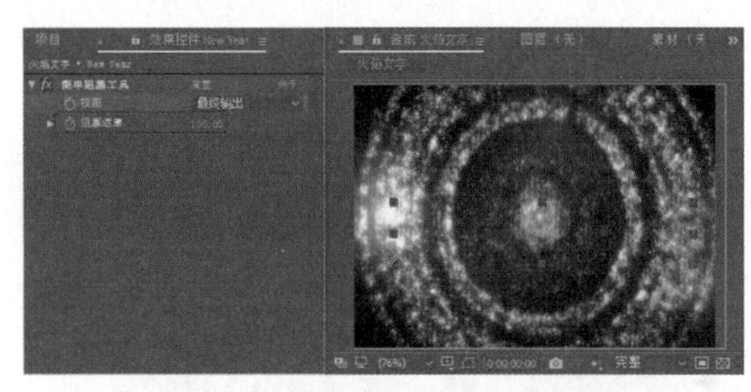

图4-9　添加效果并设置参数

图4-10　设置【阻塞遮罩】参数

10 在菜单栏中选择【效果】|【过时】|【快速模糊(旧版)】命令，即可为文字图层添加【快速模糊(旧版)】效果。在【效果控件】面板中将【模糊度】设置为10，如图4-11所示。

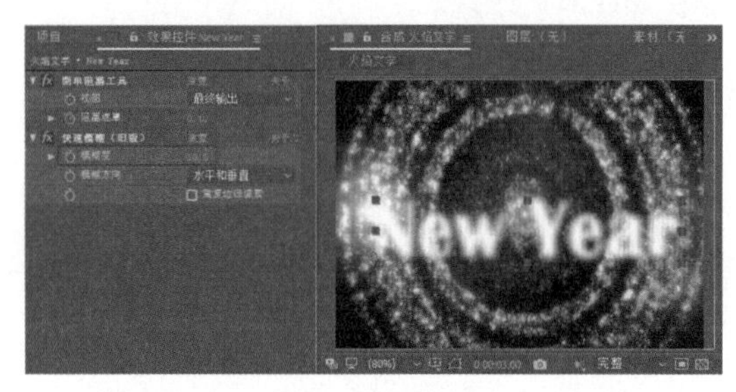

图4-11　添加【快速模糊】效果并设置参数

11 在菜单栏中选择【效果】|【生成】|【填充】命令，即可为文字图层添加【填充】效果。在【效果控件】面板中将【颜色】的RGB值设置为0、0、0，如图4-12所示。

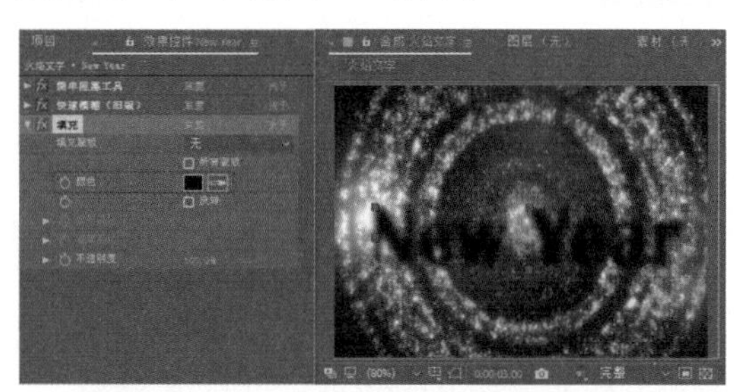

图4-12　添加【填充】效果并设置参数

12 在菜单栏中选择【效果】|【杂色和颗粒】|【分形杂色】命令，即可为文字图层添加【分形杂色】效果。在【效果控件】面板中将【分形类型】设置为【湍流平滑】，将【对比度】设置为200，将【溢出】设置为【剪切】。在【变换】组中将【缩放】设置为50，确认当前时间为0:00:00:00，将【偏移（湍流）】设置为360、570，并单击其左侧的按钮，选中【透视位移】复选框，将【复杂度】设置为10，单击【演化】左侧的按钮，打开动画关键帧记录，如图4-13所示。

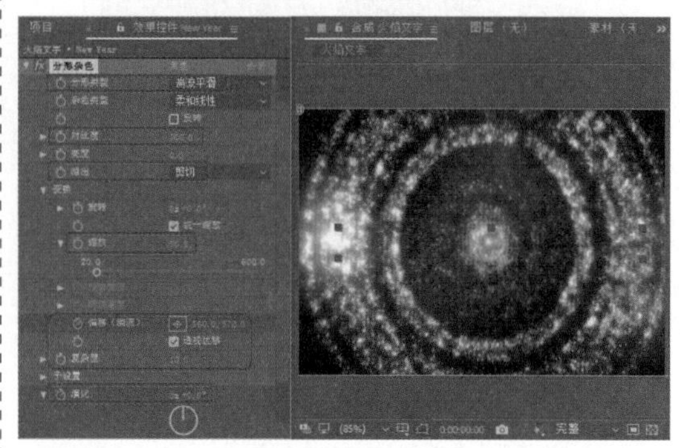

图4-13　添加【分形杂色】效果并设置参数

疑难解答　分形杂色的作用是什么？

分形杂色效果可用于创建自然景观背景、置换图和纹理的灰度杂色，或模拟云、火、熔岩、蒸汽、流水等事物。

13 将当前时间设置为0:00:07:00，将【偏移（湍流）】设置为360、0，将【演化】设置为10x+0°，如图4-14所示。

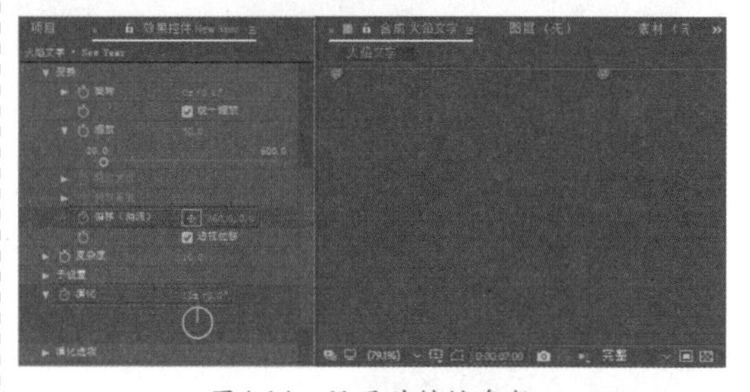

图4-14　设置关键帧参数

14 在菜单栏中选择【效果】|【颜色校正】|CC Toner命令，即可为文字图层添加CC Toner效果。在【效果控件】面板中将Highlights的RGB值设置为255、191、0，将Midtones的RGB值设置为219、117、3，将Shadows的RGB值设置为110、0、0，如图4-15所示。

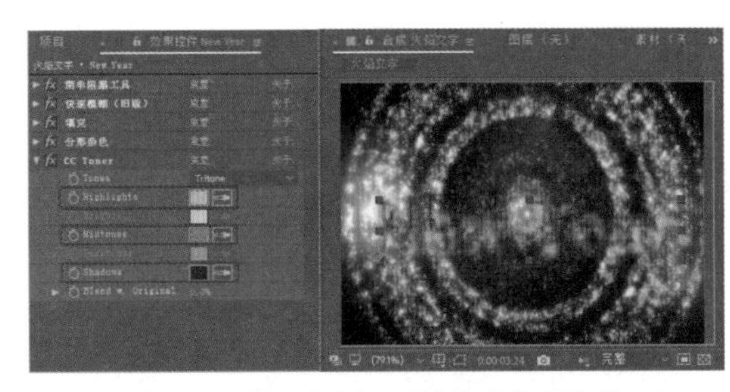

图4-15 添加CC Toner效果并设置参数

15 在菜单栏中选择【效果】|【风格化】|【毛边】命令，即可为文字图层添加【毛边】效果。在【效果控件】面板中将【边缘类型】设置为【刺状】，将当前时间设置为0:00:00:00，将【偏移（湍流）】设置为0、228，并单击其左侧的按钮，然后单击【演化】左侧的按钮，打开动画关键帧记录，如图4-16所示。

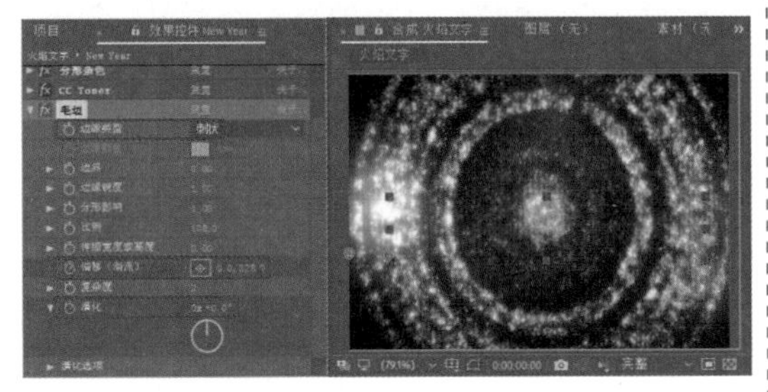

图4-16 添加【毛边】效果并设置参数

16 将当前时间设置为0:00:07:00，将【偏移（湍流）】设置为0、0，将【演化】设置为5x+0°，如图4-17所示。

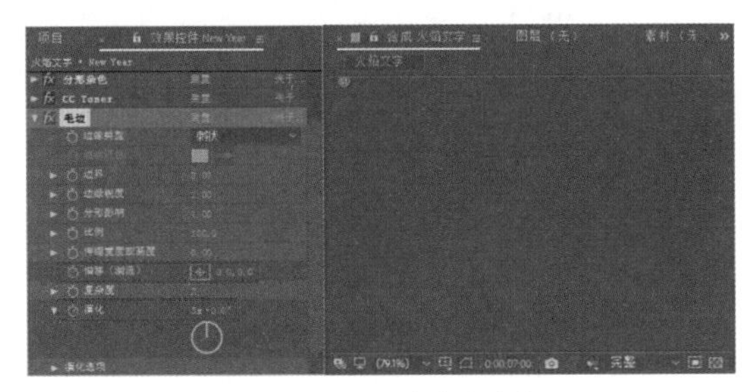

图4-17 设置关键帧参数

知识链接：毛边效果的类型

【毛边】：毛边效果可使Alpha通道变粗糙，并可增加颜色以模拟铁锈和其他类型的腐蚀。此效果可为格栅化文本或图形提供自然粗制的外观，就像旧打字机文本的外观一样。

【边缘类型】：使用的粗糙化的类型。

【边缘颜色】：对于“生锈颜色”或“颜色粗糙化”，指代应用到边缘的颜色；对于“影印颜色”，指代填充的颜色。

【边界】：此效果从Alpha通道的边缘开始，向内部扩展的范围，以像素为单位。

【边缘锐度】：低值可创建更柔和的边缘，高值可创建更清晰的边缘。

【分形影响】：粗糙化的数量。

【缩放】：用于计算粗糙度的分形的缩放。

【伸缩宽度或高度】：用于计算粗糙度的分形的宽度或高度。

【偏移（湍流）】：确定用于创建粗糙度的部分分形形状。

【复杂度】：确定粗糙度的详细程度。

【演化】：用于设置动画将使粗糙度随时间变化。

17 按Ctrl+D组合键复制出“New Year 2”文字图层，在【时间轴】面板中，将“New Year 2”文字图层的【位置】设置为65、290，如图4-18所示。

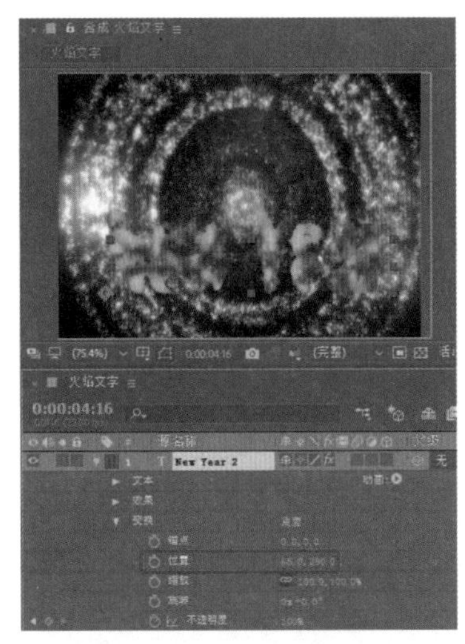

图4-18 复制图层并调整图层位置

18 在【效果控件】面板中，将【快速模糊】效果的【模糊度】设置为120，将【模糊方向】设置为【垂直】，如图4-19所示。

19 在菜单栏中选择【效果】|【过渡】|【线性擦除】命令，即可为“New Year 2”文字图层添加【线性擦除】效果。在【效果控件】面板中，将其移至【快速模糊】效果的下方，然后将当前时间设置为0:00:02:00，将【过渡完成】设置为100%，并单击其左侧的按钮，将【擦除角度】设置为180°，将【羽化】设置为100，如图4-20所示。

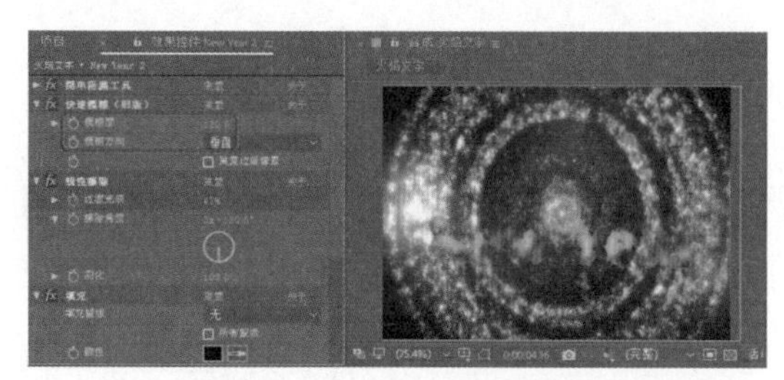

图4-19 设置【快速模糊】参数

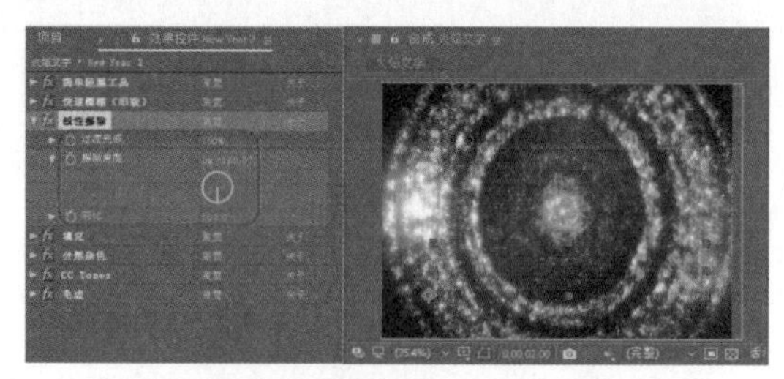

图4-20 添加【线性擦除】效果并设置参数

20 将当前时间设置为0:00:07:00，将【过渡完成】设置为0%，如图4-21所示。

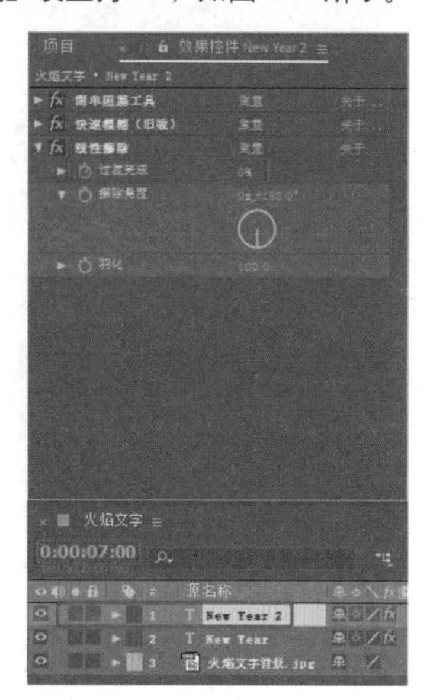

图4-21 设置【过渡完成】参数

21 将当前时间设置为0:00:00:00，将【毛边】效果的【边缘锐度】设置为0.5，将【分形影响】设置为0.75，将【比例】设置为300，将【偏移（湍流）】设置为0、156.4，如图4-22所示。

22 按Ctrl+D组合键复制出“New Year 3”文字图层，在【时间轴】面板中，将“New Year 3”文字图层的【位置】设置为65、260，取消单击【不透明度】左侧的按钮，将【不透明度】设置为100%，如图4-23所示。

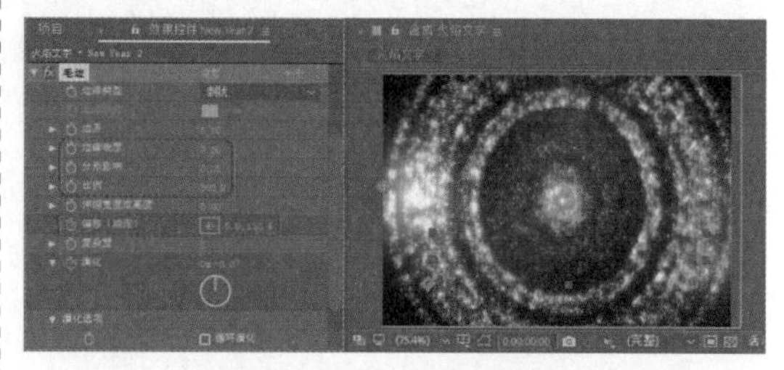

图4-22 设置【毛边】参数

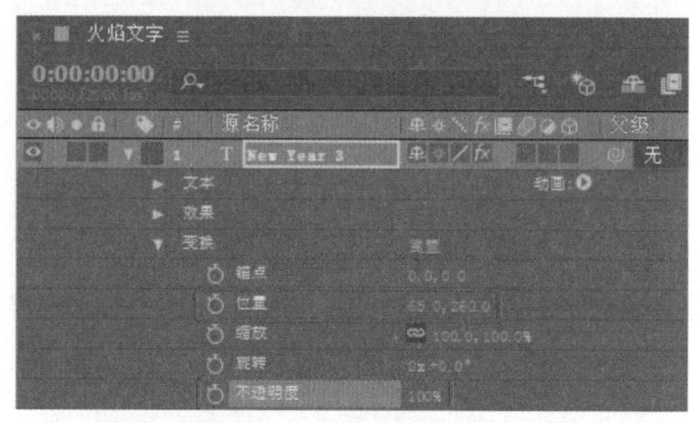

图4-23 复制图层并设置参数

23 在【效果控件】面板中将“New Year 3”文字图层上的效果全部删除，在【字符】面板中将文字填充颜色的RGB值设置为229、81、6，如图4-24所示。

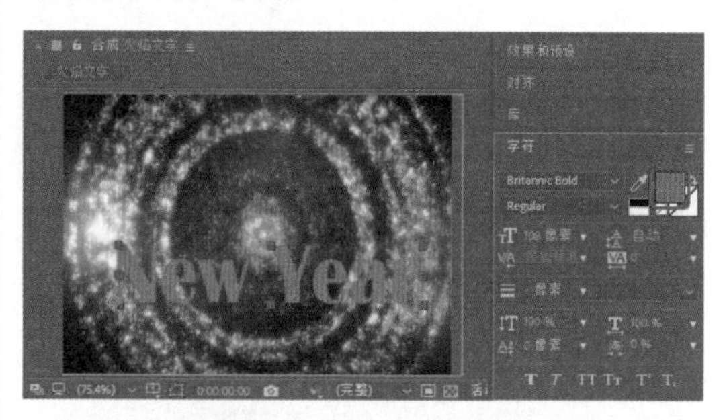

图4-24 更改文字填充颜色

24 在菜单栏中选择【效果】|【风格化】|“CC Burn Film”命令，即可为“New Year 3”文字图层添加CC Burn Film效果。将当前时间设置为0:00:00:00，在【效果控件】面板中，将Burn设置为0，并单击其左侧的按钮，将Center设置为183、185，如图4-25所示。

25 将当前时间设置为0:00:07:00，将Burn设置为75，如图4-26所示。

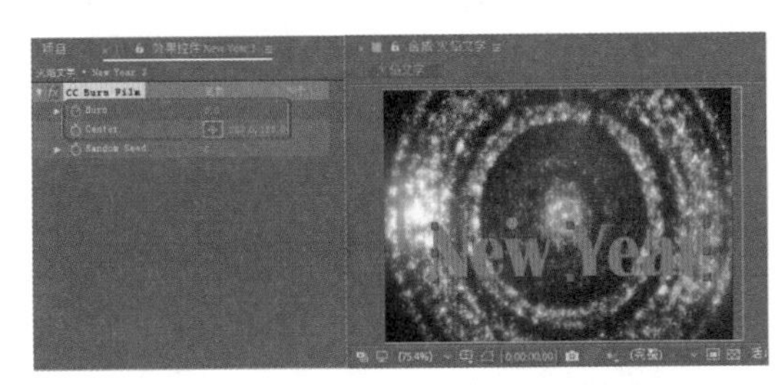

图4-25 添加效果并设置参数

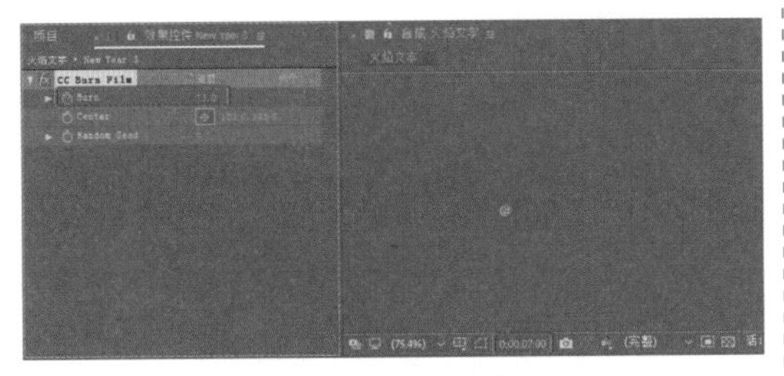

图4-26 设置Burn参数

26 设置完成后，按空格键在【合成】面板中查看效果，如图4-27所示，对完成后的场景进行保存和输出即可。

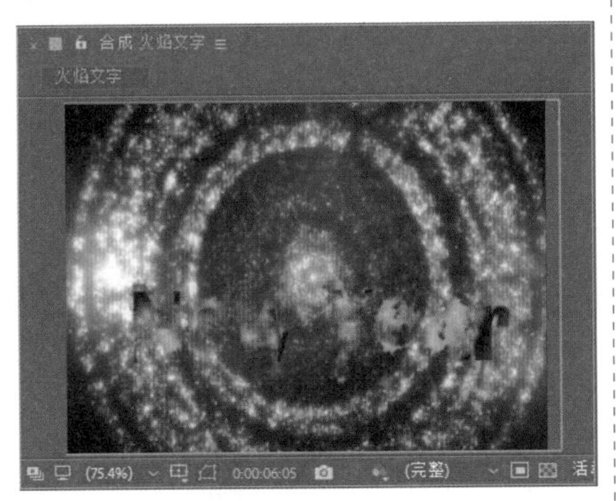

图4-27 查看效果

4.1.1 创建文字

在After Effects CC中，用户可以通过文本工具创建点文本和段落文本。所谓点文本，就是每一行文字都是独立的，在对文本进行编辑时，文本行的长度会随时变长或缩短，但是不会因此与下一行文本重叠。而段落文本与点文本唯一的区别就是段落文本可以自动换行。本节将以点文本为例介绍如何创建文本，其具体操作步骤如下。

01 选择文字工具后，在【合成】面板中单击鼠标，即可在【合成】面板中插入光标，在【时间轴】面板中将新建一个文本图层，如图4-28所示。

图4-28 新建文字图层

02 输入文字，然后在【时间轴】面板中单击文字层，文字层的名称将由输入的文字代替，如图4-29所示。

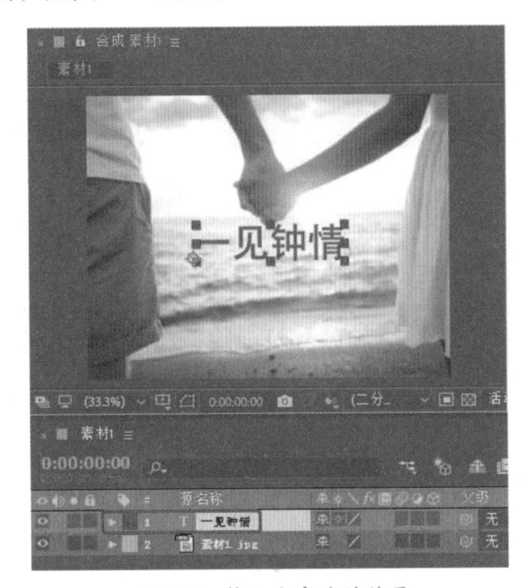

图4-29 输入文字后的效果

使用层创建文本时，在【时间轴】面板的空白区域右击，在弹出的快捷菜单中选择【新建】|【文本】命令，如图4-30所示。此时在【合成】面板中自动弹出输入光标，可以直接输入需要的文字，确定文字输入完成，该图层名将

由输入的文字替代。

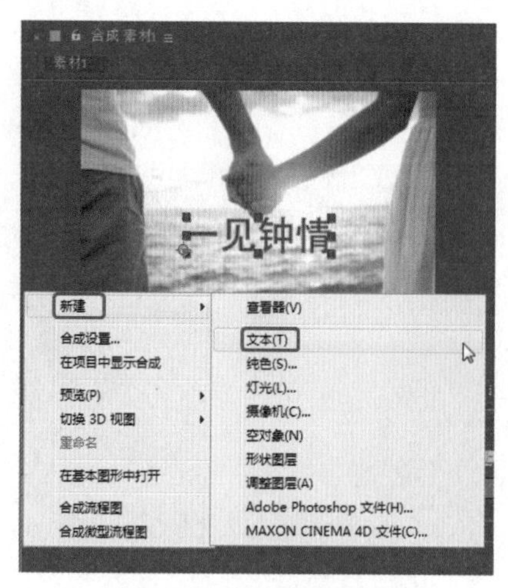

图4-30　选择【文本】命令

4.1.2　修改文字

当文字创建后，还可以像在Photoshop以及其他平面软件中一样对其进行编辑修改。在【合成】面板中使用文字工具，将鼠标指针移至要修改的文字上，按住鼠标左键拖动，选择要修改的文字，然后进行编辑。被选中的文字会显示浅红色矩阵，如图4-31所示。

图4-31　选择文本

用户可以通过在菜单栏中选择【窗口】|【字符】命令，或按Ctrl+6组合键调出【字符】面板，如图4-32所示。当选择文字后，可以在【字符】面板中改变文字的字体、颜色、边宽等，如图4-33所示。

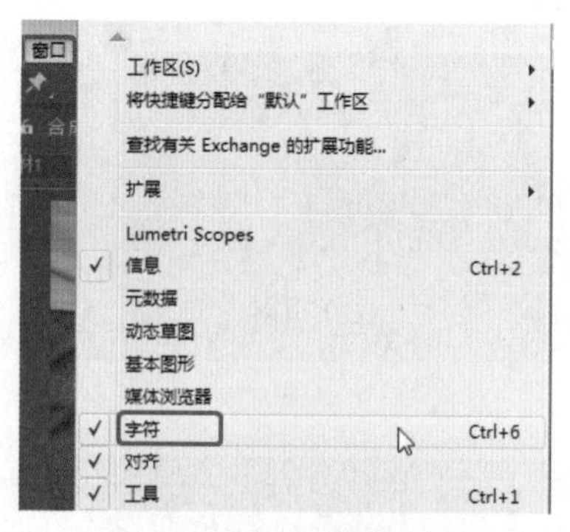

图4-32　选择【字符】命令

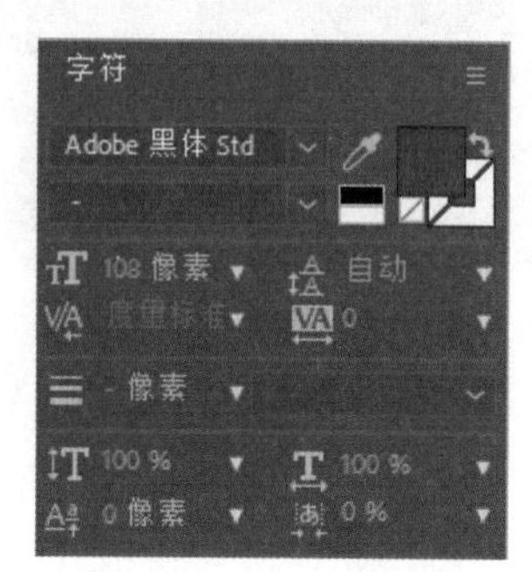

图4-33　【字符】面板

【字符】面板中各个选项的作用如下。

- 【字体】：用于设置文字的字体，单击【字体】右侧的下三角按钮，在打开的下拉列表框提供了系统中已经安装的所有字体，如图4-34所示。

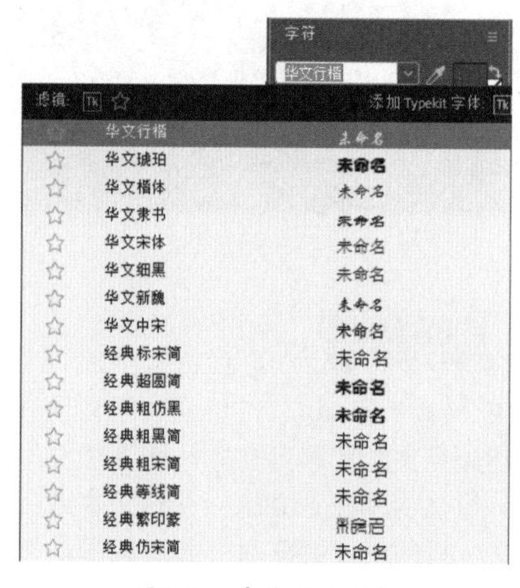

图4-34　字体下拉列表

- 【填充颜色】：单击该色块，将会弹出【文本颜色】对话框，如图4-35所示。在该对话框中即可为字体设置颜色，如图4-36所示。

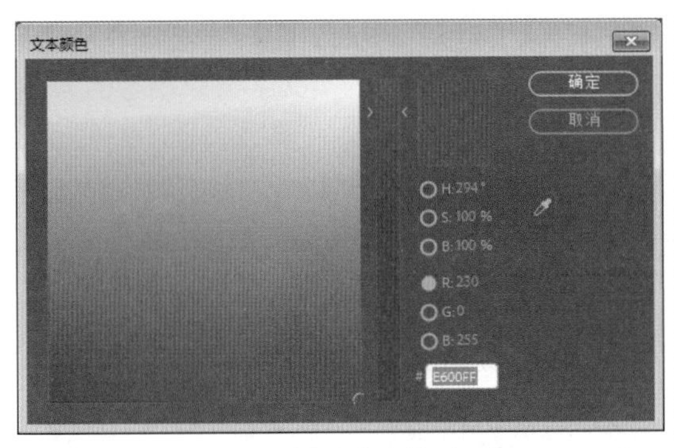

图4-35 【文本颜色】对话框

图4-36 设置文本颜色

- 【吸管】：单击该按钮可以在AE软件中任意位置单击来吸取颜色，如图4-37所示。单击黑白色块可以将文字直接设置为黑色或白色；单击【没有填充颜色】按钮，文字区域将没有任何颜色显示。

图4-37 使用吸管工具吸取颜色

- 【描边颜色】：单击该色块后会弹出【文本颜色】对话框，选择某种颜色后即可为文字添加或更改描边颜色，如图4-38所示。
- 【字体大小】：用于设置字体大小。可以直接输入数值，也可以单击其右侧的下拉按钮，从中选择预设大小。如图4-39所示为字体大小不同时的效果。

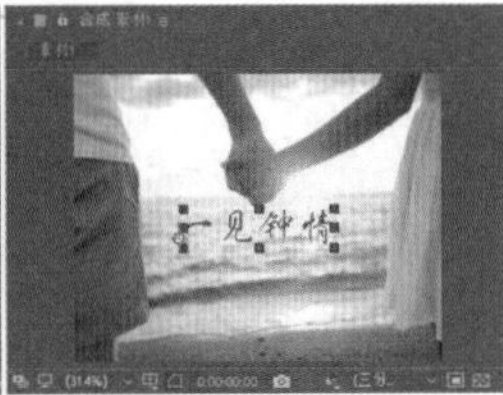

图4-38 调整描边填充颜色后的效果

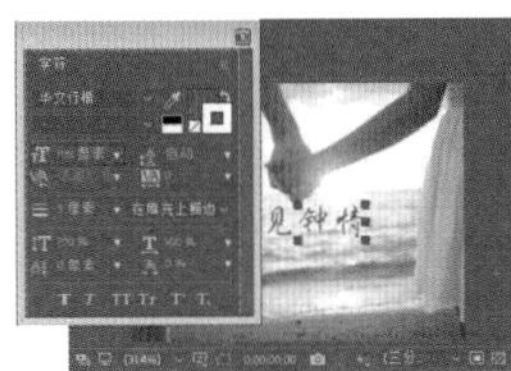
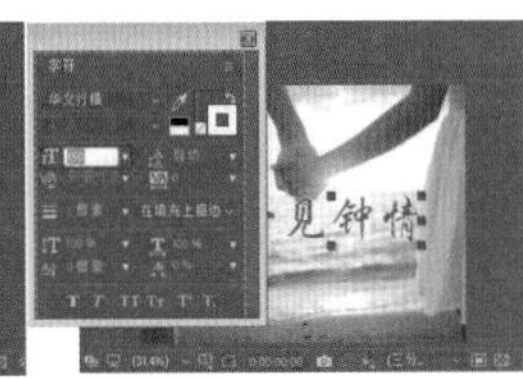

图4-39 设置字体大小后的效果

- 【行距】：用于设置行与行之间的距离，数值越小，行与行之间的文字越有可能重合。
- 【两个字符间的字偶间距】：用于设置文字之间的距离。
- 【所选字符的字符间距】：该选项也是用于设置文字之间的距离。区别在于【两个字符间的字偶间距】需要将光标放置在要调整的两个文字之间，而【所选字符的字符间距】是调整选中文字层中所有文字之间的距离。如图4-40所示为字符间距不同时的效果。

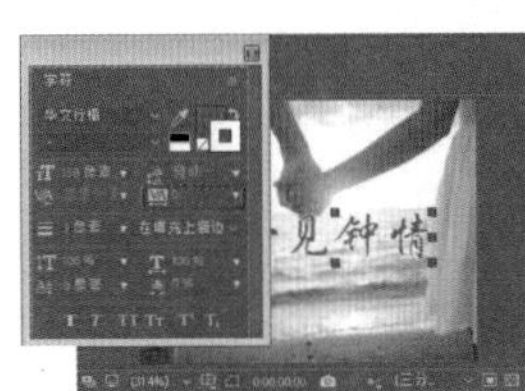
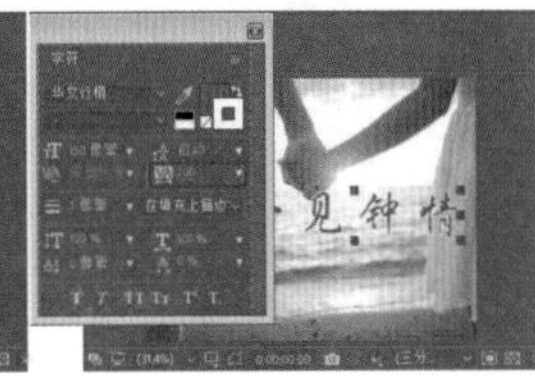

图4-40 字符间距不同时的效果

- 【描边宽度】：用于设置文字描边的宽度。在其右侧的下拉列表框中还可以选择不同的选项来设置描边与填充色之间的关系，其中包括【在描边上填充】、【在填充上描边】、【全部填充在全部描边之上】、【全部描边在全部填充之上】。如图4-41所示为边宽参数不同时的效果。

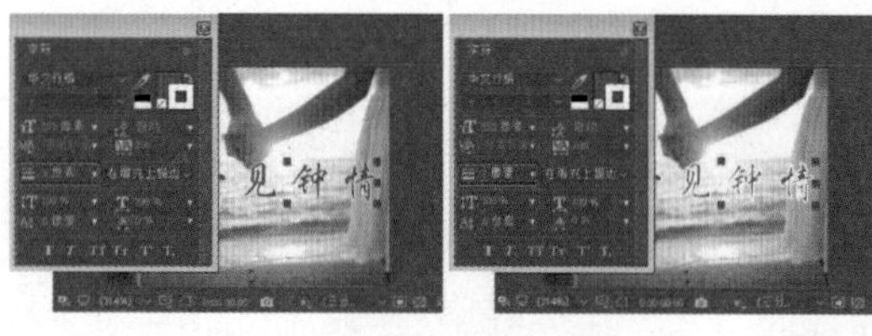

图4-41　边宽参数不同时的效果

- 【垂直缩放】与【水平缩放】：分别用于设置文字的高度和宽度大小。
- 【基线偏移】：用于修改文字基线，改变其位置。
- 【所选字符的比例间距】：该选项用于对文字进行挤压。
- 【仿粗体】T：单击该按钮后，即可对选中的文本进行加粗。
- 【仿斜体】T：单击该按钮后，选中的文本将会进行倾斜，效果如图4-42所示。

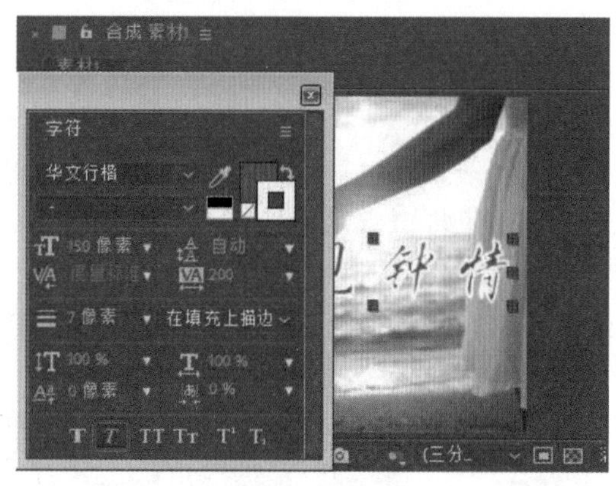

图4-42　仿斜体

- 【全部大写字母】TT：单击该按钮可以将选中的英文字母全部以大写的形式显示，效果如图4-43所示。

图4-43　单击【全部大写字母】按钮后的效果

- 【小型大写字母】Tт：单击该按钮后，可以将选中的英文字母以小型的大写字母的形式显示，效果如图4-44所示。

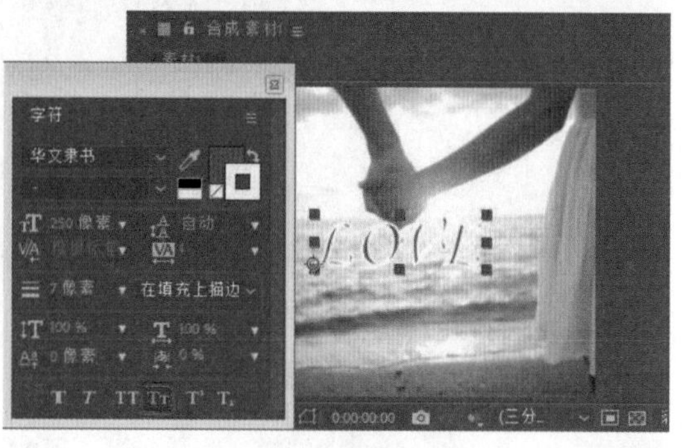

图4-44　小型大写字母

- 【上标】T¹、【下标】T₁：单击该按钮后，即可将选中的文本进行上标或下标。

提　示

在After Effects中选择文本工具，在【合成】面板中按住鼠标左键拖动，即可创建一个输入框，用于创建段落文本，并通过【段落】面板对段落文本进行相应设置。

4.1.3　修饰文字

文字创建完成后，为使文字适应不同的效果环境，可使用After Effects CC中的特效对其进行设置，以达到修饰文字的效果，如为文字添加阴影、发光等效果。

1. 阴影效果

应用径向阴影效果可以增强文字的立体感，在After Effects CC中提供了两种阴影效果：【投影】和【径向阴影】。在【径向阴影】特效中提供了较多的阴影控制，下面对其进行简单的介绍。

选择创建的文字层，在【效果和预设】面板中选择【透视】|【径向阴影】特效，在【效果控件】面板中可以对【径向阴影】特效进行设置，效果如图4-45所示。其各项参数如下。

图4-45 添加并调整【径向阴影】效果

- 【阴影颜色】：用于设置阴影的颜色，默认颜色为黑色。
- 【不透明度】：用于设置阴影的透明度。
- 【光源】：用于设置灯光的位置。改变灯光的位置，阴影的方向也会随之改变。调整【光源】后的效果如图4-46所示。

图4-46 调整光源后的效果

- 【投影距离】：用于设置阴影与对象之间的距离。投影距离不同时的效果如图4-47所示。

图4-47 投影距离不同时的效果

- 【柔和度】：用于调整阴影效果的边缘柔化度。柔和度不同时的效果如图4-48所示。

图4-48 柔和度不同时的效果

- 【渲染】：用于选择阴影的渲染方式。一般选择【规则】方式。如果选择【玻璃边缘】方式，可以产生类似于投射到透明体上的透明边缘效果。选择该效果后，阴影边缘的效果将受到环境的影响。如图4-49所示为选择【常规】和【玻璃边缘】选项后的效果。

图4-49 选择不同渲染方式后的效果

- 【颜色影响】：用于设置玻璃边缘效果的影响程度。
- 【仅阴影】：打开该选项，将只显示阴影效果，如图4-50所示。
- 【调整图层大小】：打开该选项，则文字的阴影如果超出了层的范围，将全部被剪掉；关闭该选项，则选中文字的阴影可以超出层的范围。

图4-50　仅显示阴影

2. 画笔描边效果

画笔描边效果可以使文本产生一种类似画笔绘制的效果。选择创建的文字层，在【效果和预设】面板中选择【风格化】|【画笔描边】特效，为其添加【画笔描边】特效，如图 4-51 所示。其中各项参数如下。

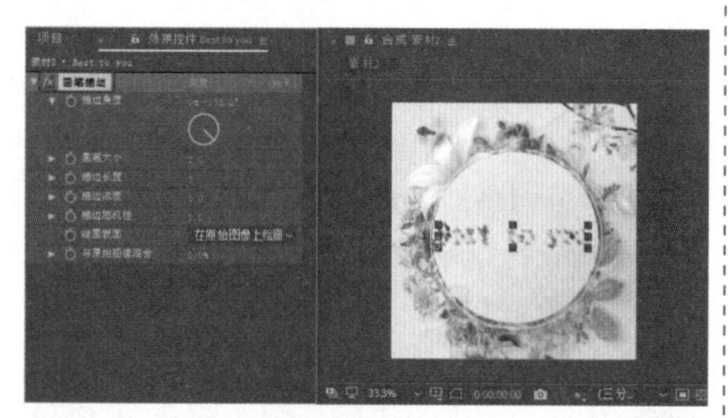

图4-51　添加【画笔描边】后的效果

- 【描边角度】：该选项用于设置画笔描边的角度。
- 【画笔大小】：该选项用于设置画笔笔触的大小。当设置为不同的参数时，效果也不相同，如图 4-52 所示。
- 【描边长度】：该选项用于设置画笔的描绘长度。
- 【描边浓度】：该选项用于设置画笔笔触的稀密程度。
- 【描边随机性】：该选项用于设置画笔的随机变化量。
- 【绘画表面】：用户可以在其右侧的下拉列表框中选择用来设置描绘表面的位置。

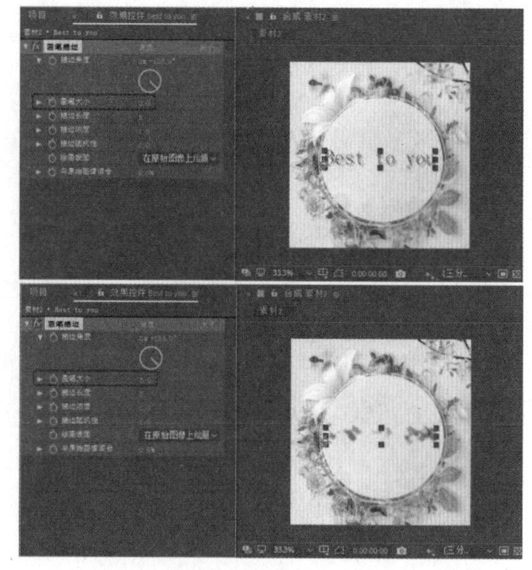

图4-52　设置【画笔大小】参数后的效果

- 【与原始图像混合】：该选项用于设置笔触描绘图像与原始图像之间的混合比例，参数越大，越接近原图。

3. 发光效果

在对文字进行设置时，有时需要使其产生发光或光晕的效果，此时可以为文字添加【发光】特效来实现。

选择创建的文字层，在【效果和预设】面板中选择【风格化】|【发光】特效，为其添加【发光】特效，如图 4-53 所示。其中各项参数如下。

图4-53　添加并调整【发光】效果

- 【发光基于】：用于选择发光作用的通道，可以选择【Alpha 通道】和【颜色通道】两个选项，如图 4-54 所示。
- 【发光阈值】：设置发光的阈值，影响到发光的覆盖面。
- 【发光半径】：设置发光的发光半径，设置不同发光半径时的效果如图 4-55 所示。

- 【发光强度】：设置发光的强弱程度。

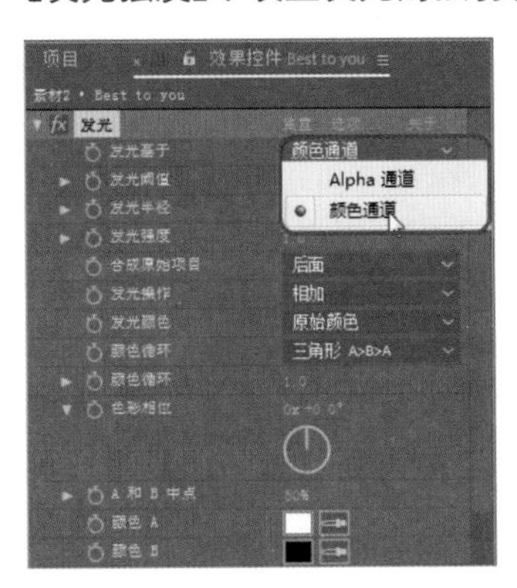

图4-54 【发光基于】下拉列表

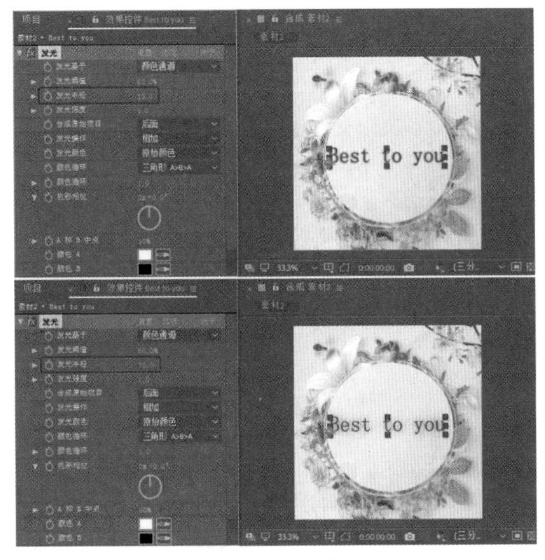

图4-55 设置不同发光半径时的效果

- 【合成原始项目】：设置效果与原始图像之间的融合方式，包括【顶端】、【后面】、【无】3 种方式。
- 【发光操作】：设置效果与原图像之间的混合模式，提供了 25 种混合方式。
- 【发光颜色】：设置发光颜色的来源模式，包括【原始颜色】、【A 和 B 颜色】、【任意映射】3 种模式。将发光颜色设置为【原始颜色】和【A 和 B 颜色】时的效果如图 4-56 所示。
- 【颜色循环】：设置颜色循环的顺序，该选项提供了【锯齿波 A>B】、【锯齿波 B>A】、【三角形 A>B>A】、【三角形 B>A>B】4 种方式。
- 【色彩相位】：设置颜色的相位变化。
- 【A 和 B 中点】：调整颜色 A 和 B 之间色彩的过渡效果的百分比。

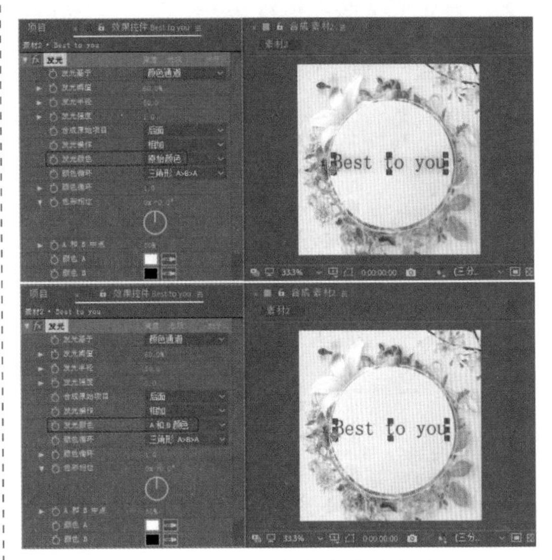

图4-56 设置发光颜色后的效果

- 【颜色 A】：用于设置 A 的颜色。
- 【颜色 B】：用于设置 B 的颜色。
- 【发光维度】：设置发光作用的方向，其中包括【水平和垂直】、【水平】、【垂直】3 种。

4. 毛边效果

毛边效果可以将中文本进行粗糙化，选择创建的文字层，在【效果和预设】面板中选择【风格化】|【毛边】特效，可为文字添加【毛边】特效，如图 4-57 所示。其中各项参数如下。

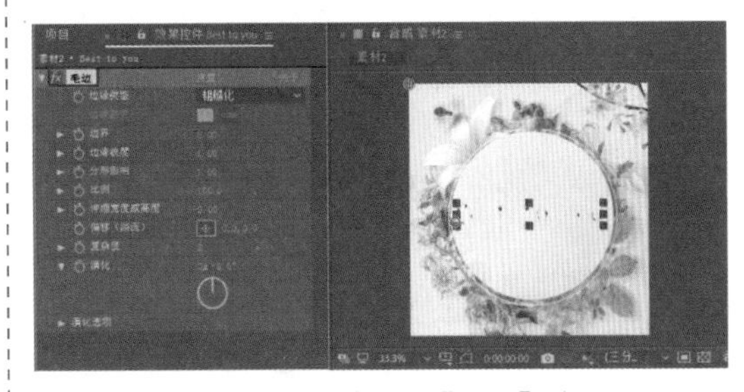

图4-57 添加并调整【毛边】效果

- 【边缘类型】：用户可以在其右侧的下拉列表框中选择用于粗糙边缘的类型，当将【边缘类型】设置为【剪切】和【影印】时的效果如图 4-58 所示。

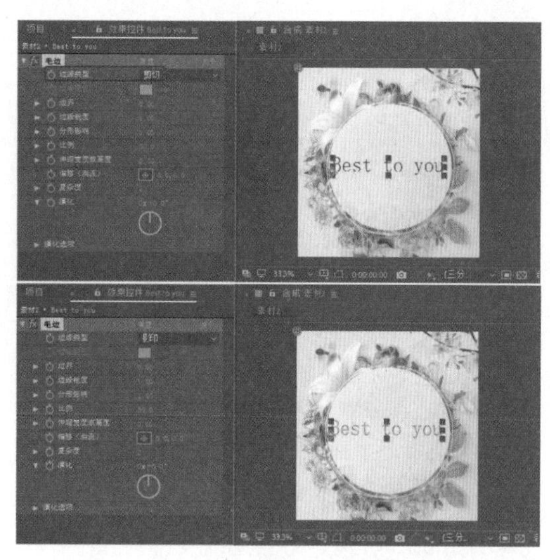

图4-58　设置边缘类型后的效果

- 【边缘颜色】：该选项用于设置边缘粗糙时所使用的颜色。
- 【边界】：该选项用于设置边缘的粗糙度。
- 【边缘锐度】：该选项用于设置边缘的锐化程度。
- 【分形影响】：该选项用于设置边缘的不规则程度。
- 【比例】：该选项用于设置碎片的大小。
- 【伸缩宽度或高度】：该选项用于设置边缘碎片的拉伸程度。
- 【偏移（湍流）】：该选项用于设置边缘在拉伸时的位置。
- 【复杂度】：用于设置边缘的复杂程度。
- 【演化】：用于设置边缘的角度。
- 【演化选项】：用户可以通过该选项控制演化的循环设置。
    - 【循环演化】：选中该复选框后，将启用循环演化功能。
    - 【循环】：用于设置循环的次数。
    - 【随机植入】：用户可以通过该选项设置循环演化的随机性。

4.1.4 路径文字与轮廓线

在 After Effects CC 中还提供了制作沿着某条指定路径运动的文字以及将文字转换为轮廓线的功能。通过它们可以制作更多的文字效果。

1. 路径文字

在 After Effects CC 中可以设置文字沿一条指定的路径进行运动，该路径作为文本层上的一个开放或封闭的遮罩存在。其操作步骤如下。

01 在工具栏中单击【横排文本工具】，在【合成】面板中单击鼠标，并输入文字，如图 4-59 所示。

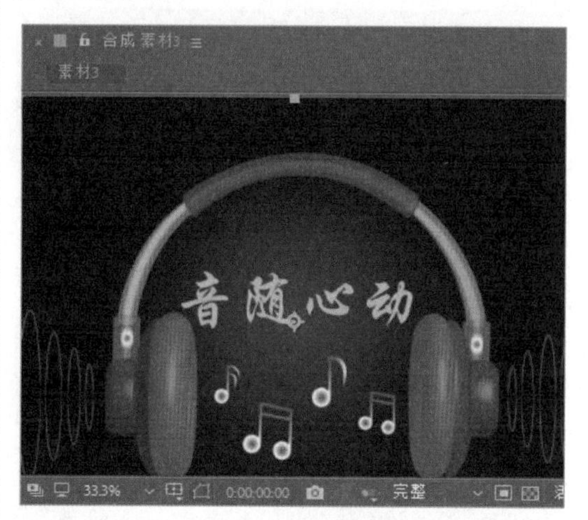

图4-59　输入文字

02 使用【钢笔工具】绘制一条路径，如图 4-60 所示。

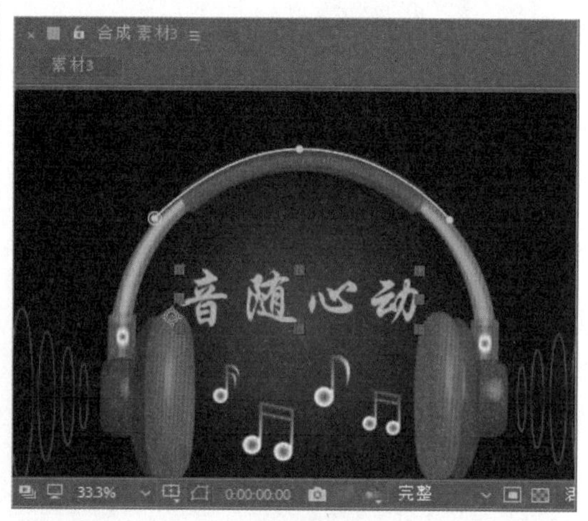

图4-60　绘制路径

03 在【时间轴】面板中展开文字层的【文本】属性，在【路径选项】选项组下将【路径】指定为【蒙版 1】，如图 4-61 所示。

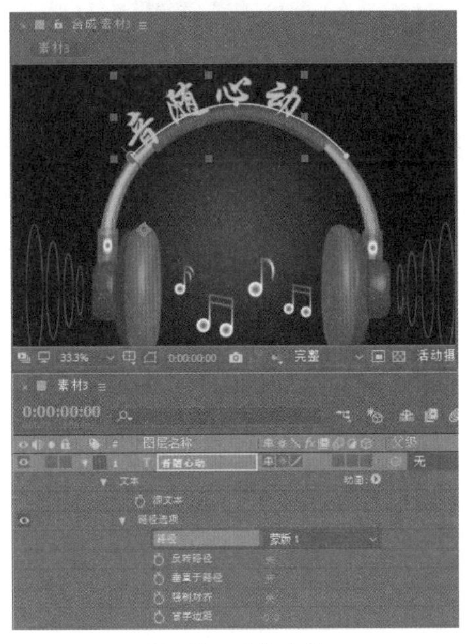

图4-61 路径文字

【路径选项】选项组下各项参数的功能如下。

- 【路径】：用于指定文字层的遮罩路径。
- 【反转路径】：打开该选项可反转路径，默认为关闭。反转路径后的效果如图 4-62 所示。

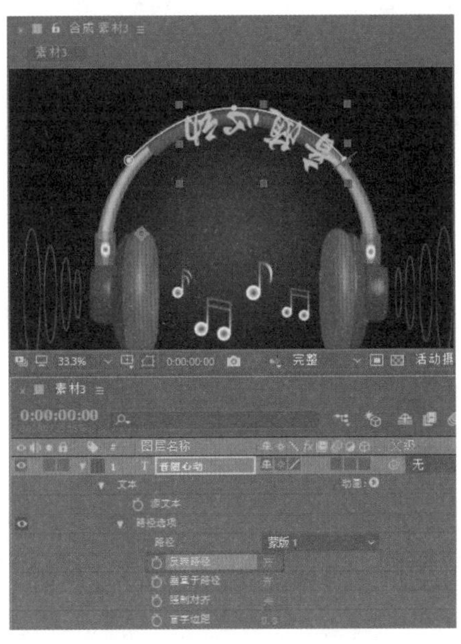

图4-62 反转路径后的效果

- 【垂直于路径】：打开该选项可使文字垂直于路径，默认为打开。关闭【垂直于路径】后的效果如图 4-63 所示。

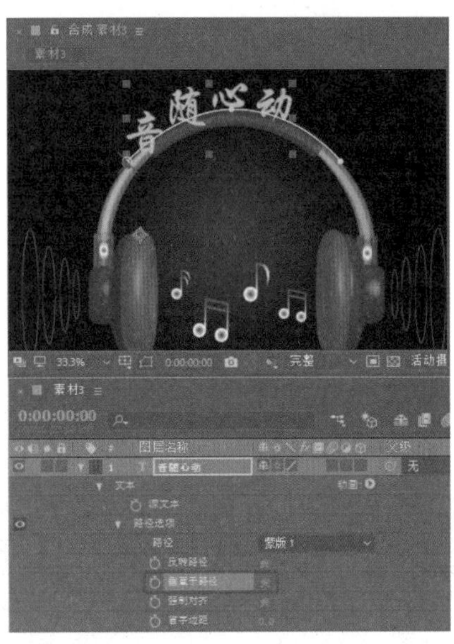

图4-63 关闭【垂直于路径】后的效果

- 【强制对齐】：打开该选项，可将文字强制拉伸至路径的两端。
- 【首字边距】、【末字边距】：调整文本中首、尾字母的缩进。参数为正值表示文本从初始位置向右移动，参数为负值表示文本从初始位置向左移动。如图 4-64 所示为设置【首字边距】的效果。

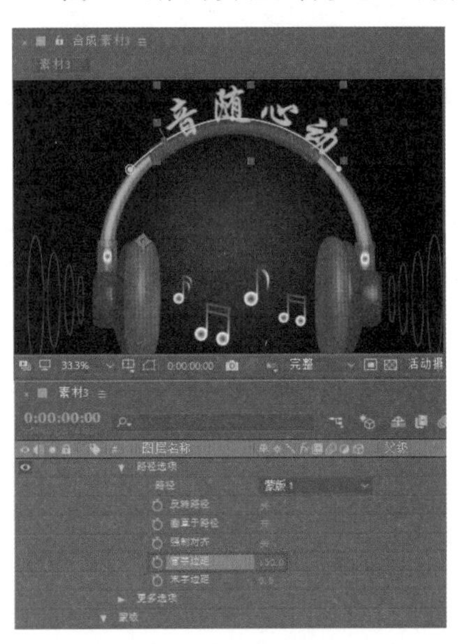

图4-64 设置首字边距后的效果

2. 轮廓线

在 After Effects CC 中可沿文本的轮廓创建遮罩，用户不必自己烦琐地去对文字绘制遮罩。

在【时间轴】面板中选择要设置轮廓遮罩的文字层，在菜单栏中选择【图层】|【从文字创建形状】命令，系统自动生成一个新的固态图层，并在该图层上产生由文本轮廓转换的遮罩，如图 4-65 所示。可以通过在转换的轮廓线文字图层上应用特效，制作出更多精彩的文字效果。

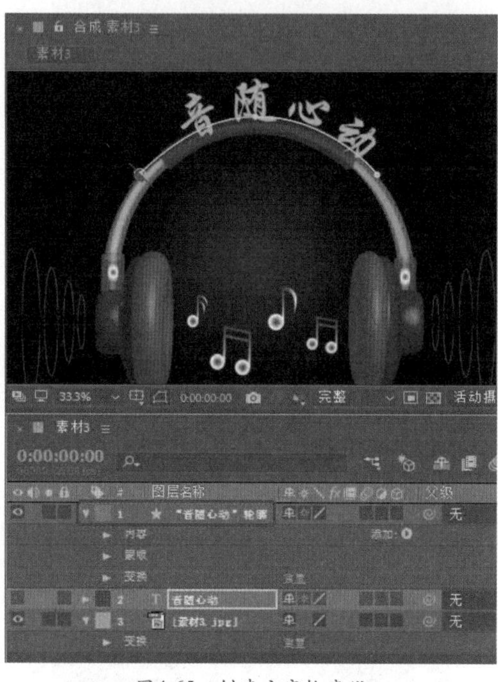

图4-65　创建文字轮廓线

4.2 制作烟雾文字——文本特效与表达式

本案例将介绍烟雾文字的制作方法，该例的亮点及重点在蓝色的烟雾上，完成后的效果如图 4-66 所示。

素材	素材\Cha04\烟雾文字背景.jpg
场景	场景\Cha04\制作烟雾文字——文本特效与表达式.aep
视频	视频教学\Cha04\4.2　制作烟雾文字——文本特效与表达式.mp4

图4-66　烟雾文字

01 按 Ctrl+N 组合键，在弹出的【合成设置】对话框中设置【合成名称】为【烟雾文字】，将【宽度】和【高度】分别设置为 835 px 和 620 px，将【像素长宽比】设置为【D1/DV PAL（1.09）】，将【持续时间】设置为 0:00:05:00，单击【确定】按钮，如图 4-67 所示。

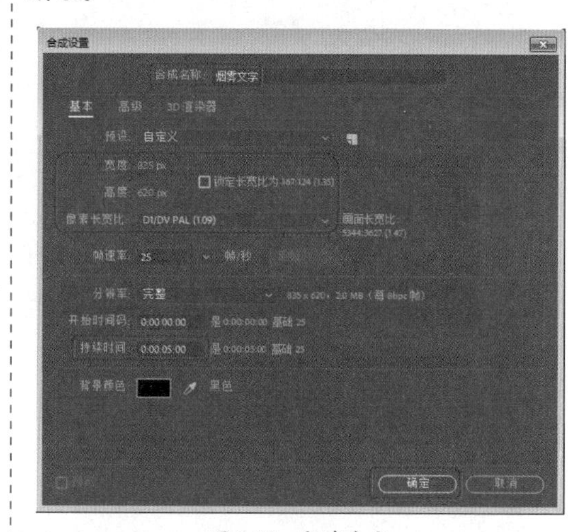

图4-67　新建合成

02 在【项目】面板的空白处双击，弹出【导入文件】对话框，在该对话框中选择素材图片“烟雾文字背景.jpg”，单击【导入】按钮，如图 4-68 所示，即可将选择的素材图片导入【项目】面板中。

03 将素材图片拖曳至时间轴中，效果如图 4-69 所示。

04 在工具栏中选择【横排文字工具】T，在【合成】面板中输入文字 The lonely winter。选择输入的文字，在【字符】面板中将

【字体】设置为【汉仪竹节体简】，将【字体大小】设置为66像素，将填充颜色的RGB值设置为45、219、255，并在【合成】面板中调整其位置，效果如图4-70所示。

图4-68 选择素材图片

图4-69 添加素材图片

图4-70 输入并设置文字

05 在菜单栏中选择【效果】|【过渡】|【线性擦除】命令，即可为文字图层添加【线性擦除】效果。确认当前时间为0:00:00:00，在【效果控件】面板中，将【过渡完成】设置为100%，并单击左侧的按钮，将【擦除角度】设置为270°，将【羽化】设置为230，如图4-71所示。

图4-71 添加【线性擦除】效果并设置参数

06 将当前时间设置为0:00:03:00，将【过渡完成】设置为0%，如图4-72所示。

图4-72 设置【过渡完成】参数

07 在时间轴的空白处右击，在弹出的快捷菜单中选择【新建】|【纯色】命令，弹出【纯色设置】对话框，设置【名称】为【烟雾01】，将【颜色】的RGB值设置为0、0、0，单击【确定】按钮，如图4-73所示。

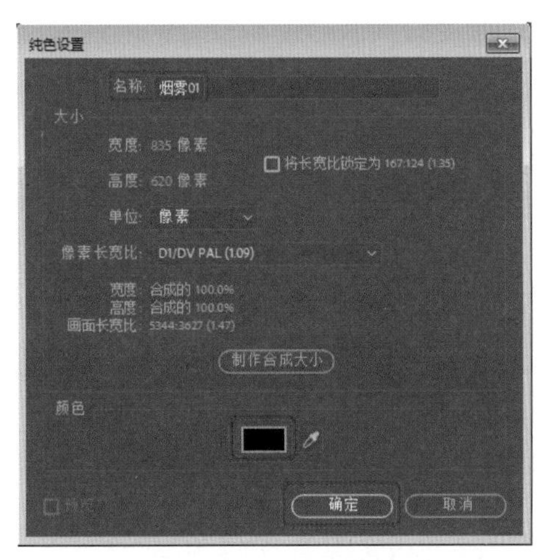

图4-73 【纯色设置】对话框

08 即可新建“烟雾01”图层，在菜单栏中选择【效果】|【模拟】|CC Particle World（粒子世界）命令，即可为“烟雾01”图层添加该效果。将当前时间设置为0:00:00:00，在【效果控件】面板中将Birth Rate（出生率）设置为0.1，将Longevity（sec）（寿命）设置为1.87，分别单击Position X（位置X）、Position Y（位置Y）左侧的按钮，将Position X（位置X）设置为-0.53，将Position Y（位置Y）设置为0.01，将Radius Z（半径Z）设置为0.44，将Animation（动画）设置为Viscouse，将Velocity（速度）设置为0.35，将Gravity（重力）设置为-0.05，如图4-74所示。

图4-74　添加效果并设置参数

09 将Particle（粒子）下的Particle Type（粒子类型）设置为Faded Sphere（透明球），将Birth Size（出生大小）设置为1.25，将Death Size（死亡大小）设置为1.9，将Birth Color（出生颜色）的RGB值设置为5、160、255，将Death Color（死亡颜色）的RGB值设置为0、0、0，将Transfer Mode（传输模式）设置为Add，如图4-75所示。

图4-75　设置粒子参数

10 将当前时间设置为0:00:03:00，将Position X（位置X）设置为0.78，将Position Y（位置Y）设置为0.01，如图4-76所示。

图4-76　设置关键帧参数

11 在菜单栏中选择【效果】|【模糊和锐化】|CC Vector Blur（CC矢量模糊）命令，即可为“烟雾01”图层添加该效果。在【效果控件】面板中将Amount（数量）设置为250，将Angle Offset（角度偏移）设置为10°，将Ridge Smoothness设置为32，将Map Softness（图像柔化）设置为25，如图4-77所示。

图4-77　添加效果并设置参数

提　示

使用【CC矢量模糊】特效可以产生一种特殊的变形模糊效果。

12 在时间轴中将“烟雾01”图层的【模式】设置为【屏幕】，如图4-78所示。

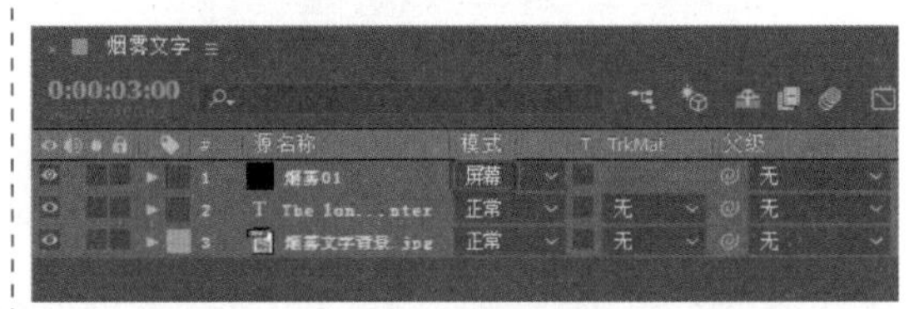

图4-78　更改图层模式

13 确认“烟雾01”图层处于选择状态，按Ctrl+D组合键复制图层，将新复制的图层重命名为“烟雾02”图层，如图4-79所示。

14 选择“烟雾02”图层，在【效果控件】面板中将CC Particle World（CC粒子世界）效果中的Birth Rate（出生率）设置为0.7，将Radius Z（半径Z）设置为0.47，将Particle（粒子）下的Birth Size（出生大小）设置为0.94，将Death Size（死亡大小）设置为1.7，将Death Color（死亡颜色）的RGB值设置为13、0、0，如图4-80所示。

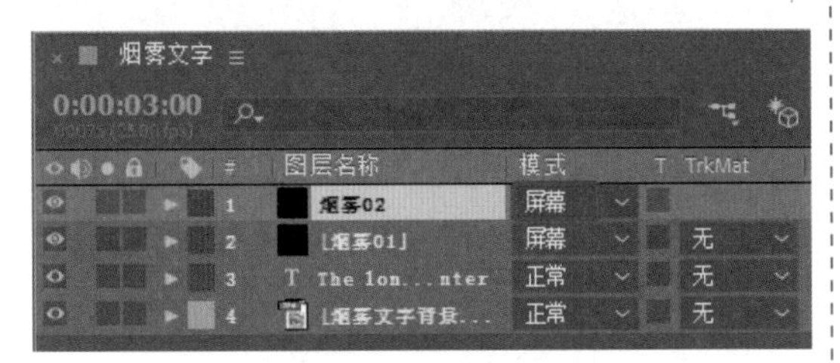

图4-79 复制图层

图4-80 设置参数

知识链接:图层的混合模式

图层的混合模式控制每个图层如何与它下面的图层混合或交互。After Effects中图层的混合模式（以前称为图层模式，有时称为传递模式）与Adobe Photoshop中的混合模式相同。

大多数混合模式仅修改源图层的颜色值，而非Alpha通道。【Alpha添加】混合模式影响源图层的Alpha通道，而【轮廓】和【模板】混合模式影响它们下面的图层的Alpha通道。

在After Effects中无法通过使用关键帧来直接为混合模式制作动画。要在某一特定时间更改混合模式，请在该时间拆分图层，并将新混合模式应用于图层的延续部分。

15 在【效果控件】面板中将CC Vector Blur（CC矢量模糊）效果中的Amount（数量）设置为340，将Ridge Smoothness设置为24，将Map Softness（图像柔化）设置为23，如图4-81所示。

图4-81 设置参数

16 在时间轴中将“烟雾02”图层的【不透明度】设置为53%，然后调整“烟雾01”和“烟雾02”的位置，如图4-82所示。设置完成后，按空格键在【合成】面板中查看效果，然后对完成后的场景进行保存和输出即可。

图4-82 设置不透明度

4.2.1 文字特效

在After Effects 2018中除了可以使用【横排文字工具】T、【竖排文字工具】IT创建文字外，还可以通过文字特效来创建。

1.【基本文字】特效

【基本文字】特效是一个相对简单的文本特效，其功能与使用文字工具创建基础文本相似。操作步骤如下。

01 接着上一实例操作，在菜单栏中选择【效果】|【过时】|【基本文字】命令，如图 4-83 所示。

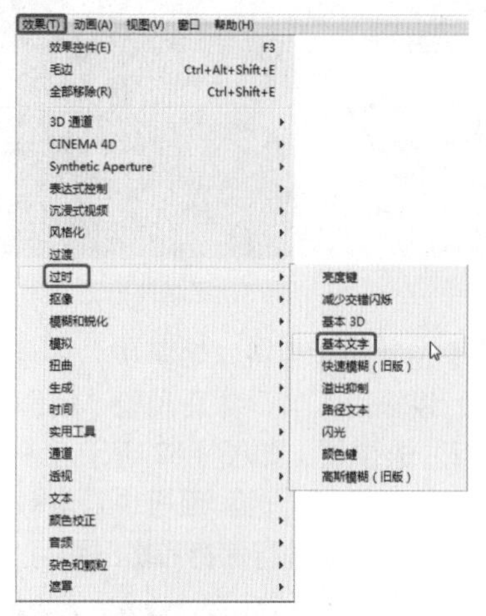

图4-83 选择【基本文字】命令

02 在弹出的【基本文字】对话框中输入文字并设置字体，如图 4-84 所示。其中各项参数的功能如下。

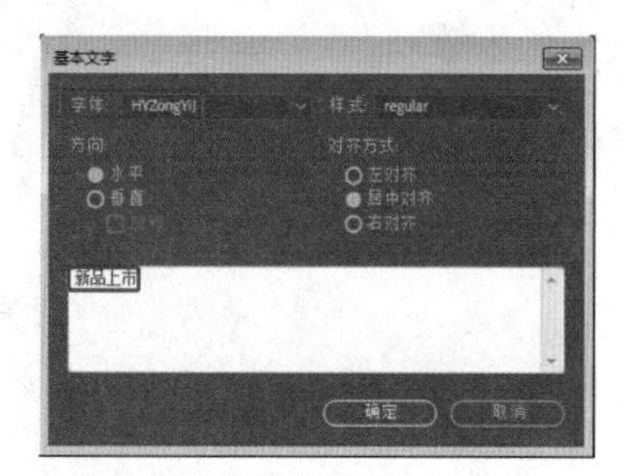

图4-84 【基本文字】对话框

- 【字体】：设置文字字体。
- 【样式】：设置文字风格。
- 【方向】：设置文字的排列方向，包括【水平】、【垂直】两种方式。
- 【对齐方式】：设置文字的对齐方式，包括【左对齐】、【居中对齐】和【右对齐】3 种对齐方式。

03 设置完成后，单击【确定】按钮，在【效果控件】面板中可以对创建的文字进行设置，效果如图 4-85 所示。

- 【编辑文本】：打开【基本文字】对话框编辑文字。
- 【位置】：设置文字的位置。
- 【显示选项】：选择文字的外观，包括【仅填充】、【仅描边】、【填充在边框上】和【在填充上描边】4 种类型，如图 4-86 所示。

图4-85 调整【基本文字】后的效果

图4-86 【显示选项】效果

- 【填充颜色】：设置文字的填充颜色。
- 【描边颜色】：设置文字描边的颜色。
- 【描边宽度】：设置文字描边的宽度。
- 【大小】：设置文字的大小。
- 【字符间距】：设置文字之间的距离。
- 【行距】：设置行与行之间的距离。
- 【在原始图像上合成】：选中该复选框，将文字合成到原始图像上，否则背景为黑色。

2.【路径文本】特效

【路径文本】特效是一个功能强大的文本特效。使用【钢笔工具】在【合成】窗口中可以绘制任意形状，并将绘制的形状转换为路径应用于图形或文字。

【路径文本】特效的创建方法与【基本文

字】特效类似，其中【效果控件】面板中【路径文本】特效的各项参数如图 4-87 所示。其中各选项的功能如下。

- 【编辑文本】：打开【路径文本】对话框编辑文字。
  - 【字体】：设置文字的字体。
  - 【样式】：设置文字的风格。

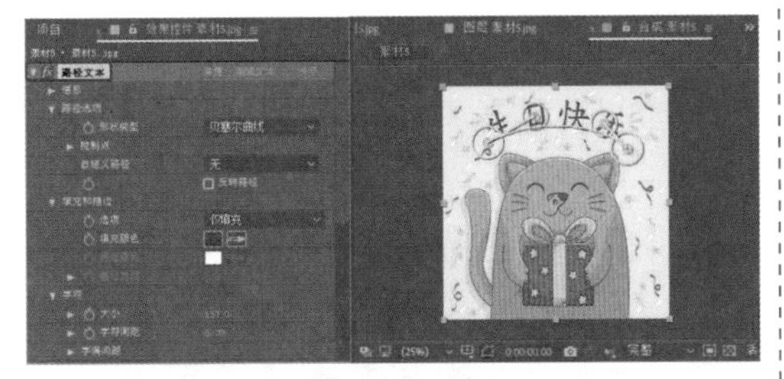

图4-87 【路径文本】特效的各项参数

- 【信息】：显示当前的文字的字体、文本长度和路径长度等信息。
- 【路径选项】：路径的设置选项。
  - 【形状类型】：设置路径类型，包括【贝塞尔曲线】、【圆形】、【循环】和【线】4 种类型，效果如图 4-88 所示，其中【圆】和【循环】类型相似。
  - 【控制点】：设置路径的各点位置、曲线弯度等。
  - 【自定义路径】：选择要使用的自定义路径层。
  - 【反转路径】：选中该复选框将反转路径。

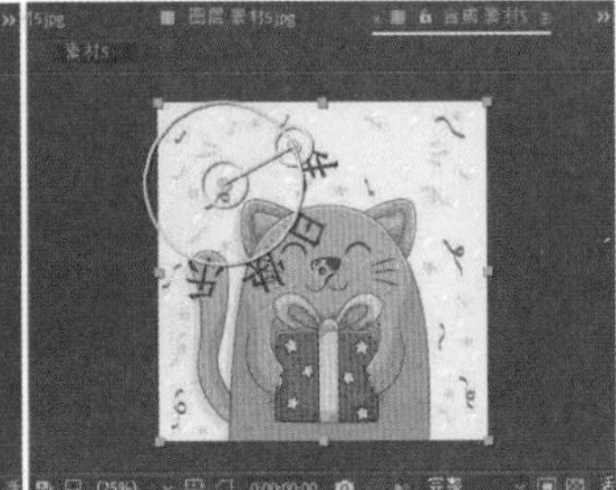

图4-88 设置形状类型后的效果

- 【填充和描边】：该参数项下的各参数用于设置文字的填充和描边。
  - 【选项】：设置填充和描边的类型，包括【仅填充】、【仅描边】、【在描边上填充】和【在填充上描边】4 种类型。
  - 【填充颜色】：设置文字的填充颜色。
  - 【描边颜色】：设置文字描边的颜色。
  - 【描边宽度】：设置文字描边的宽度。
- 【字符】：该参数项下各参数用于设置文字的属性。
  - 【大小】：设置文字的大小。
  - 【字符间距】：设置文字之间的距离。
  - 【字偶间距】：设置文字的字距。
  - 【方向】：设置文字在路径上的方向。设置方向后的效果如图 4-89 所示。
  - 【水平切变】：设置文字在水平位置上的倾斜程度。参数为正值时文字向右倾斜，参数为负值时文字向左倾斜。设置水平切变后的效果如图 4-90 所示。

图4-89 设置方向后的效果

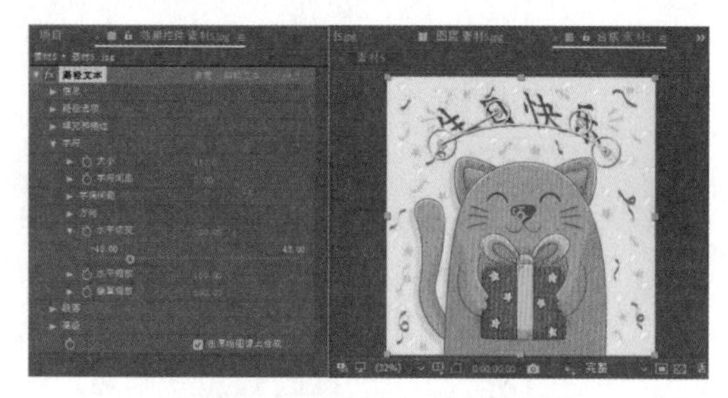

图4-90　设置水平切变后的效果

- ◆ 【水平缩放】：设置文字在水平位置上的缩放。设置缩放时，文字的高度不受影响。
- ◆ 【垂直缩放】：设置文字在垂直方向上的缩放。设置缩放时，文字的宽度不受影响。

- 【段落】：对文字段落进行设置。
  - ◆ 【对齐方式】：设置文字的排列方式。
  - ◆ 【左边距】：设置文字的左边距大小。
  - ◆ 【右边距】：设置文字的右边距大小。设置右边距后的效果如图 4-91 所示。

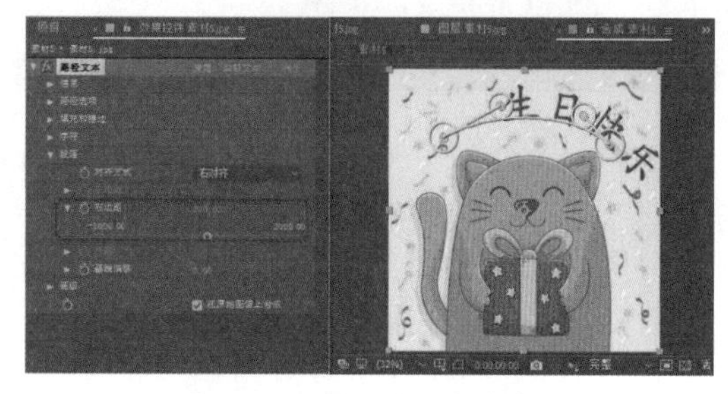

图4-91　设置右边距后的效果

- ◆ 【行距】：设置文字的行距。
- ◆ 【基线偏移】：设置文字的基线位移。设置基线偏移后的效果如图 4-92 所示。

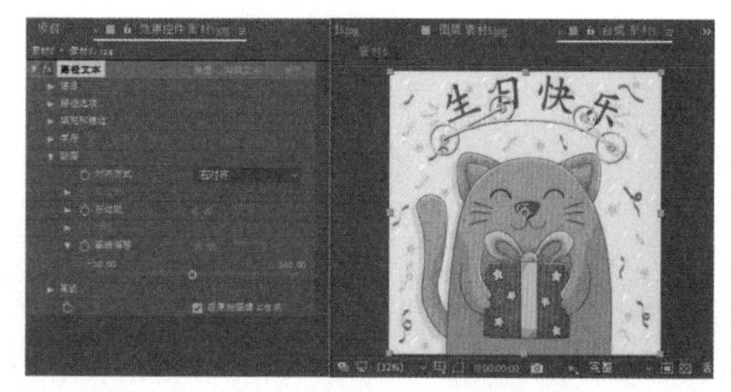

图4-92　设置基线偏移后的效果

- 【高级】：该参数项的各参数用于对文字进行高级设置。
  - ◆ 【可视字符】：设置文字的显示数量。参数设置为多少，文字最多就可显示多少。当参数为 0 时，则不显示文字。
  - ◆ 【淡化时间】：设置文字淡入淡出的时间。
  - ◆ 【模式】：设置文字与当前层图像的混合模式。
  - ◆ 【抖动设置】：该参数项中的参数用于对文字进行抖动设置。设置抖动设置后的效果如图 4-93 所示。

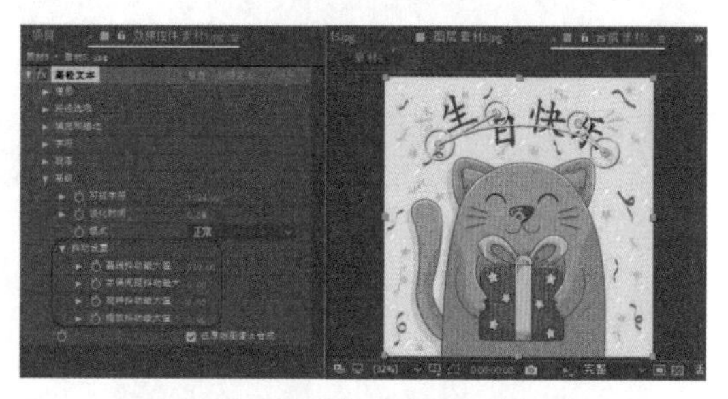

图4-93　设置抖动设置后的效果

- ◆ 【在原始图像上合成】：选中该复选框，文字将合成到原始素材的图像上，否则背景为黑色。

3.【编号】特效

【编号】特效的主要功能是对随机产生的数字进行排列编辑，并通过编辑时间码和当前日期等方式来输入数字。【编号】特效位于【效果和预设】面板的【文字】特效组下，其创建方法与【基本文字】特效相似，添加【编号】特效后，可在【效果控件】面板中对其进行设置，效果如图 4-94 所示。其中各项参数的功能如下。

图4-94　添加编号后的效果

- 【格式】：该参数项下的各参数用于对文字的格式进行设置。
  - 【类型】：设置数字文本的类型，包括【数目】、【时间码】、【数字日期】等 10 种类型。如图 4-95 所示从左向右依次为【时间码】、【时间】和【十六进制】的类型效果。

图4-95 不同类型的效果

  - 【随机值】：选中该复选框，数字将随机变化，随机产生的数字限制在【值 / 偏移 / 最大随机值】选项的数值范围内。若该选项的值为 0，则不受限制。
  - 【数值 / 位移 / 随机】：设置数字随机离散范围。
  - 【小数位数】：设置添加编号中小数点的位数。
  - 【当前时间 / 日期】：选中该复选框，系统将显示当前的时间和日期。
- 【填充和描边】：该参数项下的参数用于设置数字的颜色和描边。
  - 【位置】：设置添加编号的位置坐标。
  - 【显示选项】：设置数值外观，共有 4 种方式。
  - 【填充颜色】、【描边颜色】、【描边宽度】：设置数字的颜色、描边颜色以及描边宽度。
- 【大小】：设置数字文本的大小。
- 【字符间距】：设置数字文本的间距。
- 【比例间距】：选中该复选框可使数字以均匀间距显示。
- 【在原始图像上合成】：选中该复选框，数字层将与原图像层合成，否则背景为黑色。

4.【时间码】特效

【时间码】特效主要用于为影片添加时间和帧数，作为影片的时间依据，方便后期制作。添加【时间编码】特效的效果和参数如图 4-96 所示。其中各项参数的功能如下。

图4-96 添加时间码后的效果

- 【显示格式】：设置时间码的显示格式，包含【SMPTE 时 : 分 : 秒 : 帧】、【帧序号】、【英尺 + 帧（35 mm）】和【英尺 + 帧（16 mm）】4 种方式。
- 【时间源】：设置帧速率。该设置应与合成设置相对应。
- 【文本位置】：设置时间码的位置。调整文本位置后的效果如图 4-97 所示。

图4-97 调整文本的位置

- 【文字大小】：设置时间码的显示大小。
- 【文本颜色】：设置时间码的颜色。
- 【显示方框】：选中该复选框后，将会在时间码的底部显示方框。如图 4-98 所示为取消选中该复选框后的效果。

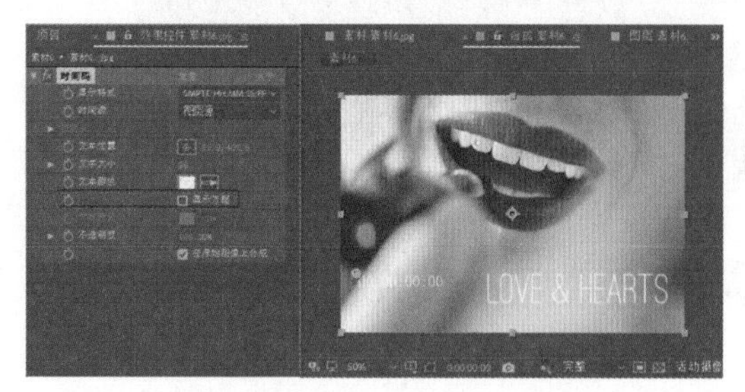

图4-98　取消选中【显示方框】复选框后的效果

- 【方框颜色】：该选项用于设置方框的颜色，只有在选中【显示方框】复选框时该选项才可用。设置方框颜色后的效果如图 4-99 所示。

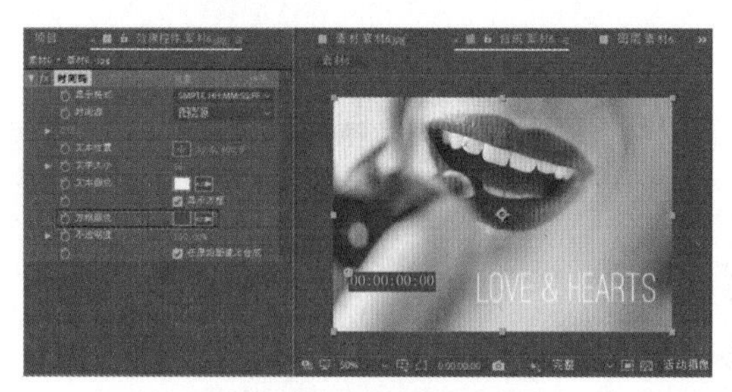

图4-99　设置方框颜色后的效果

- 【不透明度】：该选项用于设置时间码的透明度。
- 【在原始图像上合成】：选中该复选框，时间码将与原图像层合成，否则背景为黑色。

4.2.2 文本动画

在 After Effects CC 中也可以对创建的文本进行变换动画制作。在文字图层中【变换】选项组中的【定位点】、【位置】、【缩放】、【旋转】和【透明度】属性都可以进行常规的动画设置。

1. 动画控制器

在文字图层中【文字】选项组中有个【动画】选项，单击其右侧的小三角按钮，在弹出的下拉列表中包含多种设置文本动画的命令。如图 4-100 所示。

1）变换类控制器

该类控制器可以控制文本动画的变形，如位置、缩放、倾斜、旋转等。它与层的【变换】属性类似，如图 4-101 所示。

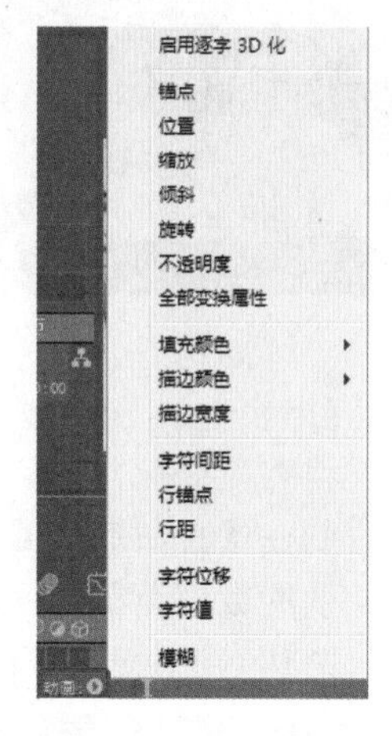

图4-100　动画下拉列表

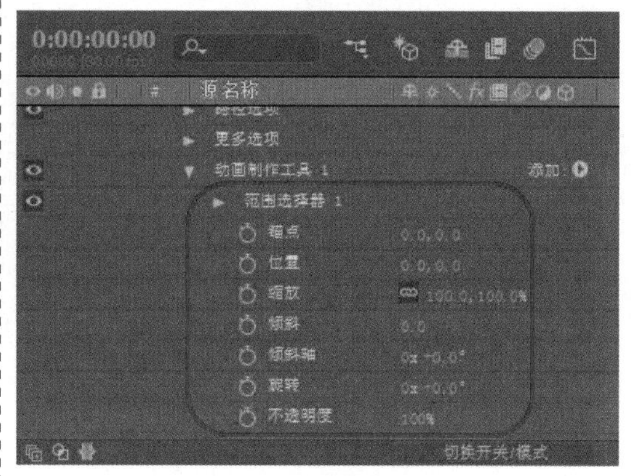

图4-101　动画选项

- 【锚点】、【位置】：设置文字的位置。其中【锚点】主要用于设置文字轴心点的位置。在对文字进行缩放、旋转等操作时均是以文字轴心点进行。如图 4-102 所示为设置位置后的效果。
- 【缩放】：设置文本的缩放大小，数值越大，文本越大。启用参数右侧的【约束比例】按钮，可使 X、Y 轴同时缩放，防止字体变形。设置缩放后的效果如图 4-103 所示。

图4-102　设置位置后的效果

图4-103　设置缩放后的效果

- 【倾斜】：设置文本的倾斜度，数值为正时，文本向右倾斜；数值为负时，文本向左倾斜，如图 4-104 所示。
- 【倾斜轴】、【旋转】：分别用于设置文本的倾斜度和旋转角度。设置旋转角度后的效果如图 4-105 所示。

图4-104　设置倾斜后的效果

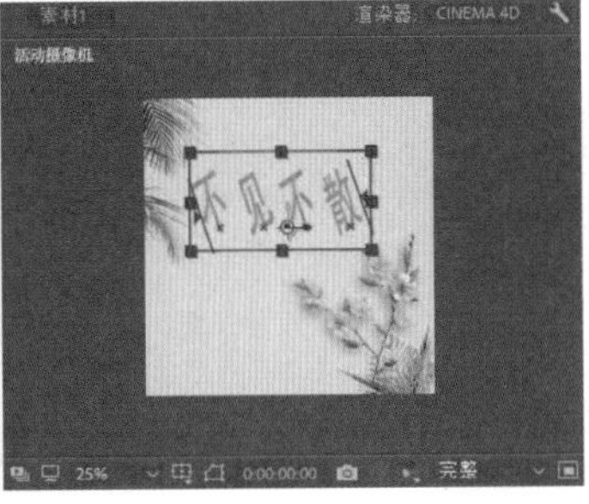

图4-105　设置旋转角度后的效果

- 【不透明度】：设置文本的不透明度。

2）颜色类控制器

颜色类控制器用于控制文本动画的颜色，如色相、饱和度、亮度等，如图 4-106 所示。综合使用可调整出丰富的文本颜色效果。

- 填充类：设置文本的基本颜色的色相、色调、亮度、透明度等。设置填充色相后的效果如图 4-107 所示。

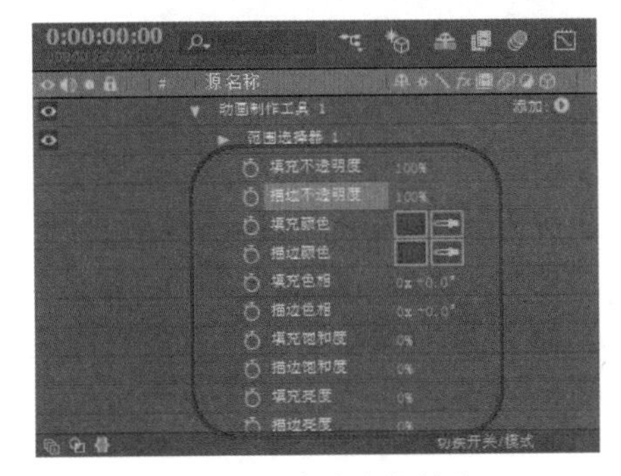

图4-106　颜色类控制器

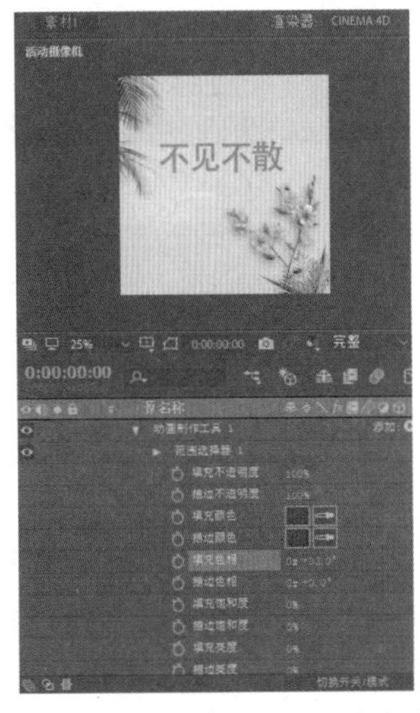

图4-107　设置填充色相后的效果

- 边色类、边宽类：设置文字描边的色相、色调、亮度和描边宽度等，设置描边后的效果如图 4-108 所示。

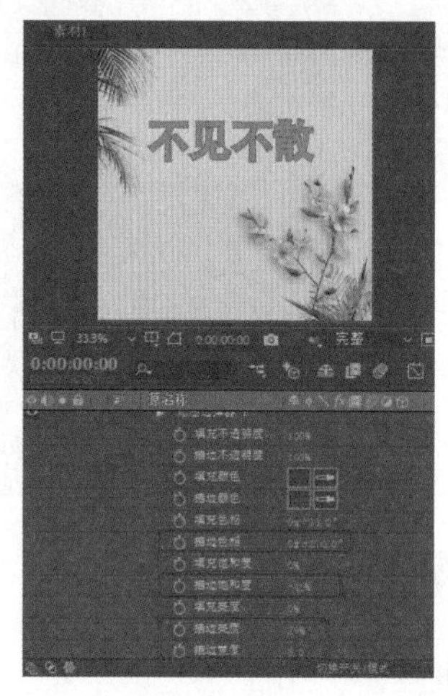

图4-108　设置描边后的效果

3）文本类控制器

文本类控制器用于控制文本字符的行间距和空间位置以及字符属性的变换效果，如图 4-109 所示。

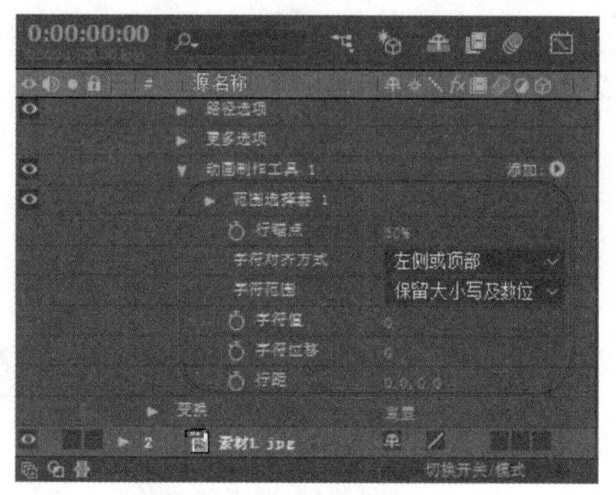

图4-109　文本类控制器

- 【行锚点】：设置文本的定位。
- 【字符间距类型】、【字符间距大小】：前者用于设置前后间距的类型，控制间距数量变化的前后范围。其中包含 3 个选项。后者用于设置间距的数量。
- 【字符对齐方式】：设置字符对齐的方式，包含【左侧或顶部】、【中心】、【右侧或底部】等 4 种对齐方式，如图 4-110 所示。

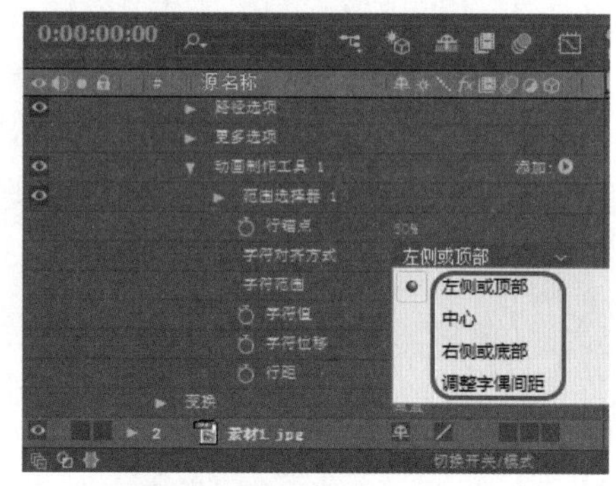

图4-110　字符的对齐方式

- 【字符范围】：设置字符范围的类型，包含【保留大小写与数字】和【全部 Unicode】两种类型。
- 【字符值】：调整该参数可使整个字符变为新的字符。设置字符值后的效果如图 4-111 所示。
- 【字符位移】：调整该参数可使字符产生偏移，从而变成其他字符。

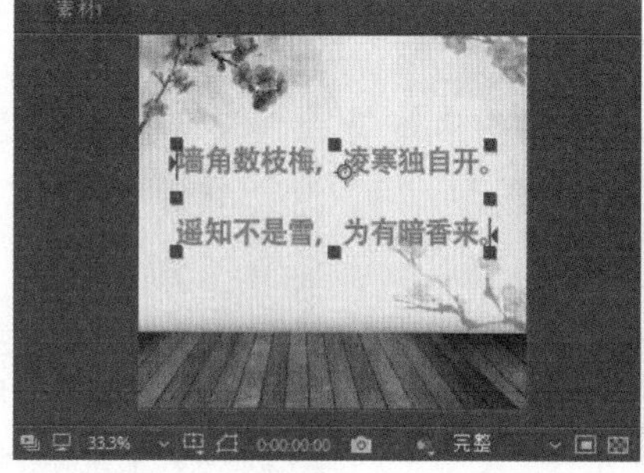

图4-111　设置字符值后的效果

- 【行距】：设置文本中行和列的间距。设置行距后的效果如图 4-112 所示。

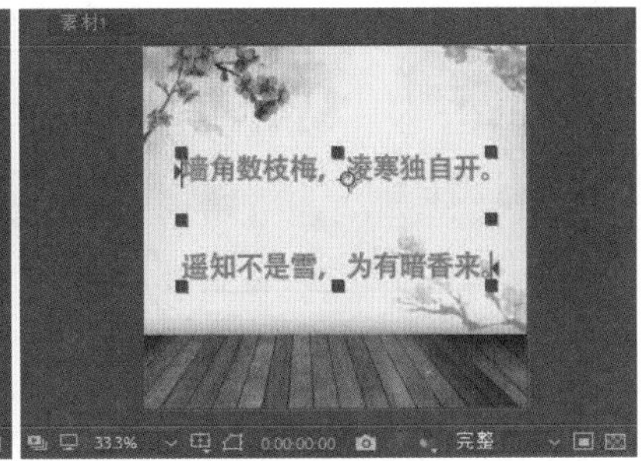

图4-112　设置行距后的效果

4）启用逐字 3D 化与模糊控制器

启用逐字 3D 化控制器可将文字层转换为三维层，并在【合成】面板中出现 3D 坐标轴，通过调整坐标轴来改变文本三维空间的位置，如图 4-113 所示。

模糊控制器可以对文本进行水平和垂直方向上的模糊。设置模糊参数后的效果如图 4-114 所示。

5）范围控制器

每当添加一种控制器时，都会在【动画】属性组中添加一个【范围选择器】选项，如图 4-115 所示。

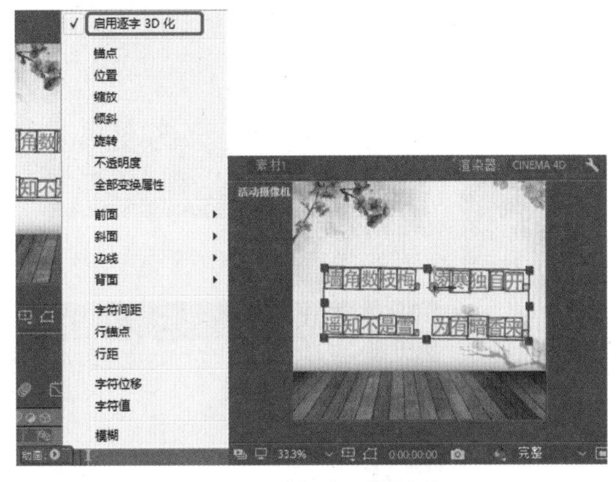

图4-113　启用逐字3D化

图4-114　设置模糊参数后的效果

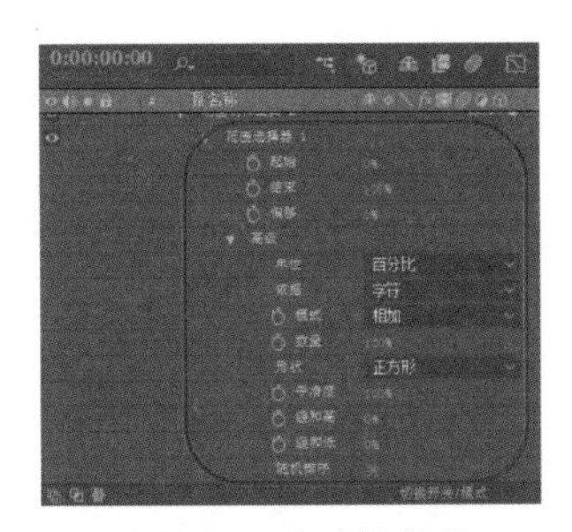

图4-115　范围控制器

- 【起始】、【结束】：设置该控制器的有效起始或结束范围。有效范围的效果如图 4-116 所示。
- 【偏移】：设置有效范围的偏移量，如图 4-117 所示。
- 【单位】、【依据】：这两个参数用于控制有效范围内的动画单位。前者以字母为单位，后者以词组为单位。
- 【模式】：设置有效范围与原文本之间的交互模式。
- 【数量】：设置属性控制文本的程度，值越大，影响的程度就越强。设置数量后的效果如图 4-118 所示。

图4-116　设置起始和结束参数

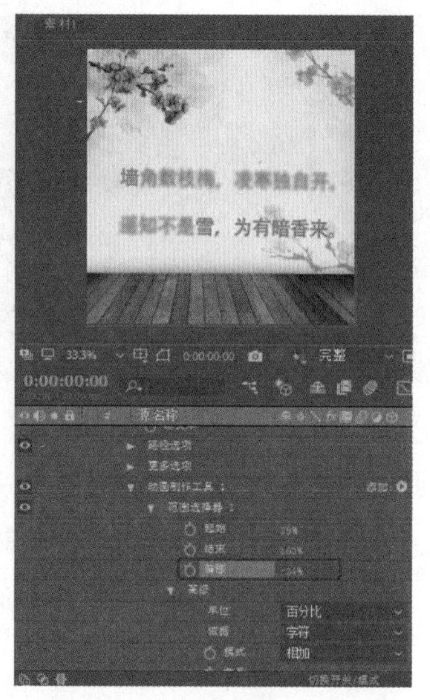

图4-117　设置偏移参数

图4-118　设置数量后的效果

- 【形状】：设置有效范围内字符排列的形状模式，包括【矩形】、【上倾斜】、【三角形】等6种形状。
- 【平滑度】：设置产生平滑过渡的效果。
- 【缓和高】、【缓和低】：控制文本动画过渡柔和最高和最低点的速率。
- 【随机顺序】：设置有效范围添加在其他区域的随机性。随着随机数值的变化，有效范围在其他区域的效果也在不断变化。

6）摆动控制器

摆动控制器可以控制文本的抖动，配合关键帧动画可以制作出复杂的动画效果。要添加摇摆控制器，需要在添加后的【动画】属性组右侧，单击【添加】右侧的小三角按钮，在弹出的菜单中选择【选择器】|【摆动】命令即可，如图4-119所示。默认情况下，添加摇摆控制器后即可得到不规律的文字抖动效果。

- 【最大量】、【最小量】：设置随机范围的最大值、最小值。
- 【摇摆/秒】：设置每秒钟随机变化的频率。数值越大，变化频率越大。
- 【关联】：设置字符间相互关联变化的程度。
- 【时间相位】、【空间相位】：设置文本动画在时间、空间范围内随机量的变化。
- 【锁定维度】：设置随机相对范围的锁定。

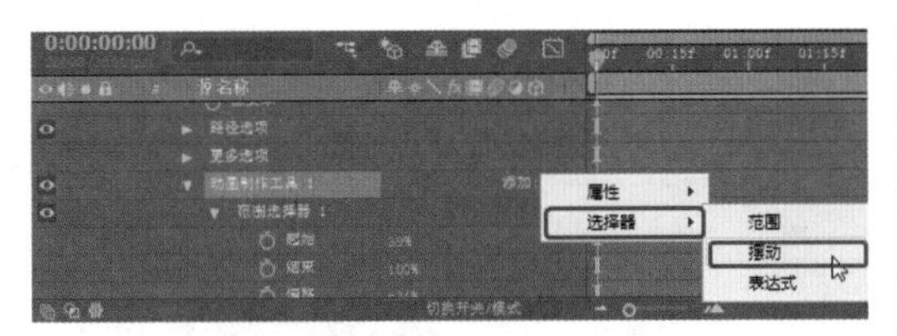

图4-119 选择【摆动】命令

2. 预置动画

在 After Effects CC 的预置动画中提供了很多文字动画，在【效果和预设】面板中展开【动画预置】选项，在 Text（文字）文件夹下包含所有的文本预置动画，如图 4-120 所示。

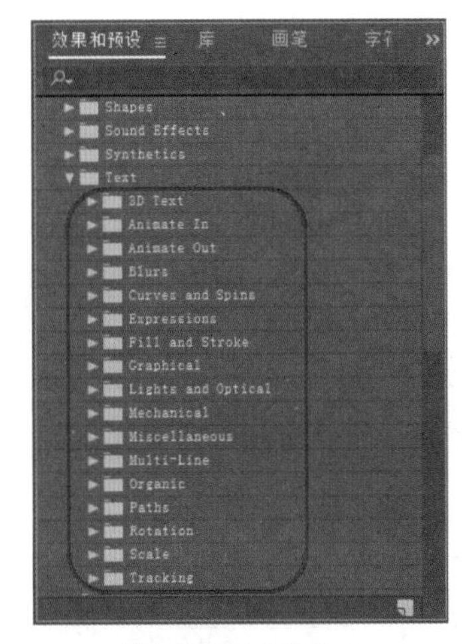

图4-120 预置动画

选择合适的动画预置，使用鼠标直接将其拖至文字层上即可。还可以在【效果控件】中对添加的预置动画进行修改。

4.2.3 表达式

After Effects CC 中提供了一种非常方便的动画控制方法——表达式。表达式是由传统的 JavaScript 语言编写而成，利用表达式可以实现界面中不能执行的命令或将大量重复性操作简单化。使用表达式可以制作出层与层或属性与属性之间的关联。

1. 认识表达式

在 After Effects CC 中的表达式具有类似于其他程序设计的语法，只有遵循这些语法才可以创建正确的表达式。其实在 After Effects CC 中应用的表达式不需要熟练掌握 JavaScript 语言，只要理解简单的写法，就可创建表达式。

例如在某层的旋转下输入表达式“transform.rotation=transform.rotation+time*50”，表示随着时间的增长呈 50 倍的旋转。

如果当前表达式要调用其他图层或者其他属性，需要在表达式中加上全局属性和层属性。如 thisComp(“03_1.jpg”)transform.rotation=transform.rotation+time*20。

- 【全局属性（thisComp)】：用来说明表达式所应用的最高层级，也可理解为这个合成。
- 【层级标识符号（.)】：该符号为英文输入状态下的句号。表示属性连接符号，该符号前面为上位层级，后面为下位层级。
- 【layer（“”)】：定义层的名称，必须在括号内加引号。例如，素材名称为 XW.jpg 可写成 layer(“XW.jpg”)。

另外，还可以为表达式添加注释。在注释语句前加上“//”符号，表示在同一行中任何处于“//”后面的语名都被认为是表达式注释语句，如 // 单行语句。在注释语句首尾添加“/*”和“*/”符号，表示处于“/*”和“*/”之间的语句都被认为是表达式注释语句。例如：/* 这是一条

多行注释 */

在 After Effects 中经常用到的一个数据类型是数组，而数组经常使用常量和变量中的一部分。因此，需要了解其中的数组属性，这对于编写表达式有很大的帮助。

- 【数组常量】：在 JavaScript 语言中，数组常量通常包含几个数值，如 [5，6]，其中 5 表示第 0 号元素，6 表示第一号元素。在 After Effects 中表达式的数值是由 0 开始的。
- 【数组变量】：用一些自定义的元素来代替具体的值，变量类似一个容器，这些值可以不断被改变，并且值本身不全是数字，可以是一些文字或某一对象，如 scale=[10，20]。

- 可使用“[]”中的元素序号访问数组中的某一元素，如 scale[0] 表示的数字是 10，而 scale[1] 表示的数字是 20。
- 【将数组指针赋予变量】：主要是为属性和方法赋予值或返回值。如将二维数组 thislayer.position 的 X 方向保持为 100，Y 方向可以运动，则表达式应为：y=position[1]，[100，y] 或 [100，position[1]]。
- 【数组维度】：属性的参数量为维度，如透明度的属性为一个参数，即为一维，也可以说是一元属性。不同的属性具有不同的维度。例如：
  - 【一维】：旋转、透明度。
  - 【二维】：二维空间中的位置、缩放、旋转。
  - 【三维】：三维空间中的位置、缩放、方向。
  - 【四维】：颜色。

2. 创建与编辑表达式

在 After Effects CC 中要为某个属性创建表达式，可以选择该属性，然后在菜单栏中选择【动画】|【添加文本选择器】|【表达式】命令，如图 4-121 所示。或按住 Alt 键单击该属性左侧的按钮即可。添加表达式后的效果如图 4-122 所示。

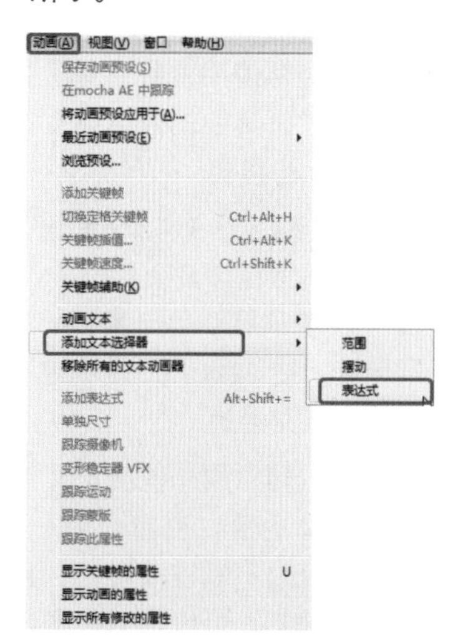

图4-121 选择【表达式】命令

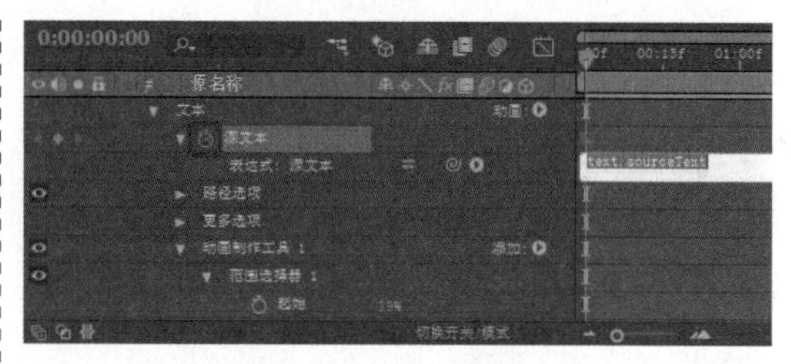

图4-122 添加表达式后的效果

此时，在表达式区域中输入 transform.rotation=transform.rotation+time*20，按小键盘上的 Enter 键或在其他位置单击即可完成表达式的输入。按空格键可以查看旋转动画。

如果输入的表达式有误，按 Enter 确认时，系统会弹出如图 4-123 所示的错误语句提示对话框，并在表达式下【启用表达式】的左侧出现警告图标。如图 4-124 所示。

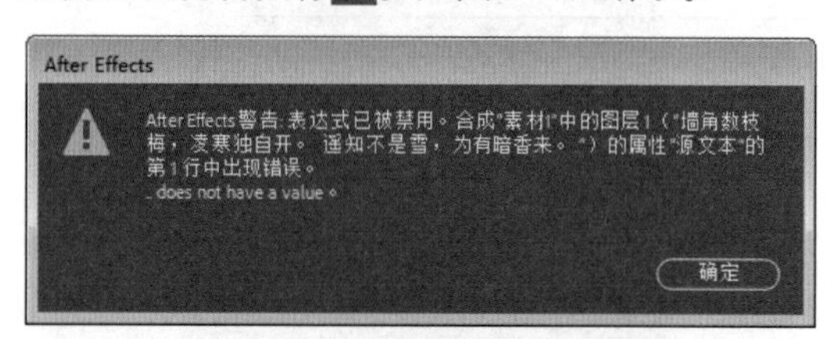

图4-123 错误提示

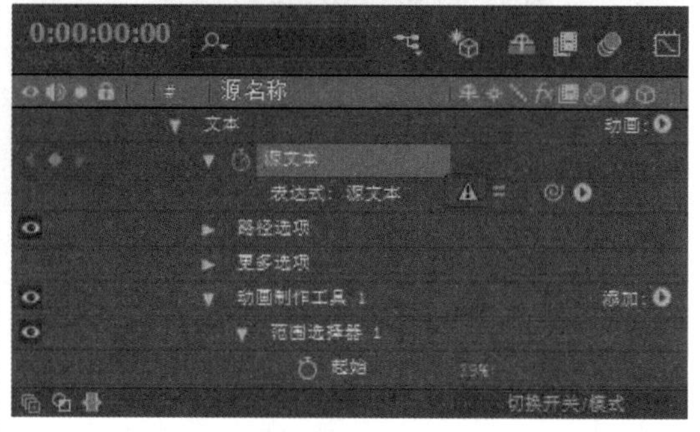

图4-124 警告图标

创建表达式后，可以通过修改相应表达式的属性来编辑表达的命令，如启用、关闭表达式，链接属性等。

【启用表达式】：设置表达式的开关。当开启时，相关属性参数将显示红色；当关闭时，相关属性恢复默认颜色，如图 4-125 所示。

【显示后表达式图表】：单击该按钮可以定义表达式的动画曲线，但是需要先激活图形编辑器。

【表达式关联器】：单击该按钮，可以拉出一根橡皮筋，将其链接到其他属性上，可以创建表达式，使它们建立关联性的动画，如图 4-126 所示。

图4-125 表达式的开启与关闭

图4-126 表达式拾取

【表达式语言菜单】：单击该按钮，可以弹出系统提供的表达式库中的命令，如图 4-127 所示。

【表达式区域】：用户可以在该区域对表达式进行修改，可以通过拖动该区域下方的边界向下进行扩展。

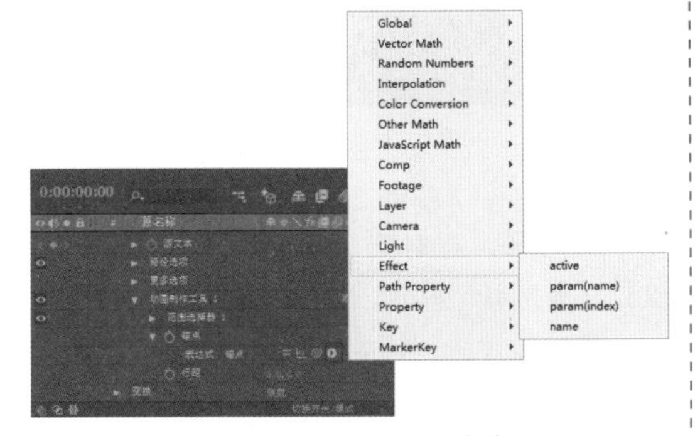

图4-127 表达式语言菜单

4.3 上机练习——积雪文字

本例将介绍积雪文字的制作，通过设置文字的缩放关键帧和添加效果来表现文字上的积雪，然后使用摄像机制作动画，完成后的效果如图 4-128 所示。

图4-128 积雪文字

素材	素材\Cha04\圣诞屋.jpg
场景	场景\Cha04\ 上机练习——积雪文字.aep
视频	视频教学\Cha04\4.3 上机练习——积雪文字.mp4

01 按 Ctrl+N 组合键，在弹出的【合成设置】对话框中输入【合成名称】为【积雪】，将【宽度】和【高度】分别设置为 500 px 和 395 px，将【像素长宽比】设置为 D1/DV PAL (1.09)，将【持续时间】设置为 0:00:05:00，单击【确定】按钮，如图 4-129 所示。

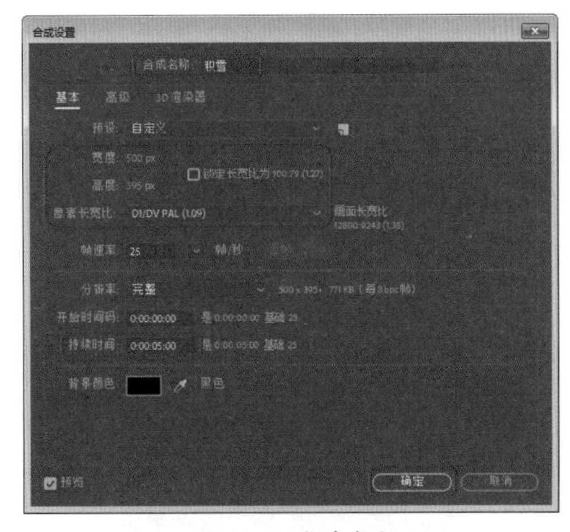

图4-129 新建合成

02 在工具栏中选择【横排文字工具】T，在【合成】面板中输入文字。选择输入的文字，在【字符】面板中将【字体】设置为【方正综艺简体】，将【字体大小】设置为65像素，将【基线偏移】设置为-120像素，将填充颜色的RGB值设置为255、255、255，如图4-130所示。

图4-130 输入并设置文字

03 在工具栏中选择【向后平移（锚点）工具】，在【合成】面板中单击锚点，在按住Ctrl键的同时拖动鼠标，将锚点移动至如图4-131所示的位置。

图4-131 移动锚点位置

04 确认当前时间为0:00:00:00，在时间轴中将文字图层的【位置】设置为152、339，并单击【缩放】左侧的按钮，如图4-132所示。

图4-132 设置文字图层

05 将当前时间设置为0:00:04:00，取消【缩放】右侧纵横比的锁定，将参数分别设置为100、95，如图4-133所示。

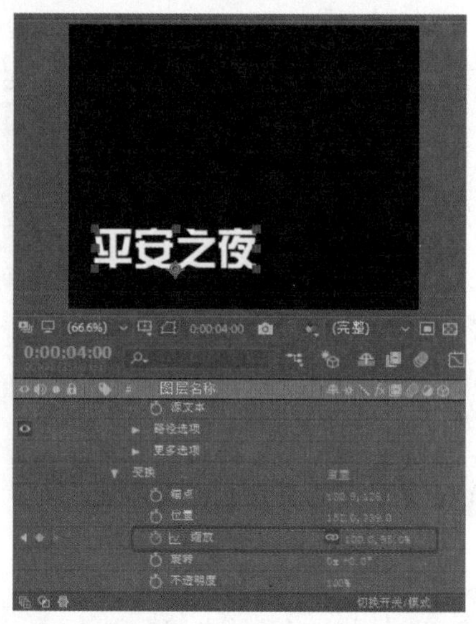

图4-133 设置【缩放】参数

06 在【项目】面板中选择"积雪"合成，按Ctrl+D快捷键复制出"积雪2"合成，如图4-134所示。

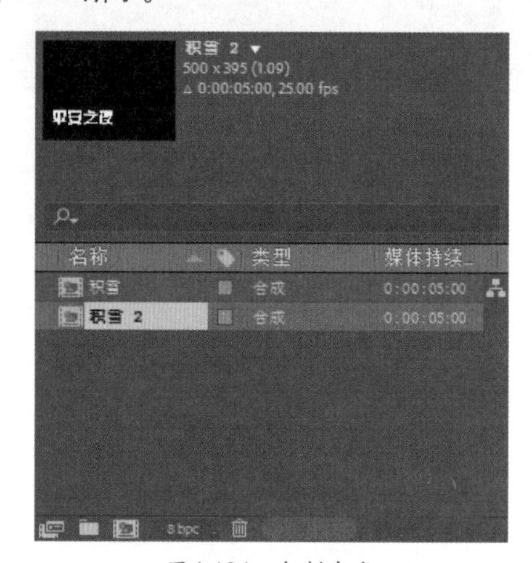

图4-134 复制合成

07 打开"积雪2"合成，确认当前时间为0:00:04:00，在时间轴中将文字图层的【缩放】设置为105%，如图4-135所示。

08 在【项目】面板中将"积雪"合成拖至时间轴中文字图层的上方，并将文字图层的TrkMat设置为【亮度反转遮罩"积雪"】，如图4-136所示。

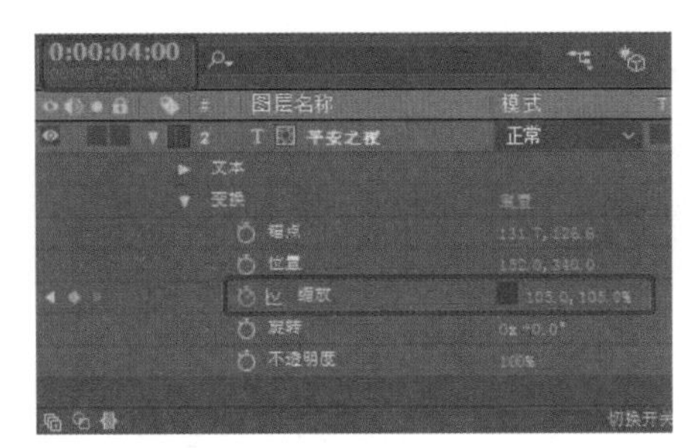

图4-135 设置文字图层缩放

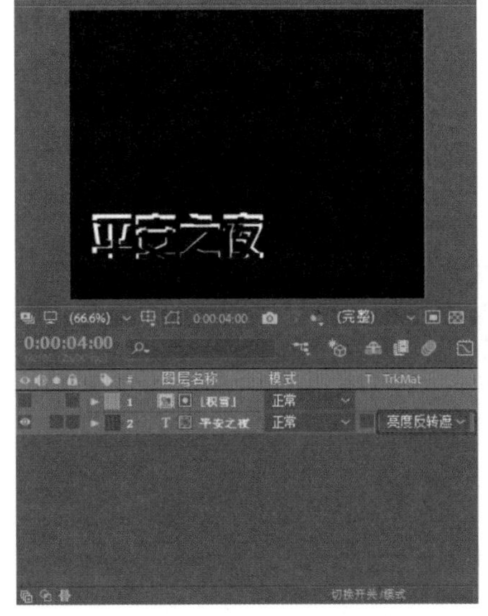

图4-136 设置轨道遮罩

09 按 Ctrl+N 组合键，在弹出的【合成设置】对话框中设置【合成名称】为【积雪文字】，单击【确定】按钮，如图 4-137 所示。

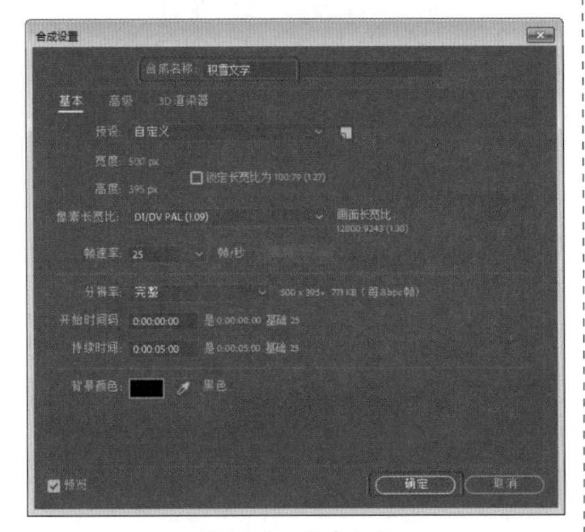

图4-137 新建合成

10 在【项目】面板的空白处双击，弹出【导入文件】对话框，在该对话框中选择素材图片“圣诞屋 .jpg”，单击【导入】按钮，如图 4-138 所示。

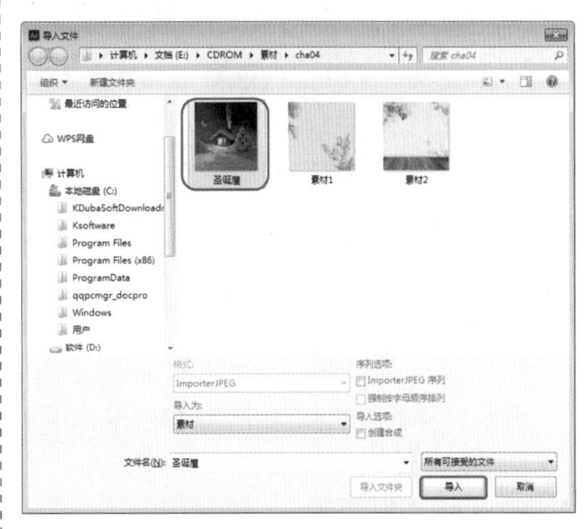

图4-138 选择素材图片

11 即可将选择的素材图片导入【项目】面板中，然后将素材图片拖至“积雪文字”时间轴中，并将其【缩放】设置为 15.5%，将【位置】设置为 250、114.5，如图 4-139 所示。

图4-139 设置素材图片

12 切换到“积雪”合成，在该合成中选择文字图层，按 Ctrl+C 组合键进行复制，然后切换到“积雪文字”合成中，按 Ctrl+V 组合键粘贴图层，如图 4-140 所示。

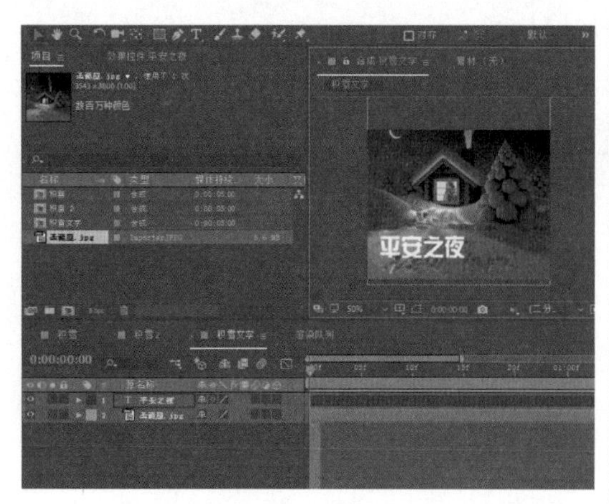

图4-140　复制图层

13 选择复制的文字图层，取消单击【缩放】左侧的按钮，并将【缩放】设置为100%，如图4-141所示。

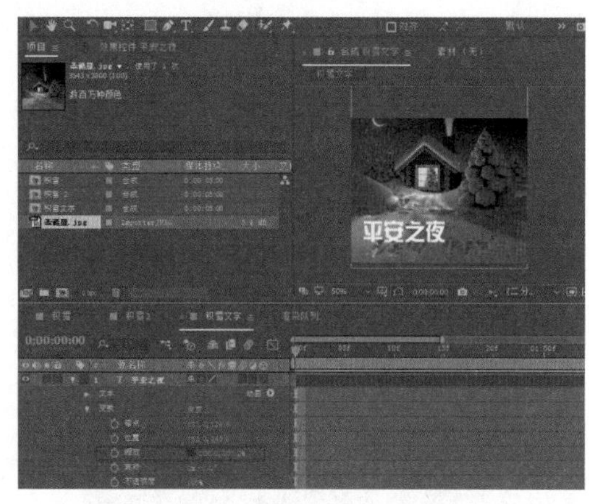

图4-141　设置【缩放】参数

14 在【字符】面板中，将文字的填充颜色更改为156、30、26，如图4-142所示。

图4-142　更改文字的填充颜色

15 在【项目】面板中将“积雪2”合成拖至“积雪文字”时间轴中文字图层的上方，如图4-143所示。

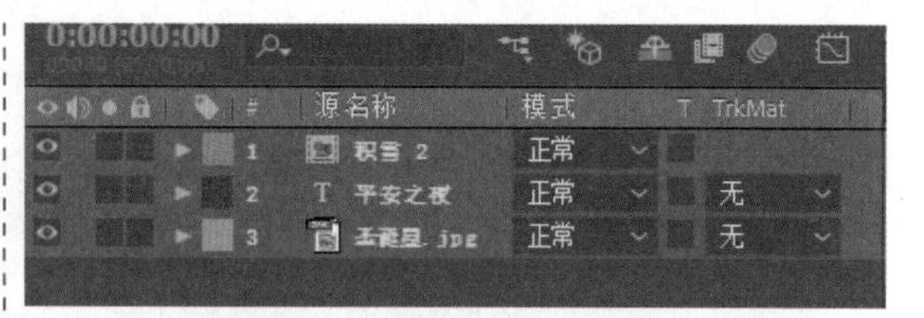

图4-143　在时间轴中添加内容

16 在时间轴中选择“积雪2”合成，在菜单栏中选择【效果】|【风格化】|【毛边】命令，即可为该合成添加【毛边】效果。在【效果控件】面板中将【边界】设置为3，将【边缘锐度】设置为0.3，将【复杂度】设置为10，将【演化】设置为45°，将【随机植入】设置为100，如图4-144所示。

图4-144　添加【毛边】效果并设置参数

17 在菜单栏中选择【效果】|【风格化】|【发光】命令，即可为该合成添加【发光】效果。在【效果控件】面板中将【发光半径】设置为5，如图4-145所示。

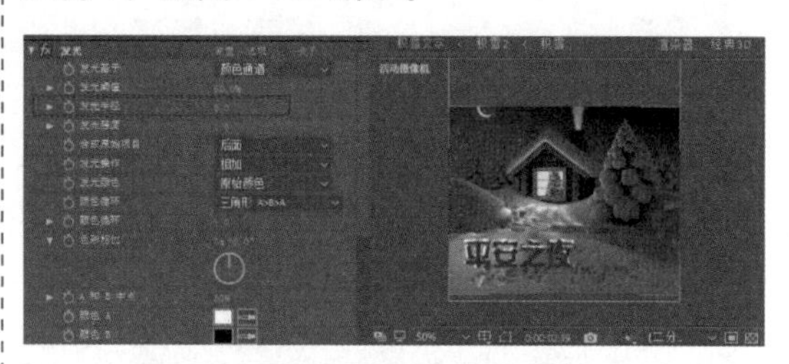

图4-145　设置【发光】参数

18 在菜单栏中选择【效果】|【透视】|【斜面Alpha】命令，即可为该合成添加【斜面Alpha】效果。在【效果控件】面板中，将【边缘厚度】设置为4，如图4-146所示。

知识链接：斜面Alpha

斜面Alpha效果可为图像的Alpha边界增添凿刻、明亮的外观，通常为2D元素增添3D外观。如果图层完全不透明，则将效果应用到图层的定界框。通过此效果创建的边缘比通过边缘斜面效果创建的边缘柔和。此效果特别适合在Alpha通道中具有文本的元素。

图4-146 设置参数

19 在时间轴中打开所有图层的3D图层，如图4-147所示。

图4-147 打开3D图层

20 在时间轴的空白处右击，在弹出的快捷菜单中选择【新建】|【摄像机】命令，如图4-148所示。

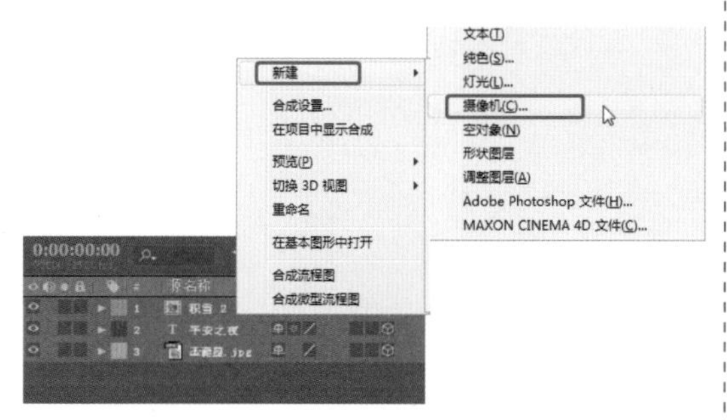

图4-148 选择【摄像机】命令

21 弹出【摄像机设置】对话框，在该对话框中进行相应的设置，然后单击【确定】按钮，如图4-149所示。

知识链接:摄像机

- 【摄像机设置】对话框中各选项的功能如下。
- 【预设】：After Effects 中预置的透镜参数组合，用户可根据需要直接使用。
- 【缩放】：用于设置摄像机位置与视图面之间的距离。
- 【视角】：视角的大小由焦距、胶片尺寸和缩放决定，也可以自定义设置，使用宽视角或窄视角。
- 【胶片大小】：用于模拟真实摄像机中所使用的胶片尺寸，与合成画面的大小相对应。
- 【焦距】：调节摄像机焦距的大小，即从投影胶片到摄像机镜头的距离。
- 【启用景深】：用于建立真实的摄像机调焦效果。
- 【光圈】：调节镜头快门的大小。镜头快门开得越大，受聚焦影响的像素就越多，模糊范围就越大。
- 【光圈大小】：用于设置焦距与快门的比值。大多数相机都使用光圈值来测量快门的大小，因而许多摄影师常常以光圈值为单位测量快门的大小。
- 【模糊层次】：控制摄像机聚焦效果的模糊值。设置为100%时，可以创建出较为自然的模糊效果，数值越高，图像的模糊程度就越大；设置为0时则不产生模糊。
- 【锁定到缩放】：当选中该复选框时，系统将焦点锁定到镜头上。这样，在改变镜头视角时，始终与其一起变化，使画面保持相同的聚焦效果。
- 【单位】：指定摄像机设置各参数值时使用的测量单位。
- 【量度胶片大小】：指定用于描述电影的大小方式。用户可以指定水平、垂直或对角三种描述方式。

22 将当前时间设置为0:00:00:00，在“摄像机1”图层中，单击【目标点】和【位置】左侧的按钮，如图4-150所示。

23 将当前时间设置为0:00:04:00，将【目标点】设置为184、208.5、0，将【位置】设置为155、307.5、-790，如图4-151所示。

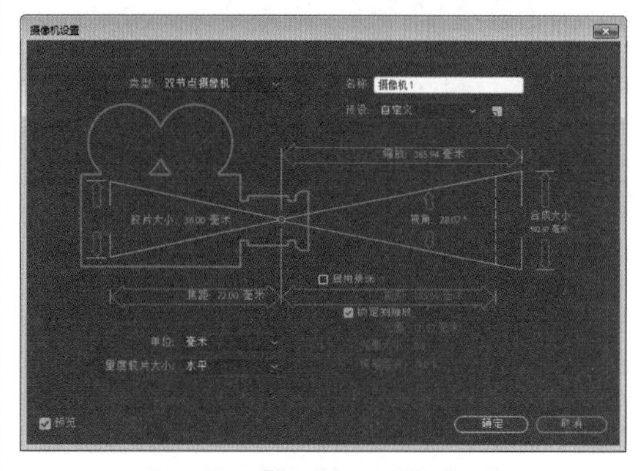

图4-149 【摄像机设置】对话框

图4-150　开启动画关键帧记录

图4-151　设置关键帧参数

24 设置完成后，按空格键在【合成】面板中查看效果，如图4-152所示，然后对完成后的场景进行保存和输出即可。

图4-152　预览效果

4.4 思考与练习

1. 什么是文字与段落文本？

2. 什么是表达式？

第5章 常用影视类效果——蒙版的使用

蒙版就是通过蒙版层中的图形或轮廓对象透出下面图层中的内容。本章主要对蒙版的创建、编辑蒙版的形状、蒙版属性设置以及遮罩特效的使用进行介绍。

本章简单讲解蒙版的使用，其中重点学习照片剪切效果、星球运行效果、图像切换效果以及墙体爆炸效果的制作。

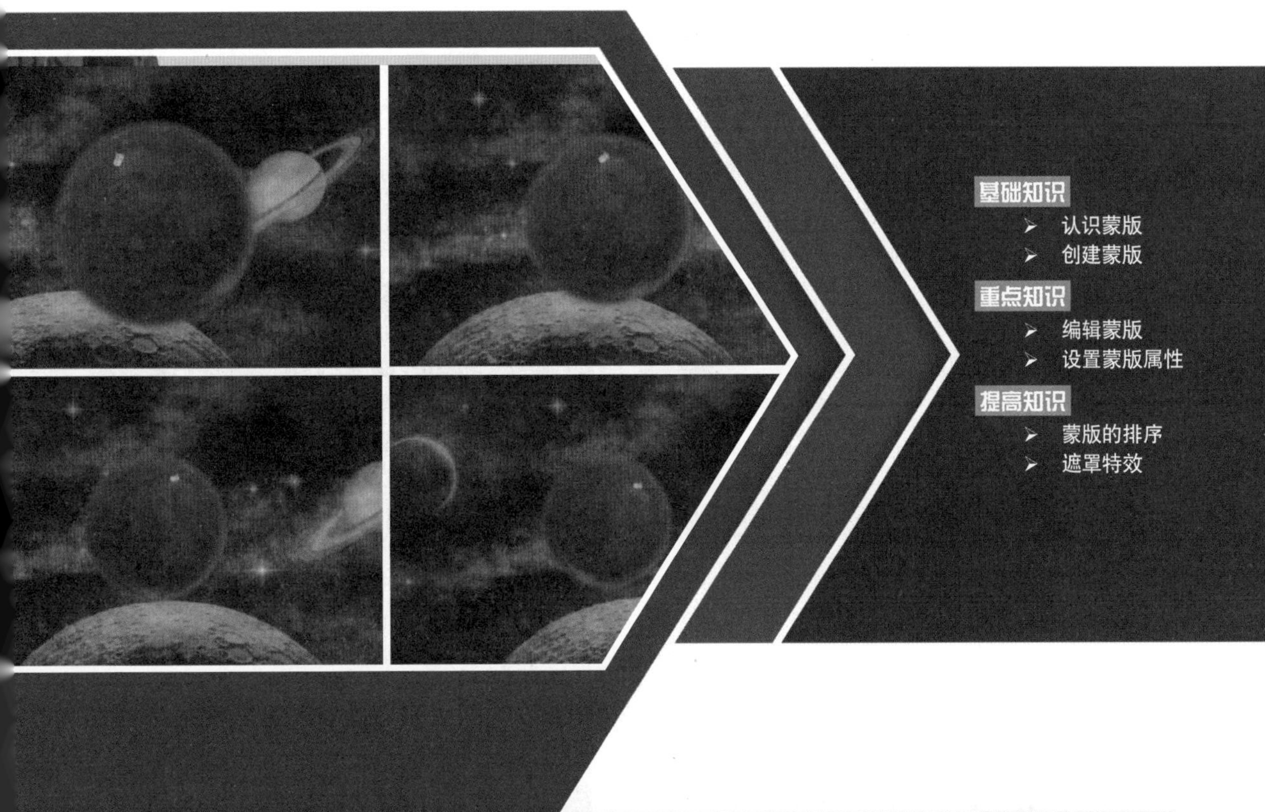

基础知识
➢ 认识蒙版
➢ 创建蒙版
重点知识
➢ 编辑蒙版
➢ 设置蒙版属性
提高知识
➢ 蒙版的排序
➢ 遮罩特效

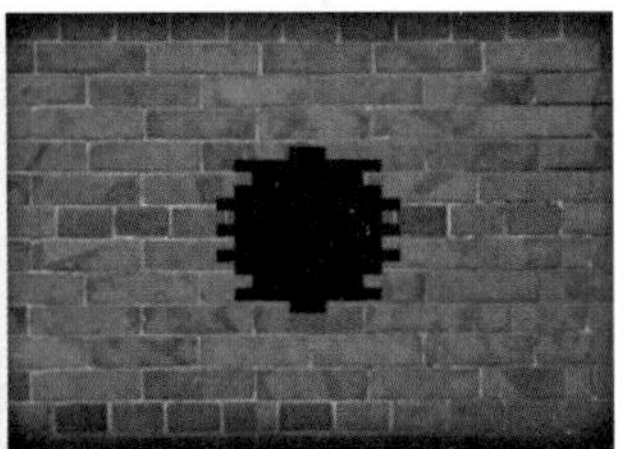

5.1 制作照片剪切效果——创建蒙版

本案例将介绍如何制作照片剪切效果。首先添加背景图片，然后使用【钢笔工具】绘制蒙版，最后调整图层的位置顺序，完成后的效果如图 5-1 所示。

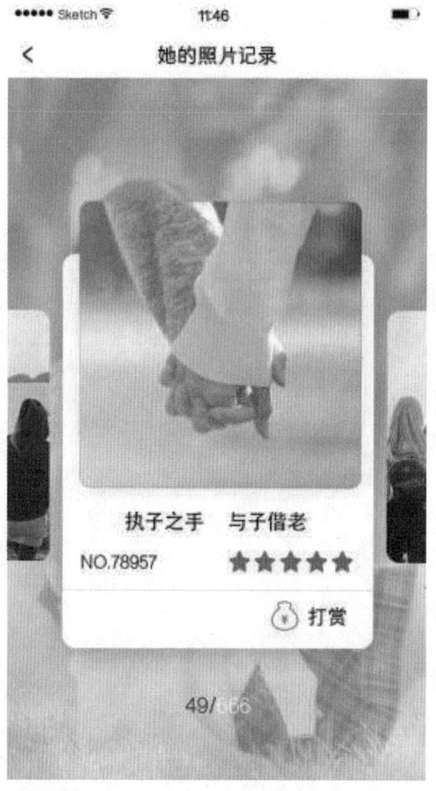

图5-1　照片剪切效果

素材	素材\Cha05\照片01.jpg、照片背景.jpg
场景	场景\Cha05\制作照片剪切效果——创建蒙版.aep
视频	视频教学\Cha05\5.1　制作照片剪切效果——创建蒙版.mp4

01 启动 After Effects CC 软件，在【项目】面板中双击，在弹出的【导入文件】对话框中，选择“素材\Cha05\照片 01.jpg 和照片背景.jpg”素材图片，然后单击【导入】按钮，如图 5-2 所示。

02 将【项目】面板中的“照片背景.jpg”素材图片添加到【时间轴】面板中，自动生成“照片背景”合成，如图 5-3 所示。在【合成设置】对话框中将合成的持续时间设置为 0:00:00:01。

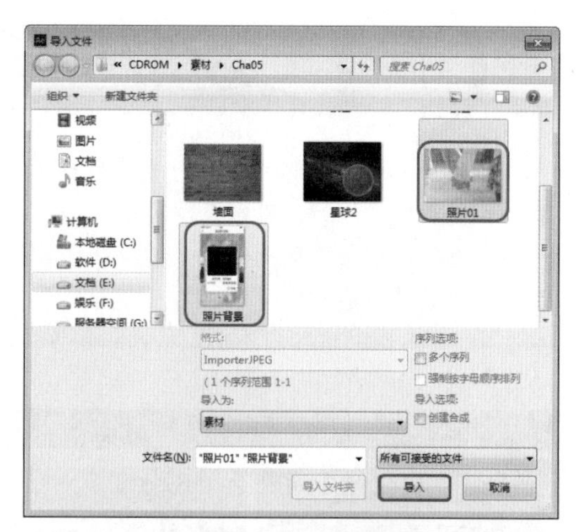

图5-2　选择素材图片

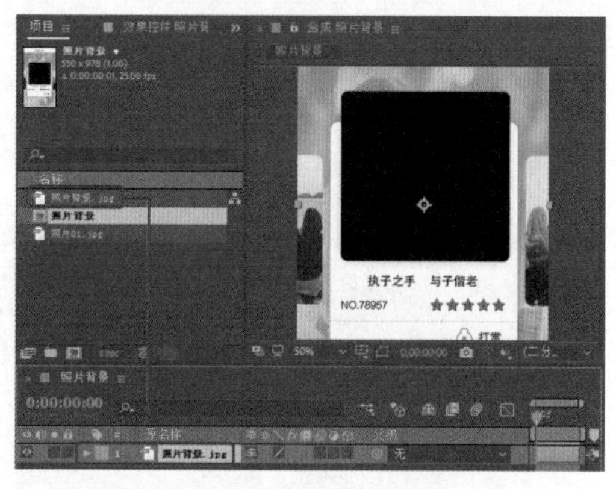

图5-3　添加图片到【时间轴】面板

03 将“照片背景.jpg”图层的【变换】|【不透明度】设置为 50%，如图 5-4 所示。

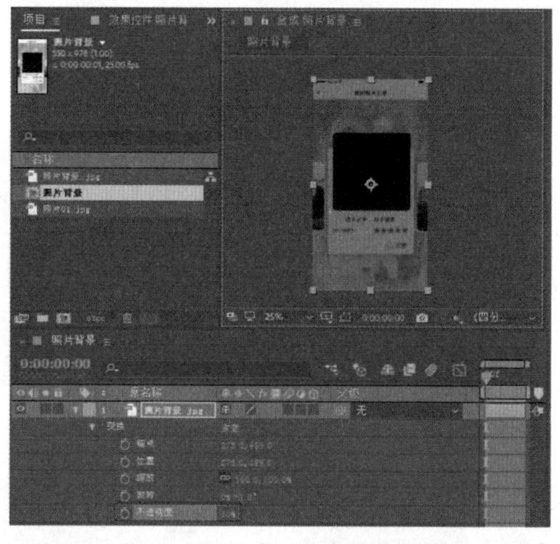

图5-4　设置【不透明度】参数

04 在【项目】面板中，将“照片 01.jpg”素材图片拖到时间轴中“照片背景.jpg”图层的下方，将“照片 01.jpg”图层的【变换】|【缩放】设置为 63%，【位置】设置为 285、433，如图 5-5 所示。

图5-5 设置“照片01”图层

05 选中“照片 01.jpg”图层，在工具栏中单击【钢笔工具】按钮，在【合成】面板中沿照片轮廓绘制圆角矩形，创建蒙版，如图 5-6 所示。

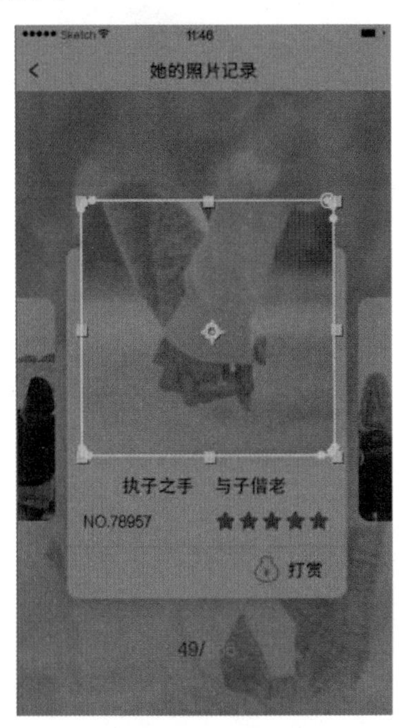

图5-6 创建蒙版

提 示

使用【钢笔工具】绘制完圆角矩形后，可以通过调整蒙版的角点，使显示的图片与照片轮廓对齐。

06 将“照片 01.jpg”图层移动至“照片背景.jpg”图层的上方，将“照片背景.jpg”层的【变换】|【不透明度】设置为 100%，如图 5-7 所示。

图5-7 设置【不透明度】参数

知识链接：After Effects 蒙版

After Effects 中的蒙版实际是用路径工具绘制一条路径或者是轮廓图。蒙版的最常见用法是修改图层的 Alpha 通道，以确定每个像素的图层的透明度。蒙版的另一常见用法是对文本设置动画的路径。

闭合路径蒙版可以为图层创建透明区域。开放路径无法为图层创建透明区域，但可用作效果参数。可以将开放或闭合蒙版路径用作输入的效果，包括描边、路径文本、音频波形、音频频谱以及勾画。可以将闭合蒙版（而不是开放蒙版）用作输入的效果，包括填充、涂抹、改变形状、粒子运动场以及内部/外部键。

蒙版属于特定图层。每个图层可以包含多个蒙版。

用户可以使用形状工具在常见几何形状（包括多边形、椭圆形和星形）中绘制蒙版，或者使用【钢笔工具】来绘制任意路径。

虽然蒙版路径的编辑和插值可提供一些额外功能，但绘制蒙版路径与在形状图层上绘制形状路径基本相同。用户可以使用表达式将蒙版路径链接到形状路径，这使用户能够将蒙版的优点融入形状图层，反之亦然。

蒙版在【时间轴】面板上的堆积顺序中的位置会影响它与其他蒙版的交互方式。用户可以将蒙版拖到【时间轴】面板中【蒙版】属性组内的其他位置。

蒙版的【不透明度】属性确定闭合蒙版对蒙版区域内图层的Alpha通道的影响。100%的蒙版不透明度值对应于完全不透明的内部区域。蒙版外部的区域始终是完全透明的。要反转特定蒙版的内部和外部区域，需要在【时间轴】面板中选择蒙版名称旁边的【反转】选项。

5.1.1 使用【矩形工具】创建蒙版

在工具栏中选取【矩形工具】可以创建矩形或正方形蒙版。选择要创建蒙版的层，在工具栏中选择【矩形工具】，然后在【合成】面板中单击鼠标左键并拖动即可绘制一个矩形蒙版区域，如图5-8所示。在矩形蒙版区域中将显示当前层的图像，矩形以外的部分将隐藏。

图5-8 绘制矩形蒙版

选择要创建蒙版的层，然后双击工具栏中的【矩形工具】，可以快速创建一个与层素材大小相同的矩形蒙版，如图5-9所示。在绘制蒙版时，如果按住Shift键，可以创建一个正方形蒙版。

图5-9 创建蒙版

提 示

在绘制矩形蒙版时，移动鼠标并按住空格键可以移动绘制的图形蒙版。

5.1.2 使用【圆角矩形工具】创建蒙版

使用【圆角矩形工具】创建蒙版的方法与使用【矩形工具】创建蒙版相同，在这里就不再赘述，效果如图5-10所示。

图5-10 绘制圆角矩形蒙版

选择要创建蒙版的层，然后双击工具栏中的【圆角矩形工具】，可沿层的边创建一个最大限度的圆角矩形蒙版。在绘制蒙版时，如果按住Shift键，可以创建一个圆角的正方形蒙版，如图5-11所示。

图5-11 绘制正方形圆角蒙版

5.1.3 使用【椭圆工具】创建蒙版

选择要创建蒙版的层，在工具栏中选择【椭圆工具】，然后在【合成】面板中单击鼠标左键并按住Shift键拖动即可绘制一个正圆形蒙版区域，如图5-12所示。在椭圆形蒙版区域中将显示当前层的图像，椭圆形以外的部分变成透明。

选择要创建蒙版的层，然后双击工具栏中的【椭圆工具】，可沿层的边创建一个最大限度的椭圆形蒙版，如图5-13所示。

图5-12 正圆形蒙版

图5-13 创建最大蒙版

5.1.4 使用【多边形工具】创建蒙版

使用【多边形工具】可以创建一个正五边形蒙版。选择要创建蒙版的层，在工具栏中选择【多边形工具】。在【合成】面板中单击鼠标左键并拖动即可绘制一个正五边形蒙版区域，如图5-14所示。在正五边形蒙版区域中将显示当前层的图像，正五边形以外的部分变成透明。

图5-14 绘制正五边形蒙版

> **提 示**
>
> 在绘制蒙版时，如果按住Shift键可固定它们的创建角度。

5.1.5 使用【星形工具】创建蒙版

使用【星形工具】可以创建一个星形蒙版，使用该工具创建蒙版的方法与使用【多边形工具】创建蒙版的方法相同，这里就不再赘述，效果如图5-15所示。

图5-15 绘制星形蒙版

5.1.6 使用【钢笔工具】创建蒙版

使用【钢笔工具】可以绘制任意形状的蒙版，它不但可以绘制封闭的蒙版，还可以绘制开放的蒙版。【钢笔工具】具有很强的灵活性，可以绘制直线，也可以绘制曲线，可以绘制直角多边形，也可以绘制弯曲的任意形状。

选择要创建蒙版的层，在工具栏中选择【钢笔工具】。在【合成】面板中，单击鼠标左键创建第1点，然后在其他区域单击鼠标左键创建第2点，如果连续单击下去，可以创建一个直线的蒙版轮廓，如图5-16所示。

图5-16 直线蒙版轮廓

如果按下鼠标左键并拖动，则可以绘制一个曲线点，以创建曲线。多次创建后，可以创建一个弯曲的曲线轮廓，如图5-17所示。若使用【转换“顶点”工具】，可以对顶点进行转换，将直线转换为曲线或将曲线转换为直线。

如果想绘制开放蒙版，可以在绘制到需要的程度后，按Ctrl键的同时在【合成】面板中单击，即可结束绘制，如图5-18所示。

图5-17　曲线蒙版轮廓

图5-18　绘制开放蒙版

如果要绘制一个封闭的轮廓，则可以将鼠标指针移到开始点的位置，当光标变成 样式时单击，即可将路径封闭，如图 5-19 所示。

图5-19　绘制封闭蒙版

5.2 制作星球运行效果——蒙版的基本操作

本案例将介绍如何制作星球运行效果。首先添加素材图片，为其设置缩放关键帧，然后在图层上使用【椭圆工具】绘制蒙版，通过设置蒙版羽化和蒙版扩展来显示星球图片，最后将星球图层转换为 3D 图层并设置位置关键帧。完成后的效果如图 5-20 所示。

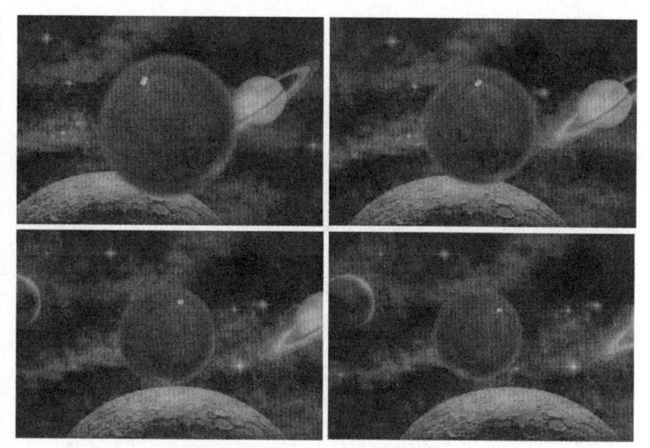

图5-20　星球运行效果

素材	素材\Cha05\05.jpg、星球2.jpg
场景	场景\Cha05\制作星球运行效果——蒙版的基本操作.aep
视频	视频教学\Cha05\5.2　制作星球运行效果——蒙版的基本操作.mp4

01 在【项目】面板中右击，在弹出的快捷菜单中选择【新建合成】命令。在弹出的【合成设置】对话框中，将【宽度】和【高度】分别设置为 500 px、329 px，【帧速率】设置为 25 帧 / 秒，【持续时间】设置为 0:00:05:00，然后单击【确定】按钮。将“素材\Cha05\05.jpg、星球 2.jpg”素材图片导入【项目】面板中，如图 5-21 所示。

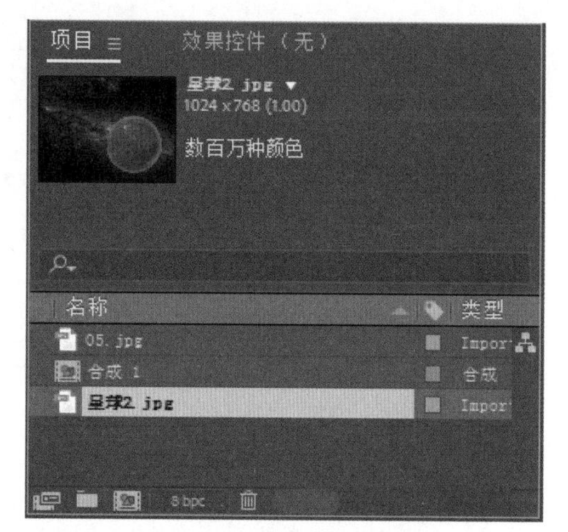

图5-21　导入素材文件

02 将“05.jpg”素材图片添加到时间轴中，将当前时间设置为 0:00:00:00，将“05.jpg”图层的 3D 模式打开，将【位置】设置为 165、164.5、0，并单击其左侧的【时间变化秒表】按钮，将【缩放】设置为 42，如图 5-22 所示。

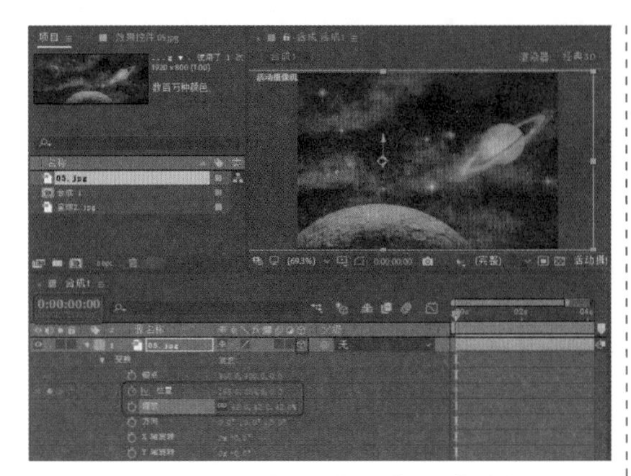

图5-22 设置【位置】与【缩放】参数

03 将当前时间设置为0:00:04:24，然后将"05.jpg"图层的【位置】设置为320、164.5、0，如图5-23所示。

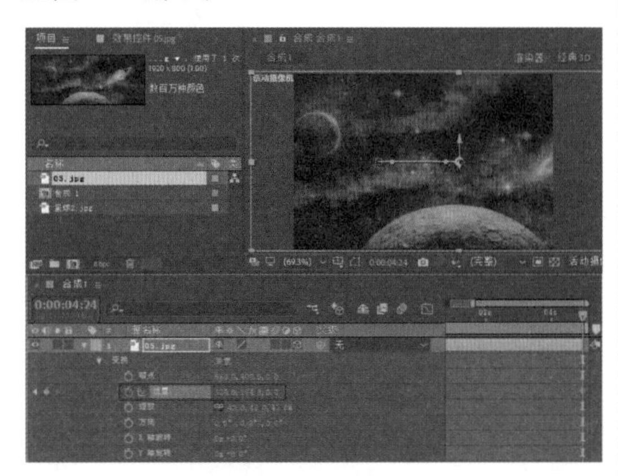

图5-23 设置【位置】参数

04 将【项目】面板中的"星球2.jpg"素材图片添加到时间轴中，将其放置在"05.jpg"图层的上方。将当前时间设置为0:00:00:00，打开3D模式，将【锚点】设置为735、485、0，将【位置】设置为251、166、-260，单击其左侧的【时间变化秒表】按钮，将【缩放】设置为35%，单击【Z轴旋转】左侧的【时间变化秒表】按钮，如图5-24所示。

05 将当前时间设置为0:00:04:24，将"星球2.jpg"图层的【位置】设置为251、166、0，将【Z轴旋转】设置为78，如图5-25所示。

06 选中"星球2.jpg"图层，在工具栏中使用【椭圆工具】，在【合成】面板中沿星球轮廓绘制一个圆形蒙版，将【蒙版羽化】设置为15，将【蒙版扩展】设置为-6，如图5-26所示。

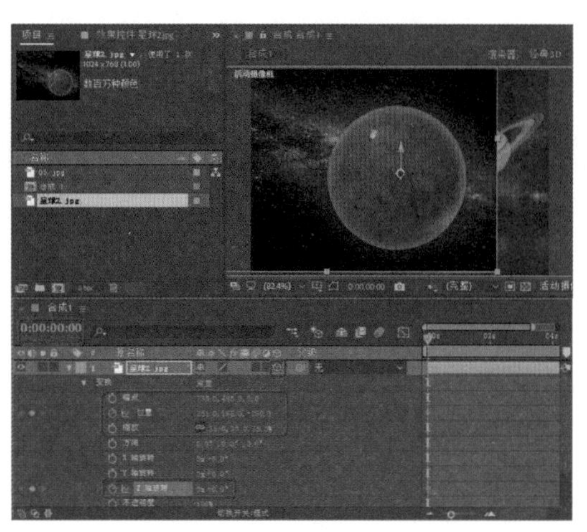

图5-24 设置"星球2"素材文件

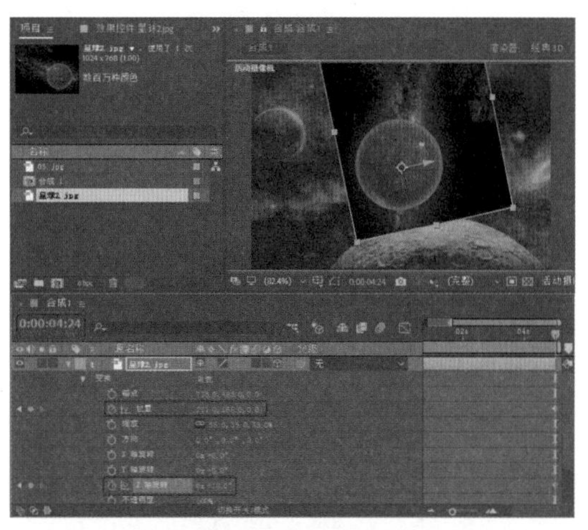

图5-25 在其他时间设置【位置】与【Z轴旋转】参数

图5-26 创建蒙版并进行设置

疑难解答 怎么绘制与星球大小相同的圆形蒙版?

在绘制圆形蒙版时，需要按住Ctrl+Shift组合键沿星球中心绘制，并按住空格键移动绘制的图形。

5.2.1 编辑蒙版形状

创建完蒙版后，可以根据需要对蒙版的形状进行修改，以更适合图像轮廓的要求。下面就来介绍一下修改蒙版形状的方法。

1. 选择顶点

创建蒙版后，可以在创建的形状上看到小的方形控制点，这些控制点就是顶点。

选中的顶点与没有选中的顶点是不同的，选中的顶点是实心的方形，没有选中的顶点是空心的方形。

选择顶点的方法如下。

- 使用【选取工具】在顶点上单击，即可选择一个顶点，如图 5-27 所示。如果想选择多个顶点，可以在按住 Shift 键的同时，分别单击要选择的顶点。

图5-27　选择顶点

- 在【合成】面板中单击并拖动鼠标，将出现一个矩形选框，被矩形选框框住的顶点都将被选中，如图 5-28 所示。

提　示

在按住 Alt 键的同时单击其中一个顶点，可以选择所有的顶点。

图5-28　矩形选框

2. 移动顶点

选中蒙版图形的顶点，通过移动顶点，可以改变蒙版的形状，操作方法如下。

在工具栏中使用【选取工具】，在【合成】面板中选中其中一个顶点，如图 5-29 所示，然后拖动顶点到其他位置即可，如图 5-30 所示。

图5-29　选择顶点

图5-30　移动顶点后的效果

3. 添加 / 删除顶点

通过使用【添加“顶点”工具】和【删

除“顶点”工具】，可以在绘制的形状上添加或删除顶点，从而改变蒙版的轮廓结构。

1）添加顶点

在工具栏中选择【添加“顶点”工具】，将鼠标指针移动到路径上需要添加顶点的位置处，单击鼠标左键，即可添加一个顶点。如图5-31所示为添加顶点前后的对比效果。多次在路径上不同的位置单击，可以添加多个顶点。

图5-31 添加顶点前后的对比效果

2）删除顶点

在工具栏中选择【删除“顶点”工具】，将鼠标指针移动到需要删除的顶点上并单击，即可删除该顶点。如图5-32所示为删除顶点前后的对比效果。

提 示

选择需要删除的顶点，然后在菜单栏中选择【编辑】|【清除】命令或按键盘上的Delete键，也可将选择的顶点删除。

图5-32 删除顶点前后的对比效果

4. 顶点的转换

绘制的形状上的顶点可以分为两种：角点和曲线点，如图5-33所示。

- 角点：顶点的两侧都是直线，没有弯曲角度。
- 曲线点：一个顶点有两个控制手柄，可以控制曲线的弯曲程度。

图3-33 角点和曲线点

通过使用工具栏中的【转换“顶点”工具】，可以将角点和曲线点进行快速转换，如图5-34所示。转换的操作方法如下。

图5-34　顶点转换

- 使用工具栏中的【转换“顶点”工具】，在曲线点上单击，即可将曲线点转换为角点。
- 使用工具栏中的【转换“顶点”工具】，单击角点并拖动，即可将角点转换成曲线点。

5. 蒙版羽化

在工具栏中选择【蒙版羽化工具】，单击蒙版轮廓边缘能够添加羽化顶点，如图5-35所示。

> **提　示**
>
> 当转换成曲线点后，通过使用【选取工具】可以手动调节曲线点两侧的控制柄，以修改蒙版的形状。

在添加羽化顶点时，按住鼠标不放，拖动羽化顶点可以为蒙版调整羽化效果，如图5-36所示。

图5-35　添加羽化顶点

图5-36　为蒙版调整羽化效果

5.2.2 多蒙版操作

After Effects支持在同一个层上建立多个蒙版，各蒙版间可以进行叠加。层上的蒙版以创建的先后顺序命名、排列。蒙版的名称和排列位置可以改变。

1. 多蒙版的选择

After Effects可以在同一层中同时选择多个蒙版进行操作，选择多个蒙版的方法如下。

- 在【合成】面板中，选择一个蒙版后，

按 Shift 键可同时选择其他蒙版的控制点。

- 在【合成】面板中，选择一个蒙版后，按住 Alt+Shift 组合键单击要选择的蒙版的一个控制点即可。
- 在【时间轴】面板中打开层的【蒙版】卷展栏，按住 Ctrl 键或 Shift 键选择蒙版。
- 在【时间轴】面板中打开层的【蒙版】卷展栏，使用鼠标框选蒙版。

2. 蒙版的排序

默认状态下，系统以蒙版创建的顺序为蒙版命名，例如：【蒙版 1】、【蒙版 2】……蒙版的名称和顺序都可改变。

- 在【时间轴】面板中选择要改变顺序的蒙版，按住鼠标左键，将蒙版拖至目标位置，即可改变蒙版的排列顺序，如图 5-37 所示。

图5-37　拖曳蒙版

- 使用菜单命令也可改变蒙版的排列顺序。首先在【时间轴】面板中选择需要改变顺序的蒙版。在菜单栏中选择【图层】|【排列】命令，在弹出的菜单中有 4 种排列命令，如图 5-38 所示。
    - 【将蒙版置于顶层】：可以将蒙版移至顶部位置。
    - 【使蒙版前移一层】：可以将蒙版向上移动一层。
    - 【使蒙版后移一层】：可以将蒙版向下移动一层。
    - 【将蒙版置于底层】：可以将蒙版移至底部位置。

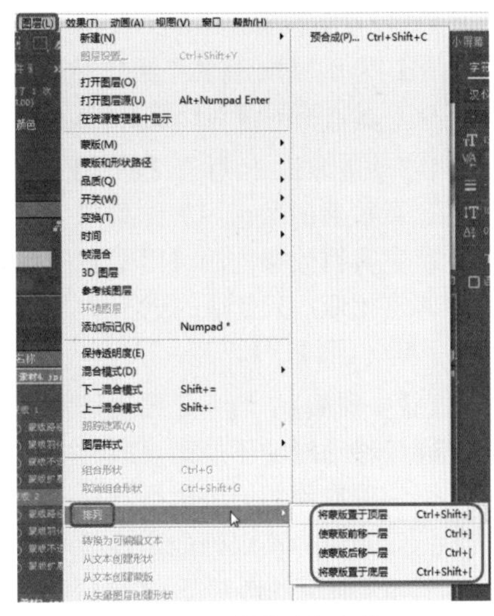

图5-38　【排列】菜单

5.2.3 遮罩特效

【遮罩】特效组中包含【调整实边遮罩】、【调整柔和遮罩】、mocha shape、【遮罩阻塞工具】和【简单阻塞工具】5 种特效，利用【遮罩】特效可以将带有 Alpha 通道的图像进行收缩或描绘的应用。

1. 调整实边遮罩

使用【调整实边遮罩】效果可改善现有实边 Alpha 通道的边缘。【调整实边遮罩】效果是 After Effects 以前版本中【调整遮罩】效果的更新，其参数如图 5-39 所示。

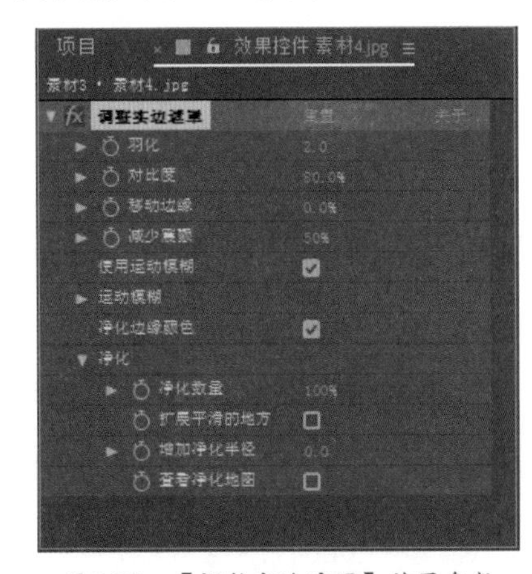

图5-39　【调整实边遮罩】效果参数

- 【羽化】：增大此值，可通过平滑边缘，降低遮罩中曲线的锐度。

- 【对比度】:设置遮罩的对比度。如果【羽化】为0，则此属性不起作用。与【羽化】属性不同,【对比度】跨边缘应用。
- 【移动边缘】：相对于【羽化】属性值，遮罩扩展的数量。其结果与【遮罩阻塞工具】效果内的【阻塞】属性结果非常相似，只是值的范围从 -100% 到 100%（而非 -127 到 127)。
- 【减少震颤】：增大此属性可减少边缘逐帧移动时的不规则更改。此属性用于设置在跨邻近帧执行加权平均以防止遮罩边缘不规则地逐帧移动时，当前帧应具有的影响力。如果【减少震颤】值高，则震颤减少程度强，当前帧被认为震颤较少。如果【减少震颤】值低，则震颤减少程度弱，当前帧被认为震颤较多。如果【减少震颤】值为0，则认为仅当前帧需要遮罩优化。

提 示

如果前景物体不移动，但遮罩边缘正在移动和变化，请增加【减少震颤】属性的值。如果前景物体正在移动，但遮罩边缘没有移动，请降低【减少震颤】属性的值。

- 【使用运动模糊】：选中此选项可用运动模糊渲染遮罩。这个高品质选项虽然比较慢，但能产生更干净的边缘。用户也可以控制样本数和快门角度，其意义与在合成设置的运动模糊上下文中的相同。在【调整实边遮罩】效果中，如要使用任何运动模糊，则需要打开此选项。
- 【净化边缘颜色】：选中此选项可净化(纯化）边缘像素的颜色。从前景像素中移除背景颜色有助于修正经运动模糊处理的其中含有背景颜色的前景对象的光晕和杂色。其净化的强度由【净化数量】决定。
- 【净化数量】：设置净化的强度。
- 【扩展平滑的地方】：只有在【减少震颤】大于0并选择了【净化边缘颜色】选项时才起作用。
- 【增加净化半径】：为边缘颜色净化（也包括任何净化，如羽化、运动模糊和扩展净化）而增加的半径值量（像素)。
- 【查看净化地图】：显示哪些像素将通过边缘颜色净化而被清除。

2. 调整柔和遮罩

【调整柔和遮罩】特效主要是通过参数属性来调整蒙版与背景之间的衔接过渡，使画面过渡得更加柔和，是 After Effects CC 新增加的特效。使用【调整柔和遮罩】特效可以定义柔和遮罩。此效果使用额外的进程来自动计算更加精细的边缘细节和透明区域，其参数如图 5-40 所示。

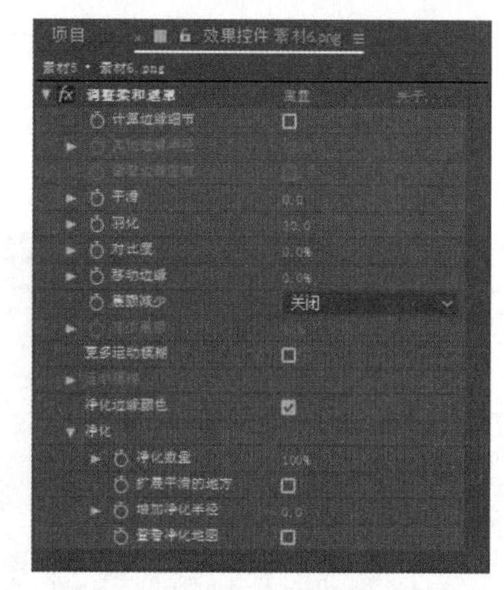

图5-40 【调整柔和遮罩】效果参数

- 【计算边缘细节】：计算半透明边缘，拉出边缘区域中的细节。
- 【其他边缘半径】：沿整个边界添加均匀的边界带，描边的宽度由此值确定。
- 【查看边缘区域】：将边缘区域渲染为黄色，前景和背景渲染为灰度图像（背景光线比前景更暗)。
- 【平滑】：沿 Alpha 边界进行平滑，跨边界保存半透明细节。
- 【羽化】：在优化后的区域中模糊 Alpha 通道。如图 5-41 所示为参数分别为 5%（左）和 30%（右）时的效果。

图5-41 【羽化】参数不同时的效果

- 【对比度】：在优化后的区域中设置Alpha通道对比度。
- 【移动边缘】：相对于【羽化】属性值，遮罩扩展的数量，值的范围为-100%到100%。
- 【震颤减少】：启用或禁用【震颤减少】。可以选择【更多细节】或【更平滑（更慢）】。
- 【减少震颤】：增大此属性可减少边缘逐帧移动时的不规则更改。【更多细节】的最大值为100%，【更平滑（更慢）】的最大值为400%。
- 【更多运动模糊】：选中此选项可用运动模糊渲染遮罩。这个高品质选项虽然比较慢，但能产生更干净的边缘。此选项可以控制样本数和快门角度，其意义与在合成设置的运动模糊相同。在【调整柔和遮罩】效果中，源图像中的任何运动模糊都会被保留，只有希望向素材添加效果时才需使用此选项。
- 【运动模糊】：用于设置抠像区域的动态模糊效果。
  - 【每帧采样数】：用于设置每帧图像前后采集运动模糊效果的帧数，数值越大，动态模糊越强烈，需要渲染的时间也就越长。
  - 【快门角度】：用于设置快门的角度。
  - 【更高品质】：选中该复选框，可让图像在动态模糊状态下保持较高的影像质量。
- 【净化边缘颜色】：选中此选项可净化（纯化）边缘像素的颜色。从前景像素中移除背景颜色有助于修正经运动模糊处理的其中含有背景颜色的前景对象的光晕和杂色。其净化的强度由【净化数量】决定。
- 【净化数量】：设置净化的强度。
- 【扩展平滑的地方】：只有在【减少震颤】大于0并选择了【净化边缘颜色】选项时才起作用。
- 【增加净化半径】：为边缘颜色净化（也包括任何净化，如羽化、运动模糊和扩展净化）而增加的半径值量（像素）。
- 【查看净化地图】：显示哪些像素将通过边缘颜色净化而被清除，其中白色边缘部分为净化半径作用区域，如图5-42所示。

图5-42 查看净化地图

3. mocha shape

mocha shape特效主要是为抠像层添加形状或颜色蒙版效果，以便对该蒙版做进一步动画抠像，参数如图5-43所示。

- Blend mode（混合模式）：用于设置抠像层的混合模式，包括Add（相加）、Subtract（相减）和Multiply（正片叠底）3种模式。
- Invert（反转）：选中该复选框，可以对抠像区域进行反转设置。

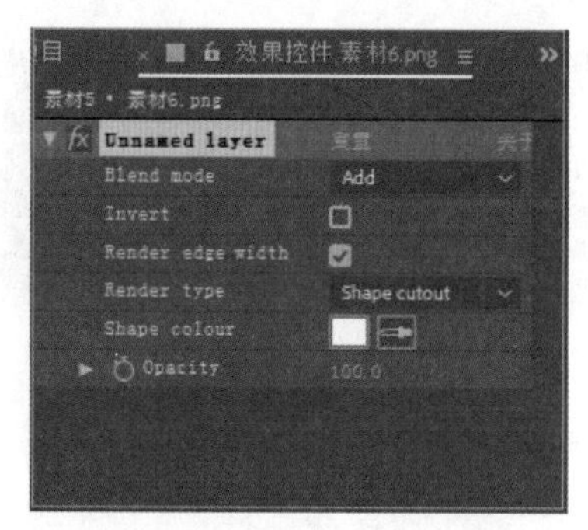

图5-43　mocha shape效果参数

- Render edge width（渲染边缘宽度）：选中该复选框，可以对抠像边缘的宽度进行渲染。
- Render type（渲染类型）：用于设置抠像区域的渲染类型，包括 Shape cutout（形状剪贴）、Color composite（颜色合成）和 Color shape cutout（颜色形状剪贴）3 种类型。
- Shape colour（形状颜色）：用于设置蒙版的颜色。
- Opacity（透明度）：用于设置抠像区域的不透明度。

4. 遮罩阻塞工具

【遮罩阻塞工具】特效主要用于对带有 Alpha 通道的图像进行控制，可以收缩和扩展 Alpha 通道图像的边缘，达到修改边缘的效果。其参数如图 5-44 所示。

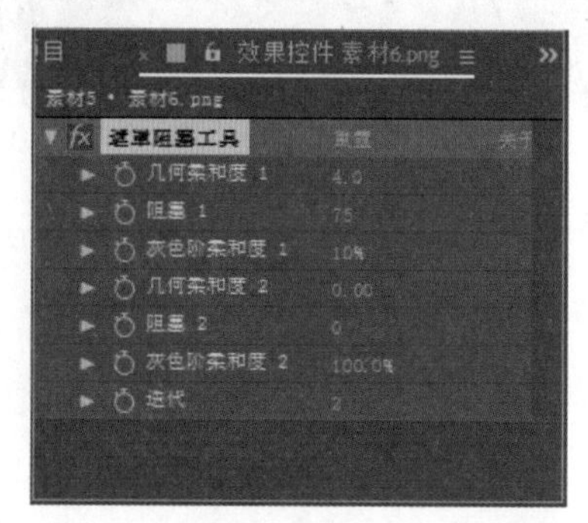

图5-44　【遮罩阻塞工具】效果参数

- 【几何柔和度 1】/【几何柔和度 2】：用于设置边缘的柔和程度。
- 【阻塞 1】/【阻塞 2】：用于设置阻塞的数量。值为正时图像扩展，值为负时图像收缩。
- 【灰色阶柔和度 1】/【灰色阶柔和度 2】：用于设置边缘的柔和程度。值越大，边缘柔和程度越强烈。
- 【迭代】：用于设置蒙版扩展边缘的重复次数。如图 5-45 所示为参数分别为 10（左）和 50（右）时的效果。

图5-45　【迭代】参数不同时的效果

5. 简单阻塞工具

【简单阻塞工具】特效与下面要讲的【遮罩阻塞工具】特效相似，只能作用于 Alpha 通道，参数如图 5-46 所示。

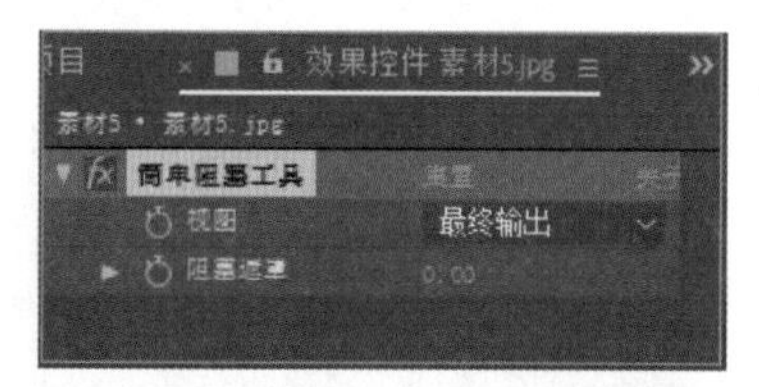

图5-46　【简单阻塞工具】效果参数

- 【视图】：在右侧的下拉列表框中可以选择显示图像的最终效果。
  - 【最终输出】：表示以图像为最终输出效果。
  - 【遮罩】：表示以蒙版为最终输出效果。【最终输出】和【遮罩】效果如图 5-47 所示。
- 【阻塞遮罩】：用于设置蒙版的阻塞程度。值为正时图像扩展，值为负时图像收缩。如图 5-48 所示为参数分别为 -20（左）和 20（右）时的效果。

图5-47　【最终输出】和【遮罩】效果

图5-48　【阻塞遮罩】参数不同时的效果

5.3 制作景色切换效果——【蒙版】属性设置

本案例将介绍如何制作图像切换效果。首先添加素材图片，然后在图层上使用【矩形工具】绘制蒙版，通过设置蒙版羽化和蒙版不透明度来实现图像之间的切换效果。完成后的效果如图 5-49 所示。

图5-49　图像切换

素材	素材\Cha05\景色1.jpg、景色2.jpg
场景	场景\Cha05\制作景色切换效果——【蒙版】属性设置.aep
视频	视频教学\Cha05\5.3　制作景色切换效果——【蒙版】属性设置.mp4

01 在【项目】面板中右击，在弹出的快捷菜单中选择【新建合成】命令。在弹出的【合成设置】对话框中，将【合成名称】设置为【图像切换】，将【宽度】和【高度】分别设置为 420 px、329 px，【帧速率】设置为 25 帧 / 秒，【持续时间】设置为 0:00:03:00，然后单击【确定】按钮，如图 5-50 所示。

图5-50　【合成设置】对话框

02 在【项目】面板中双击，在弹出的【导入文件】对话框中选择“素材\Cha05\景色1.jpg和景色2.jpg”素材图片，将其添加到时间轴中，如图5-51所示。

图5-51　添加素材图层

03 确认当前时间为0:00:00:00，在时间轴上选中“景色1.jpg”图层，使用【矩形工具】绘制如图5-87所示的矩形蒙版，然后单击【蒙版】|【蒙版1】中的【蒙版羽化】左侧的按钮，添加关键帧，如图5-52所示。

图5-52　添加关键帧

04 将当前时间设置为0:00:01:12，将【蒙版羽化】设置为800.0像素，然后单击【蒙版不透明度】左侧的按钮，添加关键帧，如图5-53所示。

图5-53　设置蒙版参数

05 将当前时间设置为0:00:02:18，将【蒙版不透明度】设置为0%，如图5-54所示。

图5-54　设置【蒙版不透明度】参数

06 将“景色2.jpg”图层的【变换】|【缩放】设置为110.0、110.0%，如图5-55所示。

图5-55 设置【缩放】参数

5.3.1 锁定蒙版

为了避免操作中出现失误，可以将蒙版锁定，锁定后的蒙版将不能被修改。锁定蒙版的操作方法如下。

在【时间轴】面板中展开【蒙版】属性组。

单击要锁定的【蒙版 1】左侧的图标，此时该图标将变成🔒，如图 5-56 所示，表示该蒙版已锁定。

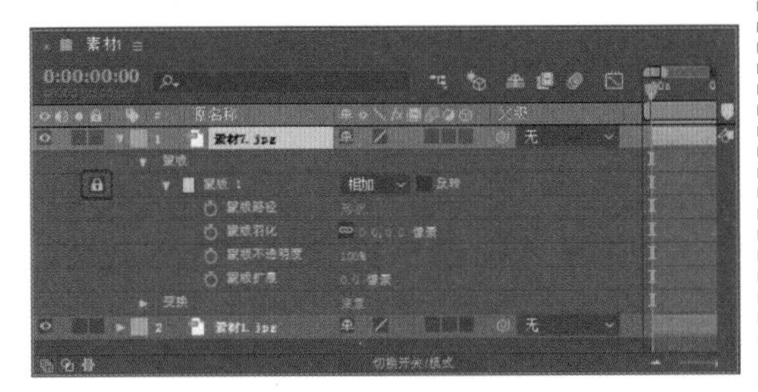

图5-56 锁定蒙版

5.3.2 蒙版的混合模式

当一个图层上有多个蒙版时，可在这些蒙版之间添加不同的模式来产生各种效果。在【时间轴】面板中选择层，打开【蒙版】属性卷展栏。蒙版的默认模式为【相加】，单击【相加】按钮，在弹出的下拉菜单中可选择蒙版的其他模式，如图 5-57 所示。

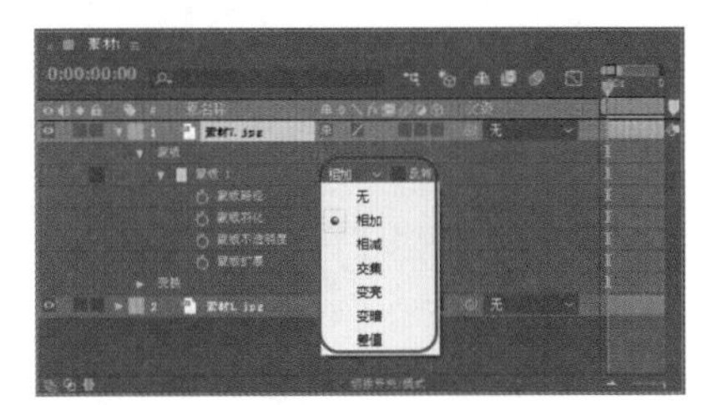

图5-57 蒙版模式下拉菜单

使用【椭圆工具】和【多边形工具】可为层绘制两个交叉的蒙版，如图 5-58 所示。其中将蒙版 1 的模式设置为【相加】，下面将通过改变蒙版 2 的模式来演示效果。

图5-58 绘制的蒙版

- 【无】：选择【无】混合模式的路径将起不到蒙版的作用，仅作为路径存在，如图 5-59 所示。

图5-59 【无】模式

- 【相加】：使用该模式，在合成图像上显示所有蒙版内容，蒙版相交部分不透明度相加。如图 5-60 所示，蒙版 1 的【不透明度】为 80%，蒙版 2 的【不透明度】为 50%。

图5-60 【相加】模式

- 【相减】：使用该模式，上面的蒙版减去下面的蒙版，被减去区域内容不在合成图像上显示，如图 5-61 所示。

图5-61 【相减】模式

- 【交集】：该模式只显示所选蒙版与其他蒙版相交部分的内容，如图 5-62 所示。
- 【变亮】：该模式的效果与【相加】模式相同，但是对于蒙版相交部分的不透明度则采用不透明度较高的那个值。如图 5-63 所示，蒙版 1 的【不透明度】为 100%，蒙版 2 的【不透明度】为 60%。

图5-62 【交集】模式

图5-63 【变亮】模式

- 【变暗】：该模式的效果与【交集】模式相同，但是对于蒙版相交部分的不透明度则采用不透明度较小的那个值。如图 5-64 所示，蒙版 1 的【不透明度】为 100%，蒙版 2 的【不透明度】为 50%。
- 【差值】：应用该模式蒙版将采取并集减交集的方式，在合成图像上只显示相交部分以外的所有蒙版区域，如图 5-65 所示。

图5-64 【变暗】模式

图5-65 【差值】模式

5.3.3 反转蒙版

在默认情况下，只显示蒙版以内当前层的图像，蒙版以外的将不显示。选中【时间轴】面板中的【反转】复选框可设置蒙版的反转，在菜单栏中选择【图层】|【蒙版】|【反转】命令，如图 5-66 所示，也可设置蒙版反转。如图 5-67 所示左图为反转前的效果，右图为反转后的效果。

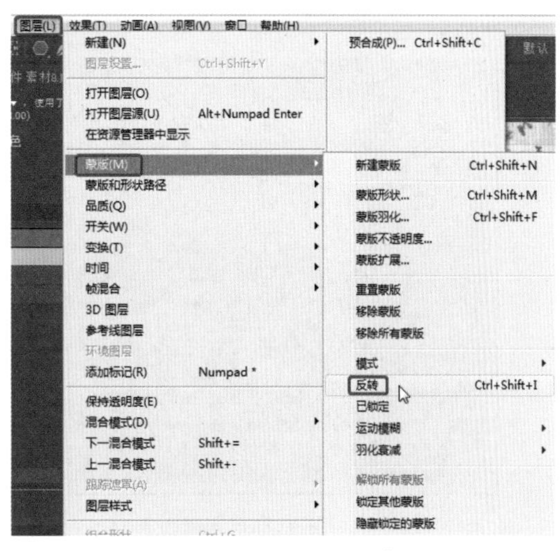

图5-66 选择【反转】命令

图5-67 反转蒙版前后的效果对比

5.3.4 蒙版路径

在添加了蒙版的图层中，单击【蒙版】属性中【蒙版路径】右侧的【形状】，可以弹出【蒙版形状】对话框，如图5-68所示。在【定界框】区域中，通过修改【顶部】、【底部】、【左侧】、【右侧】选项参数，可以修改当前蒙版的大小。通过【单位】下拉列表框可以为修改值设置一个合适的单位。

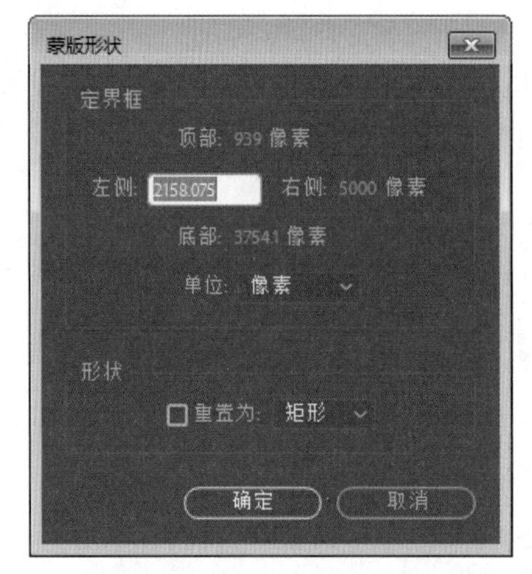

图5-68 【蒙版形状】对话框

在【形状】区域可以修改当前蒙版的形状，可以将其改成矩形或椭圆。

- 【矩形】：用于将该蒙版形状修改为矩形，如图5-69所示。

图5-69 矩形蒙版

- 【椭圆】：用于将该蒙版形状修改为椭圆，如图5-70所示。

图5-70 圆形蒙版

5.3.5 蒙版羽化

通过设置【蒙版羽化】参数可以对蒙版的边缘进行柔化处理，制作出虚化的边缘效果，如图5-71所示。

图5-71 蒙版羽化

在菜单栏中选择【图层】|【蒙版】|【蒙版羽化】命令，或在图层的【蒙版】|【蒙版1】|【蒙版羽化】参数上右击，在弹出的快捷菜单中选择【编辑值】命令，弹出【蒙版羽化】对话框，在该对话框中可设置羽化参数，如图5-72所示。

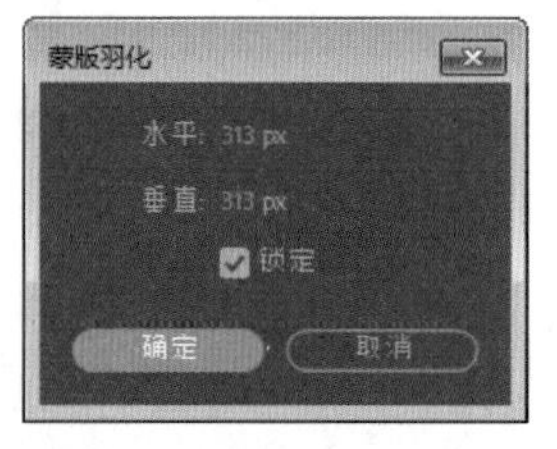

图5-72 【蒙版羽化】对话框

若要单独设置水平羽化或垂直羽化，可在【时间轴】面板中单击【蒙版羽化】右侧的【约束比例】按钮，将约束比例取消，然后分别调整水平或垂直的羽化值。

水平羽化和垂直羽化的效果如图5-73所示。

图5-73 水平羽化和垂直羽化的效果

5.3.6 蒙版不透明度

通过设置【蒙版不透明度】参数可以调整蒙版的不透明度。如图5-74所示为参数分别为100%（左）和50（右）时的效果。

图5-74 【蒙版不透明度】参数不同时的效果

在图层的【蒙版】|【蒙版1】|【蒙版不透明度】参数上右击，在弹出的快捷菜单中选择【编辑值】命令，或在菜单栏中选择【图层】|【蒙版】|【蒙版不透明度】命令，如图5-75所示。弹出【蒙版不透明度】对话框，在该对话框中可设置蒙版的透明度参数，如图5-76所示。

图5-75 选择【蒙版不透明度】命令

图5-76 【蒙版不透明度】对话框

5.3.7 蒙版扩展

蒙版的范围可以通过【蒙版扩展】参数来调整，当参数值为正值时，蒙版范围将向外扩展，如图 5-77 所示。当参数值为负值时，蒙版范围将向里收缩，如图 5-78 所示。

图5-77　参数值为正值时的效果

图5-78　参数值为负值时的效果

在图层的【蒙版】|【蒙版 1】|【蒙版扩展】参数上右击，在弹出的快捷菜单中选择【编辑值】命令，或在菜单栏中选择【图层】|【蒙版】|【蒙版扩展】命令，如图 5-79 所示。弹出【蒙版扩展】对话框，在该对话框中可以对蒙版的扩展参数进行设置，如图 5-80 所示。

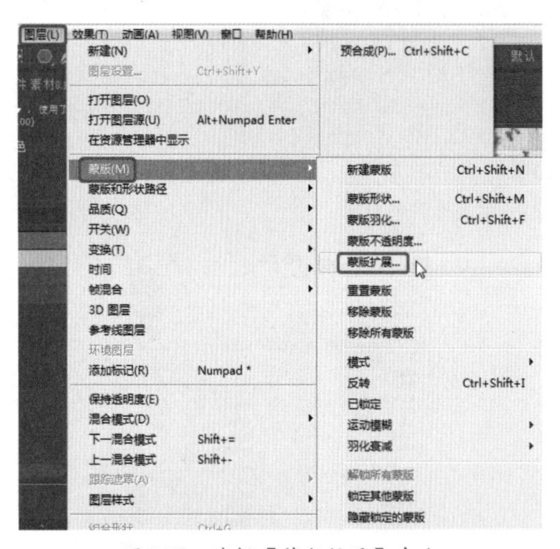

图5-79　选择【蒙版扩展】命令

图5-80　【蒙版扩展】对话框

5.4 上机练习——制作墙体爆炸效果

本案例将介绍如何制作墙体爆炸效果。首先添加素材背景图片和视频，设置视频图层的模式，然后在图片图层上使用【圆角矩形工具】绘制蒙版，为图片图层添加【碎片】效果，最后添加声音素材。完成后的效果如图 5-81 所示。

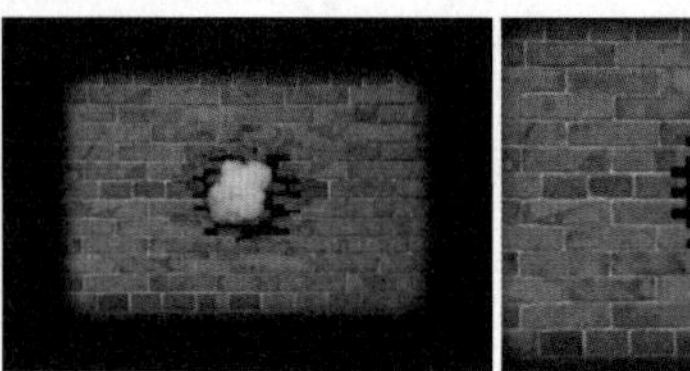

图5-81　墙体爆炸效果

素材	素材\Cha05\墙面.jpg、爆炸声.wav、爆炸.avi
场景	场景\Cha05\上机练习——制作墙体爆炸效果.aep
视频	视频教学\Cha05\5.4　上机练习——制作墙体爆炸效果.mp4

01 在【项目】面板中右击，在弹出的快捷菜单中选择【新建合成】命令。在弹出的【合成设置】对话框中，将【合成名称】设置为【墙体爆炸效果】，取消选中【锁定长宽比为】复选框，将【宽度】和【高度】分别设置为 427 px、

300 px，【帧速率】设置为 25 帧 / 秒，【持续时间】设置为 0:00:06:00，然后单击【确定】按钮，如图 5-82 所示。

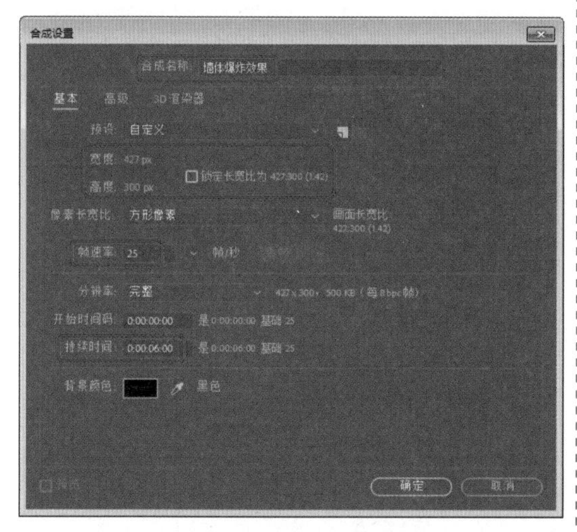

图5-82 【合成设置】对话框

02 在【项目】面板中双击，在弹出的【导入文件】对话框中选择“素材 \Cha05\ 墙面 .jpg、爆炸声 .wav 和爆炸 .avi”素材文件，然后将“墙面 .jpg”和“爆炸 .avi”素材文件添加到时间轴中，如图 5-83 所示。

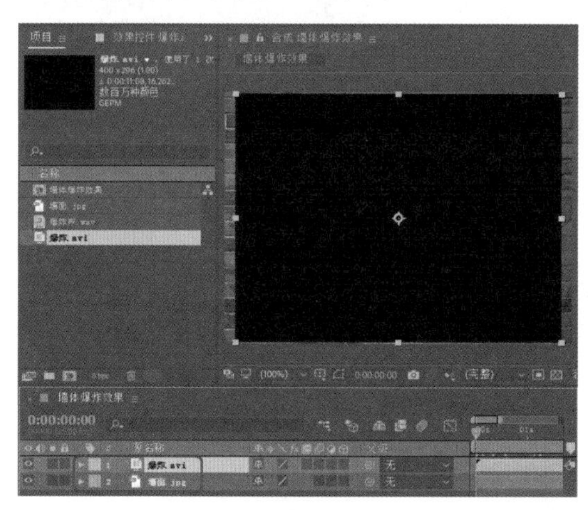

图5-83 添加素材图层

03 在时间轴中，将按钮打开，然后将“爆炸 .avi”层的【入】设置为 -0:00:00:05，如图 5-84 所示。

04 在时间轴中，将按钮关闭，按钮打开。将“爆炸 .avi”层的【模式】设置为【变亮】，将【变换】|【缩放】设置为 130.0%，如图 5-85 所示。

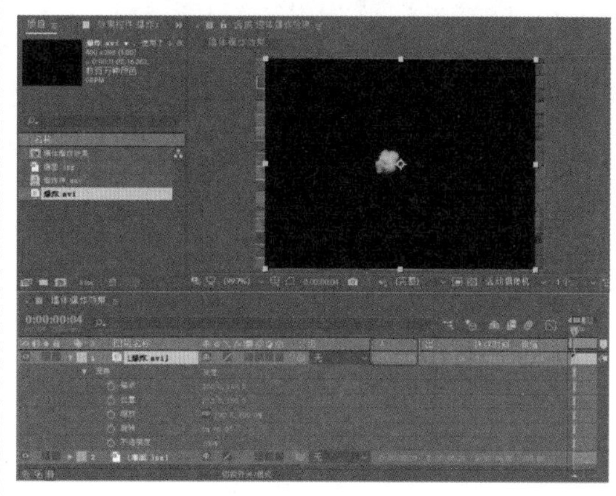

图5-84 设置【入】时间

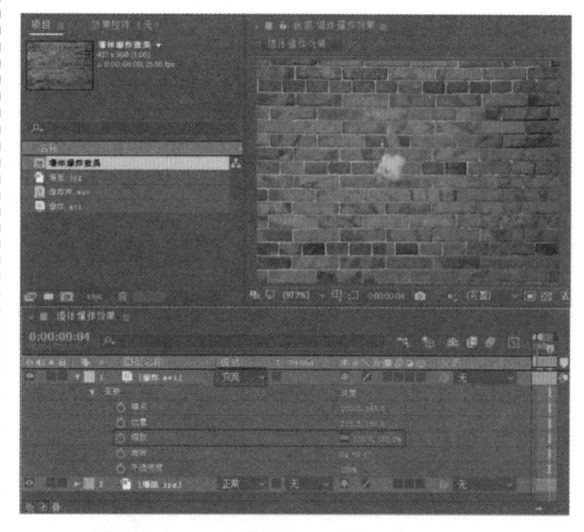

图5-85 设置【模式】和【缩放】参数

05 将【变换】|【位置】设置为 233.5、151.0，如图 5-86 所示。

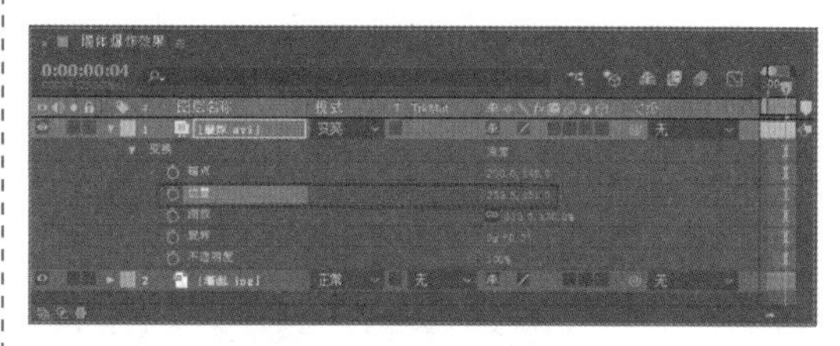

图5-86 设置【位置】参数

06 使用【圆角矩形工具】在【合成】面板中绘制圆角矩形，单击“墙面 .jpg”层中的【蒙版】|【蒙版 1】|【蒙版路径】右侧的【形状】。在弹出的【蒙版形状】对话框中，设置【定界框】参数，然后单击【确定】按钮，如图 5-87 所示。

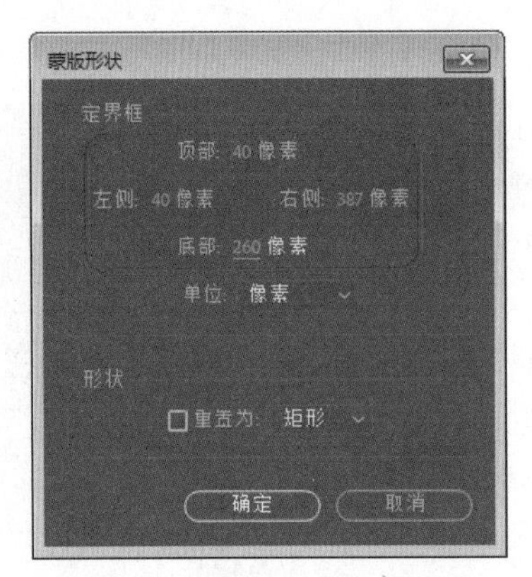

图5-87 【蒙版形状】对话框

07 将“墙面.jpg”层中的【蒙版】|【蒙版1】|【蒙版羽化】设置为20.0像素，效果如图5-88所示。

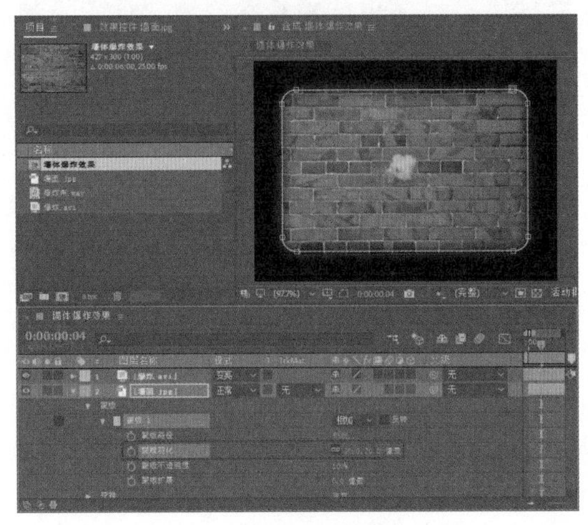

图5-88 设置【蒙版羽化】效果

08 选中“墙面.jpg”层并在菜单栏中选择【效果】|【模拟】|【碎片】命令，在【效果控件】面板中，将【碎片】效果的【视图】设置为【已渲染】，将【形状】|【重复】设置为20.00，将【作用力1】|【深度】设置为0.14，【半径】设置为0.16，如图5-89所示。

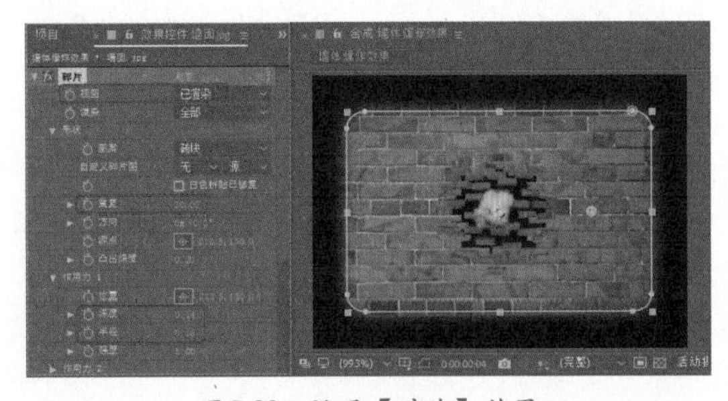

图5-89 设置【碎片】效果

09 单击“墙面.jpg”层的图标，将其转换为3D图层。将当前时间设置为0:00:00:00，将“墙面.jpg”层的【变换】|【位置】设置为213.5、150.0、100.0，单击左侧的按钮，如图5-90所示。

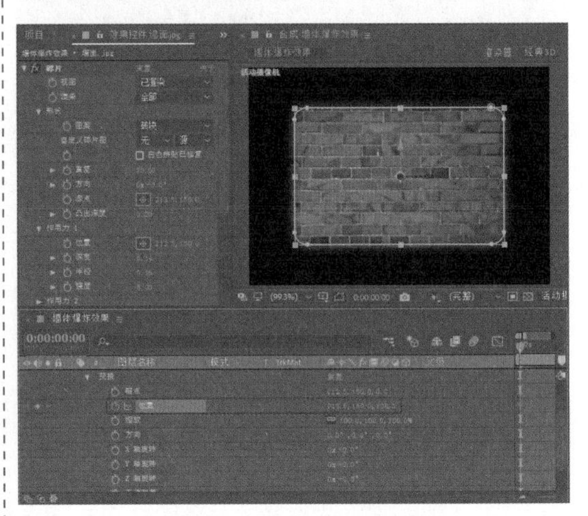

图5-90 设置【位置】参数

10 将当前时间设置为0:00:05:24，将“墙面.jpg”层的【变换】|【位置】设置为213.5、150.0、-100.0，如图5-91所示。

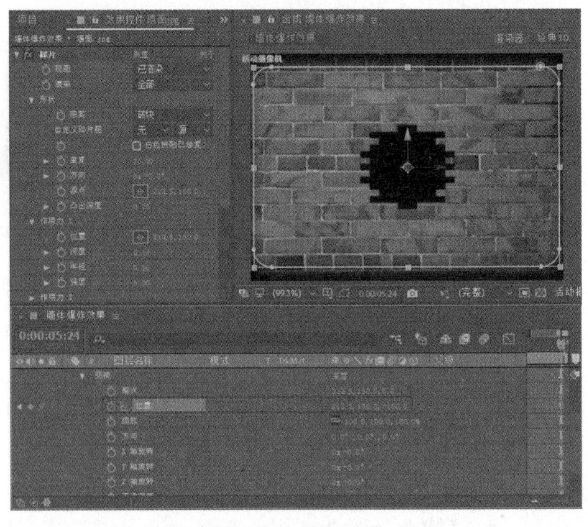

图5-91 设置【位置】参数

11 将【项目】面板中的“爆炸声.wav”素材文件添加到时间轴中，将其放置在最底层，如图5-92所示。

12 制作完成后，按Ctrl+S组合键，将场景进行保存即可。

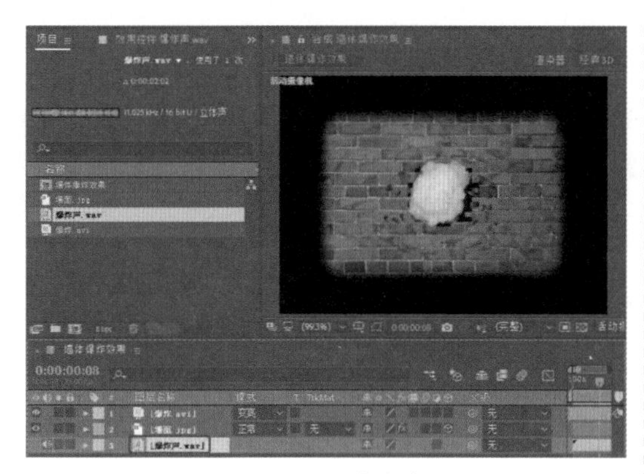

图5-92 添加声音素材

5.5 思考与练习

1. 如何对蒙版进行羽化?
2. 简述蒙版的概念。

第6章 影视短片效果——颜色校正与抠像特效

在影视制作中，图像处理时经常需要对图像颜色进行调整，色彩的调整主要是通过对图像的明暗、对比度、饱和度以及色相等的调整来达到改善图像质量的目的，以更好地控制影片的色彩信息，制作出更加理想的视频画面效果。

基础知识

- 亮度和对比度特效
- 三色调特效

重点知识

- 色阶特效
- 色相 / 饱和度特效

提高知识

- 阴影 / 高光特效
- 照片滤镜特效

6.1 制作电影调色效果——颜色校正特效

本案例将介绍电影调色效果的制作。首先添加素材图片，然后为图层添加【照片滤镜】、【通道混合器】和【曲线】效果，最后设置图层的【缩放】和【不透明度】关键帧动画。完成后的效果如图 6-1 所示。

图6-1　电影调色

素材	素材\Cha06\素材1.jpg
场景	场景\Cha06\制作电影调色效果——颜色校正特效.aep
视频	视频教学\Cha06\6.1　制作电影调色效果——颜色校正特效.mp4

01 启动 After Effects CC 软件，在【项目】面板中双击，在弹出的【导入文件】对话框中选择“素材 \Cha06\ 素材 1.jpg”素材图片，然后单击【导入】按钮。将【项目】面板中的“素材 1.jpg”素材图片添加到【时间轴】面板中，如图 6-2 所示。

图6-2　添加素材图层

02 选择时间轴中的“素材 1.jpg”层，在菜单栏中选择【效果】|【颜色校正】|【照片滤镜】命令，如图 6-3 所示。

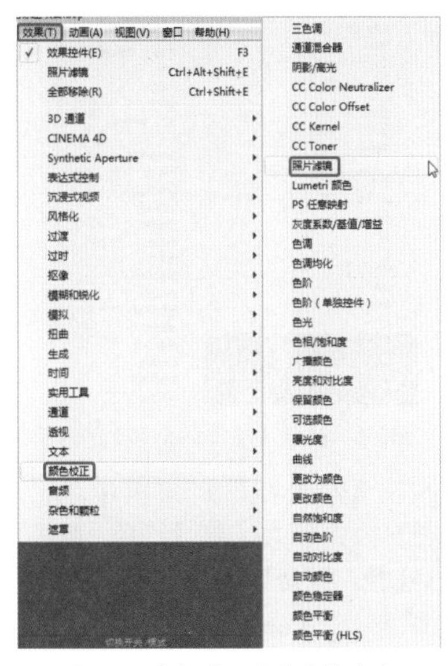

图6-3　选择【照片滤镜】命令

03 在【效果控件】面板中，将【照片滤镜】中的【滤镜】设置为【自定义】，然后将【颜色】的 RGB 设置为 27、80、107，【密度】设置为 75.0%，如图 6-4 所示。

图6-4　设置【照片滤镜】效果

04 在菜单栏中选择【效果】|【颜色校正】|【通道混合器】命令，如图 6-5 所示。

知识链接：【照片滤镜】效果可模拟哪些技术

在摄像机镜头前面加彩色滤镜，以便调整通过镜头传输的光的颜色平衡和色温，使胶片曝光。用户可以选择颜色预设将色相调整应用到图像，也可以使用拾色器或吸管指定自定义颜色。

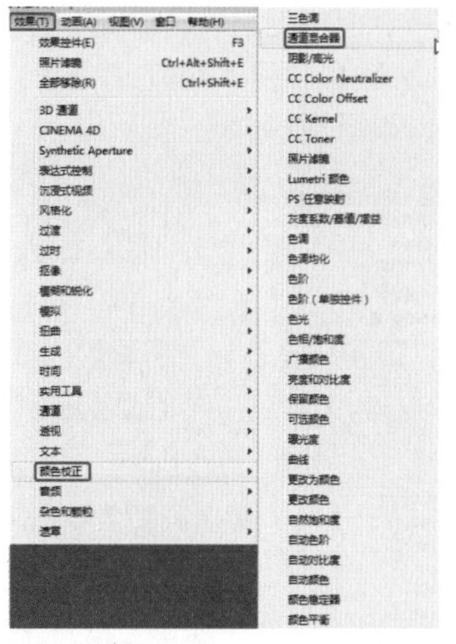

图6-5 选择【通道混合器】命令

05 在【效果控件】面板中，设置【通道混合器】效果参数，将【红色 - 蓝色】设置为33，【红色 - 恒量】设置为−18，【绿色 - 红色】设置为15，【绿色 - 蓝色】设置为−13，【绿色 - 恒量】设置为3，【蓝色 - 红色】设置为−22，【蓝色 - 绿色】设置为−23，【蓝色 - 蓝色】设置为100，【蓝色 - 恒量】设置为17，如图6-6所示。

图6-6 设置【通道混合器】效果参数

06 在菜单栏中选择【效果】|【颜色校正】|【曲线】命令，如图6-7所示。

提 示

【通道混合器】效果可通过混合当前的颜色通道来修改颜色通道。使用此效果可执行使用其他颜色调整工具无法轻易完成的创意颜色调整：通过从每个颜色通道中选择贡献百分比来创建高品质的灰度图像，创建高品质的棕褐色调或其他色调的图像，以及互换或复制通道。

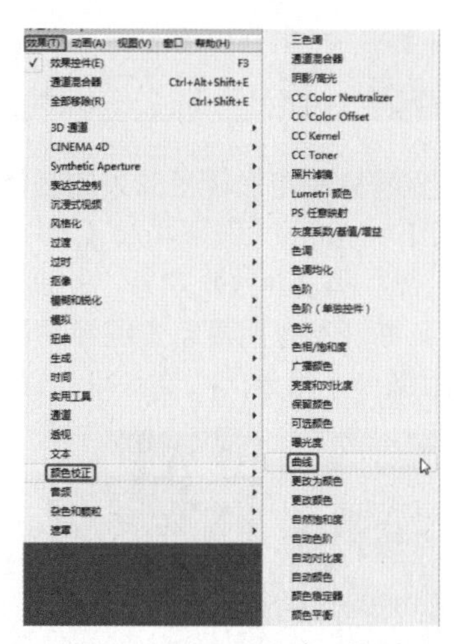

图6-7 选择【曲线】命令

07 在【效果控件】面板中，设置【曲线】效果参数，对曲线进行调整，如图6-8所示。

图6-8 设置【曲线】效果参数

08 在时间轴中鼠标右击，在弹出的快捷菜单中选择【合成设置】命令。在弹出的【合成设置】对话框中，将【持续时间】设置为0:00:08:00，【背景颜色】设置为黑色，然后单击【确定】按钮，如图6-9所示。

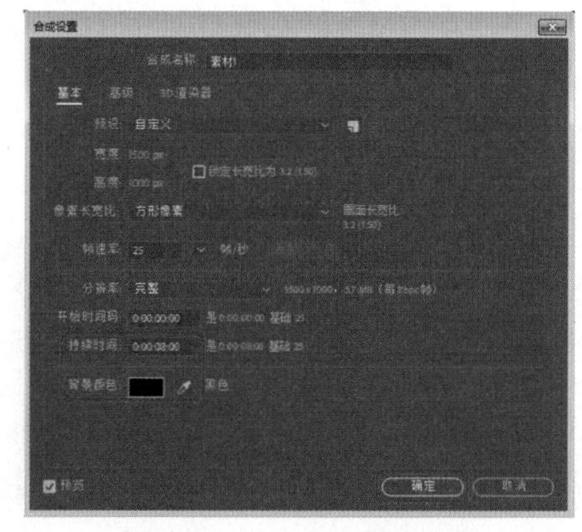

图6-9 【合成设置】对话框

09 确认当前时间为0:00:00:00，将“01.jpg”层的【变换】|【缩放】设置为218.0%，【不透明度】设置为0，然后单击【缩放】和【不透明度】左侧的按钮，如图6-10所示。

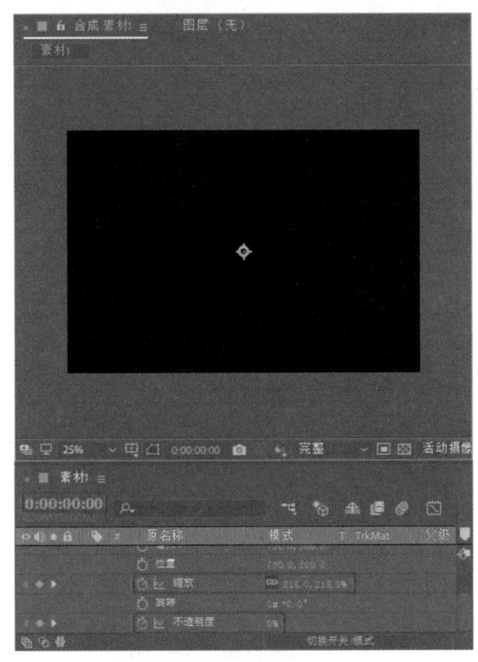

图6-10 设置【缩放】和【不透明度】参数

10 将当前时间设置为0:00:01:11，将【不透明度】设置为100%，如图6-11所示。

图6-11 设置【不透明度】参数

提 示

将图层的持续时间设置为0:00:08:00。

11 将当前时间设置为0:00:06:02，将【缩放】设置为100.0%，然后单击【不透明度】左侧的，添加关键帧，如图6-12所示。

图6-12 设置【缩放】和【不透明度】参数

12 将当前时间设置为0:00:07:24，将【不透明度】设置为0，如图6-13所示。

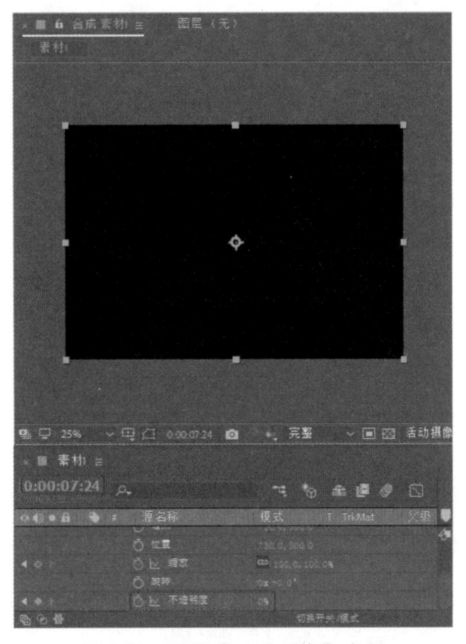

图6-13 设置【不透明度】参数

13 按Ctrl+M组合键，在【渲染队列】面板中，设置合成的输出位置和名称，然后单击【渲染】按钮，如图6-14所示。最后将场景文件进行保存。

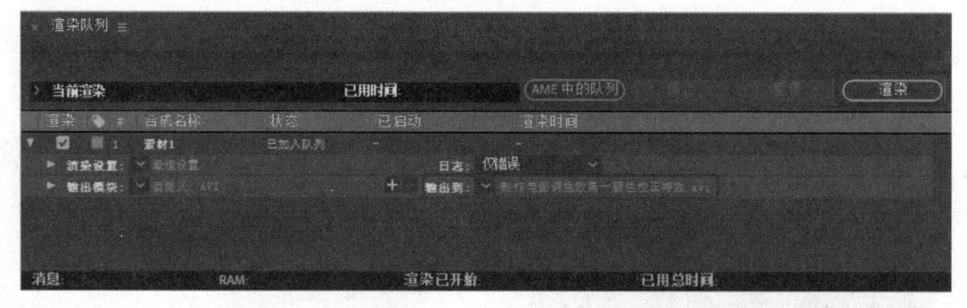

图6-14　渲染输出视频

知识链接：应用颜色校正特效

在After Effects的颜色校正中包含34种特效，它们集中了AE中最强大的图像效果修正特效，通过版本的不断升级，其中的一些特效在很大程度上得到了完善，从而为用户提供了很好的工作平台。

选择【颜色校正】特效有以下两种方法。

在菜单栏中选择【效果】|【颜色校正】命令，在弹出的子菜单中选择相应的特效，如图6-15所示。

在【效果和预设】面板中单击【颜色校正】左侧的下三角按钮，在打开的菜单中选择相应的特效即可，如图6-16所示。

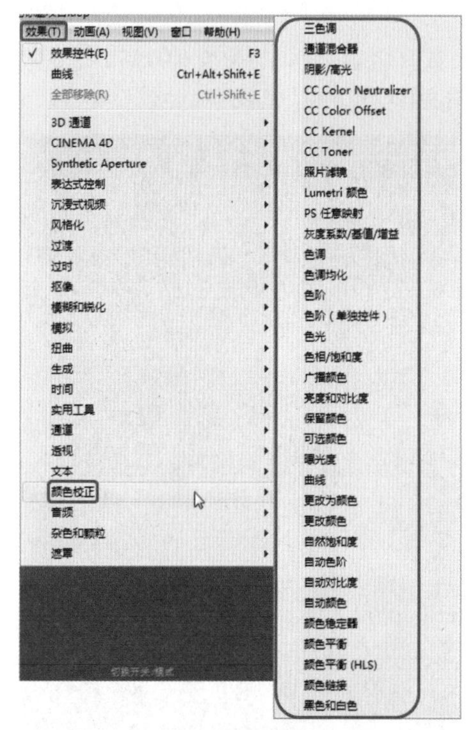

图6-15　【颜色校正】菜单

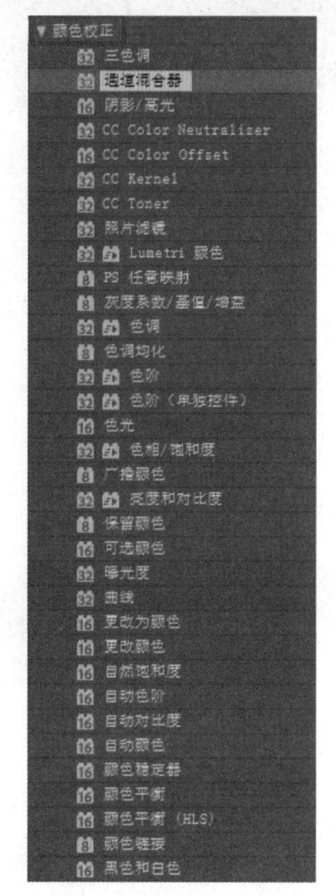

图6-16　【效果和预设】面板

6.1.1　CC Color Offset（CC色彩偏移）特效

CC Color Offset（CC色彩偏移）特效可以对图像中的色彩信息进行调整，通过设置各个通道中的颜色相位偏移来获得不同的色彩效果。该特效的参数设置如图6-17所示。

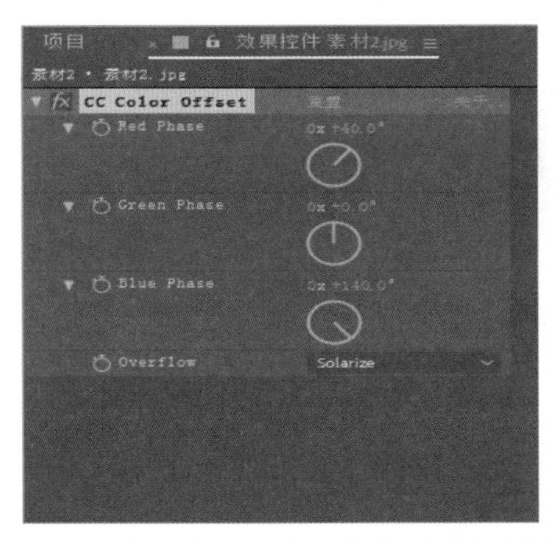

图6-17 CC Color Offset（CC色彩偏移）特效的参数设置

Red Phase/Green Phase/Blue Phase（红色 / 绿色 / 蓝色相位）：该选项用来调整图像的红色、绿色、蓝色相位的位置，设置参数后的效果如图 6-18 所示。

- Overflow（溢出）：用于设置颜色溢出现象的处理方式，当在该下拉列表框中分别选择 Wrap（包围）、Solarize（曝光过度）、Polarize（偏振）3 个选项时的效果如图 6-19 所示。

图6-18 调整红、绿、蓝色相位效果

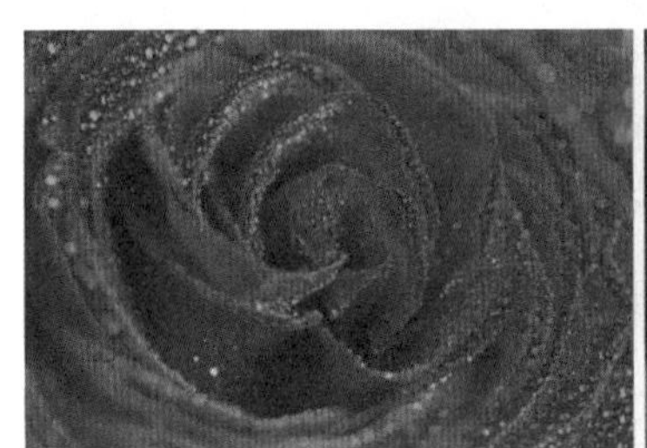

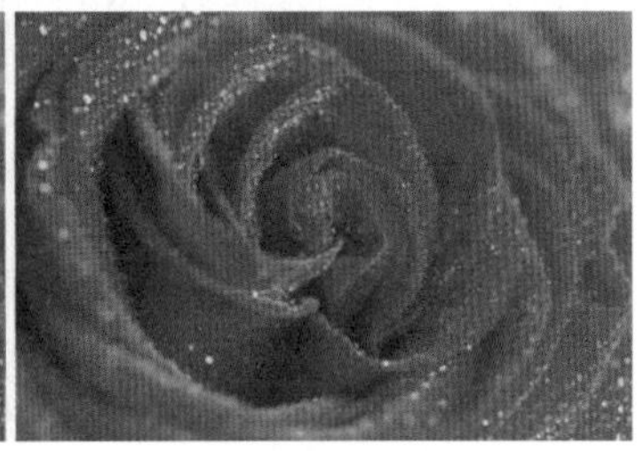

图6-19 包围、曝光过度和偏振效果

6.1.2 CC Color Neutralizer（CC色彩中和器）特效

CC Color Neutralizer（CC 色彩中和器）特效与 CC Color Offset（CC 色彩偏移）特效相似，可以对图像中的色彩信息进行调整。该特效的参数设置如图 6-20 所示，效果如图 6-21 所示。

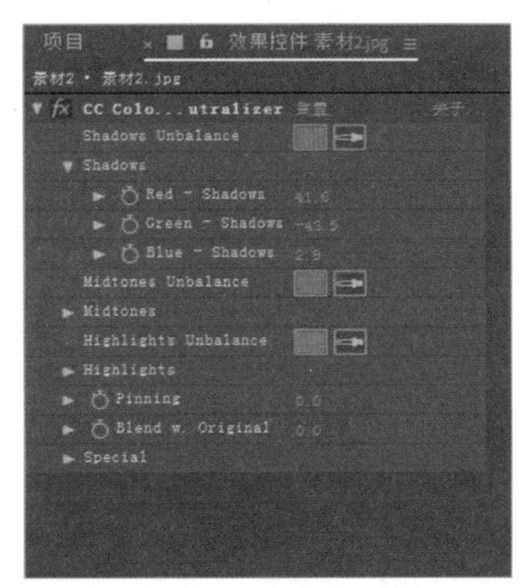

图6-20 CC Color Neutralizer（CC色彩中和器）特效的参数设置

图6-21　调整色彩效果

6.1.3　CC Kernel（CC内核）特效

CC Kernel（CC 内核）特效用于调节素材的亮度，达到校色的目的。该特效的参数设置如图 6-22 所示，效果如图 6-23 所示。

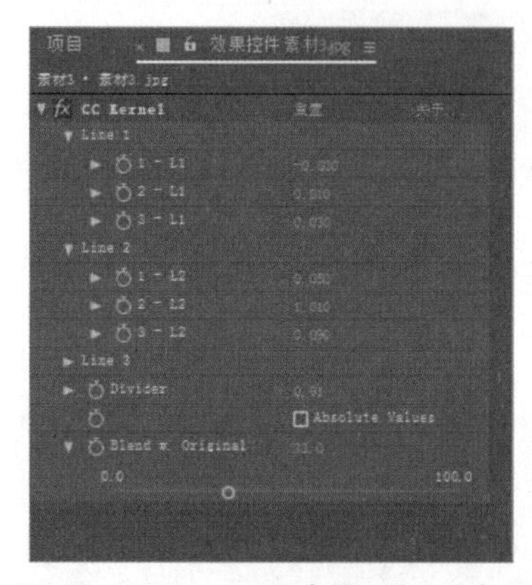

图6-22　CC Kernel（CC内核）特效的参数设置

图6-23　调整亮度效果

6.1.4　CC Toner（CC 调色）特效

CC Toner（CC 调色）特效通过对原图的高光颜色、中间色调和阴影颜色的调节来改变图像的颜色。该特效的参数设置如图 6-24 所示，应用该特效的前后效果如图 6-25 所示。

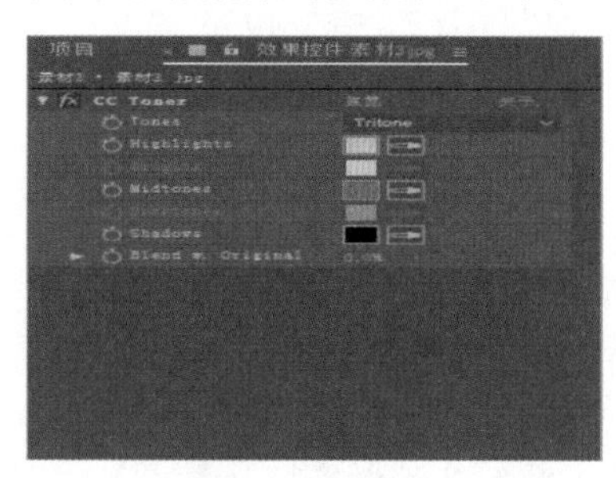

图6-24　CC Toner（CC 调色）特效的参数设置

图6-25　应用CC Toner特效前后的效果

- Highlights（高光）：该选项用于设置图像的高光颜色。
- Midtones（中间）：该选项用于设置图像的中间色调。
- Shadows（阴影）：该选项用于设置图像的阴影颜色。

- Blend W. Original（混合初始状态）：该选项用于调整与原图的混合程度。

6.1.5 PS任意映射特效

【PS 任意映射】特效可调整图像色调的亮度级别。该特效可用在 Photoshop 的映像文件上，【PS 任意映射】特效的参数设置如图 6-26 所示，应用该特效前后的效果如图 6-27 所示。

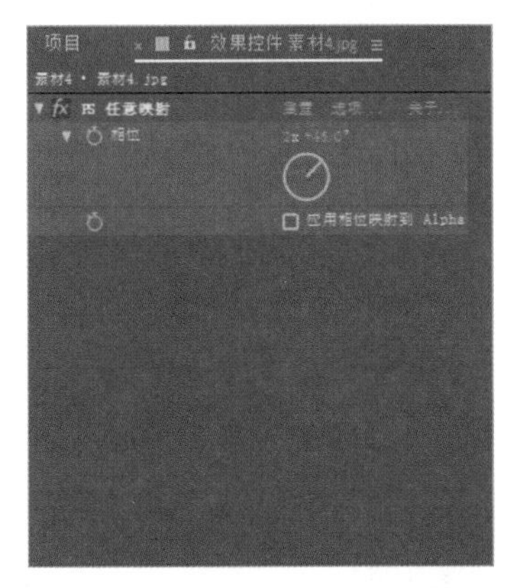

图6-26 【PS任意贴图】特效的参数设置

图6-27 应用【PS任意映射】特效前后的效果

> **提 示**
>
> 在【效果控件】面板中单击【选项】按钮可以打开【加载 PS 任意映射】对话框，用户在对话框中可调用任意映像文件。

- 【相位】：该选项主要用于设置图像颜色相位置。
- 【应用相位映射到 Alpha】：选中该复选框，将应用外部的相位映射贴图到该层的 Alpha 通道。如果确定的映像中不包含 Alpha 通道，After Effects 则会为当前层指定一个 Alpha 通道，并用默认的映像指定于 Alpha 通道中。

6.1.6 保留颜色特效

【保留颜色】特效可以通过设置颜色来指定图像中保留的颜色，将其他的颜色转换为灰度效果。在一张图像中，为了保留色彩中的蓝色，将保留颜色设置为想要保留的颜色，这样，其他的颜色将会转换为灰度效果。【保留颜色】特效的参数设置如图 6-28 所示；应用该特效前后的效果如图 6-29 所示。

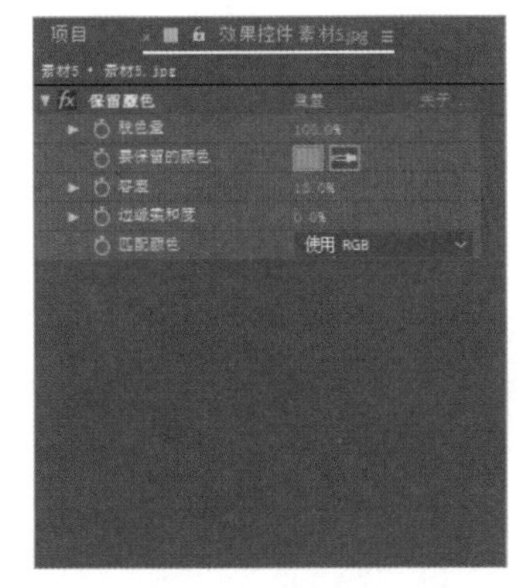

图6-28 【保留颜色】特效的参数设置

图6-29 应用【保留颜色】特效前后的效果

- 【脱色量】：该选项用于控制保留颜色以外的颜色的脱色百分比。
- 【要保留的颜色】：通过单击该选项右侧的色块或吸管来设置图像中需要保留的颜色。
- 【容差】：该选项用于调整颜色的容差程度，值越大，保留的颜色就越大。
- 【边缘柔和度】：该选项用于调整保留颜色边缘的柔和程度。
- 【匹配颜色】：该选项用于匹配颜色模式。

6.1.7 更改为颜色特效

【更改为颜色】特效是通过颜色的选择，将一种颜色直接改变为另一种颜色，在用法上与【更改颜色】特效相似。【更改为颜色】特效的参数设置如图 6-30 所示；应用该特效前后的效果如图 6-31 所示。

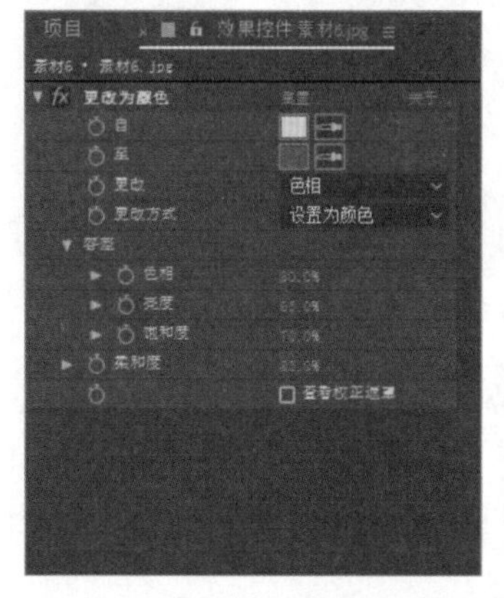

图6-30　【更改为颜色】特效的参数设置

图6-31　应用【更改为颜色】特效前后的效果

- 【自】：通过单击该选项右侧的色块或吸管来设置需要替换的颜色。
- 【至】：通过单击该选项右侧的色块或吸管来设置需要替换的颜色。
- 【更改】：单击右侧的下三角按钮，在弹出的下拉列表中选择替换颜色的基准，包括【色相】、【色相和亮度】、【色相和饱和度】、【色相、亮度和饱和度】几个选项。
- 【更改方式】：用于设置颜色的替换方式。单击该选项右侧的下三角按钮，在弹出的下拉列表中有两个选项：【设置为颜色】和【变换为颜色】。
    - ◆ 【设置为颜色】用于将受影响的像素直接更改为目标颜色。
    - ◆ 【变换为颜色】用于使用 HLS 插值将受影响的像素值转变为目标颜色。每个像素的更改量取决于像素的颜色接近源颜色的程度。
- 【柔和度】：该选项用于设置替换颜色后的柔和程度。
- 【查看校正遮罩】：选中该复选框，可以将替换后的颜色变为蒙版的形式。

6.1.8 更改颜色特效

【更改颜色】特效用于改变图像中某种颜色区域的色调饱和度和亮度，用户可以通过制定某一个基色和设置相似值来确定区域。【更改颜色】特效的参数设置如图 6-32 所示；应用该特效前后的效果如图 6-33 所示。

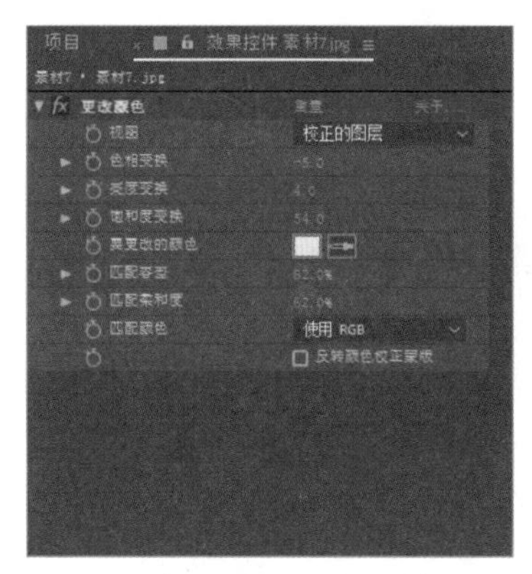

图6-32　【更改颜色】特效的参数设置

图6-33　应用【更改颜色】特效前后的效果

- 【视图】：该选项用于设置【合成】面板的预览效果模式，包括【校正的图层】和【颜色校正蒙版】两种方式。校正的图层将显示更改颜色的结果。颜色校正蒙版将显示灰度遮罩，后者用于指示图层中发生变化的区域。颜色校正蒙版中的白色区域更改得最多，暗区更改得最少。
- 【色相变换】：该选项用于设置色调，调节所选颜色区域的色彩校准度。
- 【亮度变换】：该选项用于设置所选颜色的亮度。
- 【饱和度变换】：该选项用于设置所选颜色的饱和度。
- 【要更改的颜色】：该选项用于设置图像中需要调整的区域颜色。
- 【匹配容差】：该选项用于设置颜色匹配的相似程度。
- 【匹配柔和度】：该选项用于控制修正颜色的柔和度。
- 【匹配颜色】：该选项用于匹配颜色空间。其下拉列表框中有【使用 RGB】、【使用色调】、【使用色度】3 个选项，【使用 RGB】以红、绿、蓝为基础匹配颜色，【使用色调】以色调为基础匹配颜色，【使用色度】以饱和度为基础匹配颜色。
- 【反转颜色校正蒙版】：选中该复选框，将对当前颜色调整遮罩的区域进行反转。

6.1.9 广播颜色特效

【广播颜色】特效主要对影片像素的颜色值进行测试。因为计算机本身与电视播放色彩有很大的区别，在一般家庭的视频设备上是不能显示高于某个波幅以上的信号的，为了使图像信号能正确地在两种不同的设备中传输与播放，用户可以使用【广播级颜色】特效将计算机产生的颜色亮度或饱和度降低到一个安全值，从而使图像能正常播放。【广播颜色】特效的参数设置如图 6-34 所示；应用该特效前后的效果如图 6-35 所示。

- 【广播区域设置】：用户可以在该下拉列表框中选择需要的广播标准制式，其中包括 NTSC 和 PAL 两种制式。
- 【确保颜色安全的方式】：用户可以在该下拉列表框中选择一种获得安全色彩的方式。【降低亮度】选项可以减少图像像素的明亮度；【降低饱和度】选项可以减少图像像素的饱和度，以降低图像的色彩度；【非安全切断】选项可以使不安全的图像像素透明；【安全切断】选项可以使安全的图像像素透明。
- 【最大信号振幅（IRE）】：用于限制最大信号幅度，其最小值为 90，最大值为 120。

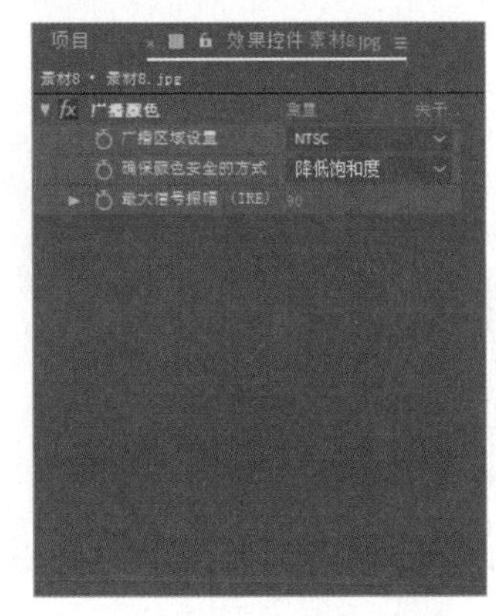

图6-34 【广播颜色】特效的参数设置

图6-35 应用【广播颜色】特效前后的效果

6.1.10 黑色和白色特效

【黑色和白色】特效主要是通过设置原图像中相应的色系参数，将图像转化为黑白或单色的画面效果。【黑色和白色】特效的参数设置如图 6-36 所示；应用该特效前后的效果如图 6-37 所示。

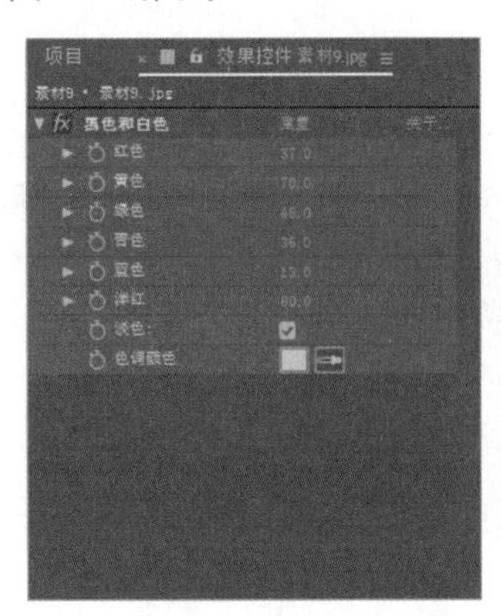

图6-36 【黑色和白色】特效的参数设置

图6-37 应用【黑色和白色】特效前后的效果

- 【红色 / 黄色 / 绿色 / 青色 / 蓝色 / 洋红】：用于设置原图像中的颜色明暗度。数值越大，图像中该色系区域越亮。
- 【淡色】：选中该复选框，可以为黑白添加单色效果。
- 【色调颜色】：用于设置图像着色时的颜色。

6.1.11 灰度系数/基值/增益特效

【灰度系数 / 基值 / 增益】特效可以对每个通道单独调整响应曲线，以便细致地更改图像的效果。【灰度系数 / 基值 / 增益】特效的参数设置如图 6-38 所示；应用该特效前后的效果如图 6-39 所示。

- 【黑色伸缩】：该选项用于设置图像中的黑色像素。
- 【红色 / 绿色 / 蓝色灰度系数】：用于设置颜色通道曲线的形状。
- 【红色 / 绿色 / 蓝色基值】：用于设置通道中最小输出值，主要控制图像的暗区部分。
- 【红色 / 绿色 / 蓝色增益】：用于设置通道中最大输出值，主要控制图像的亮区部分。

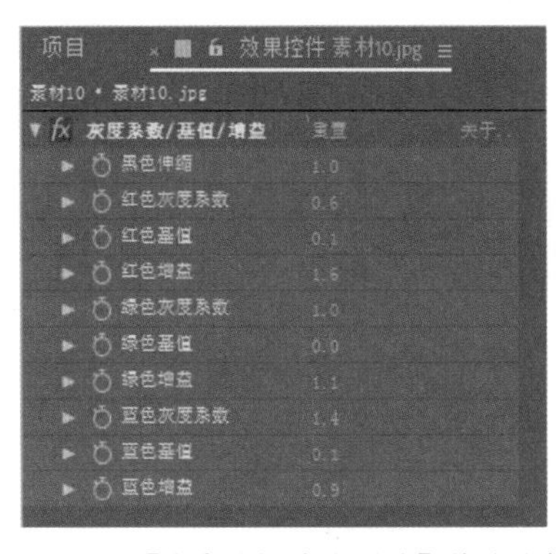

图6-38 【灰度系数/基值/增益】特效的参数设置　　图6-39 应用【灰度系数/基值/增益】特效前后的效果

6.1.12 可选颜色特效

【可选颜色】特效可以对图像中的指定颜色进行校正，便于调整图像中不平衡的颜色。其最大的好处就是可以单独调整某一种颜色，而不影响其他颜色。该特效的参数设置如图 6-40 所示；应用该特效前后的效果如图 6-41 所示。

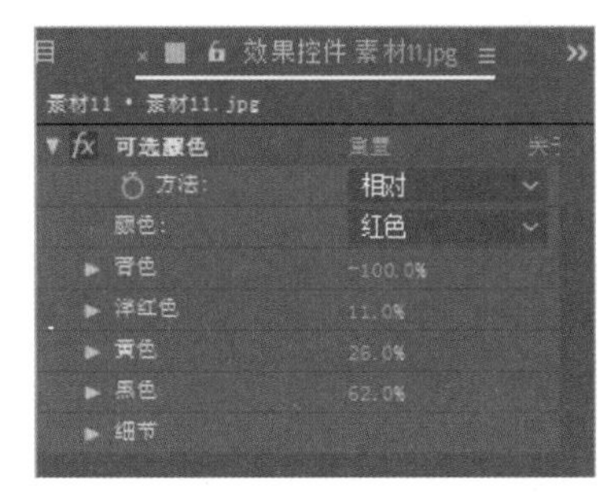

图6-40 【可选颜色】特效的参数设置　　图6-41 应用【可选颜色】特效前后的效果

6.1.13 亮度和对比度特效

【亮度和对比度】特效主要是对图像的亮度和对比度进行调节。该特效的参数设置如图 6-42 所示；应用该特效前后的效果如图 6-43 所示。

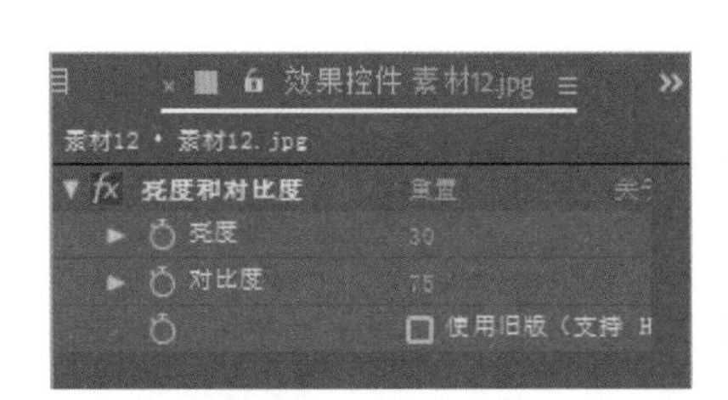

图6-42 【亮度和对比度】特效的参数设置　　图6-43 应用【亮度和对比度】特效前后的效果

- 【亮度】：该选项用于调整图像的亮度。
- 【对比度】：该选项用于调整图像的对比度。

6.1.14 曝光度特效

【曝光度】特效用于调节图像的曝光程度，用户可以通过选择通道来设置图像曝光的通道。【曝光度】特效的参数设置如图 6-44 所示；应用该特效前后的效果如图 6-45 所示。

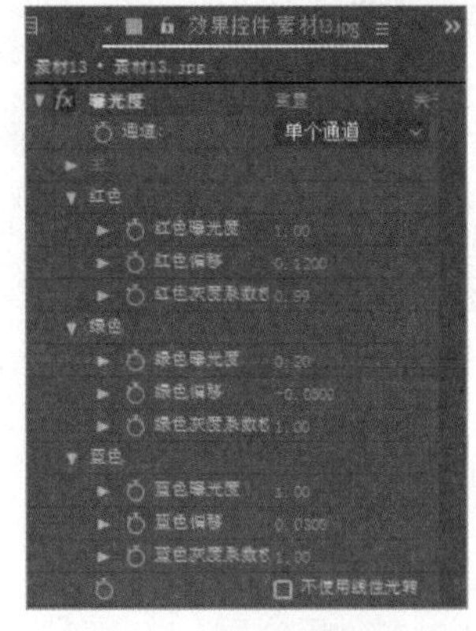

图6-44 【曝光度】特效的参数设置

图6-45 应用【曝光度】特效前后的效果

- 【通道】：用户可以在其右侧的下拉列表框中选择要曝光的通道，其中包括【主要通道】和【单个通道】两种。
- 【主】：该选项主要调整整个图像的色彩。
  - 【曝光】：设置整体画面曝光程度。
  - 【补偿】：设置整体画面曝光偏移量。
  - 【Gamma 校正】：设置整体画面的灰度值。
- 【红色 / 绿色 / 蓝色】：设置每个 RGB 色彩通道的曝光、补偿和 Gamma 校正选项。
- 【不使用线性光转换】：选中该复选框将设置线性光变换旁路。

6.1.15 曲线特效

【曲线】特效用于调整图像的色调和明暗度。该特效可以精确地调整高光、阴影和中间调区域中任意一点的色调与明暗，其功能与 Photoshop 中的曲线功能基本相似，可对图像的各个通道进行控制，调节图像色调范围。在曲线上最多可设置 16 个控制点。

【曲线】特效的参数设置如图 6-46 所示；应用该特效前后的效果如图 6-47 所示。

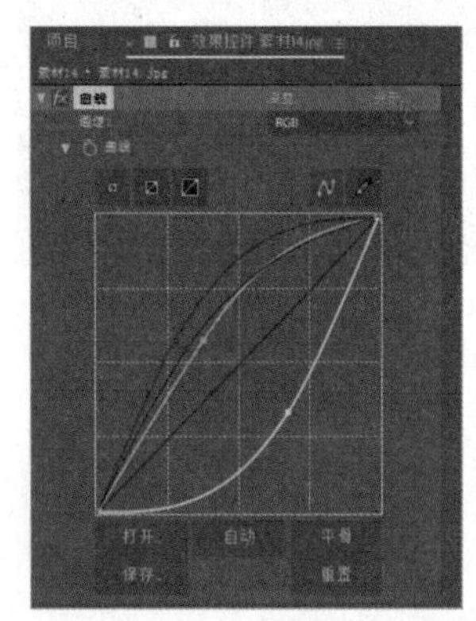

图6-46 【曲线】特效的参数设置

图6-47 应用【曲线】特效前后的效果

【通道】：用户可以在其右侧的下拉列表框中选择调整图像的颜色通道，可选择 RGB 命令，对图像的 RGB 通道进行调节，也可分别选择红、绿、蓝和 Alpha，对这些通道分别进行调节。

【曲线】：选中该工具然后单击曲线，可以在曲线上增加控制点。如果要删除控制点，在曲线上选中要删除的控制点，将其拖动至坐标区域外即可。按住鼠标左键拖动控制点，可对曲线进行编辑。

【铅笔】：使用该工具可以在左侧的控制区内单击拖动，绘制一条曲线来控制图像的亮区和暗区分布效果。

【打开】：单击该按钮可以打开储存的曲线文件。用户可以根据打开的曲线文件控制图像。

【保存】：该按钮用于对调节好的曲线进行存储，方便再次使用。存储格式为 .ACV。

【平滑】：单击该按钮可以将所设置的曲线转为平滑的曲线。

【重置】：单击该按钮可以将曲线恢复为初始的直线效果。

【自动】：单击该按钮系统将自动调整图像的色调和明暗度。

6.1.16 三色调特效

【三色调】特效的功能和参数与【CC 调色】特效相同，在此就不再赘述。【三色调】特效的参数设置如图 6-48 所示；应用该特效前后的效果如图 6-49 所示。

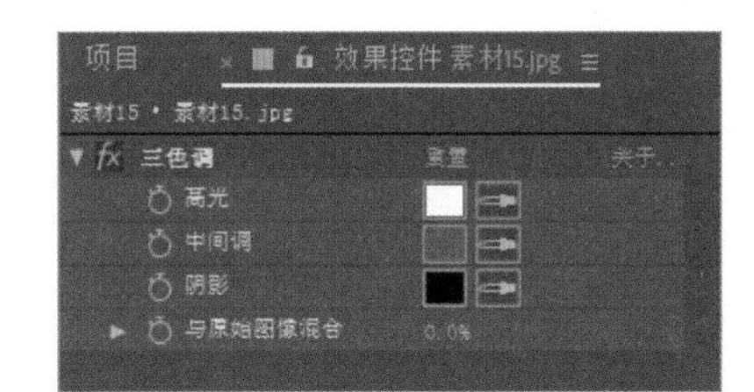

图6-48 【三色调】特效的参数设置

图6-49 应用【三色调】特效前后的效果

6.1.17 色调特效

【色调】特效可以通过指定的颜色对图像进行颜色映射处理。【色调】特效的参数设置如图 6-50 所示；应用该特效前后的效果如图 6-51 所示。

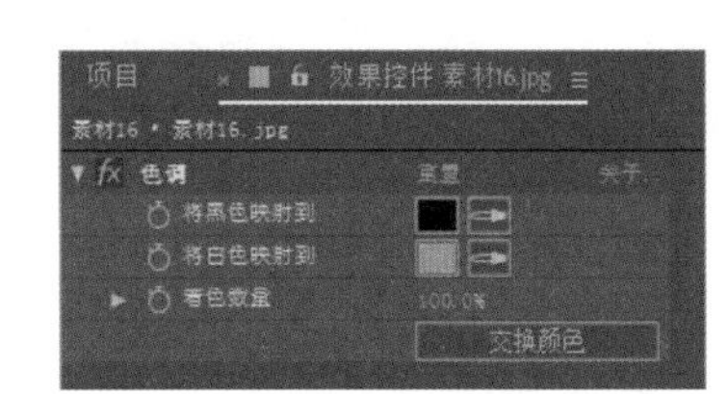

图6-50 【色调】特效的参数设置

图6-51 应用【色调】特效前后的效果

- 【将黑色映射到】：该选项用于设置图像中黑色和灰色映射的颜色。
- 【将白色映射到】：该选项用于设置图像中白色映射的颜色。
- 【着色数量】：该选项用于设置色调映射时的映射程度。

6.1.18 色调均化特效

【色调均化】特效用于对图像的阶调平均化。用白色取代图像中最亮的像素，用黑色取代图像中最暗的像素，以平均分配白色与黑色之间的阶调取代最亮与最暗之间的像。【色调均化】特效的参数设置如图6-52所示；应用该特效前后的效果如图6-53所示。

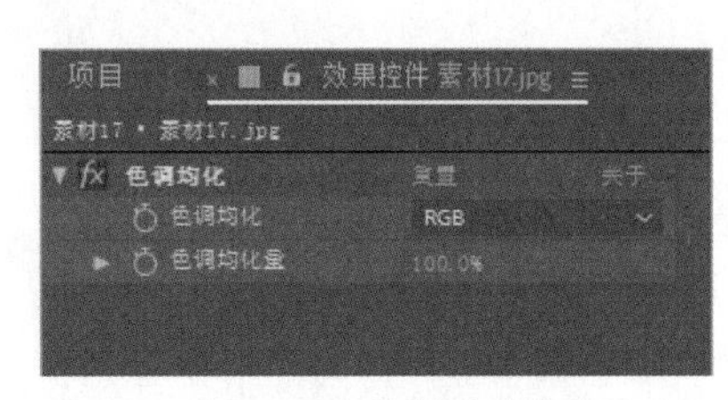

图6-52 【色调均化】特效的参数设置

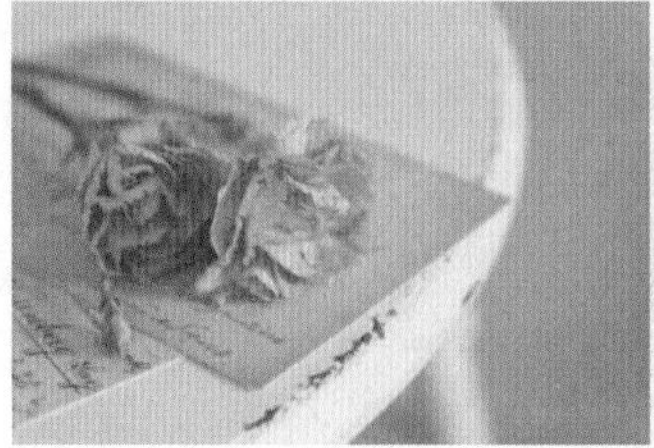
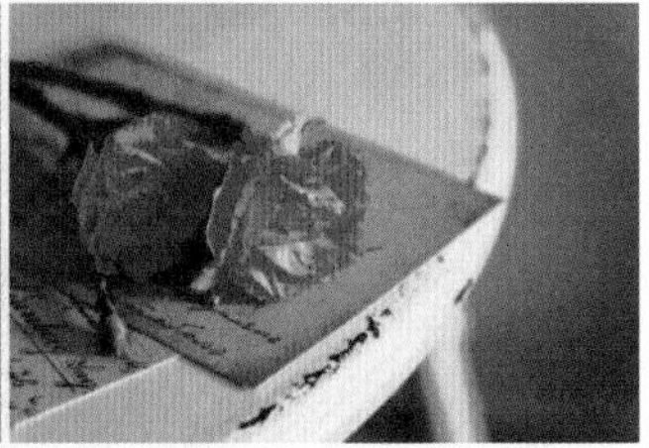

图6-53 应用【色调均化】特效前后的效果

- 【色调均化】:该选项用于设置均衡方式。用户可以在其右侧的下拉列表框中选择RGB、【亮度】、【Photoshop风格】3种均衡方式，RGB基于红、绿、蓝平衡图像；【亮度】基于像素亮度；【Photoshop风格】可重新分布图像中的亮度值，使其更能表现整个亮度范围。
- 【色调均化量】：通过设置参数指定重新分布亮度的程度。

6.1.19 色光特效

【色光】特效是一种功能强大的通用效果，可用于在图像中转换颜色和为其设置动画。使用该特效，可以为图像巧妙地着色，也可以彻底更改其调色板。

【色光】特效的参数设置如图6-54所示；应用该特效前后的效果如图6-55所示。

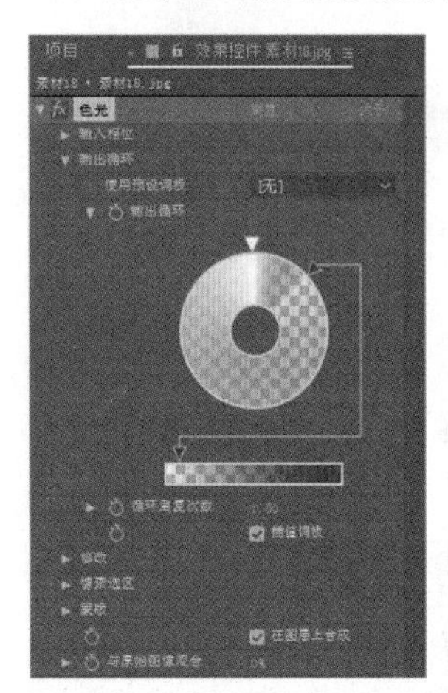

图6-54 【色光】特效的参数设置

图6-55 应用【色光】特效前后的效果

- 【输入相位】：该选项主要对色彩的相位进行调整，包括多个子选项，如图6-56所示。
  - 【获取相位，自】：选择产生渐变映射的元素，单击右侧的下三角按钮，在弹出的下拉列表中选择即可。
  - 【添加相位】：单击该选项右侧的下三角按钮，在弹出的下拉列表中指定合成图像中的一个层产生渐变映射。

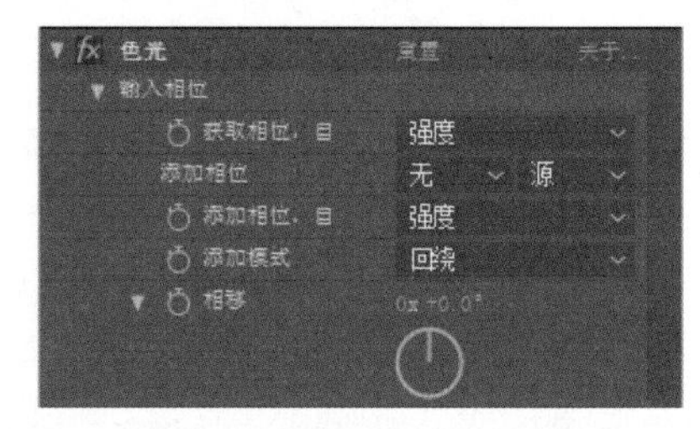

图6-56 【输入相位】子选项

- 【添加相位，自】：为当前图层指定渐变映射的层添加通道。
- 【添加模式】：指定彩光的添加模式。
- 【相移】：设置相移的旋转角度。

- 【输出循环】：该选项用于对渐变映射的样式进行设置。
  - 【使用预设调板】：单击其右侧的下三角按钮，在弹出的下拉列表中设置渐变映射的效果。
  - 【输出循环】：可以调整三角色块来改变图像中相对应的颜色。
  - 【循环重复次数】：用于设置渐变映射颜色的循环次数。
  - 【插值调板】：取消选中该复选框，系统以 256 色在色轮上产生粗糙的渐变映射效果。
- 【修改】：用于对渐变映射效果进行更改。
- 【像素选区】：用于指定色光影响的颜色。
- 【蒙版】：用于指定一个控制色光的蒙版层。
- 【在图层上合成】：将效果合成在图层画面上。
- 【与原始图像混合】：该选项用于设置特效的应用程度。

6.1.20 色阶特效

【色阶】特效用于调整图像的阴影、中间调和高光的强度级别，从而校正图像的色调范围和色彩平衡。【色阶】特效的参数设置如图 6-57 所示；应用该特效前后的效果如图 6-58 所示。

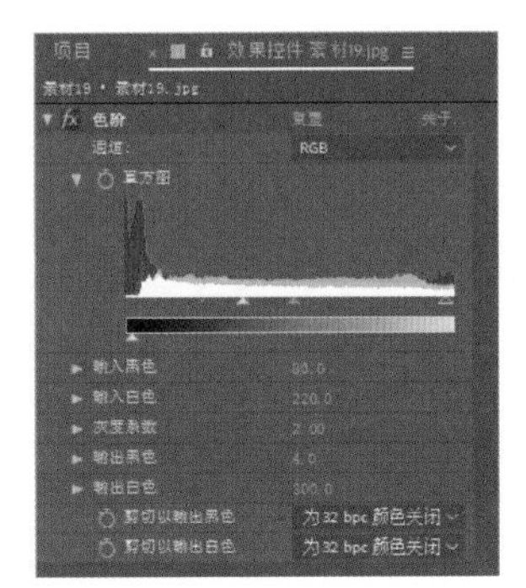

图6-57 【色阶】特效的参数设置

图6-58 应用【色阶】特效前后的效果

- 【通道】：利用该下拉列表框，可以在整个的颜色范围内对图像进行色调调整，也可以单独编辑特定颜色的色调。
- 【直方图】：该选项用于显示图像中像素的分布情况。
- 【输入黑色】：用于设置输入图像中暗区的阈值，输入的数值将应用到图像的暗区。
- 【输入白色】：用于设置输入图像中白色的阈值。由直方图中右边的白色小三角控制。
- 【灰度系数】：该选项用于设置输出的中间色调。
- 【输出黑色】：设置输出图像中黑色的阈值。由直方图下灰阶条中左边的黑色小三角控制。
- 【输出白色】：设置输出图像中白色的阈值。由直方图下灰阶条中右边的白色小三角控制。
- 【剪切以输出黑色】：该选项主要用于设置修剪暗区输出的状态。
- 【剪切以输出白色】：该选项主要用于设置修剪亮区输出的状态。

6.1.21 色阶（单独控件）特效

【色阶（单独控件)】特效的应用方法与【色

阶】特效的应用方法相同，只是在控件图像的亮度、对比度和灰度系数的时候，对图像的通道进行单独控件，更加细化了控件的效果。该特效各项参数的含义与【色阶】特效相同，此处就不再赘述。【色阶（单独控件）】特效的参数设置如图6-59所示；应用该特效前后的效果如图6-60所示。

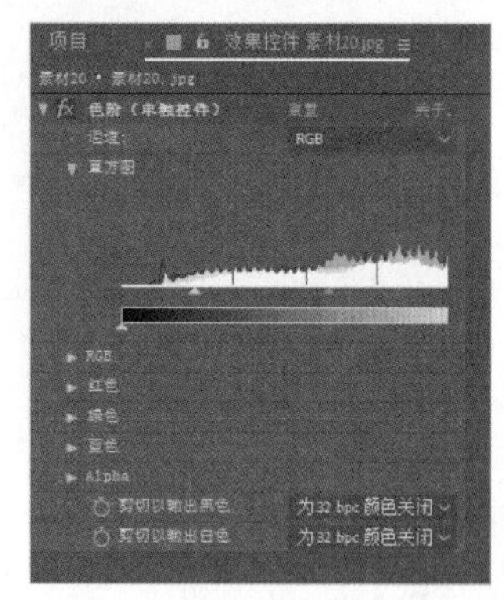

图6-59　【色阶（单独控件）】的参数设置　　特效　图6-60　应用【色阶（单独控件）】特效前后的效果

6.1.22 色相/饱和度特效

【色相/饱和度】特效用于调整图像中单个颜色分量的主色相、主饱和度和主亮度。其应用的效果与【色彩平衡】特效相似。【色相/饱和度】特效的参数设置如图6-61所示。

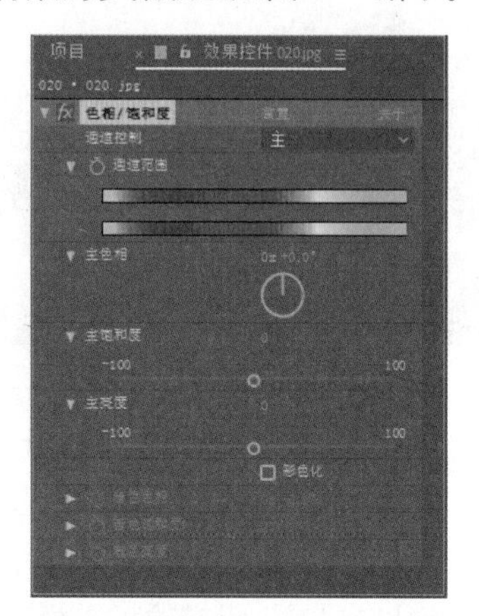

图6-61　【色相/饱和度】特效的参数设置

- 【通道控制】：用于设置颜色通道。如果设置为【主】，将对所有颜色应用效果；选择其他选项，则对相应的颜色应用效果。
- 【通道范围】：控制所调节的颜色通道的范围。两个色条表示其在色轮上的顺序，上面的色条表示调节前的颜色，下面的色条表示在全饱和度下调整后的效果。当对单独的通道进行调节时，下面的色条会显示控制滑杆。拖动竖条调节颜色范围；拖动三角，调整羽化量。
- 【主色相】：控制所调节的颜色通道的色调。利用颜色控制轮盘改变总的色调。设置该参数前后的效果如图6-62所示。

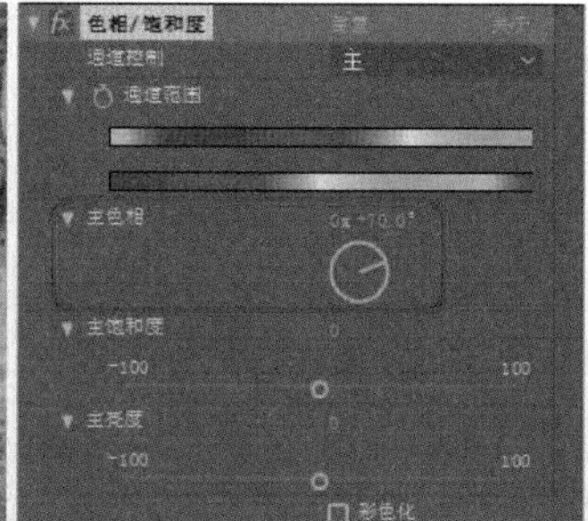

图6-62　调整【主色调】参数前后的效果

- 【主饱和度】:用于控制所调节的颜色通道的饱和度。设置该参数前后的效果如图 6-63 所示。

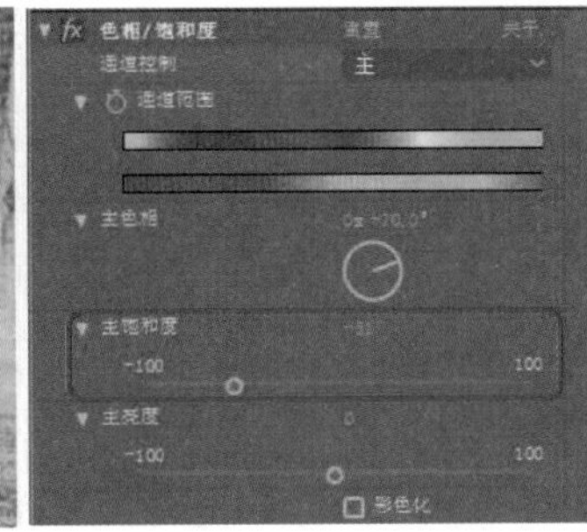

图6-63 调整【主饱和度】参数前后的效果

- 【主亮度】:控制所调节的颜色通道的亮度。调整该参数前后的效果如图 6-64 所示。

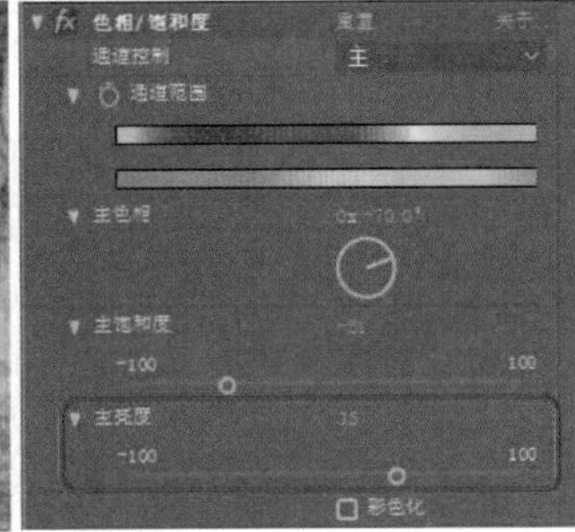

图6-64 调整【主亮度】参数前后的效果

- 【彩色化】:选中该复选框,图像将被转换为单色调效果。选中该选项前后的效果如图 6-65 所示。

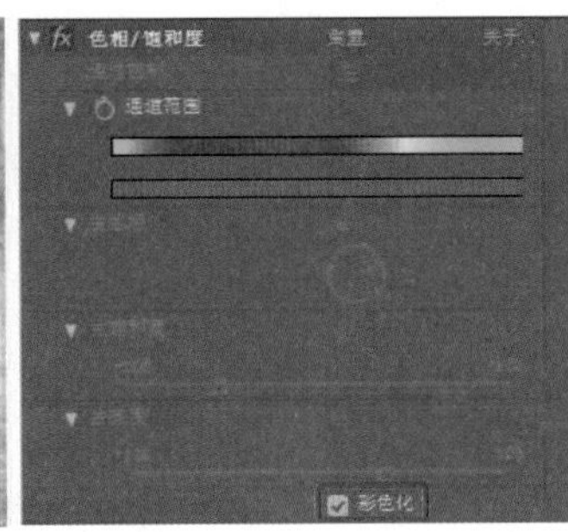

图6-65 选中【彩色化】选项前后的效果

- 【着色色相】:设置彩色化图像后的色调。调整该参数前后的效果如图 6-66 所示。

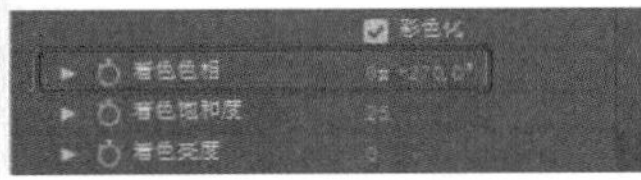

图6-66 调整【着色色相】参数前后的效果

- 【着色饱和度】：设置彩色化图像后的饱和度。调整该参数前后的效果如图 6-67 所示。

图6-67　调整【饱和度】参数前后的效果

- 【着色亮度】：设置彩色化图像后的亮度。

6.1.23 通道混合器特效

【通道混合器】特效可以使图像中现有颜色通道的混合来修改目标（输出）颜色通道，从而控制单个通道的颜色量。 利用该命令可以创建高品质的灰度图像、棕褐色调图像或其他色调图像，也可以对图像进行创造性的颜色调整。该特效的参数设置如图 6-68 所示；应用该特效前后的效果如图 6-69 所示。

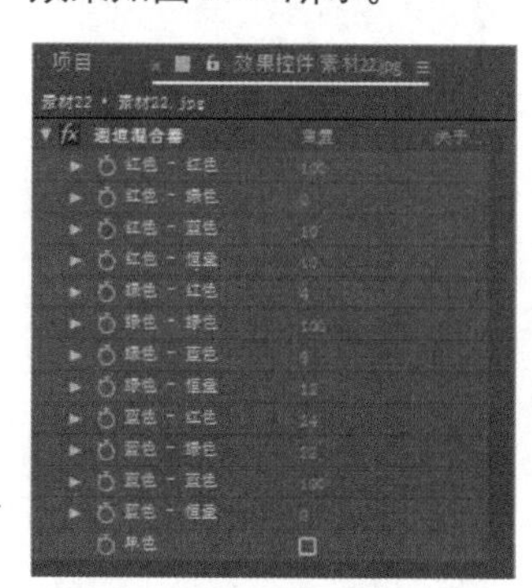

图6-68　【通道混合器】特效的参数设置

图6-69　应用【通道混合器】特效前后的效果

- 【红色、绿色、蓝色】：该选项可以调整图像色彩，其中左右 X 代表来自 RGB 通道的色彩信息。
- 【单色】：选中该复选框，图像将变为灰色，即单色图像。此时再次调整通道色彩将会改变单色图像的明暗关系。

6.1.24 颜色链接特效

【颜色链接】特效用于将当前图像的颜色信息覆盖在当前层上，以改变当前图层的颜色。用户可以通过设置不透明参数，使图像呈现透过玻璃看画面的效果。【色彩链接】特效的参数设置如图 6-70 所示；应用该特效前后的效果如图 6-71 所示。

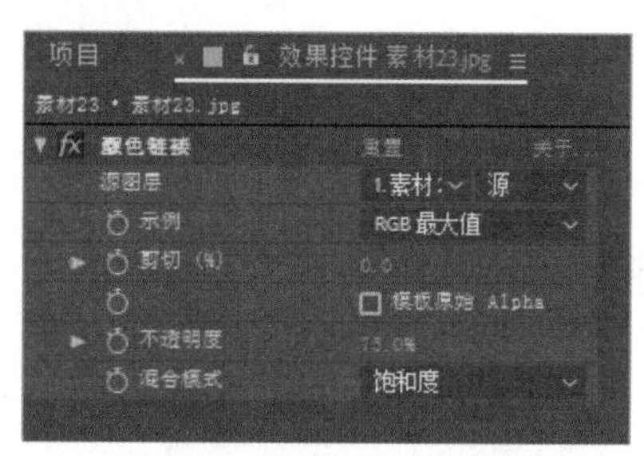

图6-70　【颜色链接】特效的参数设置

- 【源图层】：用户可以通过该下拉列表框选择与颜色匹配的图层。
- 【示例】：用户可以在其右侧的下拉列表框中选择一种默认的样品来调节颜色。

- 【剪切（%）】：该选项主要用于设置调整的程度。
- 【模板原始 Alpha】：读取原稿的透明模板，如果原稿中没有 Alpha 通道，通过抠像也可以产生类似的透明区域，所以，对此选项的勾选很重要。
- 【不透明度】：该选项用于设置所调整颜色的透明度。
- 【混合模式】：调整所选颜色层的混合模式，这是此命令的另一个关键点，最终的颜色链接通过此模式完成。

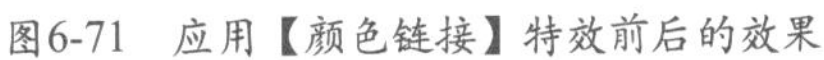

图6-71　应用【颜色链接】特效前后的效果

6.1.25 颜色平衡特效

【颜色平衡】特效主要用于调整整体图像的色彩平衡，以及对于普通色彩的校正，通过对图像的 R（红）、G（绿）、B（蓝）通道进行调节，分别调节颜色在暗部、中间色调和高亮部分的强度。【颜色平衡】特效的参数设置如图 6-72 所示；应用该特效前后的效果如图 6-73 所示。

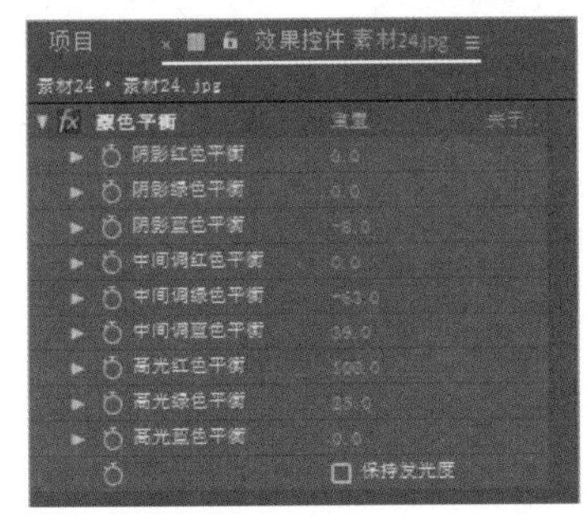

图6-72　【颜色平衡】特效的参数设置

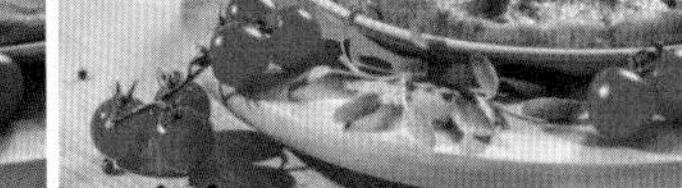

图6-73　应用【颜色平衡】特效前后的效果

- 【阴影红色 / 绿色 / 蓝色平衡】：分别设置阴影区域中红、绿、蓝的色彩平衡程度，一般默认值为 -100~100。
- 【中间调红色 / 绿色 / 蓝色平衡】：该选项主要用于调整中间区域的色彩平衡程度。
- 【高光红色 / 绿色 / 蓝色平衡】：该选项主要用于调整高光区域的色彩平衡程度。

6.1.26 颜色平衡（HLS）特效

【颜色平衡（HLS）】特效与【颜色平衡】基本相似，不同的是，该特效不是调整图像的 RGB 而是 HLS，即调整图像的色相、亮度和饱和度，以改变图像的颜色。【颜色平衡（HLS）】特效的参数设置如图 6-74 所示；应用该特效前后的效果如图 6-75 所示。

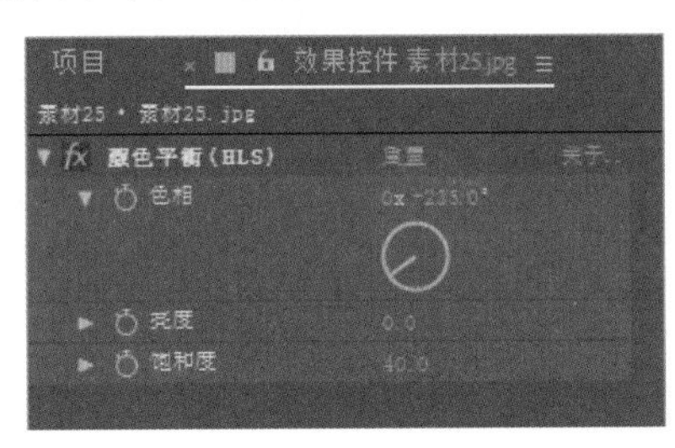

图6-74　【颜色平衡（HLS）】特效的参数设置

- 【色相】：该选项主要用于调整图像的色调。
- 【亮度】：该选项主要用于控制图像的明亮程度。
- 【饱和度】：该选项主要用于控制图像整体颜色的饱和度。

图6-75　应用【颜色平衡（HLS）】特效前后的效果

6.1.27 颜色稳定器特效

【颜色稳定器】特效可以根据周围的环境改变素材的颜色，用户可以通过设置采样颜色来改变画面色彩的效果。【颜色稳定器】特效的参数设置如图 6-76 所示；应用该特效前后的效果如图 6-77 所示。

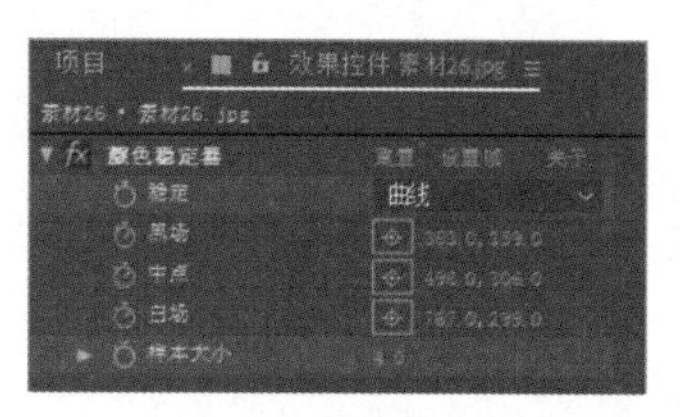

图6-76　【颜色稳定器】特效的参数设置

图6-77　应用【颜色稳定器】特效前后的效果

- 【稳定】：该选项用于设置颜色稳定的方式，在其右侧的下拉列表框中有【亮度】、【电平】、【曲线】3 种形式。
- 【黑场】：该选项主要用来指定图像中黑色点的位置。
- 【中点】：该选项用于在亮点和暗点中间设置一个保持不变的中间色调。
- 【白场】：该选项用来指定白色点的位置。
- 【样本大小】：用于设置采样区域的大小尺寸。

6.1.28 阴影/高光特效

【阴影 / 高光】特效适合校正由强逆光而形成剪影的照片，也可以校正由于太接近相机闪光灯而有些发白的焦点，在其他方式采光的图像中，这种调整也可以使阴影区域变亮。【阴影 / 高光】是非常有用的命令，它能够基于阴影或高光中的局部相邻像素来校正每个像素，在调整阴影区域时，对高光区域的影响很小，而调整高光区域时，又对阴影区域的影响很小。【阴影 / 高光】特效的参数设置如图 6-78 所示；应用该特效前后的效果如图 6-79 所示。

- 【自动数量】：选中该复选框，系统将自动对图像进行阴影和高光的调整。选中该复选框后，【阴影数量】和【高光数量】选项将不能使用。
- 【阴影数量】：该选项用于调整图像的阴影数量。
- 【高光数量】：该选项用于调整图像的高光数量。
- 【瞬时平滑（秒）】：用于调整时间轴向滤波。
- 【场景检测】：选中该复选框，则设置场景检测。
- 【更多选项】：在该参数项下可进一步设置特效的参数。
- 【与原始图像混合】：设置效果图像与原图像的混合程度。

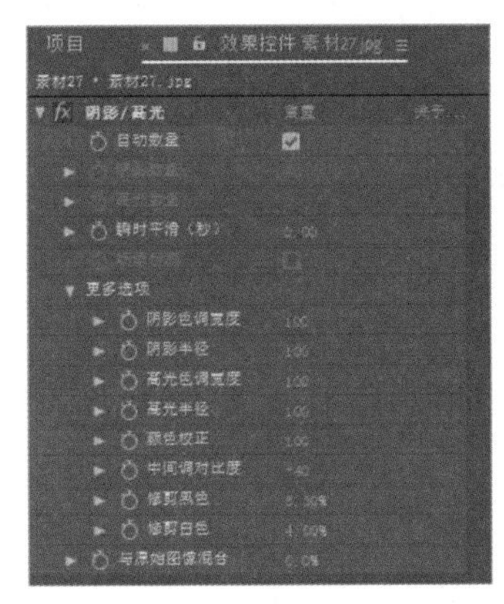

图6-78 【阴影/高光】特效的参数设置

图6-79 应用【阴影/高光】特效前后的效果

6.1.29 照片滤镜特效

【照片滤镜】特效是通过模拟在相机镜头前面加装彩色滤镜来调整通过镜头传输的光的色彩平衡和色温，或者使胶片曝光。在该特效中允许用户选择预设的颜色或者自定义的颜色调整图像的色相。【照片滤镜】特效的参数设置如图6-80所示。

- 【滤镜】：用户可以在其右侧的下拉列表框中选择一个滤镜。当用户在该下拉列表框中选择【冷色滤镜（80)】和【深红】命令时的效果如图6-81所示。

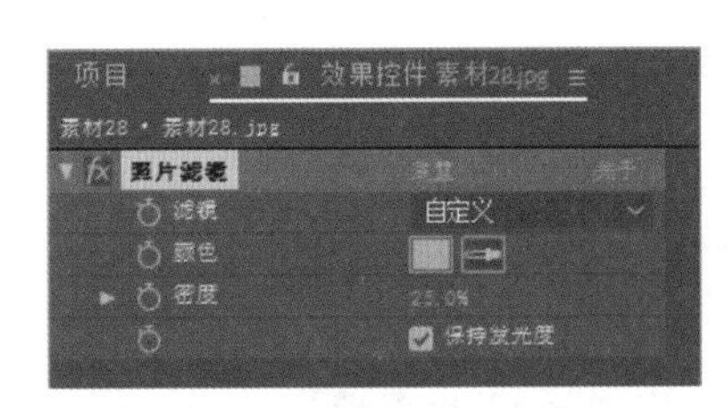

图6-80 【照片滤镜】特效的参数设置

图6-81 【冷色滤镜（80）】和【深红】滤镜的效果对比

- 【颜色】：当将【滤镜】设置为【自定义】时，用户可单击该选项右侧的颜色块，在打开的【拾色器】中设置自定义的滤镜颜色。
- 【密度】：用来设置滤光镜的滤光浓度。该值越高，颜色的调整幅度就越大。如图6-82所示为不同密度值时的效果。
- 【保持发光度】：选中该复选框，将对图像中的亮度进行保护，可在添加颜色的同时保持原图像的明暗关系。

图6-82 密度不同时的效果

6.1.30 自动对比度特效

【自动对比度】特效用于对图像的自动对比度进行调整。如果图像值和自动对比度的值相近，应用该特效后图像变换效果较小。该特效的参数设置如图 6-83 所示；应用该特效前后的效果如图 6-84 所示。

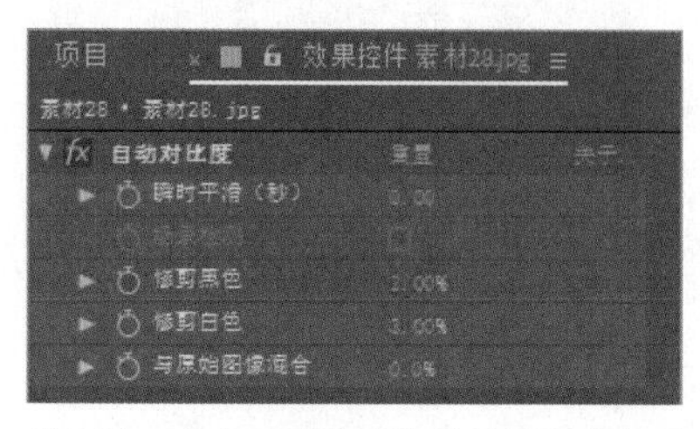

图6-83 【自动对比度】特效的参数设置

图6-84 应用【自动对比度】特效前后的效果

- 【瞬时平滑（秒)】：用于指定一个时间滤波范围，以秒为单位。
- 【场景检测】：检测层中图像的图像。
- 【修剪黑色】：修剪阴影部分的图像，加深阴影。
- 【修剪白色】：修剪高光部分的图像，提高高光亮度。
- 【与原始图像混合】：该选项用于设置特效图像与原图像间的混合比例。

6.1.31 自动色阶特效

【自动色阶】特效用于对图像进行自动色阶的调整。如果图像值和自动色阶的值相近，应用该特效后的图像变换效果比较小。该特效各项参数的含义与自动色彩的参数含义相似，此处就不再赘述。该特效的参数设置如图 6-85 所示；应用该特效前后的效果如图 6-86 所示。

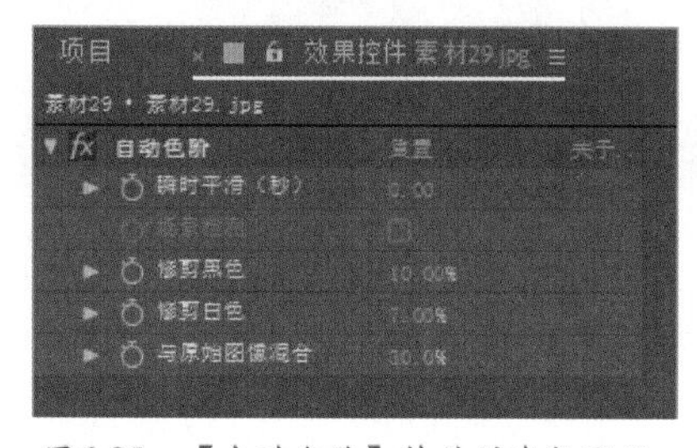

图6-85 【自动色阶】特效的参数设置

图6-86 应用【自动色阶】特效前后的效果

6.1.32 自动颜色特效

【自动颜色】特效与【自动对比】特效类似，只是比【自动对比】特效多了个【对齐中性中间调】选项。【自动颜色】特效的参数设置如图 6-87 所示；应用该特效前后的效果如图 6-88 所示。

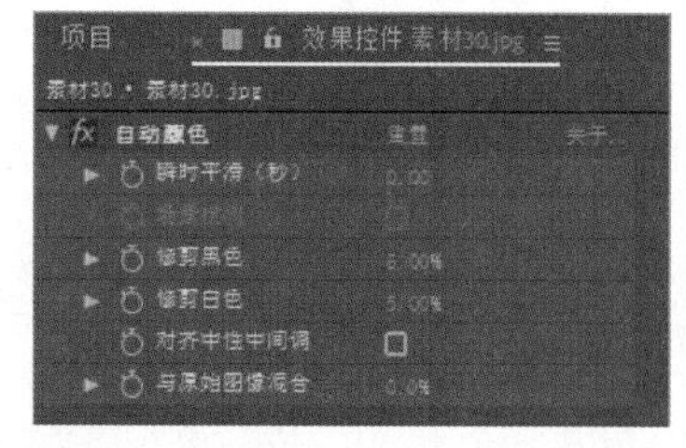

图6-87 【自动颜色】特效的参数设置

图6-88 应用【自动颜色】特效前后的效果

【对齐中性中间调】：识别并自动调整中间颜色的影调。

6.1.33 自然饱和度特效

使用【自然饱和度】特效调整饱和度以便在图像颜色接近最大饱和度时，最大限度地减少修剪。该特效的参数设置如图 6-89 所示；应用该特效前后的效果如图 6-90 所示。

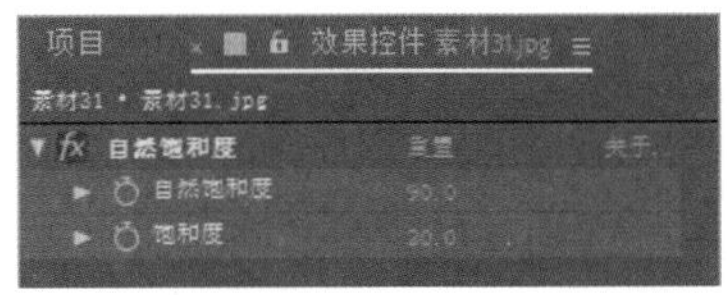

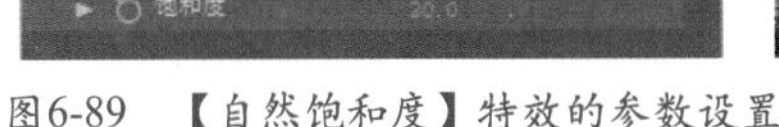

图6-89 【自然饱和度】特效的参数设置

图6-90 应用【自然饱和度】特效前后的效果

- 【自然饱和度】：用于设置颜色的饱和度轻微变化效果。数值越大，饱和度越高；反之饱和度越小。
- 【饱和度】：用于设置颜色浓烈的饱和度差异效果。数值越大，饱和度越高；反之饱和度越小。

6.1.34 Lumetri颜色特效

After Effects 提供专业品质的 Lumetri 颜色分级和颜色校正工具，可让用户直接在时间轴上为素材分级。用户可以通过【效果】菜单和及【效果和预设】面板中的【颜色校正】类别访问 Lumetri 颜色效果。Lumetri 颜色经过 GPU 加速，可实现更快的性能。使用这些工具，用户可以用具有创意的全新方式按序列调整颜色、对比度和光照。编辑和颜色分级可配合工作，这样，用户可以在编辑和分级任务之间自由切换，而无须导出或启动单独的分级应用程序。【Lumetri 颜色】特效的参数设置如图 6-91 所示；应用该特效前后的效果如图 6-92 所示。

Lumetri 颜色效果的工作方式与 Premiere Pro 中的颜色面板相同。

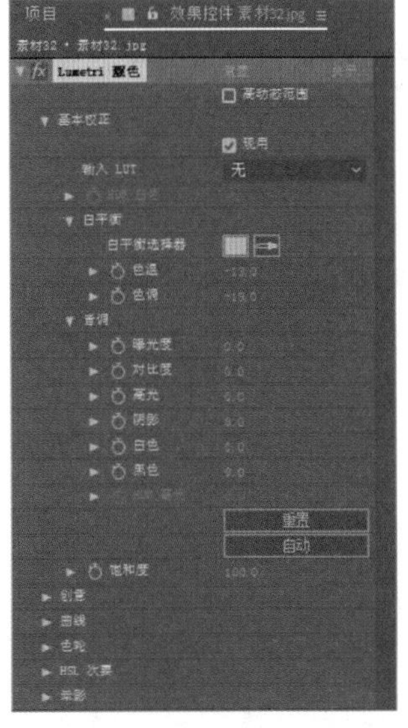

图6-91 【Lumetri颜色】特效的参数设置

图6-92 应用【Lumetri颜色】特效前后的效果

6.2 制作黑夜蝙蝠动画短片——键控特效

本案例将介绍如何制作黑夜蝙蝠动画短片。首先添加素材图片，然后在视频层上使用【颜色键】效果，通过设置【颜色键】效果参数，将视频与图片合成在一起。完成后的效果如图6-93所示。

图6-93 黑夜蝙蝠动画短片

素材	素材\Cha06\B01.jpg、Bats.avi
场景	场景\Cha06\制作黑夜蝙蝠动画短片——键控特效.aep
视频	视频教学\Cha06\6.2 制作黑夜蝙蝠动画短片——键控特效.mp4

01 启动After Effects CC软件，在【项目】面板中双击，在弹出的【导入文件】对话框中，选择“素材\Cha06\B01.jpg和Bats.avi”素材文件，然后单击【导入】按钮，将素材导入【项目】面板中，如图6-94所示。

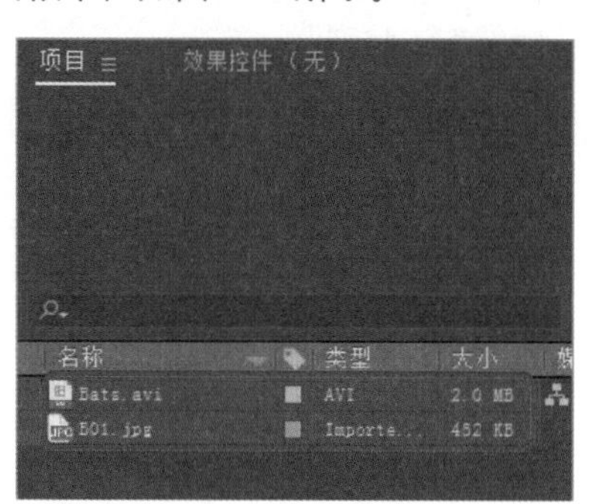

图6-94 导入素材

02 将【项目】面板中的“B01.jpg”素材图片添加到时间轴中，创建一个合成，如图6-95所示。

03 在时间轴中右击，在弹出的快捷菜单中选择【合成设置】命令，在弹出的【合成设置】对话框中，将【合成名称】设置为【黑夜蝙蝠动画短片】，将【持续时间】设置为0:00:09:00，单击【确定】按钮，如图6-96所示。

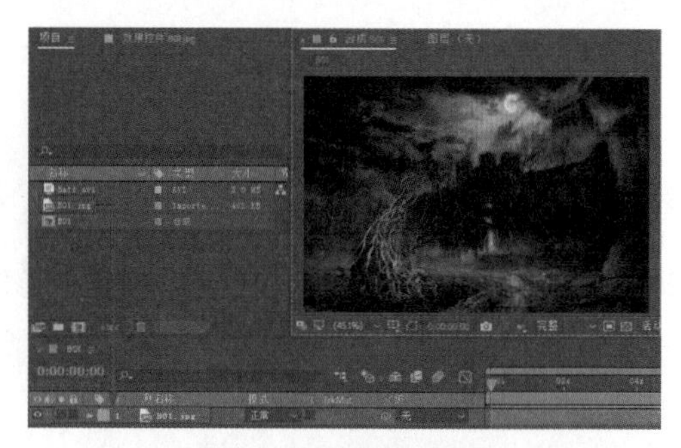

图6-95 创建素材合成

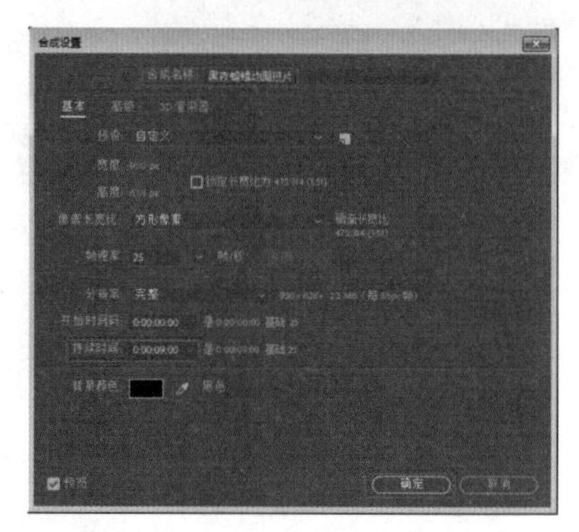

图6-96 【合成设置】对话框

04 将【项目】面板中的“Bats.avi”素材添加到时间轴的顶部，然后将其【缩放】设置为117%，如图6-97所示。

图6-97 添加素材并设置缩放

05 选中时间轴中的“Bats.avi”层，在菜单栏中选择【效果】|【过时】|【颜色键】命令，如图6-98所示。

06 在【合成】面板中，将分辨率设置为【完整】。然后在【效果控件】面板中，将【颜色键】选项组中的【主色】设置为白色，然后将【颜色容差】设置为255，【薄化边缘】设置为2，如图6-99所示。

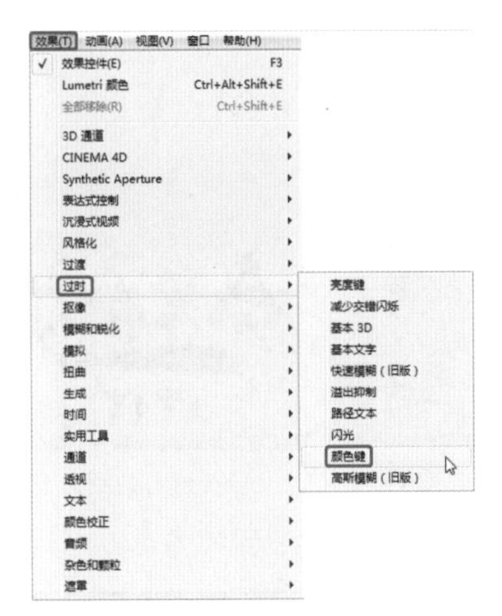

图6-98　选择【颜色键】命令

图6-99　设置【颜色键】效果

07 在【时间轴】面板中将两个素材的持续时间均设置为 0:00:09:00。按 Ctrl+M 组合键，在【渲染队列】面板中，设置合成的输出位置，然后单击【渲染】按钮，如图 6-100 所示。最后将场景文件进行保存。

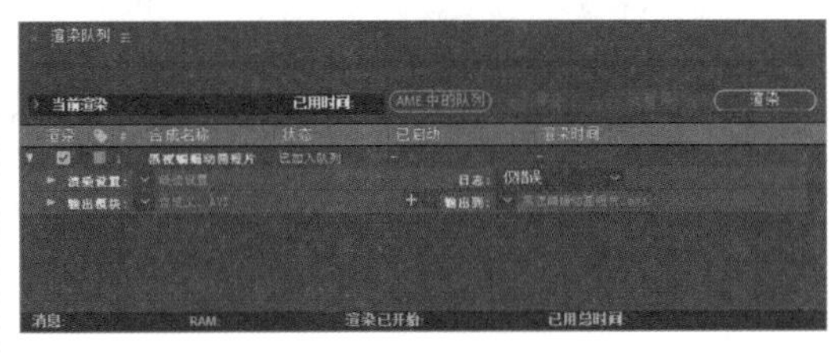

图6-100　渲染输出视频

6.2.1　CC Simple Wire Removal（擦钢丝）特效

CC Simple Wire Removal（擦钢丝）特效是利用一根线将图像分割，在线的部位产生模糊效果。CC Simple Wire Removal（擦钢丝）特效的参数设置如图 6-101 所示，应用该特效前后的效果如图 6-102 所示。

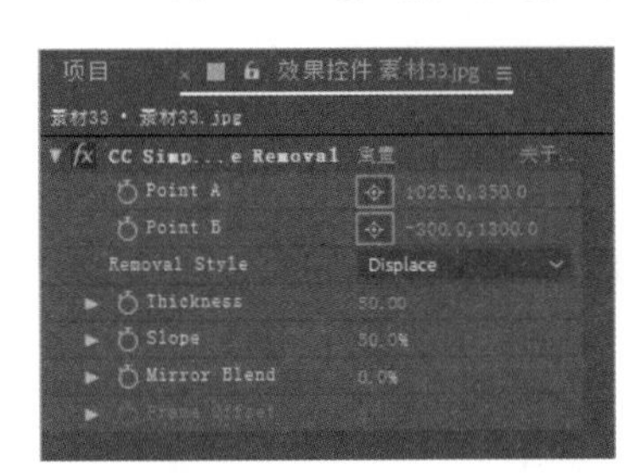

图6-101　CC Simple Wire Removal特效的参数设置

图6-102　应用CC Simple Wire Removal特效前后的效果

- Point A（点 A）：该选项用于设置控制点 A 在图像中的位置。
- Point B（点 B）：该选项用于设置控制点 B 在图像中的位置。
- Removal Style（移除样式）：该选项用于设置钢丝的样式。
- Thickness（厚度）：该选项用于设置线的厚度。
- Slope（倾斜）：该选项用于设置钢丝的倾斜角度。
- Mirror Blend（镜像混合）：该选项用于设置线与原图像的混合程度。值越大，越模糊；值越小，越清晰。
- Frame Offset（帧偏移）：当 Removal Style（移除样式）为 Frame Offset 时，该选项才能够使用。

6.2.2　Keylight（1.2）特效

Keylight（1.2）特效可以通过指定颜色对图像进行抠除，用户可以对其进行参数设置，从而产生不同的效果。Keylight（1.2）特效的参数设置如图 6-103 所示；应用该特效前后的效果如图 6-104 所示。

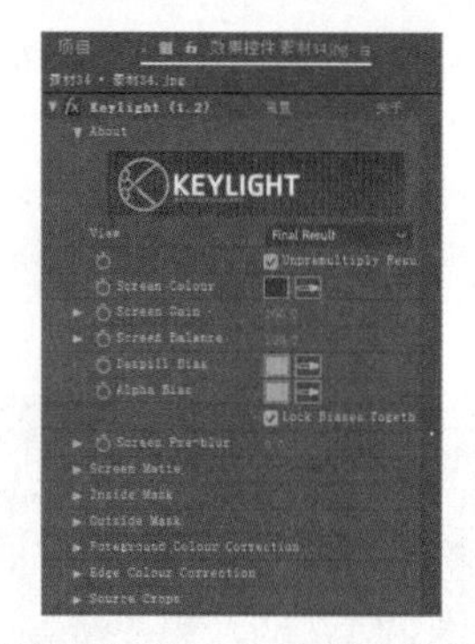

图6-103　Keylight（1.2）特效的参数设置

图6-104　应用Keylight（1.2）特效前后的效果

- View（视图）：用户可以在其右侧的下拉列表框中选择不同的视图。
- Screen Color（屏幕颜色）：该选项用于设置要抠除的颜色。
- Screen Gain（屏幕增益）：该选项用于设置屏幕颜色的饱和度。
- Screen Balance（屏幕平衡）：该选项用于设置屏幕色彩的平衡。
- Screen Mask（屏幕蒙版）：该选项用于调节图像黑白所占的比例及图像的柔和度。
- Inside Mask（内侧遮罩）：该选项用于为图像添加并设置抠像内侧的遮罩属性。
- Outside Mask（外侧遮罩）：该选项用于为图像添加并设置抠像外侧的遮罩属性。
- Foreground Colour Correction（前景色校正）：该选项用于设置蒙版影像的色彩属性。
- Edge Colour Correction（边缘色校正）：该选项用于校正特效的边缘色。
- Source Crops（来源）：该选项用于设置裁剪影像的属性类型及参数。

6.2.3 差值遮罩特效

- 【差值遮罩】特效通过对差异层与特效层进行颜色对比，将相同颜色的区域抠出，制作出透明的效果。【差值遮罩】特效的参数设置如图6-105所示。

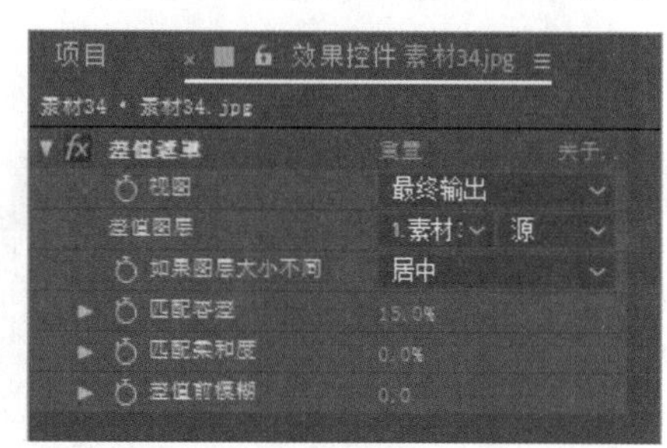

图6-105　【差值遮罩】特效的参数设置

- 【视图】：该选项用于选择不同的图像视图。
- 【差值图层】：该选项用于指定与特效层进行比较的差异层。
- 【如果图层大小不同】：该选项用于设置差异层与特效层的对齐方式。
- 【匹配容差】：该选项用于设置颜色对比的范围大小。值越大，包含的颜色信息量就越多。
- 【匹配柔和度】：该选项用于设置颜色的柔化程度。
- 【差值前模糊】：该选项用于设置模糊值。

6.2.4 亮度键特效

【亮度键】特效主要是利用图像中像素的不同亮度来进行抠图，主要用于明暗对比度比较大但色相变化不大的图像。【亮度键】特效的参数设置如图6-106所示；应用该特效前后的效果如图6-107所示。

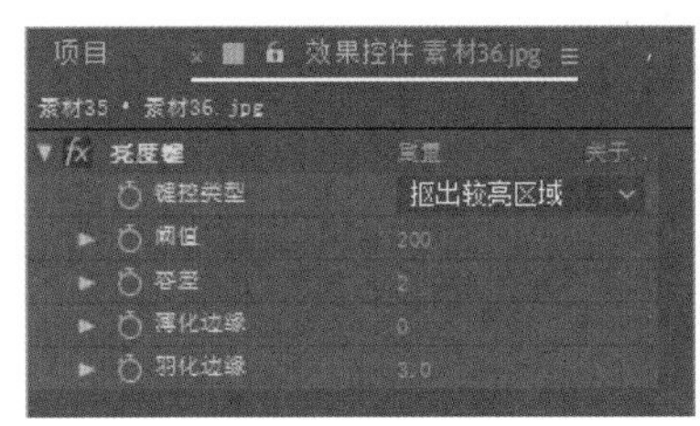

图6-106 【亮度键】特效的参数设置

图6-107 应用【亮度键】特效前后的效果

- 【键控类型】：该选项用于指定亮度键类型。【抠出较亮区域】使比指定亮度值亮的像素透明；【抠出较暗区域】使比指定亮度值暗的像素透明；【抠出相似区域】使亮度值宽容度范围内的像素透明；【抠出非相似区域】使亮度值宽容度范围外的像素透明。
- 【阈值】：指定键出的亮度值。
- 【容差】：指定键出亮度的宽容度。
- 【薄化边缘】：设置对键出区域边界的调整。
- 【羽化边缘】：设置键出区域边界的羽化度。

6.2.5 内部/外部键特效

【内部 / 外部键】特效可以通过制定的遮罩来定义内边缘和外边缘，然后根据内外遮罩进行图像差异比较，从而得到一个透明的效果。【内部 / 外部键】特效的参数设置如图 6-108 所示，应用该特效前后的效果如图 6-109 所示。

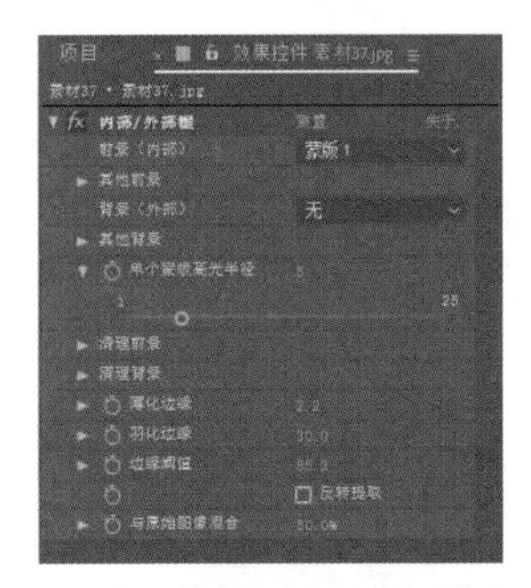

图6-108 【内部/外部键】特效的参数设置

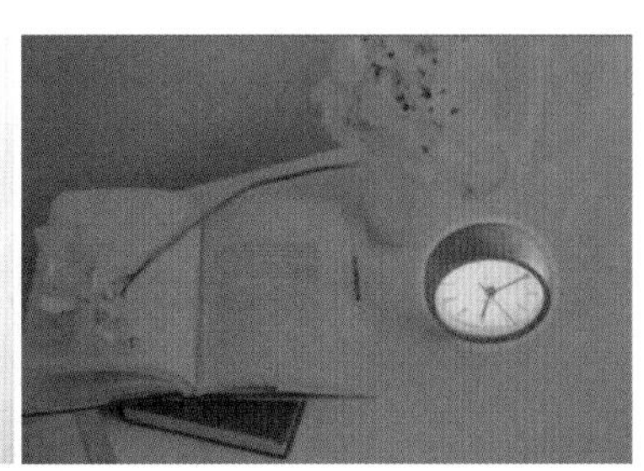

图6-109 应用【内部/外部键】特效前后的效果

- 【前景（内部）】：为键控特效指定前景遮罩。
- 【其他前景】：对于较复杂的键控对象，需要为其指定多个遮罩，以进行不同部位的键出。
- 【背景（外部）】：为键控特效指定外边缘遮罩。
- 【其他背景】：在该选项中可添加更多的背景遮罩。
- 【单个蒙版高光半径】：当使用单一遮罩时，修改该参数就可以扩展遮罩的范围。
- 【清理前景】：该选项用于根据指定的遮罩路径，清除前景色。
- 【清理背景】：该选项用于根据指定的遮罩路径，清除背景。
- 【薄化边缘】：该选项用于设置边缘的粗细。
- 【羽化边缘】：该选项用于设置边缘的柔化程度。
- 【边缘阈值】：该选项用于设置边缘颜色的阈值。
- 【反转提取】：选中该复选框，将设置的提取范围进行反转操作。
- 【与原始图像混合】：该选项用于设置特效图像与原图像间的混合比例。值越大，特效图与原图就越接近。

6.2.6 提取特效

【提取】特效根据指定的一个亮度范围来产生透明，亮度范围的选择基于通道的直方图。对于具有黑色或白色背景的图像，或背景亮度与保留对象之间亮度反差很大的复杂背景图像，使用该滤镜特效效果较好。【提取】特效的参数设置如图 6-110 所示，应用该特效前后的效果如图 6-111 所示。

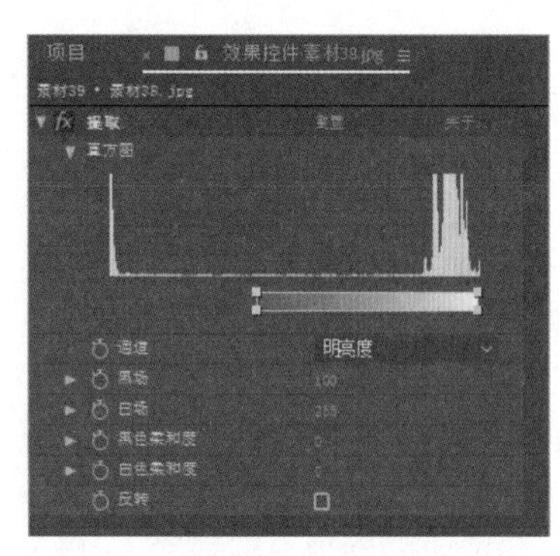

图6-110 【提取】特效的参数设置

图6-111 应用【提取】特效前后的效果

- 【直方图】：该选项用于显示图像亮区、暗区的分布情况和参数值的调整情况。
- 【通道】：该选项用于设置抠像图层的色彩通道，其中包括【亮度】、【红色】、【绿色】等 5 种通道。
- 【黑场】：该选项用于设置黑点的范围，小于该值的黑色区域将变成透明。
- 【白场】：该选项用于设置白点的范围，小于该值的白色区域将变成透明。
- 【黑色柔和度】：该选项用于调节暗色区域的柔和程度。
- 【白色柔和度】：该选项用于调节亮色区域的柔和程度。
- 【反转】：选中该复选框后，可反转蒙版。

6.2.7 线性颜色键特效

【线性颜色键】特效可以根据 RGB 色彩信息或色相及饱和度信息与指定的键控色进行比较。【线性颜色键】特效的参数设置如图 6-112 所示，应用该特效前后的效果如图 6-113 所示。

- 【预览】：该选项用于显示素材视图和键控预览效果图。
  - ◆ 素材视图：用于显示素材原图。
  - ◆ 预览视图：用于显示键控的效果。

图6-112 【线性颜色键】特效的参数设置

图6-113 应用【线性颜色键】特效前后的效果

- 【键控滴管】：该选项用于在素材视图中选择键控色。

- 【加滴管】：该选项用于增加键控色的颜色范围。
- 【减滴管】：该选项用于减少键控色的颜色范围。
- 【视图】：该选项用于设置视图的查看效果。
- 【主色】：该选项用于需要设置为透明色的颜色。
- 【匹配颜色】：该选项用于设置抠像的色彩空间模式。用户可以在其右侧的下拉列表框中选择【使用 RGB】、【使用色调】、【使用色度】3 种模式。【使用 RGB】是以红、绿、蓝为基准的键控色；【使用色调】基于对象发射或反射的颜色为键控色，以标准色轮廓的位置进行计量；【使用色度】的键控色基于颜色的色调和饱和度。
- 【匹配容差】：该选项用于设置透明颜色的容差度。较低的数值产生透明较少，较高的数值产生透明较多。
- 【匹配柔和度】：该选项用于调节透明区域与不透明区域之间的柔和度。
- 【主要操作】：该选项用于设置键控色是键出还是保留原色。

6.2.8 颜色差值键特效

【颜色差值键】特效是将指定的颜色划分为 A、B 两个部分实现抠像操作。蒙版 A 是指定键控色之外的其他颜色区域透明，蒙版 B 是指定键控颜色区域透明，将两个蒙版透明区域进行组合得到第 3 个蒙版的透明区域，这个新的透明区域就是最终的 Alpha 通道。【颜色差值键】特效的参数设置如图 6-114 所示，应用该特效前后的效果如图 6-115 所示。

图6-114 【颜色差值键】特效的参数设置

图6-115 应用【颜色差值键】特效前后的效果

- 【预览】：预演素材视图和遮罩视图。素材视图用于显示源素材画面缩略图，遮罩视图用于显示调整的遮罩情况。单击下面的按钮 A、B、α 可分别查看【遮罩 A】、【遮罩 B】、【Alpha 遮罩】。
- 【视图】：该选项用于设置图像在【合成】面板中的显示模式，在其右侧的下拉列表框中共提供了 9 种查看模式。
- 【主色】：该选项用于设置需要抠除的颜色。用户可用吸管直接在面板中取得，也可通过色块设置颜色。
- 【颜色匹配准确度】：该选项主要用于设置颜色匹配的精确度。用户可在其右侧的下拉列表框中选择【更快】和【更精确】选项。
- 【黑色区域的 A 部分】：设置 A 遮罩的非溢出黑平衡。
- 【白色区域的 A 部分】：设置 A 遮罩的非溢出白平衡。
- 【A 部分的灰度系数】：设置 A 遮罩的伽马校正值。
- 【黑色区域外的 A 部分】：设置 A 遮罩

的溢出黑平衡。

- 【白色区域外的 A 部分】：设置 A 遮罩的溢出白平衡。
- 【黑色的部分 B】：设置 B 遮罩的非溢出黑平衡。
- 【白色区域中的 B 部分】：设置 B 遮罩的非溢出白平衡。
- 【B 部分的灰度系数】：设置 B 遮罩的伽马校正值。
- 【黑色区域外的 B 部分】：设置 B 遮罩的溢出黑平衡。
- 【黑色区域外的 B 部分】：设置 B 遮罩的溢出白平衡。
- 【黑色遮罩】：设置 Alpha 遮罩的非溢出黑平衡。
- 【白色遮罩】：设置 Alpha 遮罩的非溢出白平衡。
- 【遮罩灰度系数】：设置 Alpha 遮罩的伽马校正值。

6.2.9 颜色范围特效

【颜色范围】特效通过键出指定的颜色范围产生透明效果，可以应用的色彩空间包括 Lab、YUV 和 RGB。这种键控方式可以应用在背景包含多个颜色、背景亮度不均与和包含相同颜色的阴影，这个新的透明区域就是最终的 Alpha 通道。【颜色范围】特效的参数设置如图 6-116 所示，应用该特效前后的效果如图 6-117 所示。

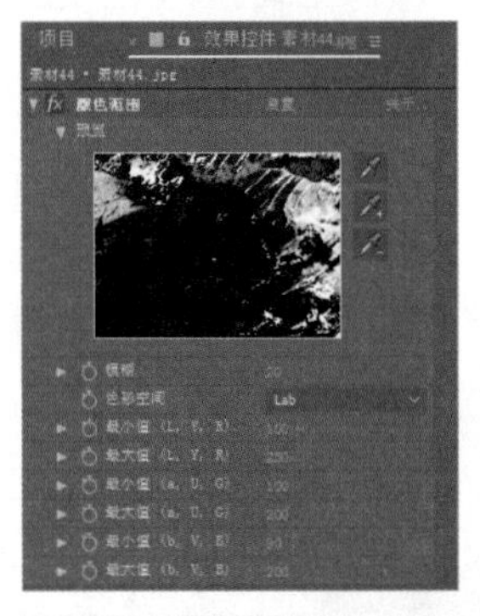

图6-116 【颜色范围】特效的参数设置

图6-117 应用【颜色范围】特效前后的效果

- 【键控滴管】：该工具可从蒙版缩览图中吸取键控色，用于在遮罩视图中选择开始键控颜色。
- 【加滴管】：该工具可增加键控色的颜色范围。
- 【减滴管】：该工具可减少键控色的颜色范围。
- 【模糊】：对边界进行柔和模糊，用于调整边缘柔和度。
- 【色彩空间】：设置键控颜色范围的颜色空间，有 Lab、YUV 和 RGB 3 种方式。
- 【最小值】/【最大值】：对颜色范围的开始和结束颜色进行精细调整，精确调整颜色空间参数，(L，Y，R)、(a，U，G) 和 (b，V，B) 代表颜色空间的 3 个分量。【最小值】调整颜色范围开始，【最大值】调整颜色范围结束。L、Y、R 滑块控制指定颜色空间的第一个分量；a、U、G 滑块控制指定颜色空间的第二个分量；b、V、B 滑块控制指定颜色空间的第三个分量。拖动【最小值】滑块对颜色范围的开始部分进行精细调整，拖动【最大值】滑块对颜色的结束范围进行精确调整。

6.2.10 颜色键特效

【颜色键】特效可以将素材的某种颜色及与其相似的颜色范围设置为透明，还可以对素材进行边缘预留设置。这是一种比较初级的键控特效，如果要处理的图像背景复杂，不适合使用该特效。

【颜色键】特效的参数设置如图 6-118 所示。

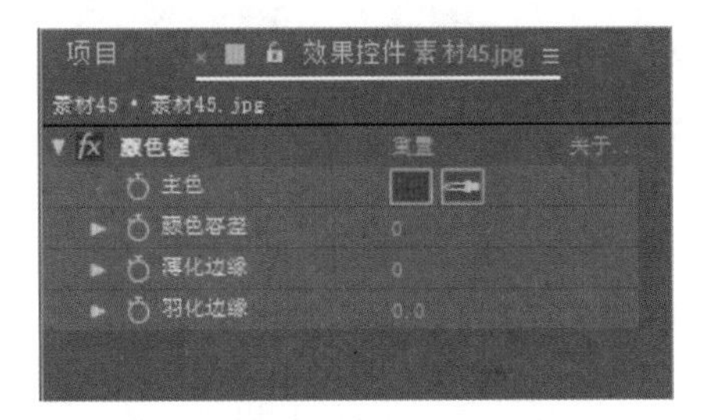

图6-118 【颜色键】特效的参数设置

- 【主色】：该选项用于设置透明的颜色值。用户可以通过单击其右侧的色块或用吸管工具设置其颜色，效果如图 6-119 所示。
- 【颜色容差】：设置键出色彩的容差范围。容差范围越大，就有越多与指定颜色相近的颜色被键出；容差范围越小，则被键出的颜色越少。该值设置为 30 时的效果如图 6-120 所示。

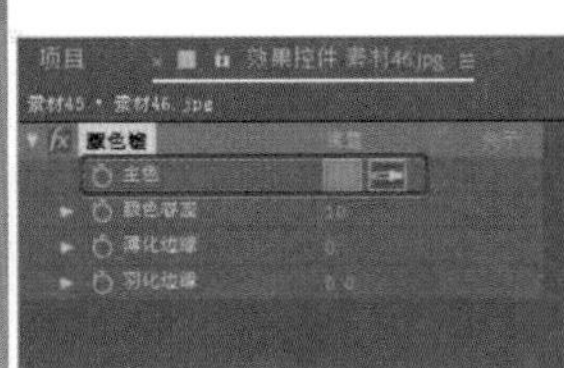

图6-119 提取设置透明的颜色

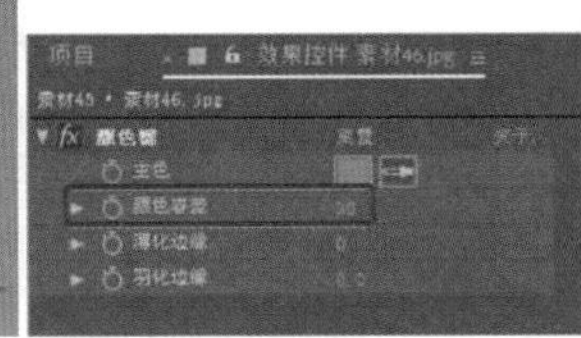

图6-120 设置颜色容差前后的效果

- 【薄化边缘】：该选项用于对键出区域边界进行调整。
- 【羽化边缘】：该选项主要设置抠像蒙版边缘的虚化程度。数值越大，与背景的融合效果越紧密。

6.2.11 溢出抑制特效

【溢出抑制】特效可以去除键控后图像残留的键控痕迹，可以将素材的颜色替换成另外一种颜色。【溢出抑制】特效的参数设置如图 6-121 所示；应用该特效前后的效果如图 6-122 所示。

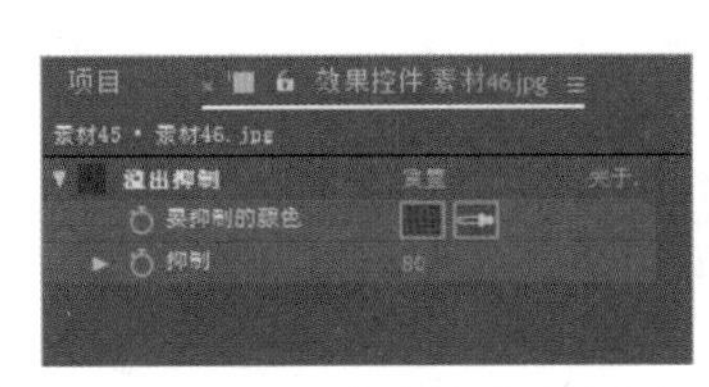

图6-121 【溢出抑制】特效的参数设置

图6-122 应用【溢出抑制】特效前后的效果

- 【要抑制的颜色】：该选项用于设置需要抑制的颜色。
- 【抑制】：该选项用于设置抑制程度。

6.3 上机练习

6.3.1 绿色健康图像

本案例将介绍如何制作绿色健康图像。首先添加素材图片，然后在图层上添加Keylight (1.2) 特效，通过设置吸取的颜色，抠取图像。完成后的效果如图6-123所示。

图6-123　绿色健康图像

素材	素材\Cha06\L01.jpg、L02.jpg
场景	场景\Cha06\绿色健康图像.aep
视频	视频教学\Cha06\6.3.1 绿色健康图像.mp4

01 在【项目】面板中右击，在弹出的快捷菜单中选择【新建合成】命令。在弹出的【合成设置】对话框中，将【合成名称】设置为【绿色健康图像】，【宽度】和【高度】分别设置为1024 px、768 px，【像素长宽比】设置为【方形像素】，【帧速率】设置为25帧/秒，【分辨率】设置为【完整】，【持续时间】设置为0:00:00:01，然后单击【确定】按钮，如图6-124所示。

02 在【项目】面板中双击，在弹出的【导入文件】对话框中选择“素材\Cha06\L01.jpg和L02.jpg”素材，然后单击【导入】按钮，将素材导入【项目】面板中，如图6-125所示。

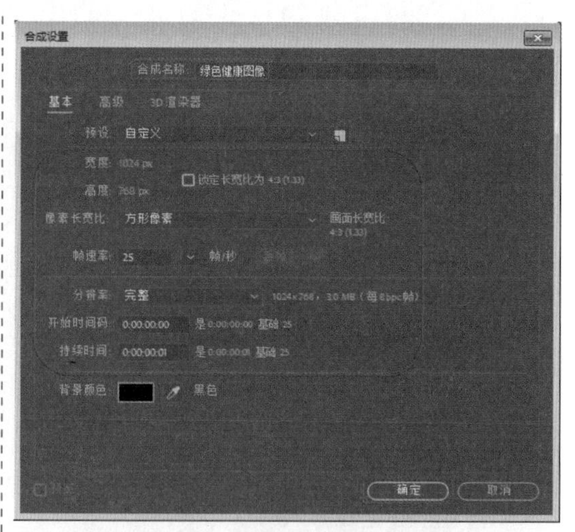

图6-124　【合成设置】对话框

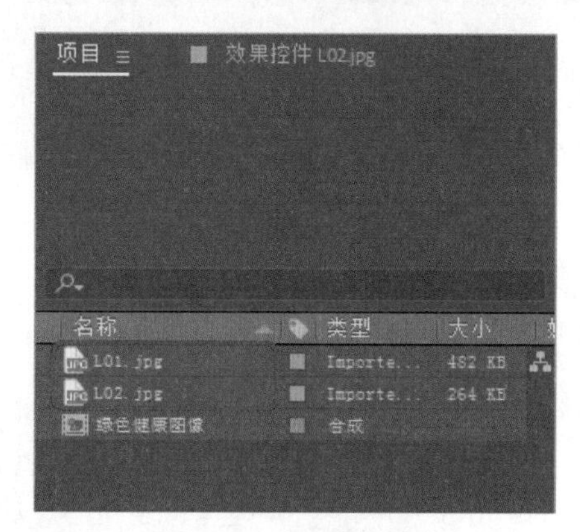

图6-125　导入素材图片

03 将【项目】面板中的“L02.jpg”素材图片添加到时间轴中，然后将“L02.jpg”图层的【缩放】设置为30%，如图6-126所示。

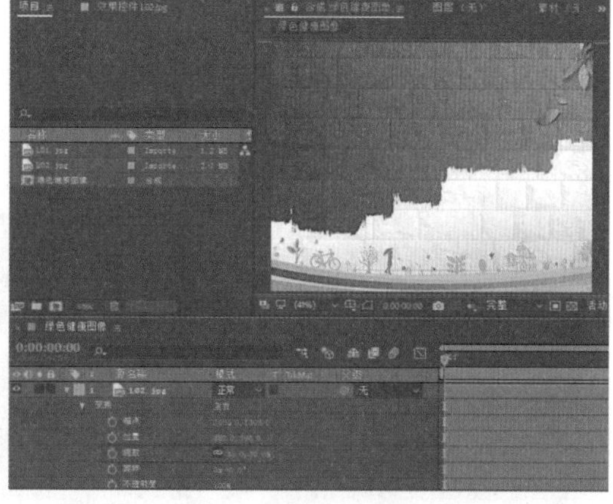

图6-126　设置【缩放】参数

04 将【项目】面板中的“L01.jpg”素材

图片添加到时间轴的顶层，然后将“L01.jpg”图层的【缩放】设置为30%，【位置】设置为700、380，如图6-127所示。

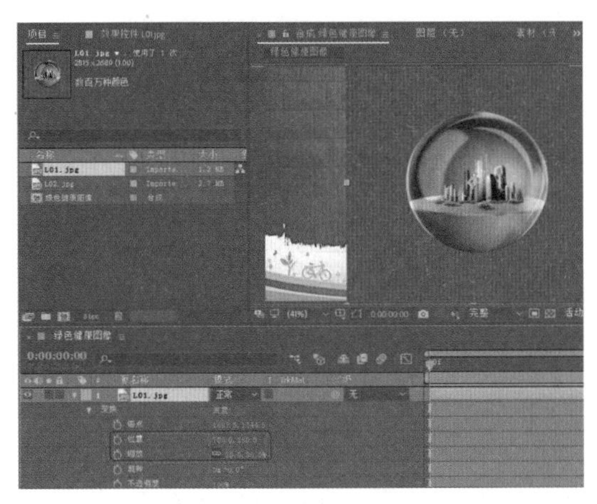

图6-127　设置【位置】和【缩放】参数

05 选中时间轴中的“L01.jpg”图层，在菜单栏中选择【效果】|【抠像】|Keylight（1.2）命令。在【效果控件】面板中，使用Screen Colour右侧的工具吸取“L01.jpg”层中的蓝色，抠取图像，将Screen Balance设置为95，如图6-128所示。最后将场景文件进行保存。

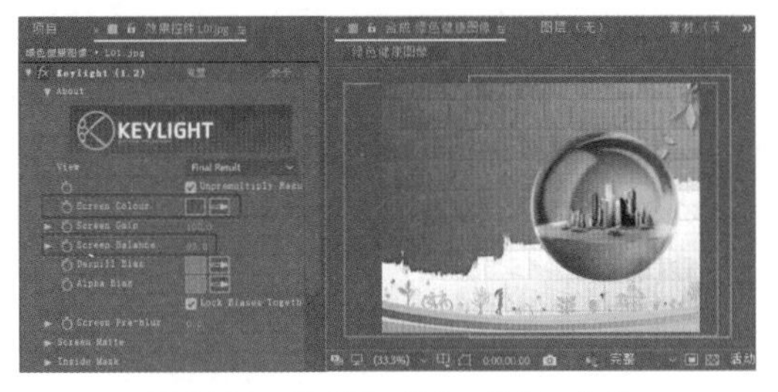

图6-128　设置Keylight（1.2）参数

6.3.2 飞机轰炸短片

本案例将介绍如何制作飞机轰炸短片。首先添加素材视频，然后在背景图层上设置【缩放】关键帧动画，为视频添加Keylight（1.2）效果，通过设置吸取的颜色，抠取图像。完成后的效果如图6-129所示。

图6-129　飞机轰炸短片

素材	素材\Cha06\汽车.jpg、F03.avi
场景	场景\Cha06\飞机轰炸短片.aep
视频	视频教学\Cha06\6.3.2 飞机轰炸短片.mp4

01 在【项目】面板中右击，在弹出的快捷菜单中选择【新建合成】命令。在弹出的【合成设置】对话框中，将【合成名称】设置为【飞机轰炸短片】，【宽度】和【高度】分别设置为1300 px、731 px，【像素长宽比】设置为【方形像素】，【帧速率】设置为25帧/秒，【分辨率】设置为【完整】，【持续时间】设置为0:00:07:00，然后单击【确定】按钮，如图6-130所示。

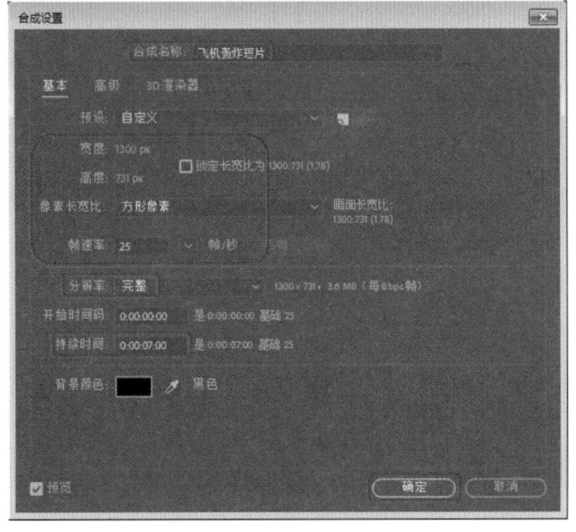

图6-130　【合成设置】对话框

02 将“素材\Cha06\汽车.jpg和F03.avi”素材视频导入【项目】面板中。然后将【项目】面板中的“汽车.jpg”素材图片添加到时间轴中，如图6-131所示。

图6-131 添加素材层

03 确认当前时间为0:00:00:00，设置“汽车.jpg”层的【缩放】为111%，并单击【缩放】左侧的按钮，设置关键帧，如图6-132所示。

图6-132 设置【缩放】关键帧

04 将当前时间设置为0:00:02:10，将“汽车.jpg”图层的【缩放】设置为65%，如图6-133所示。

05 将【项目】面板中的“F03.avi”素材添加到时间轴的顶层，将其所在图层的【缩放】设置为287%，如图6-134所示。

06 在时间轴中打开图标，将“F03.avi”图层的【入】时间设置为0:00:02:10，如图6-135所示。

07 选中时间轴中的“F03.avi”图层，在菜单栏中选择【效果】|【抠像】|“Keylight (1.2)”命令。在【效果控件】面板中，使用Screen Colour右侧的工具吸取“F03.avi”层中的绿色，抠取图像，如图6-136所示。

08 将合成添加到渲染队列中并输出视频，最后将场景文件保存。

图6-133 设置【缩放】参数

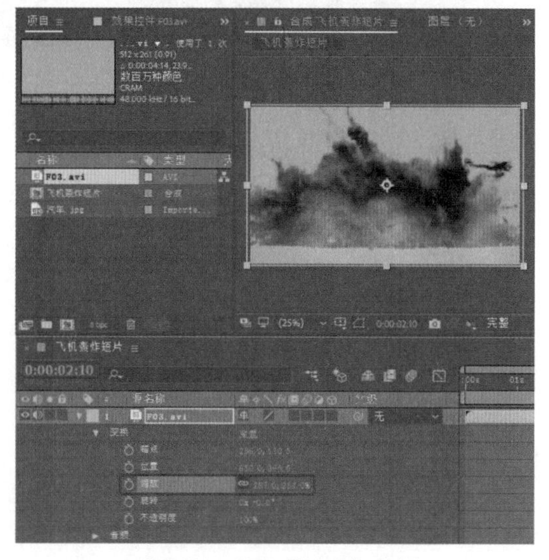

图6-134 设置【缩放】参数

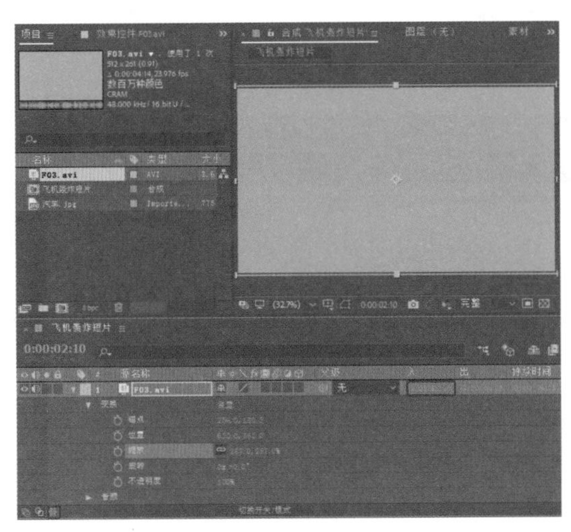

图6-135 设置【入】时间

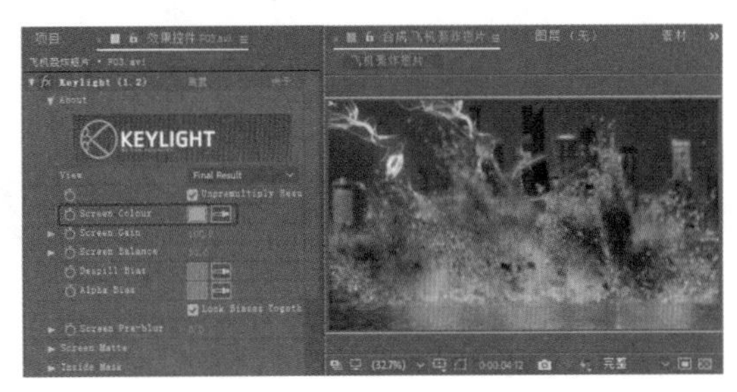

图6-136 设置Keylight（1.2）特效

6.4 思考与练习

1. 简述 CC Color Offset（CC 色彩偏移）特效的作用。

2. 简述【颜色稳定器】特效的作用。

3. 简述【溢出抑制】特效的作用。

第7章 常用自然现象效果——仿真特效

本章主要介绍如何利用仿真特效来制作自然现象的效果，其中包括下雨、下雪、泡泡、泡沫特效等。

基础知识
CC Rainfall(CC 下雨
特效
CC Snowfall(CC 下雪
特效
重点知识
卡片动画特效
碎片特效
提高知识
焦散特效
泡沫特效

7.1 制作下雪——模拟特效

本例来介绍下雪效果的制作，主要是通过为素材图片添加 CC Snowfall 特效来模拟下雪效果，完成后的效果如图 7-1 所示。

图7-1 下雪

素材	素材\Cha07\雪.jpg
场景	场景\Cha07\制作下雪——模拟特效.aep
视频	视频教学\Cha07\7.1 制作下雪——模拟特效.mp4

01 新建一个项目文件，按 Ctrl+N 组合键，在弹出的【合成设置】对话框中将【宽度】、【高度】分别设置为 1024 px、768 px，将【像素长宽比】设置为【方形像素】，将【持续时间】设置为 0:00:05:00，如图 7-2 所示。

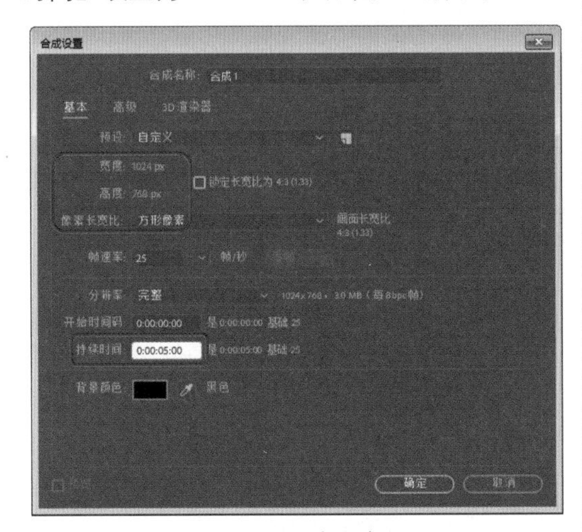

图7-2 设置合成参数

02 设置完成后单击【确定】按钮，按 Ctrl+I 组合键，在弹出的对话框中选择“雪.jpg”素材文件，单击【导入】按钮，然后将该素材文件拖至时间轴中，如图 7-3 所示。

图7-3 导入素材文件并将其添加至时间轴

03 选中“雪.jpg”图层，在菜单栏中选择【效果】|【模拟】| CC Snowfall 命令，如图 7-4 所示。

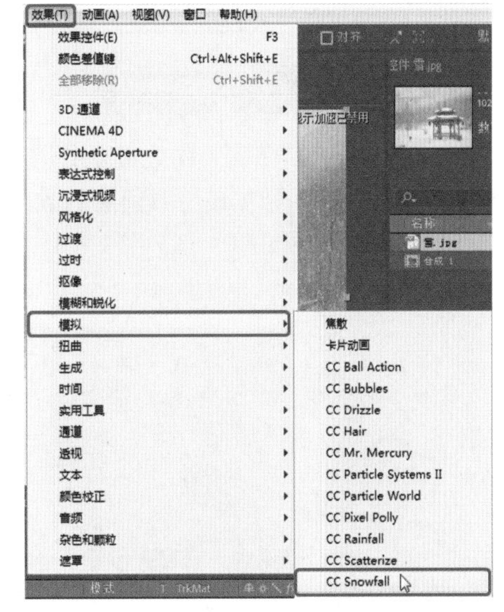

图7-4 选择CC Snowfall命令

> **提 示**
>
> 在【效果和预设】面板中双击【模拟】下的 CC Snowfall 特效，也可以为选择的图层添加该特效，或者直接将特效拖至图层上。

04 继续选中该图层，在【效果控件】面板中将 CC Snowfall 下的 Flakes、Size、Variation%（Size）、Scene Depth、Speed、

Variation%（Speed）、Spread、Opacity 分别设置为 42 300、10、70、6690、50、100、47.9、100，将 Background Illumination 选项组中的 Influence%、Spread Width、Spread Height 分别设置为 31、0、5，将 Extras 选项组中的 Offset 设置为 512、374，如图 7-5 所示。

图7-5　设置CC Snowfall参数

提　示

CC Snowfall 特效用来模拟下雪的效果，下雪的速度相当快，但在该特效中不能调整雪花的形状。

7.1.1 CC Rainfall(CC 下雨)特效

CC Rainfall（CC 下雨）特效可以模仿真实世界中的下雨效果。添加该特效前后的效果分别如图 7-6 和图 7-7 所示。

图7-6　未添加特效的效果

- Drops（数量）：该选项主要用于设置在相同时间内雨滴的数量。
- Size（大小）：该选项用于设置雨滴的大小。
- Scene Depth（雨的深度）：该选项用于设置雨的深度。

图7-7　添加雨后的效果

- Speed（角度）：该选项用于设置下雨时的整体角度。
- Wind（风）:该选项用于设置风的速度。
- Variation%（Wind）（变动风能）：该选项用于设置变动风能的大小。
- Spread（角度的紊乱）：该选项用于设置雨的旋转角度。
- Color（颜色）：该选项用于设置雨的颜色。
- Opacity（透明度）：该选项用于设置雨的透明度。
- Background Reflection（背景反射）：该选项用于设置背景的反射强度。
- Transfer Mode（传输模式）：该选项用于设置雨的传输模式。
- Composite With Original：取消选中该单选按钮，则背景不显示。
- Extras（其他）：用于设置其他，包括外观、偏移量等。

7.1.2 CC Snowfall(CC 下雪)特效

CC Snowfall（CC 下雪）特效可以模仿真实世界中的下雪效果，用户可以通过调整其参数控制下雪的大小以及雪花的大小。添加该特效前后的效果分别如图 7-8 和图 7-9 所示。

- Flakes（雪片数量）：该选项用于设置雪片的数量。

- Size（大小）：该选项用于设置雪花的大小。

图7-8　未添加特效的效果

图7-9　添加雪后的效果

- Variation%（Size）（雪的变化）：该选项用于设置变动雪的面积。
- Scene Depth（雪的深度）：该选项用于设置雪的深度。
- Speed（角度）：该选项用于设置下雪时的整体角度。
- Variation%（Speed）（速度变化）：该选项用于设置雪的变化速度。
- Wind（风）：该选项用于设置风速。
- Variation%（Wind）（风的变化）：该选项用于设置风的变化速度。
- Spread（角度的紊乱）：该选项用于设置雪的旋转角度。
- Wiggle（蠕动）：该选项用于设置雪的位置。
- Color（颜色）：该选项用于设置雪的颜色。
- Opacity（不透明度）：该选项用于设置雪的不透明度。
- Background Reflection（背景反射）：该选项用于设置背景的反射强度。
- Transfer Mode（传输模式）：该选项用于设置雪的传输模式。
- Composite With Original：取消选中该单选按钮，则背景不现实。
- Extras（其他）：用于设置其他，包括外观、偏移量等。

7.1.3 CC Pixel Polly(CC 像素多边形)特效

CC Pixel Polly(CC 像素多边形）特效主要用于模拟图像炸碎的效果，用户可以通过调整其参数从而产生不同方向和角度的抛射移动动画效果。添加该特效前后的效果分别如图 7-10 和图 7-11 所示。

图7-10　未添加特效的效果

图7-11　添加特效后的效果

- Force（力）：该选项用于设置爆破力的大小。
- Gravity（重力）：该选项用于设置重力的大小。
- Spinning（旋转速度）：该选项用于设置碎片的自旋速度控制。
- Force Center（力中心）：该选项用于设置爆破的中心位置。
- Direction Randomness（方向的随机性）：该选项用于设置爆破的随机方向。
- Speed Randomness（速度的随机性）：该选项用于设置爆破速度的随机性。
- Grid Spacing（碎片的间距）：该选项用于设置碎片的间距。值越大，则间距越大；值越小，间距越小。
- Object（显示）：该选项用于设置碎片的显示，包括多边形、纹理多边形、方形等。
- Enable Depth Sort（应用深度排序）：选中该选项可以有效地避免碎片的自交叉问题。
- Start Time（sec）（开始时间秒）：该选项用于设置爆破的开始时间。

7.1.4 CC Bubbles(CC 气泡)特效

CC Bubbles(CC 气泡）特效可以使画面产生梦幻效果。创建该特效时，泡泡会根据图像的信息颜色创建不同的泡泡。添加该特效前后的效果分别如图 7-12 和图 7-13 所示。

图7-12 未添加特效的效果

图7-13 添加特效后的效果

- Bubble Amount（气泡量）：该选项用来设置气泡的数量。
- Bubble Speed（气泡的速度）：该选项用来设置气泡的运动速度。
- Wobble Amplitude（摆动幅度）：该选项用来设置气泡的摆动幅度。
- Wobble Frequency（摆动频率）：该选项用来设置气泡的摆动频率。
- Bubble Size（气泡大小）：该选项用来设置气泡的大小。
- Reflection Type（反射类型）：该选项用来设置泡泡的属性，有两种类型，分别是 Liquid(流体）和 Metal（金属）。
- Shading Type（着色方式）：不同的着色对流体和金属泡泡可以产生不同的效果，在很大程度上影响着泡泡的质感。

7.1.5 CC Scatterize(CC 散射)特效

CC Scatterize（CC 散射）特效可以将图像变为很多的小颗粒，并加以旋转，使其产生绚丽多彩的效果。添加该特效前后的效果分别如图 7-14 和图 7-15 所示。

- Scatter（分散）：该选项用于设置分散的程度。
- Right Twist（右侧旋转）：以图形的右侧的开始端开始旋转。
- Left Twist（左侧旋转）：以图形的左侧的开始端开始旋转。

图7-14 未添加特效的效果

图7-15 添加特效后的效果

- Transfer Mode（传输模式）：可以在其右侧的下拉列表框中选择碎片间的叠加模式。

7.1.6 CC Star Burst(CC 星爆)特效

CC Star Burst（CC 星爆）特效可以模拟夜晚星空或在宇宙星体间穿行的效果。添加该特效前后的效果分别如图 7-16 和图 7-17 所示。

- Scatter（分裂）：该选项用于设置分散的强度。数值越大，则分散强度越大；反之越小。
- Speed（速度）：该选项用于设置星体的运动速度。

图7-16 未添加特效的效果

图7-17 添加特效后的效果

- Phase（相位）：利用不同的相位，可以设置不同的星体结构。
- Grid Spacing（网格间距）：该选项用于整星体之间的间距，来控制星体的大小和数量。
- Size（大小）：该选项用于设置星体的大小。
- Blend W.Original（混合强度）：该选项用于设置特效与原来图像的混合程度。

7.2 气泡飘动——碎片效果

气泡，是在工程上一般由气体通过小孔进入液层分散而成。气泡（分散相）与液体（连续相）系统地流动是化工上常见的气液两相流，也是增加气液两相接触面积常用的方法。本案例最终利用After Effects中的特效来模拟气泡飘动效果，最终效果如图7-18所示。

图7-18　气泡飘动

素材	素材\Cha07\气泡效果.aep
场景	场景\Cha07\气泡飘动——碎片效果.aep
视频	视频教学\Cha07\7.2　气泡飘动——碎片效果.mp4

01 按Ctrl+O组合键，在弹出的对话框中选择“素材\Cha07\气泡效果.aep”素材文件，单击【打开】按钮，将选中的素材文件打开，如图7-19所示。

图7-19　打开素材文件

02 在【时间轴】面板中右击，在弹出的快捷菜单中选择【新建】|【纯色】命令，如图7-20所示。

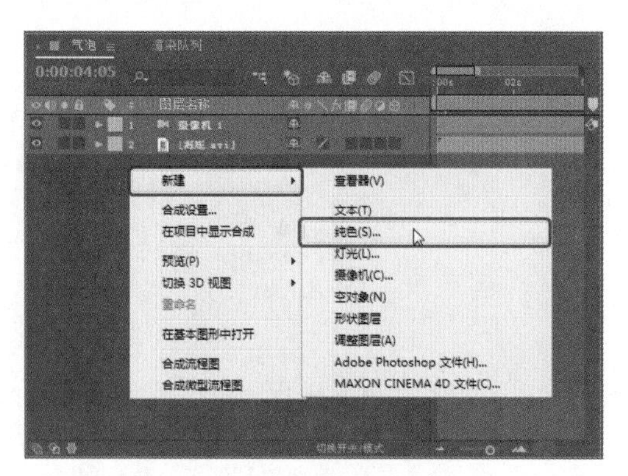

图7-20　选择【纯色】命令

03 在打开的【纯色设置】对话框中将【名称】设置为【气泡】，将【颜色】的RGB值设置为0、0、0，如图7-21所示。

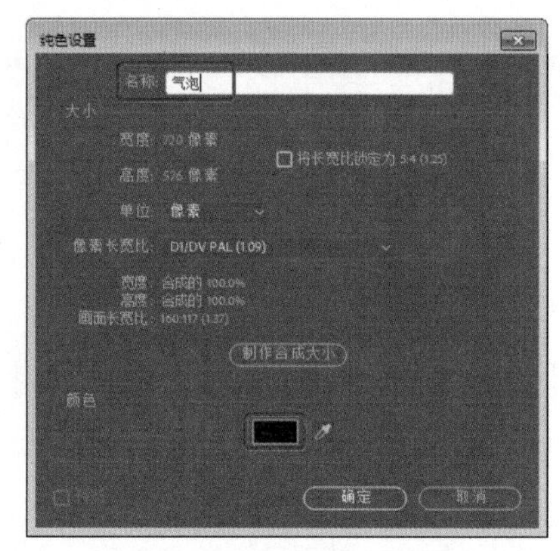

图7-21　设置纯色参数

04 单击【确定】按钮，选中新建的“气泡”层，在菜单栏中选择【效果】|【模拟】|【泡沫】命令，如图7-22所示。

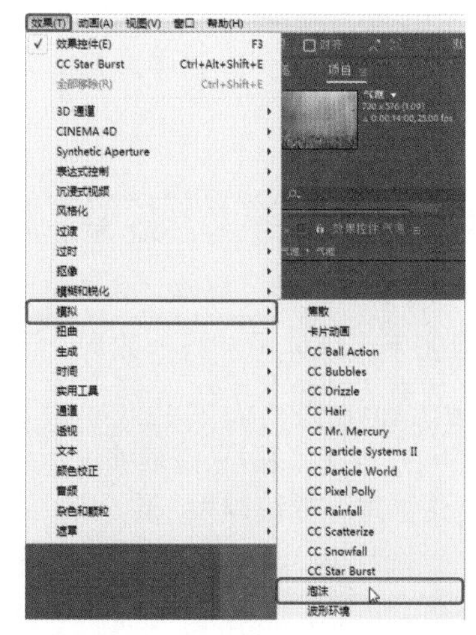

图7-22　选择【泡沫】命令

05 在【效果控件】面板中，将【泡沫】的【视图】设置为【已渲染】，将【制作者】选项组中的【产生点】设置为360、578，将【产生X大小】、【产生Y大小】分别设置为0.4、0.1，将【产生速率】设置0.1，将【气泡】选项组中的【大小】、【寿命】分别设置为0.29、1000，将【物理学】选项组中的【初始速度】设置为6，将【风向】设置为0，将【湍流】设置为0.1，将【粘度】、【粘性】分别设置为1.5、0，如图7-23所示。

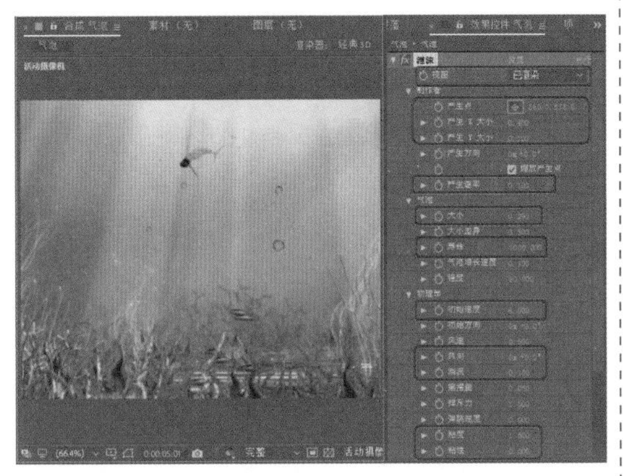

图7-23 设置【泡沫】参数

06 将【正在渲染】选项组中的【气泡纹理】设置为【小雨】，将【气泡方向】设置为【物理方向】，将【反射强度】、【反射融合】分别设置为0.4、0.7，如图7-24所示。

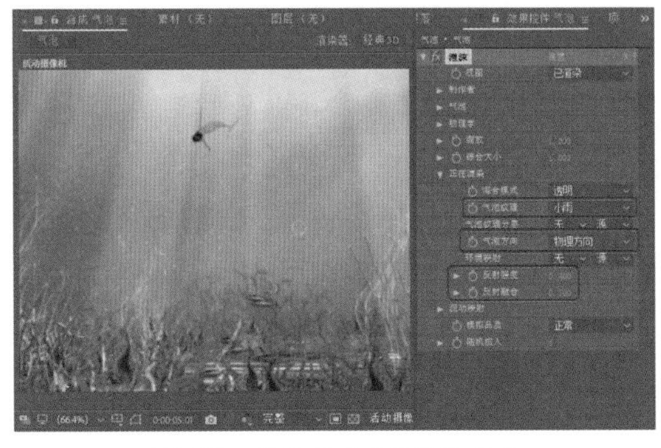

图7-24 设置【正在渲染】参数

07 在【时间轴】面板中将“气泡”层调至“摄像机1”层的下方，并打开该图层的3D图层模式，将【混合模式】设置为【发光度】，如图7-25所示。

08 设置完成后预览效果，如图7-26所示。

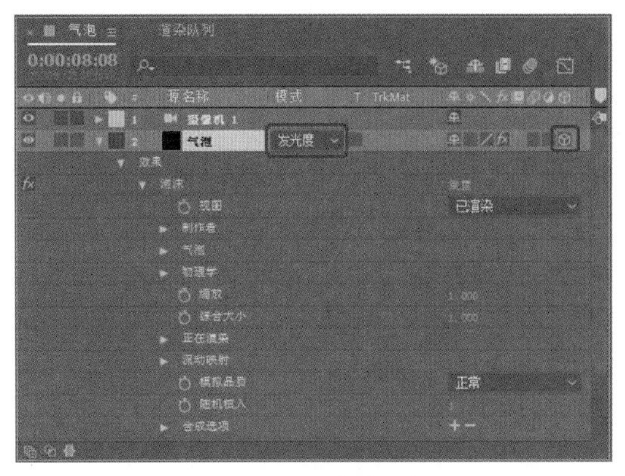

图7-25 调整图层并进行设置

图7-26 预览效果

7.2.1 卡片动画特效

【卡片动画】特效是根据指定层的特征分割画面的三维特效，用户可以通过调整其参数使画面产生卡片舞蹈的效果。添加该特效前后的效果分别如图7-27和图7-28所示。

> **提 示**
>
> 在应用【卡片动画】特效时，需要将图层的3D图层模式打开。

- 【行数和列数】：用户可以在其右侧的下拉列表框中选择【独立】和【列数受行数控制】两种方式。其中【独立】选项可单独调整行与列的数值；【列数受行数控制】选项为列的参数跟随行的参数进行变化。
- 【行数】：用于设置行数。
- 【列数】：用于设置列数。

- 【背面图层】：用户可以在其右侧的下拉列表框中为合成图像中的一个层指定背景层。
- 【渐变图层 1】：可以在其右侧的下拉列表框中为合成图像指定渐变图层。
- 【渐变图层 2】：可以在其右侧的下拉列表框中为合成图像指定渐变图层。
- 【旋转顺序】：用户可以在其右侧的下拉列表框中选择卡片的旋转顺序。

图7-27　未添加特效的效果

图7-28　添加特效后的效果

- 【变换顺序】：用户可以在其右侧的下拉列表框中指定卡片的变化顺序。
- 【X/Y/Z 轴位置】：该选项组用于控制卡片在 X、Y、Z 轴上的位移变化。
  - 【源】：用户可以在其右侧的下拉列表框中指定影响卡片的素材特征。
  - 【乘数】：用于为影响卡片的偏移值指定一个乘数，以控制影响效果的强弱。一般情况下，该参数影响卡片间的位置。
  - 【偏移】：该参数根据指定影响卡片的素材特征设定偏移值，影响特效层的总体位置。
- 【X/Y/Z 轴旋转】：该参数用于控制卡片在 X、Y、Z 轴上的旋转属性，其控制参数设置与【X/Y/Z 轴位置】基本相同。
- 【X/Y 轴缩放】：用于设置卡片在 X、Y 轴上的比例属性。控制方式同【位置】参数栏相同。其控制参数设置与【X/Y/Z 轴位置】相同。
- 【摄像机系统】：用于设置特效中所使用的摄像机系统。选择不同的摄像机，效果也不同。
- 【摄像机位置】：通过设置下拉列表框中的参数，可以调整创建效果的空间位置及角度。
- 【边角定位】：当【摄影机系统】选项设置为【角度】时可对【边角定位】下拉列表框进行调整。
- 【灯光】：该选项用于控制特效中所使用的灯光参数。
  - 【灯光类型】：该选项用于选择特效使用的灯光类型。用户可以在其右侧的下拉列表框中选择不同的灯光类型，当选择【点光源】时，系统将使用点光源照明；当选择【远距光】时，系统使用远光照明；当选择【首选合成照明】时，系统将使用合成图像中的第一盏灯为特效场景照明。当使用三维合成时，选择【首选合成照明】可以产生更为真实的效果，灯光由合成图像中的灯光参数控制，不受特效下的灯光参数影响。
  - 【照明强度】：该选项用于设置灯光照明的强度大小。
  - 【照明色】：该选项用于设置灯光的照明颜色。
  - 【灯光位置】：用户可以使用该选

项调整灯光的位置，也可直接使用移动工具在【合成】面板中移动灯光的控制点调整灯光位置。

- 【照明纵深】：该选项用于设置灯光在 Z 轴上的深度位置。
- 【环境光】：该选项用于设置环境灯光的强度。

- 【材质】：该选项用于设置特效场景中素材的材质属性。
  - 【漫反射】：该选项用于控制漫反射强度。
  - 【镜面反射】：该选项用于控制镜面反射强度。
  - 【高光锐度】：该选项用于调整高光锐化度。

7.2.2 碎片特效

【碎片】特效可以对图像进行爆炸粉碎处理，使其产生爆炸分散的碎片，用户还可以通过调整其参数来控制其位置、焦点以及半径等，得到想要的效果。添加该特效前后的效果分别如图 7-29 和图 7-30 所示。

- 【视图】：该选项用于设置查看爆炸效果的方式。
  - 【已渲染】：该选项可显示特效最终效果。
  - 【线框正视图】：以线框方式观察前视图爆炸效果，刷新速度较快。
  - 【线框】：以线框方式显示爆炸效果。
  - 【线框正视图 + 作用力】：以线框方式观察前视图爆炸效果，并显示爆炸的受力状态。
  - 【线框 + 作用力】：以线框方式显示爆炸效果，并显示爆炸的受力状态。
- 【渲染】：该选项只有在将【查看】设置为【渲染】时才会显示其效果，选择其下拉列表框中的 3 个选项时的效果如图 7-31 所示。

图7-29 未添加特效的效果

图7-30 添加特效后的效果

图7-31 选择不同选项后的效果

- 【全部】：该选项可显示所有爆炸和未爆炸的对象。

- 【图层】：选择该选项时将仅显示未爆炸的层。
- 【块】：选择该选项时将仅显示已爆炸的碎片。

● 【形状】：该选项组中的参数主要用来控制爆炸时产生碎片的状态。

- 【图案】：该选项用于设置碎片破碎时的形状，用户可以在其右侧的下拉列表框中选择所需要的碎片形状。
- 【自定义碎片图】：当【图案】设置为【自定义】时，该选项才会出现自定义碎片的效果。
- 【白色拼贴已修复】：选中该项可使用白色平铺的适配功能。
- 【重复】：设置碎片的重复数量。值越大，产生的碎片越多。该参数调整为 10 和 30 时的效果分别如图 7-32 和图 7-33 所示。

图7-32　参数为10时的效果

图7-33　参数为30时的效果

- 【方向】：该选项用于设置爆炸的方向。
- 【源点】：该选项用于设置碎片裂纹的开始位置。可直接调节参数，也可在【合成】面板中直接拖动控制点改变位置。
- 【凹凸深度】：该选项用于设置爆炸层及碎片的厚度。参数越大，越有立体感，【凹凸深度】为 3 和 15 时的效果如图 7-34 和图 7-35 所示。

图7-34　参数为3时的效果

图7-35　参数为15时的效果

● 【作用力 1】：该选项用于为目标图层设置产生爆炸的力。可同时设置两个力场，在默认情况下系统只使用一个力。

- 【位置】：该选项用于调整产生爆炸的位置，用户还可以通过调整其控制点来调整爆炸产生的位置。
- 【深度】：该选项用于设置力的深度。当深度设置为 0 和 0.5 时的效果分别如图 7-36 和图 7-37 所示。

图7-36 参数为0时的效果

图7-37 参数为0.5时的效果

- ◆ 【半径】：该选项用于控制力的半径。该数值越大，其半径就越大，目标层的受力面积越大。当力为0时，不会出现任何变化。
- ◆ 【强度】：该选项用于控制力的强度。设置的参数越大，强度越大，碎片飞散得越远。当参数为正值时，碎片向外飞散；当参数为0时，无法产生飞散爆炸的碎片，但力的半径范围内的部分会受到重力的影响。当参数为负值时，碎片飞散方向与正值时的方向相反。

- 【作用力2】：该选项组中的参数设置与【作用力1】选项组中的参数设置基本相同，在此就不再赘述。
- 【渐变】：该选项用于指定一个渐变层，利用该层的渐变来影响爆炸效果。
- 【物理学】：该选项用于对爆炸的旋转隧道、翻滚坐标及重力等进行设置。
  - ◆ 【旋转速度】：该选项用于设置爆炸产生碎片的旋转速度。数值为0时，碎片不会翻滚旋转。参数越大，旋转速度越快。
  - ◆ 【倾覆轴】：该选项设置爆炸后碎片的翻滚旋转方式。用户可以在其右侧的下拉列表框中选择不同的滚动轴，该选项默认为【自由】，碎片自由翻滚；当将其设置为【无】，碎片不产生翻滚；选择其他的方式，则将碎片锁定在相应的轴上进行翻滚。
  - ◆ 【随机性】：该选项设置碎片飞散的随机值。较大的值可产生不规则的、凌乱的碎片飞散效果。
  - ◆ 【粘性】：该选项用于设置碎片的黏度。参数较大会使碎片聚集在一起。
  - ◆ 【大规模方差】：设置爆炸碎片集中的百分比。
  - ◆ 【重力】：该选项用于为爆炸设置一个重力，模拟自然界中的重力效果。
  - ◆ 【重力方向】：该选项用于为重力设置方向。
  - ◆ 【重力倾斜】：该选项用于为重力设置一个倾斜度。
- 【纹理】：在该参数项中可对碎片的颜色、纹理贴图等进行设置。
  - ◆ 【颜色】：该选项用于设置碎片的颜色。
  - ◆ 【不透明度】：该选项用于设置颜色的不透明度。
  - ◆ 【正面模式/侧面模式/背面模式】：分别设置爆炸碎片前面、侧面、背面的模式。
  - ◆ 【背面图层】：该选项用于为爆炸碎片的背面设置层。
  - ◆ 【摄像机系统】：该选项用于设置特效中的摄像机系统。用户可以在其右侧的下拉列表框中选择不同的摄像机，从而得到的效果也不同。

- 【摄像机位置】：将【摄像机系统】设置为【摄像机位置】方式后，该参数将被激活，用户才可以对其进行设置。
  - 【X、Y、Z 轴旋转】：该选项用于设置摄像机在 X、Y、Z 轴上的旋转角度。
  - 【X、Y、Z 位置】：该选项用于设置摄像机在三维空间中的位置属性。
  - 【焦距】：该选项用于设置摄像机的焦距。
  - 【变换顺序】：该选项用于设置摄像机的变换顺序。
- 【角度定位】：将【摄像机系统】设置为【角度】方式后，该参数将被激活，用户才可以对其进行设置。
  - 【角度】：系统在层的 4 个角上定义了 4 个控制点，用户可以调整 4 个控制点来改变层的形状。
  - 【自动焦距】：选中该复选框后，系统将自动控制焦距。
  - 【焦距】：该选项用于控制焦距。
- 【灯光】：该参数项用于设置特效中所使用的灯光的参数。
  - 【灯光类型】：用户可以在其右侧的下拉列表框中选择灯光类型。选择【点光源】时，系统使用点光源照明；选择【远距光】时，系统使用远光照明;选择【首选合成灯光】时，系统使用合成图像中的第一盏灯为特效场景照明。当使用三维合成时，选择该项可以产生更为真实的效果。选择该项后，灯光由合成图像中的灯光参数控制，不受特效下的灯光参数影响。
  - 【灯光强度】：该选项用于设置灯光的照明强度。
  - 【灯光颜色】：该选项用于设置灯光的照明颜色。
  - 【灯光位置】：该选项用于调整灯光的位置。用户可在【合成】面板中直接拖动灯光的控制点改变其位置。
  - 【灯光深度】：该选项用于设置灯光在 Z 轴上的深度位置。
  - 【环境光】：该选项用于设置环境灯光的强度。
- 【材质】：该参数项用于设置特效中素材的材质属性。
  - 【漫反射】：该选项用于设置漫反射的强度。
  - 【镜面反射】：该选项用于控制镜面反射的强度。
  - 【高光锐度】：控制高光的锐化程度。

7.2.3 焦散特效

【焦散】特效可以用来模仿大自然的折射和反射效果，以达到想要的结果。添加该特效前后的效果如图 7-38 和图 7-39 所示。

图7-38　未添加特效的效果

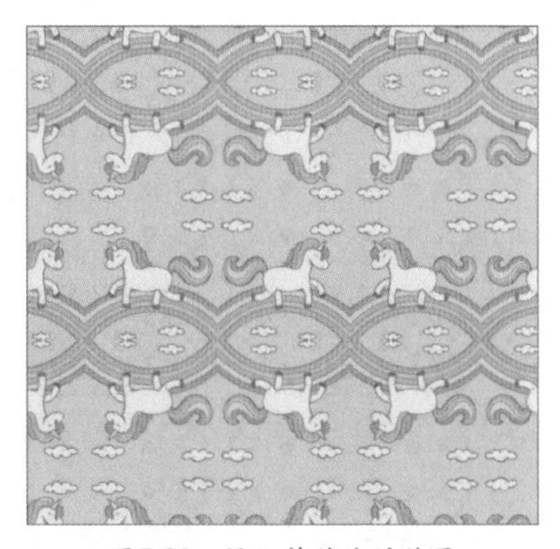

图7-39　添加特效后的效果

- 【底部】：该参数项用于设置应用【焦散】特效的底层，如图 7-40 所示。

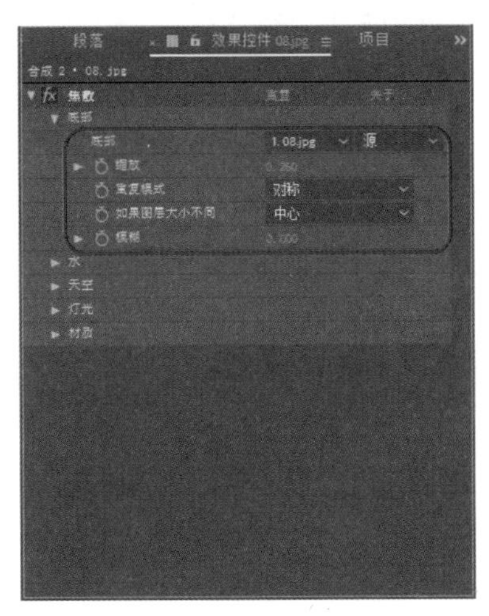

图7-40 【底部】参数

  - 【底部】：用户可以在其右侧的下拉列表框中指定一个层为底层，即水下图层，默认情况下底层为当前图层。
  - 【缩放】：该选项用于对设置的底层进行缩放。当参数为 1 时，底层为原始大小。当该参数大于 1 或小于 1 时，底层也会随之放大或缩小。当设置的数值为负数时，图层将进行反转，效果如图 7-41 所示。

图7-41 当缩放为负数时的效果

  - 【重复模式】：缩小底层后，用户可以在其右侧的下拉列表框中选择如何处理底层中的空白区域。其中【一次】模式将空白区域透明，只显示缩小后的底层；【平铺】模式重复底层；【反射】模式可反射底层。
  - 【如果图层大小不同】：在【底部】中指定其他层作为底层时，有可能其尺寸与当前层不同。此时，可在【如果图层大小不同】中选择【缩放至全屏】选项，使底层与当前层尺寸相同。如果选择【中央】选项，则底层尺寸不变，且与当前层居中对齐。
  - 【模糊】：该选项用于对复制出的效果进行模糊处理。
- 【水】：该选项组用于指定一个层，以指定层的明度为参考，产生水波纹理。
  - 【水面】：用户可在其下拉列表框中指定合成中的一个层作为水波纹理，效果如图 7-42 所示。
  - 【波形高度】：该选项用于设置波纹的高度。
  - 【平滑】：该选项用于设置波纹的平滑程度。该数值越高，波纹越平滑，但是效果也更弱。将该值设置为 30 时的效果如图 7-43 所示。
  - 【水深】：该选项用于设置所产生波纹的深度。
  - 【折射率】：该选项用于控制水波的折射率。

图7-42 水纹效果

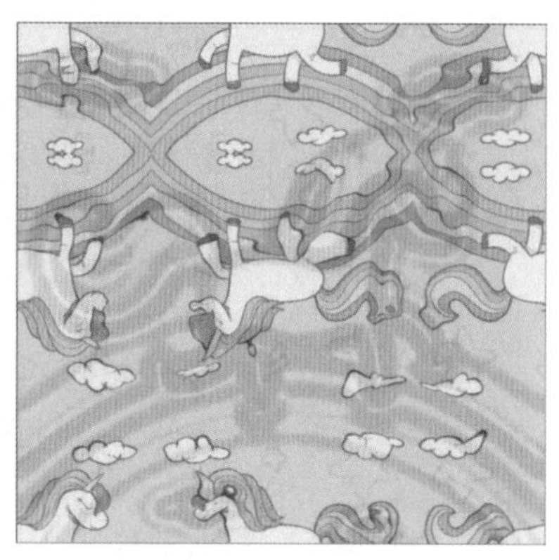

图7-43　平滑度为30时的效果

◆ 【表面色】：该选项用于为产生的波纹设置颜色。

◆ 【表面不透明度】：该选项用于设置水波表面的透明度。将参数设置为1时的效果如图7-44所示。

图7-44　表面不透明度为1时的效果

◆ 【焦散强度】：该选项用于控制聚光的强度。数值越高，聚光强度越大，焦散强度为5时的效果如图7-45所示。

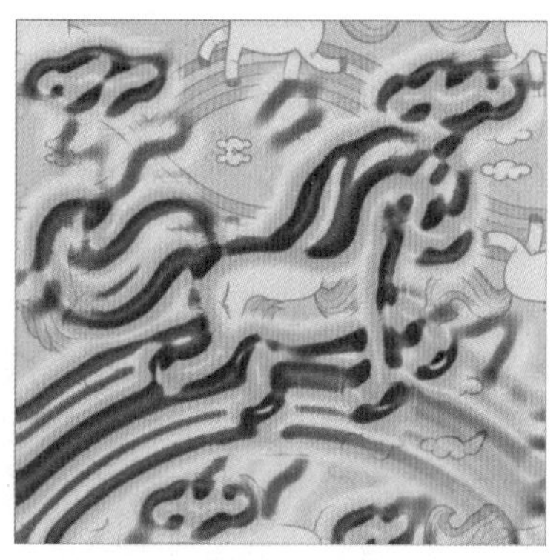

图7-45　焦散强度为5时的效果

● 【天空】：该参数项用于为水波指定一个天空反射层，控制水波对水面外场景的反射效果。

◆ 【天空】：用户可以在其右侧的下拉列表框中选择一个层作为天空反射层。

◆ 【缩放】：该选项可对天空层进行缩放设置。设置缩放后的效果如图7-46所示。

图7-46　设置缩放后的效果

◆ 【重复模式】：用户可在其右侧的下拉列表框中选择缩小后天空层空白区域的填充方式。

◆ 【如果图层大小不同】：该选项用于设置天空层与当前层尺寸不同时的处理方式。

◆ 【强度】：该选项用于设置天空层的强度。该参数值越大，效果就越明显，当该参数值为0.6时的效果如图7-47所示。

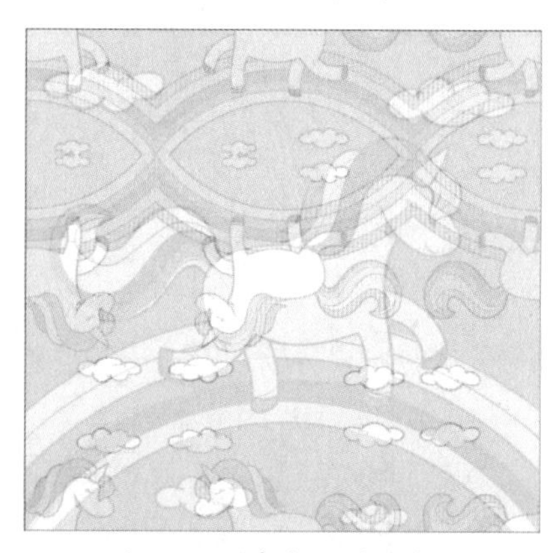

图7-47　强度为0.6时的效果

- 【融合】：该选项用于对反射边缘进行处理。参数值越大，边缘越复杂。

- 【灯光】：该参数项用于设置特效中灯光的各项参数。
  - 【灯光类型】：用户可在其右侧的下拉列表框中选择特效使用的灯光方式。选择【点光源】选项时，系统将使用点光源照明；选择【远光源】选项时，系统将使用远光照明；选择【首选合成灯光】选项时，系统将使用合成图像中的第一盏灯为特效场景照明。当使用三维合成时，选择【首选合成灯光】选项可以产生更为真实的效果，灯光由合成图像中的灯光参数控制，不受特效下的灯光参数影响。
  - 【灯光强度】：该选项用于设置灯光照明的强度。
  - 【灯光颜色】：该选项用于设置灯光照明的颜色。用户可以通过单击其右侧的颜色框或使用吸管工具来设置照明的颜色。当照明色的 RGB 值为 255、0、0 时的效果如图 7-48 所示。
  - 【灯光位置】：该选项用于调整灯光的位置。用户也可直接使用移动工具在【合成】面板中移动灯光的控制点，调整灯光位置。
  - 【灯光高度】：该选项用于设置灯光高度。
  - 【环境光】：该选项用于设置环境光强度。当环境光设为 1 时的效果如图 7-49 所示。

- 【材质】：该参数项用于设置特效场景中素材的材质属性。
  - 【漫反射】：该选项用于设置漫反射强度。
  - 【镜面反射】：该选项用于设置镜面反射强度。
  - 【高光锐度】：该选项用于设置高光锐化度。

图7-48　设置照明色后的效果

图7-49　环境光为1时的效果

7.2.4 泡沫特效

【泡沫】特效可以产生泡沫或泡泡的特效，用户可以对其进行设置，以达到想要的效果。如果用户不想破坏源图像，可以在源图像的上方创建一个纯色图层，为纯色图层添加泡沫效果，并对其进行相应的设置，完成前后的效果分别如图 7-50 和图 7-51 所示。

图7-50　未添加特效的效果

图7-51　添加【泡沫】特效后的效果

- 【视图】：该选项用于设置气泡效果的显示方式。在下拉列表框中选择【草图】和【已渲染】选项时的效果分别如图7-52和图7-53所示。
  - 【草图】：以草图模式渲染气泡效果，不能看到气泡的最终效果，但可预览气泡的运动方式和设置状态，且使用该方式计算速度快。
  - 【草图+流动映射】：为特效指定了【流动映射】通道后，使用该方式可以看到指定的影响对象。
  - 【已渲染】：在该方式下可以预览气泡的最终效果，但是计算速度相对较慢。
- 【制作者】：该参数项用于设置气泡的粒子发射器。
  - 【产生点】：该选项用于设置发射器的位置，用户可以通过参数或控制点调整产生点的位置。
  - 【产生X、Y大小】：该选项用于设置发射器的大小。
  - 【产生方向】：该选项用于设置泡泡产生的方向。
  - 【缩放产生点】：该选项可缩放发射器位置。不选择该项，系统会以发射器效果点为中心缩放发射器。
  - 【生成速率】：该选项用于设置发射速度。一般情况下，数值越高，发射速度越快，在相同时间内产生的气泡粒子也较多。当数值为0时，不发射粒子。

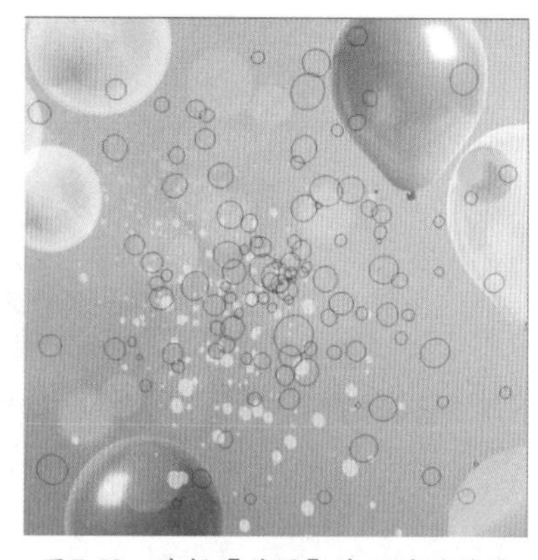

图7-52　选择【草图】选项时的效果

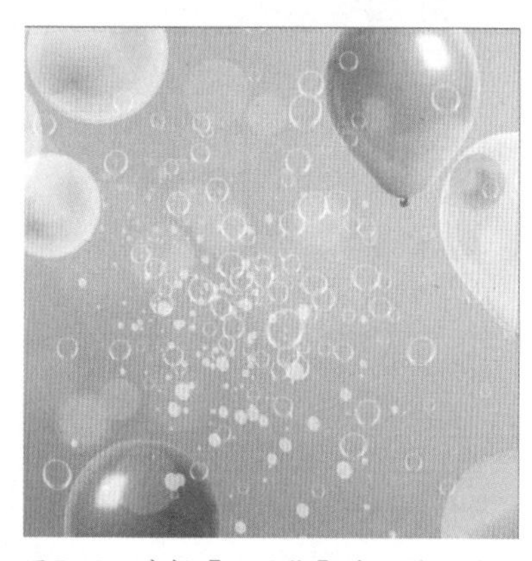

图7-53　选择【已渲染】选项时的效果

- 【气泡】：该参数项用于对气泡粒子的尺寸、生命、强度等进行设置。
  - 【大小】：该选项用于调整产生泡沫的尺寸大小。数值越大，则气泡越大，反之越小。
  - 【大小差异】：该选项用于控制粒子的大小差异。数值越大，每个粒子的大小差异越大。数值为0时，每个粒子的最终大小都是相同的。
  - 【寿命】：该选项用于设置每个粒子的生命值。每个粒子在发射产生后，最终都会消失。所谓生命值，即是粒子从产生到消失之间的时间。
  - 【气泡增长速度】：该选项用于设置每个粒子生长的速度，即粒子从产生到最终大小的时间。

- 【强度】：该选项用于调整产生泡沫的数量。数值越大，产生泡沫的数量也就越多。
- 【物理学】：该选项用于设置粒子的运动效果。
  - 【初始速度】：该选项用于设置泡沫特效的初始速度。
  - 【初始方向】：该选项用于设置泡沫特效的初始方向。
  - 【风速】：该选项用于设置影响粒子的风速。
  - 【风向】：该选项用于设置风的方向。
  - 【湍流】：该选项用于设置粒子的混乱度。数值越大，粒子运动越混乱；数值越小，则粒子运动越有序和集中。
  - 【摇摆量】：该选项用于设置粒子的晃动强度。参数较大时，粒子会产生摇摆变形。
  - 【排斥力】：该选项用于在粒子间产生排斥力。参数越大，粒子间的排斥性越强。
  - 【弹跳速率】：该选项用于设置粒子的总速率。
  - 【粘度】：该选项用于设置粒子间的黏性。参数越小，粒子越密。
  - 【粘性】：该选项用于设置粒子间的黏着性。参数越小，粒子堆砌得越紧密。
- 【缩放】：该选项用于调整粒子大小，如图 7-54 所示为【缩放】为 0.5 和 1.5 时的效果。

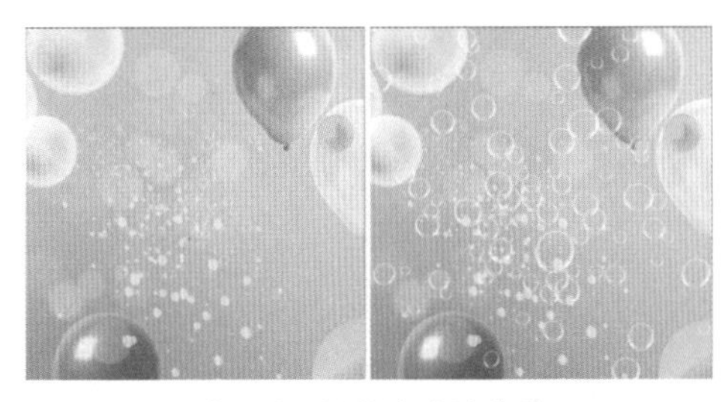

图7-54　调整缩放的效果

- 【综合大小】：该参数用于设置粒子效果的综合尺寸。在【草图】和【草图+流动映射】方式下可看到综合尺寸范围框。
- 【正在渲染】：该参数项用于设置粒子的渲染属性。该参数项的设置效果只有在【已渲染】方式下可以看到。
  - 【混合模式】：该选项用于设置粒子间的融合模式。【透明】方式下，粒子与粒子间进行透明叠加。选择【旧实体在上】方式，则旧粒子置于新生粒子之上。选择【新实体在上】方式，则将新生粒子叠加到旧粒子之上。
  - 【气泡纹理】：该选项用于设置气泡粒子的纹理方式，用户可在该下拉列表框中选择不同泡沫材质的效果。
  - 【气泡纹理分层】：除了系统预置的粒子纹理外，用户还可以指定合成图像中的一个层作为粒子纹理。该层可以是一个动画层，粒子将使用其动画纹理。该选项只有在【气泡纹理】中将粒子纹理设置为【用户定义】时才可用。
  - 【气泡方向】：该选项用于设置气泡的方向。可使用默认的【固定】方式，或【物理定向】、【气泡速度】方式。
  - 【环境映射】：该选项用于指定气泡粒子的反射层。
  - 【反射强度】：该选项用于设置反射的强度。
  - 【反射融合】：该选项用于设置反射的聚焦度。
- 【流动映射】：通过调整其参数，设置创建泡沫的流动动画效果。
  - 【流动映射】：该选项用于指定用于影响粒子效果的层。
  - 【流动映射黑白对比】：该选项用于设置参考图对粒子的影响效果。

- ◆ 【流动映射匹配】：该选项用于设置参考图的大小。可设置为【总体范围】或【屏幕】。
- ◆ 【模拟品质】：该选项用于设置气泡粒子的仿真质量。
- 【随机植入】：该选项用于设置气泡粒子的随机种子数。

7.3 上机练习——制作雷雨效果

雷阵雨是一种伴有雷电的阵雨现象，产生于积雨云下，表现为大规模的云层运动，比阵雨要剧烈得多，还伴有放电现象，常见于夏季。下面将讲解如何制作雷雨动画效果，完成后的效果如图 7-55 所示，其具体操作步骤如下。

图7-55　雷雨效果图

素材	素材\Cha07\背景.jpg、打雷声音.mp3、下雨声音.mp3
场景	场景\Cha07\上机练习——制作雷雨效果.aep
视频	视频教学\Cha07\7.3　上机练习——制作雷雨效果.mp4

01 新建一个项目，在【项目】面板中单击【新建合成】按钮，在弹出的【合成设置】对话框中将【合成名称】设置为【雷雨】，将【宽度】、【高度】分别设置为 1024 px、768 px，将【像素长宽比】设置为【方形像素】，将【帧速率】设置为 25 帧 / 秒，将【持续时间】设置为 0:00:05:00，如图 7-56 所示。

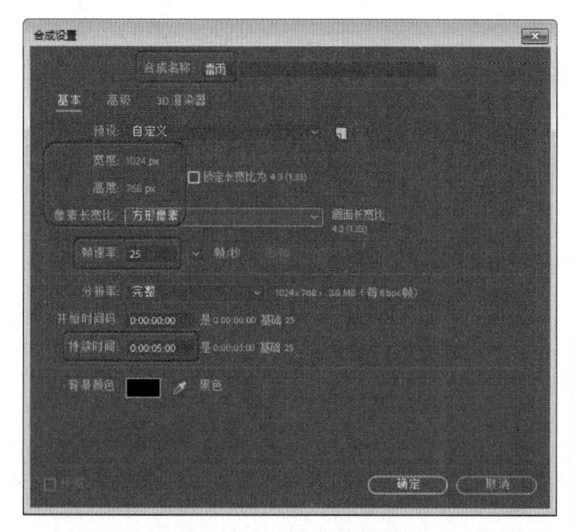

图7-56　设置合成参数

02 设置完成后单击【确定】按钮，在【项目】面板中双击，在弹出的【导入文件】对话框中选择如图 7-57 所示的素材文件。

图7-57　选择素材文件

03 单击【导入】按钮，在【项目】面板中选择“背景.jpg”素材文件，按住鼠标将其拖至【时间轴】面板中。将当前时间设置为 0:00:00:00，将【位置】设置为 423、35，单击其左侧的【时间变化秒表】按钮，将【缩放】设置为 41%，按 Shift+F9 组合键将关键帧转换为缓入，如图 7-58 所示。

图7-58 设置【位置】与【缩放】参数

04 将当前时间设置为0:00:04:24，将【位置】设置为342、35，按F9键将关键帧转换为缓动，如图7-59所示。

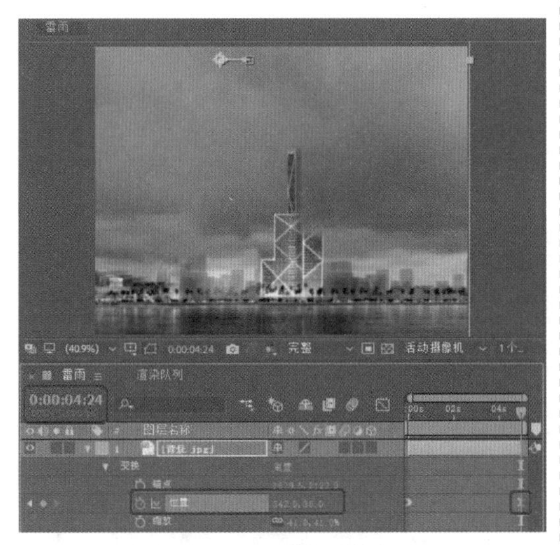

图7-59 设置【位置】参数

05 在【时间轴】面板中右击，在弹出的快捷菜单中选择【新建】|【纯色】命令，如图7-60所示。

06 在弹出的【纯色设置】对话框中将【名称】设置为“云”，将颜色的RGB值设置为0、0、0，如图7-61所示。

07 设置完成后单击【确定】按钮，在工具栏中单击【钢笔工具】，在【合成】面板中绘制一个蒙版，在【时间轴】面板中将【蒙版羽化】设置为95，将【蒙版扩展】设置为60，如图7-62所示。

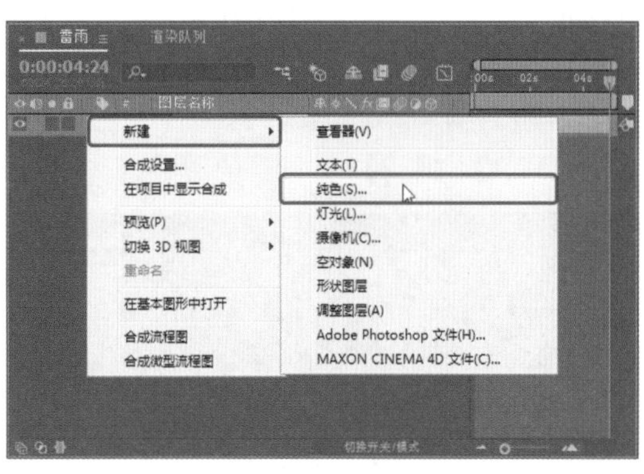

图7-60 选择【纯色】命令

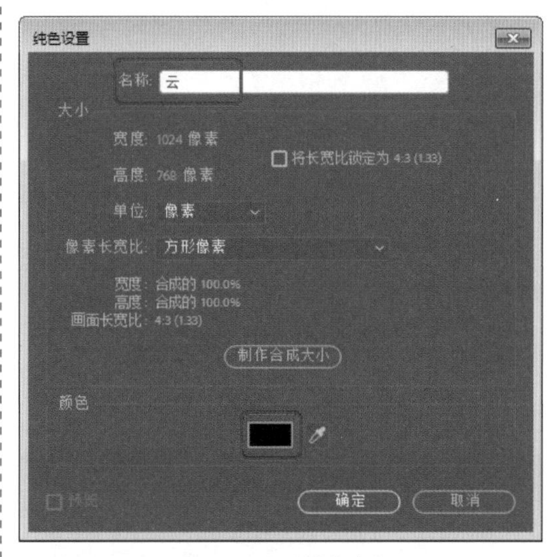

图7-61 设置纯色参数

图7-62 绘制蒙版并设置参数

08 在【效果和预设】面板中搜索【分形杂色】效果，双击该效果，为“云”图层添加该效果。将当前时间设置为0:00:00:00，在【时间轴】面板中将【杂色类型】设置为【线性】，将【亮度】设置为-18，单击【演化】左侧的【时间变化秒表】按钮，如图7-63所示。

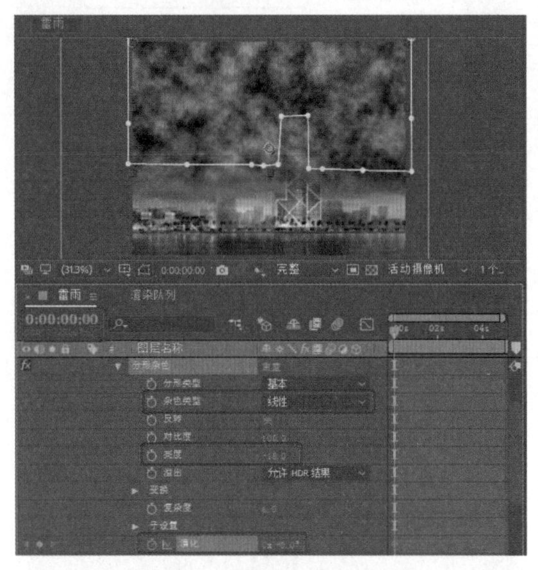

图7-63 设置【分形杂色】参数

09 将当前时间设置为0:00:04:24，将【演化】设置为790，如图7-64所示。

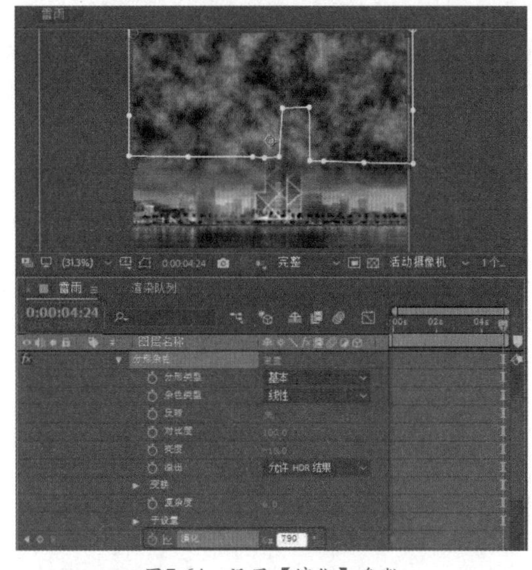

图7-64 设置【演化】参数

10 继续选中该图层，在【效果和预设】面板中搜索【快速模糊（旧版）】效果，双击鼠标为其添加该效果，将【模糊度】设置为10，将【模糊方向】设置为【水平和垂直】，将【重复边缘像素】设置为【开】，如图7-65所示。

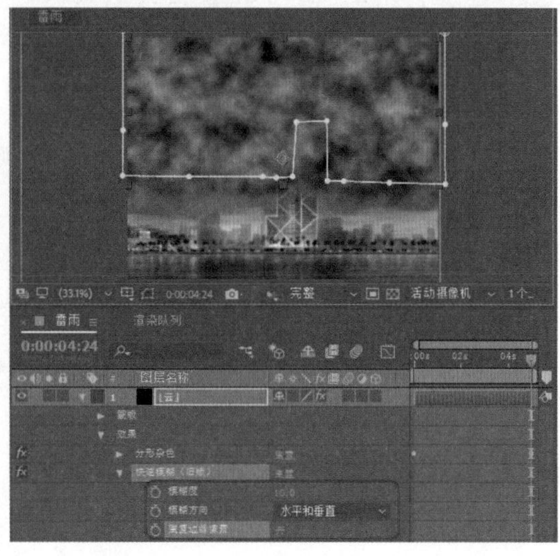

图7-65 设置【快速模糊（旧版）】参数

11 搜索【边角定位】效果，为“云”图层添加该效果，将【左上】设置为-298.7、0，将【右上】设置为1342.6、0，将【左下】设置为0、524，将【右下】设置为1024、524，如图7-66所示。

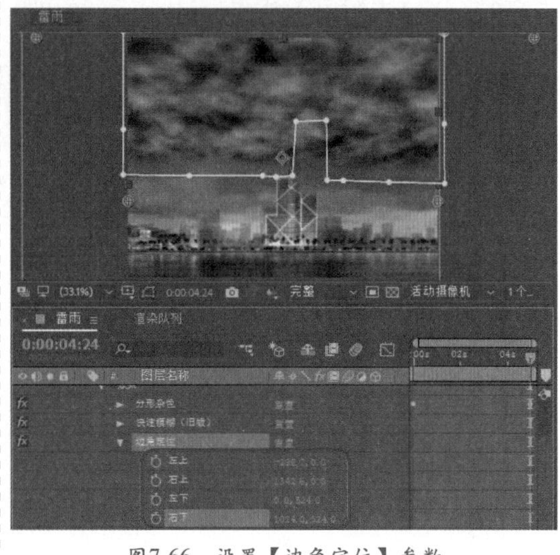

图7-66 设置【边角定位】参数

12 搜索CC Toner效果，为“云”图层添加该效果，将Midtones的RGB值设置为67、89、109，如图7-67所示。

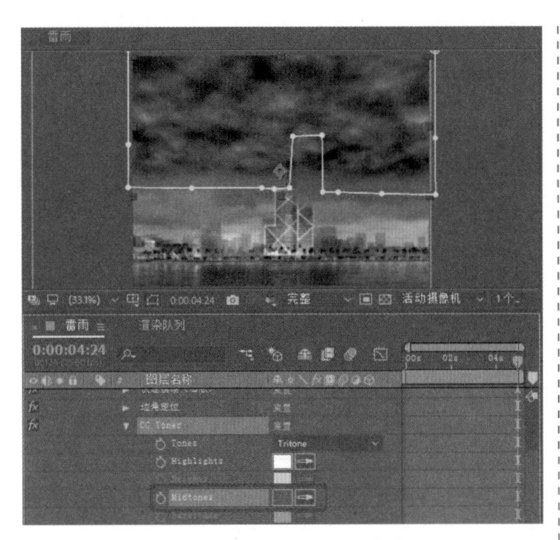

图7-67　设置Midtones参数

13 继续选中“云”图层，在【时间轴】面板中将该图层的混合模式设置为【屏幕】，如图7-68所示。

图7-68　设置图层混合模式

14 新建一个“雨”纯色图层，为其添加CC Rainfall特效，在【时间轴】面板中将Size设置为6，将Wind、Variation%（Wind）分别设置为870、38，将Opacity设置为50，将图层的混合模式设置为【屏幕】，如图7-69所示。

15 新建一个“闪电”纯色图层，将其入点时间设置为0:00:00:10，为其添加【高级闪电】效果。确认当前时间为0:00:00:10，在【时间轴】面板中将【闪电类型】设置为【随机】，将【源点】设置为375.9、148.9，将【外径】设置为1040、810，单击【外径】左侧的【时间变化秒表】按钮，将【核心半径】与【核心不透明度】分别设置为3、100，单击【核心不透明度】左侧的【时间变化秒表】按钮，将【发光半径】、【发光不透明度】分别设置为30、50，单击【发光不透明度】左侧的【时间变化秒表】按钮，将【发光颜色】的RGB值设置为42、57、150，将【Alpha障碍】、【分叉】分别设置为10、11，将【分形类型】设置为【半线性】，如图7-70所示。

图7-69　设置下雨效果

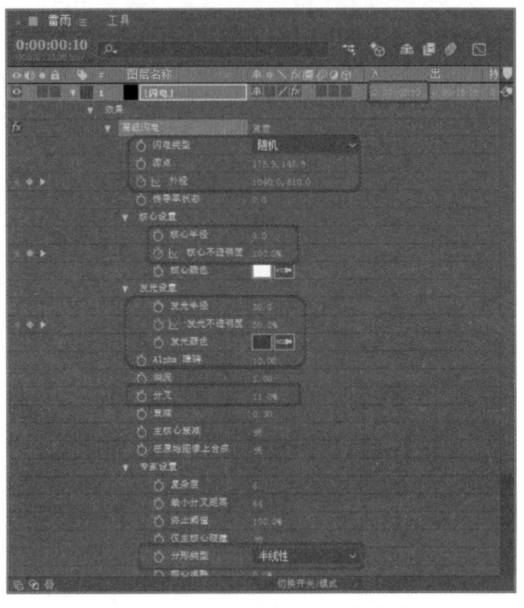

图7-70　设置【高级闪电】参数

16 将当前时间设置为0:00:01:10，将【外径】设置为577、532，将【核心不透明度】、【发光不透明度】分别设置为50、0，将图层混合模式设置为【相加】，如图7-71所示。

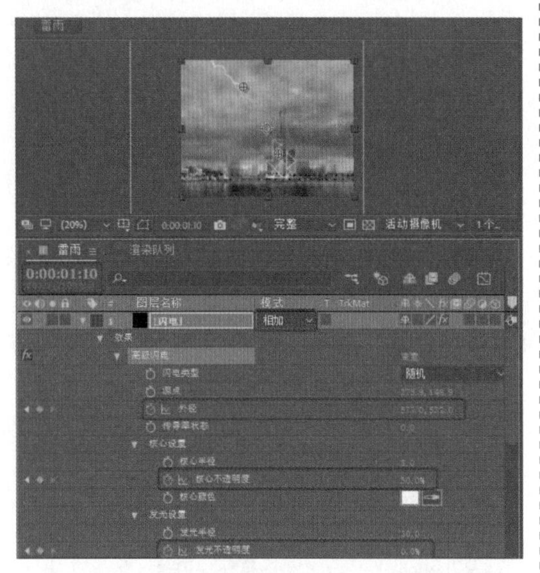

图7-71　在其他时间设置【高级闪电】参数

17 继续选中"闪电"图层，将当前时间设置为0:00:01:10，将其时间滑块结尾处与时间线对齐，如图7-72所示。

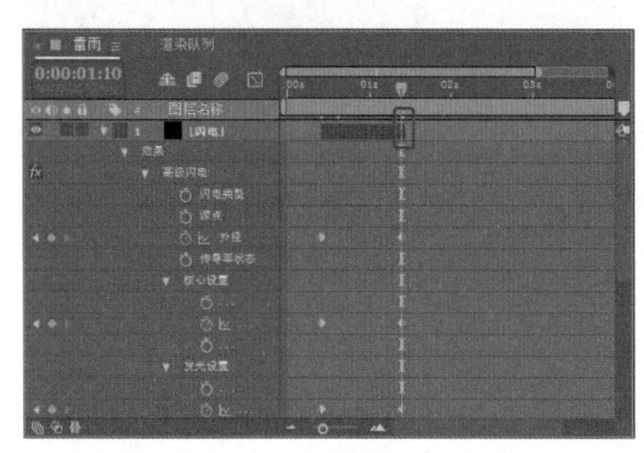

图7-72　设置时间滑块结尾处

18 继续选中该图层，按Ctrl+D组合键对其进行复制，将复制后的对象命名为【闪电2】，将其入点时间设置为0:00:02:00。将当前时间设置为0:00:02:00，将【闪电类型】设置为【击打】，将【源点】设置为847.5、148.9，将【方向】设置为648、519，将【核心不透明度】设置为75，如图7-73所示。

图7-73　复制图层并修改参数

19 将当前时间设置为0:00:03:00，在【时间轴】面板中将【核心不透明度】设置为0，如图7-74所示。

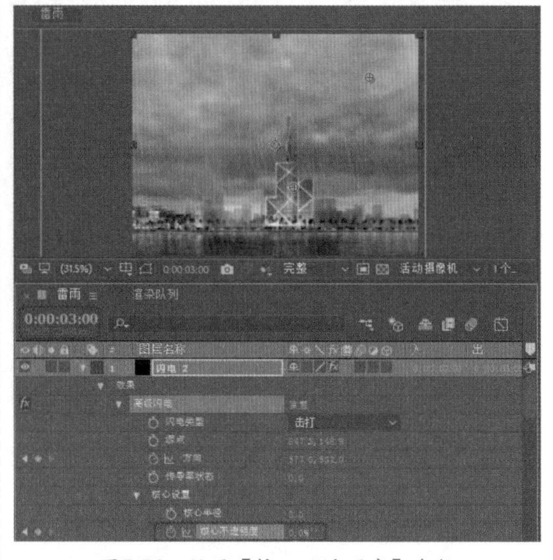

图7-74　设置【核心不透明度】参数

20 在【时间轴】面板中选择"闪电2"图层，按Ctrl+D组合键对其进行复制。将当前时间设置为0:00:03:10，将该图层的入点时间设置为0:00:03:10，将【闪电类型】设置为【方向】，将【源点】设置为460.8、-38，将【方向】设置为418、504，如图7-75所示。

21 在【项目】面板中选择"打雷声音"音频文件，按住鼠标将其拖至"闪电3"图层的下方，将该图层的入点时间设置为 0:00:01:21，如图 7-76 所示。

图7-75 设置【高级闪电】参数

图7-76 设置打雷声音的入点时间

22 在【项目】面板中选择“下雨声音”音频文件，按住鼠标将其拖至“背景”图层的下方，将其入点时间设置为 0:00:00:00，如图 7-77 所示。

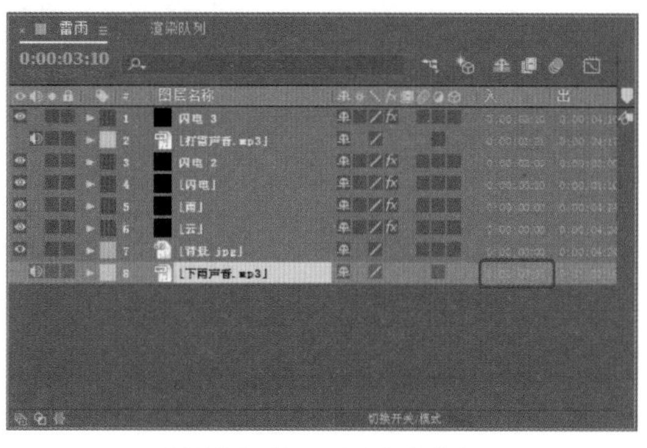

图7-77 添加下雨声音音频

7.4 思考与练习

1. CC Snowfall 可以制作什么效果？
2. 卡片动画的作用是什么？

第8章 常用滤镜效果——扭曲与透视特效

在After Effects CC中内置的扭曲特效和透视特效都可以称为变形特效，其主要作用是对图像进行变形操作。通过扭曲特效可以制作出波浪、放大镜、扭曲变形的特殊画面等效果。而透视特效可以使二维图像产生具有三维深度的特殊效果。

基础知识

- 边角定位特效
- 变换特效

重点知识

- 改变形状特效
- 镜像特效

提高知识

- 制作流光线条动画
- 制作水面波纹效果

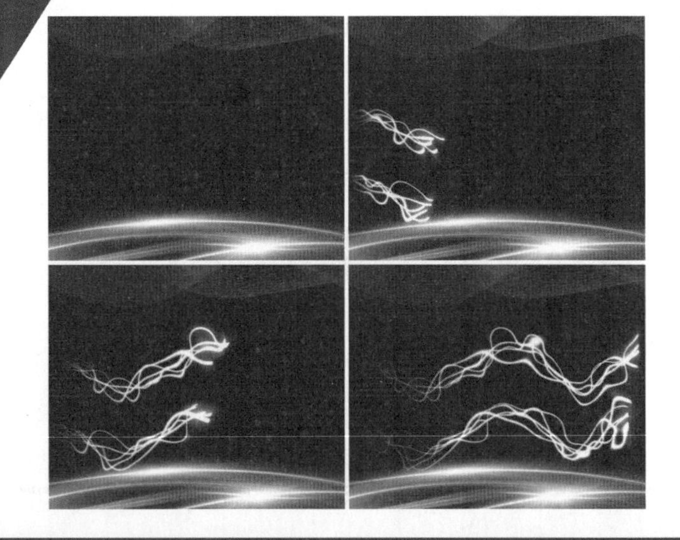

8.1 制作水面波纹效果——扭曲特效

水是地球上最常见的物质之一，是包括无机化合、人类在内的所有生命生存的重要资源，也是生物体最重要的组成部分。本例将介绍水面波纹效果的制作，效果如图 8-1 所示。

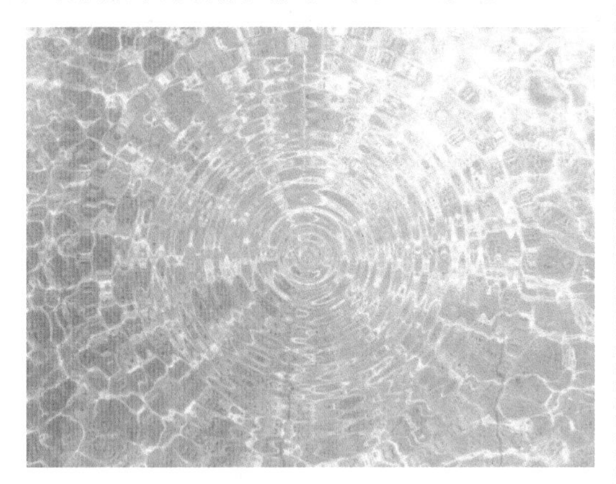

图8-1 水面波纹

素材	素材\Cha08\水面.jpg
场景	场景\Cha08\制作水面波纹效果——扭曲特效.aep
视频	视频教学\Cha08\8.1 制作水面波纹效果——扭曲特效.mp4

01 新建一个项目文件，按 Ctrl+N 组合键，在弹出的【合成设置】对话框中将【宽度】、【高度】分别设置为 1024 px、768 px，将【像素长宽比】设置为【方形像素】，将【持续时间】设置为 0:00:05:00，如图 8-2 所示。

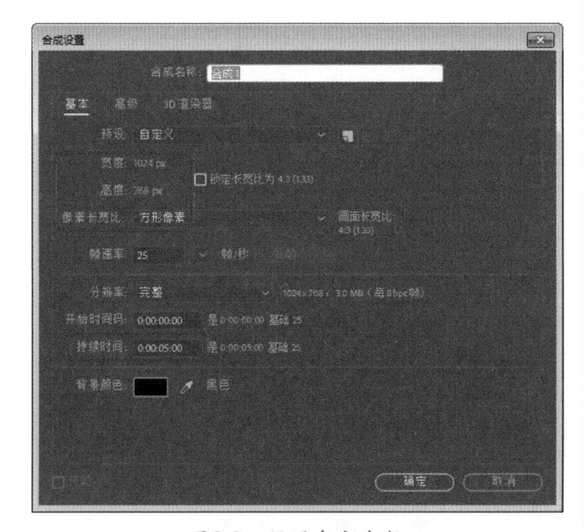

图8-2 设置合成参数

02 设置完成后单击【确定】按钮，按 Ctrl+I 组合键，在弹出的【导入文件】对话框中选择“水面.jpg”素材文件，如图 8-3 所示。

图8-3 选择素材文件

03 单击【导入】按钮，将选中的素材文件导入【项目】面板中，按住鼠标左键将该素材文件拖至时间轴中，并将其【变换】下的【缩放】设置为 55，如图 8-4 所示。

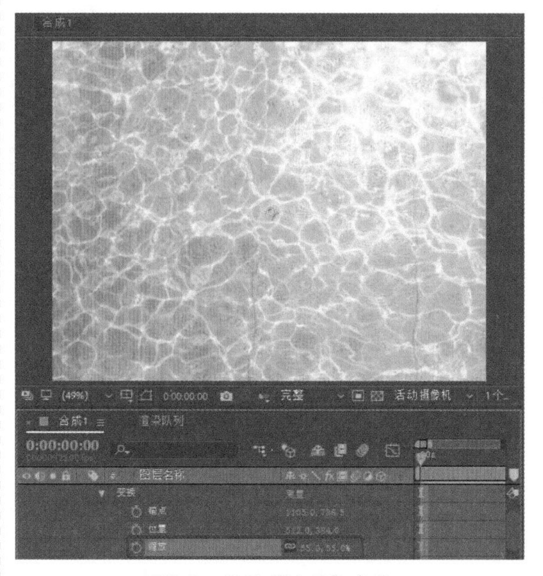

图8-4 设置【缩放】参数

04 选中“水面”图层，在菜单栏中选择【效果】|【扭曲】|【波纹】命令，在时间轴中将【波纹】下的【半径】设置为 35，将【波纹中心】设置为 1097.7、765.5，将【转换类型】

设置为【对称】，将【波形宽度】、【波形高度】分别设置为 30、300，如图 8-5 所示。

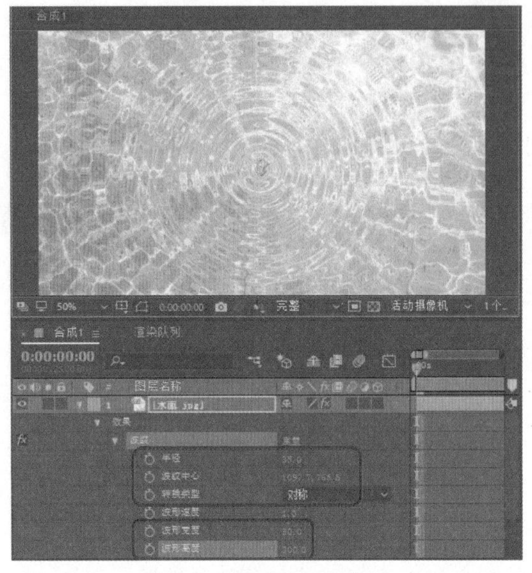

图8-5　设置【波纹】参数

8.1.1　CC Bend It（CC两点扭曲）特效

CC Bend It 特效通过在图像上定义两个控制点来模拟图像被吸引到这两个控制点上的效果。该特效的参数如图 8-6 所示，添加该特效前后的效果对比如图 8-7 所示。

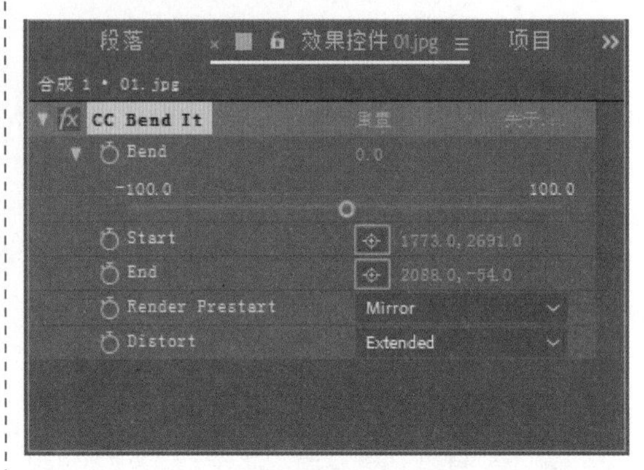

图8-6　特效参数

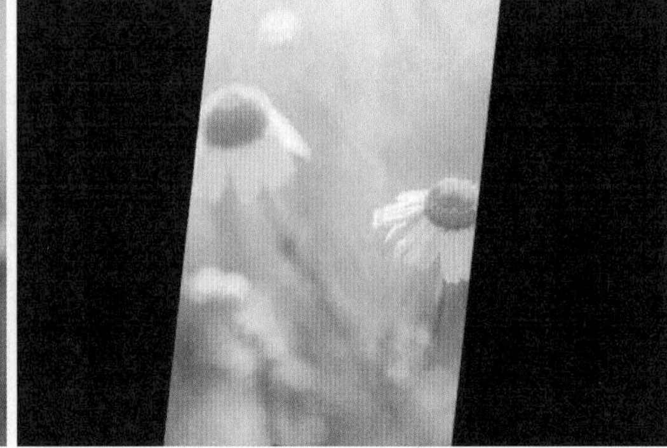

图8-7　添加特效前后的效果对比

- Bend（弯曲）：设置对象的弯曲程度。数值越大，对象弯曲度越大，反之越小。
- Start（开始）：设置开始点的坐标。
- End（结束）：设置结束点的坐标。
- Render Prestart（渲染前）：可以在其右侧的下拉列表框中选择一种模式来设置开始点的状态。
- Distort（扭曲）：在其右侧的下拉列表框中选择一种模式来设置结束点的状态。

8.1.2　CC Bender（CC弯曲器）特效

CC Bender（CC 弯曲）特效可以使图像产生弯曲的效果。其参数如图 8-8 所示，添加该特效前后的效果对比如图 8-9 所示。

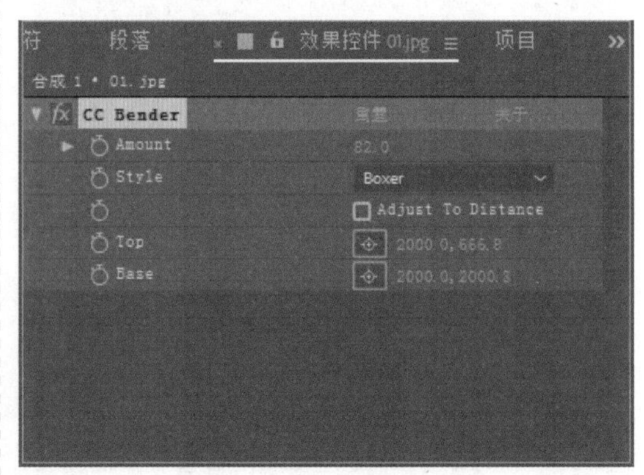

图8-8　CC Bender特效参数

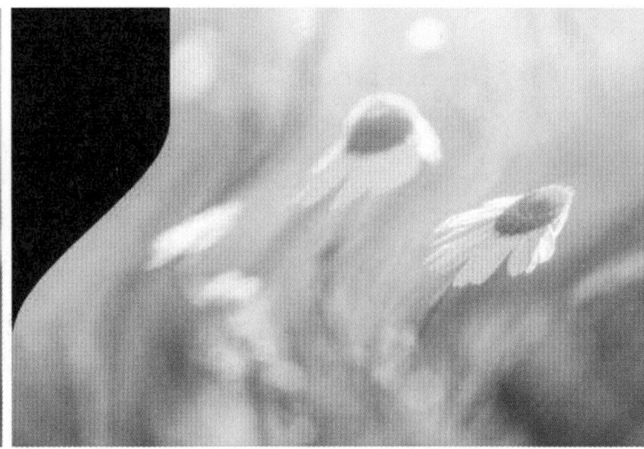

图8-9 添加特效前后的效果对比

- Amount（数量）：用于设置对象的扭曲程度。
- Style（样式）：可以在右侧的下拉列表框中选择一种模式设置图像弯曲的方式，其中包括 Bend（弯曲）、Marilyn（玛丽莲）、Sharp（锐利）、Boxer（拳手）4 个选项。
- Adjust To Distance（调整方向）：选中该复选框，可以控制弯曲的方向。
- Top（顶部）：设置顶部坐标的位置。
- Base（底部）：设置底部坐标的位置。

8.1.3 CC Blobbylize（CC融化溅落点）特效

CC Blobbylize（CC 融化溅落点）特效主要为对象的纹理部分添加融化效果，通过对滴状斑点、光、阴影 3 个参数的调节达到想要的效果。其参数如图 8-10 所示，添加特效前后的效果对比如图 8-11 所示。

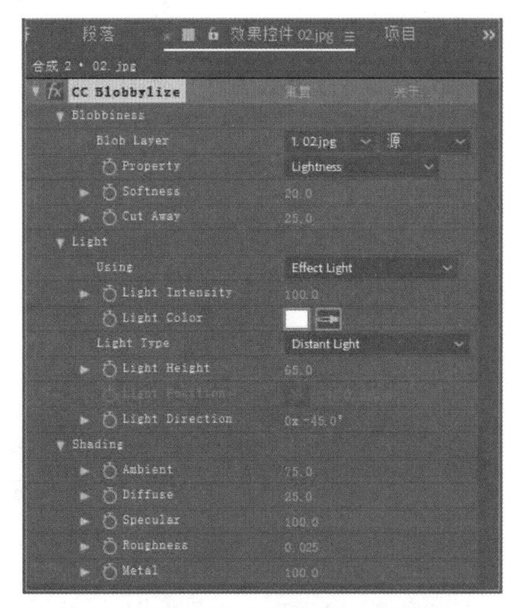

图8-10 CC Blobbylize特效参数

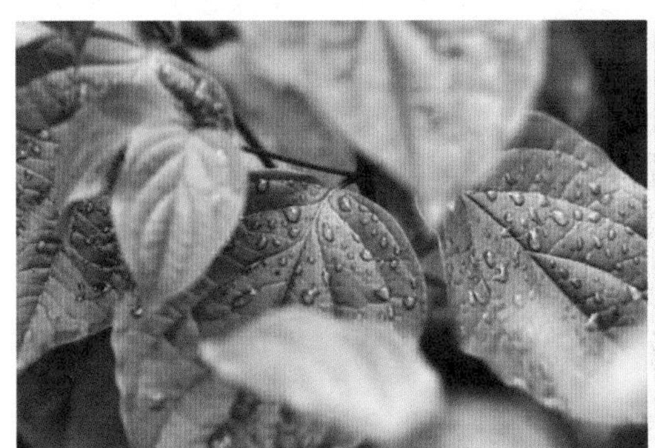
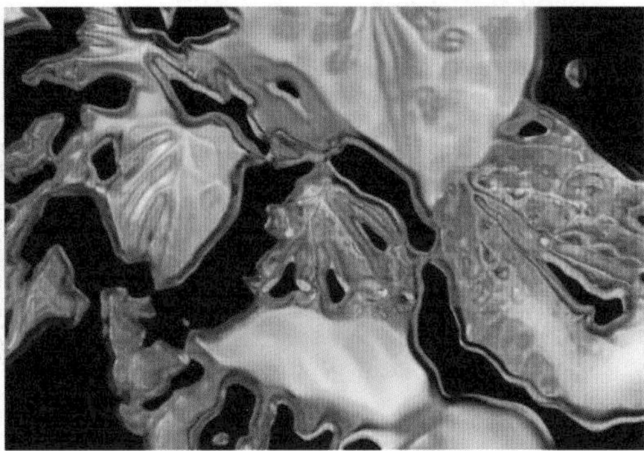

图8-11 添加特效前后的效果对比

- Blobbiness（滴状斑点）：主要用来调整对象的扭曲程度和样式。
  - Blob Layer（滴状斑点层）：用于设置产生融化溅落点效果的图层。默认情况下为效果所添加的层。也可以选择无或其他层。
  - Property（特性）：可以从其右侧的下拉列表框中选择一种特性来改变扭曲的形状。
  - Softness（柔和）：设置滴状斑点边缘的柔和程度。如图 8-12 所示为柔和值不同时的效果。

图8-12　柔和值不同时的效果对比

  - Cut Away（剪切）：调整被剪切部分的多少。
- Light（光）：调整图像光的强度及整个图像的色调。
  - Using（使用）：用于设置图像的照明方式，其中提供了 Effect Light(效果灯光)、AE Light（AE 灯光）两种方式。
  - Light Intensity（光强度）：用于设置图像受光照程度的强弱。数值越大，受光照程度越强，如图 8-13 所示为不同光强度时的效果。

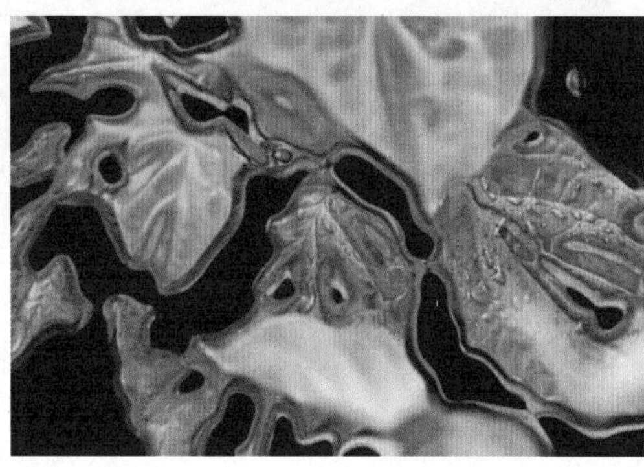
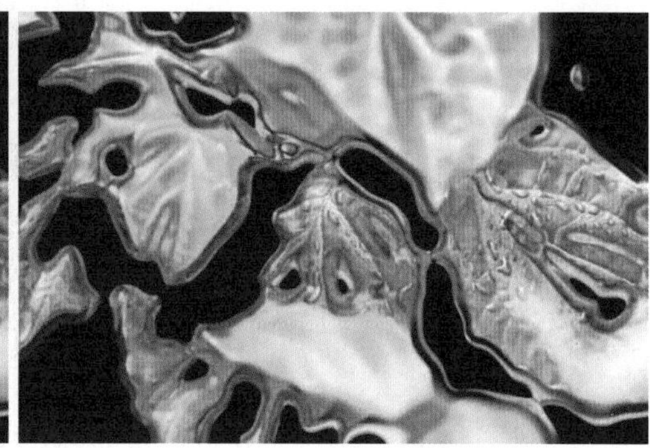

图8-13　不同光强度时的效果对比

  - Light Color（光颜色）：用于设置光的颜色，可以调节图像的整体色调。
  - Light Type（光类型）：设置照明灯光的类型，包括 Distant Light（远光灯）（如图 8-14 所示）和 Point Light（点光灯）（如图 8-15 所示）两种方式。
  - Light Height（光线长度）：设置光线的长度，可以调整图像的曝光度。
  - Light Position（光位置）：用于设置平行光产生的方向。当灯光类型为点光灯时才可用。
  - Light Direction（光方向）：用于调整光照射的方向。当灯光类型为远光灯时才可用。

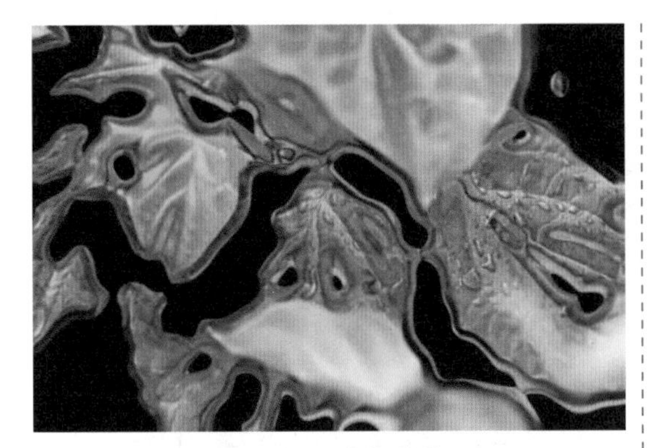

图8-14 远光灯效果

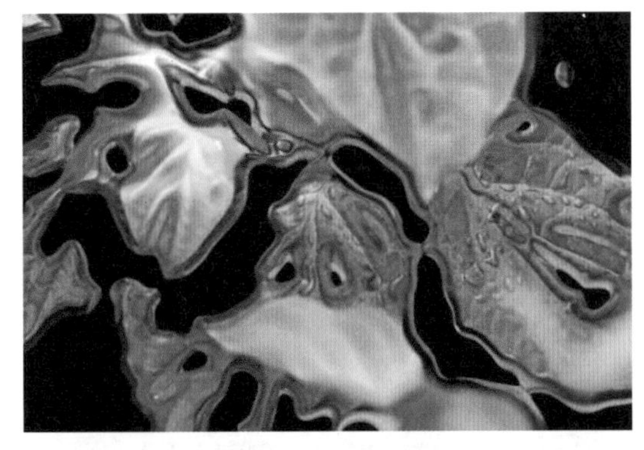

图8-15 点光灯效果

- Shading（阴影）：设置图像明暗程度。
  - Ambient（环境）：用于设置环境光的明暗程度。当数值越小时，照明的效果就越暗。当数值越大时，照明的效果越亮。如图 8-16 所示为不同值时的效果。
  - Diffuse（漫反射）：用于调整光反射的程度，数值越大，反射程度越强，图像越亮；数值越小，反射程度越低，图像越暗。
  - Specular（高光反射）：设置图像的高光反射的强度。
  - Roughness（边缘粗糙）：用于设置照明光在图像中形成光影的粗糙程度。当数值越大时，阴影效果就越淡。
  - Metal（质感）：用于设置效果中金属质感的数量。当数值越大时，金属质感越低。

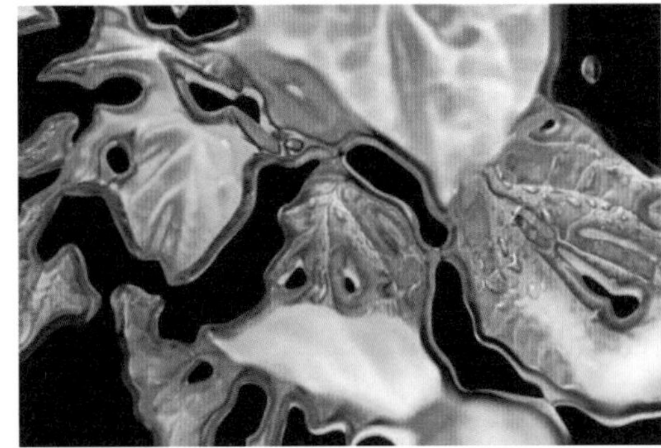

图8-16 不同值时的效果对比

8.1.4 CC Flo Motion（CC液化流动）特效

CC Flo Motion（CC 液化流动）特效是利用图像的两个边角位置的变化对图像进行变形处理。该特效的参数如图 8-17 所示，添加该特效前后的效果对比如图 8-18 所示。

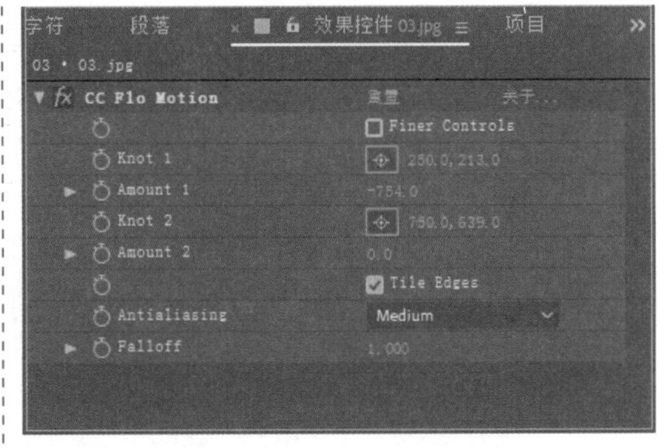

图8-17 CC Flo Motion特效参数

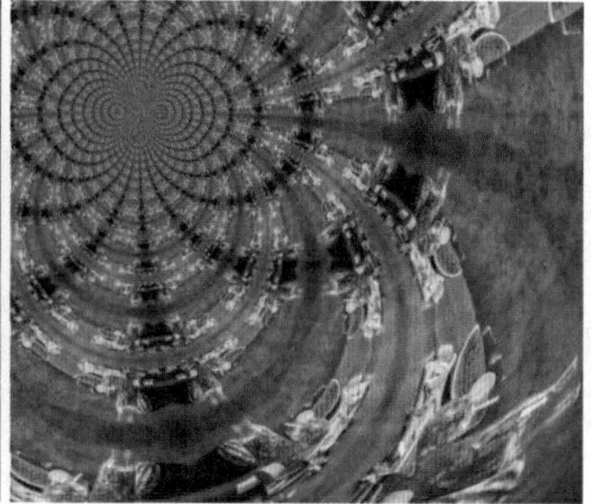

图8-18　添加特效前后的效果对比

- Finer Controls（精细控制）：当选中该复选框时，则图形的变形更细致。
- Knot 1（控制点 1）：设置控制点 1 的位置。
- Amount 1（数量 1）：设置控制点 1 位置图像拉伸的重复度。
- Knot 2（控制点 2）：设置控制点 2 的位置。
- Amount 2（数量 2）：设置控制点 2 位置图像拉伸的重复度。
- Tile Edges（背景显示）：当取消选中该复选框时，表示背景图像不显示。
- Antialiasing（抗锯齿）：用于设置抗锯齿的程度，包括 Low（低）、Medium（中）、High（高）3 种程度。
- Falloff（衰减）：用于设置图像的拉伸重复程度。数值越小，重复度越大；数值越大，重复度越小。

8.1.5　CC Griddler（CC网格变形）特效

CC Griddler（CC 网格变形）特效是通过设置水平和垂直缩放比例来对原始图像进行缩放，而且可以将图像进行网格化处理，并平铺至原图像大小。其参数如图 8-19 所示，添加该特效前后的效果对比如图 8-20 所示。

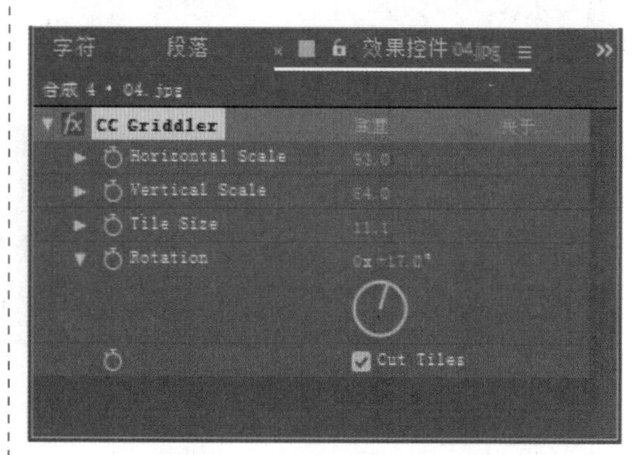

图8-19　CC Griddler特效参数

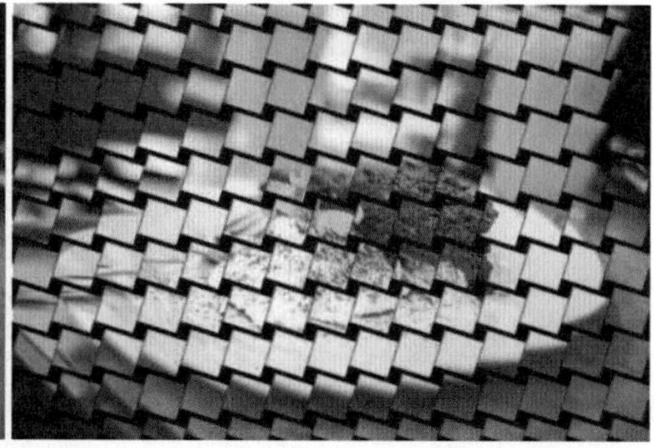

图8-20　添加特效前后的效果对比

- Horizontal Scale（横向缩放）：用于设置网格水平方向的偏移程度。
- Vertical Scale（纵向缩放）：用于设置网格垂直方向的偏移程度。
- Tile Size（拼贴大小）：设置对象中每个网格尺寸的大小。数值越大，网格越大；数值越小，网格越小。
- Rotation（旋转）：用于设置图像中每个网格的旋转角度。如图 8-21 所示为设置网格旋转角度前后的效果对比。

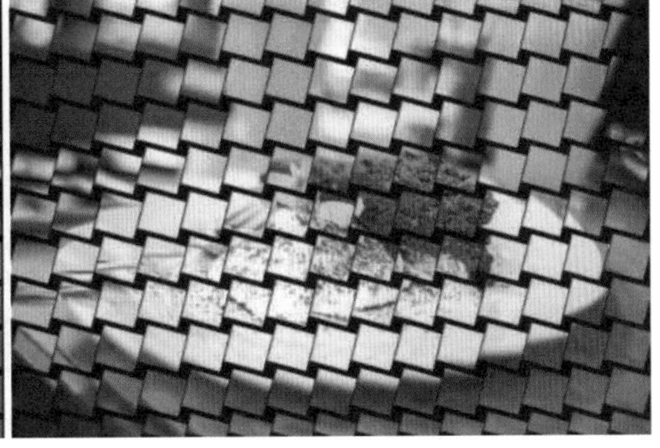

图8-21　设置网格旋转角度前后的效果对比

- Cut Tiles（拼贴剪切）：选中该复选框，网格边缘会出现黑边，并有凸起效果。

8.1.6 CC Lens（CC透镜）特效

CC Lens（CC 透镜）特效可以使图像变形为镜头的形状。该特效的参数如图 8-22 所示，添加该特效前后的效果对比如图 8-23 所示。

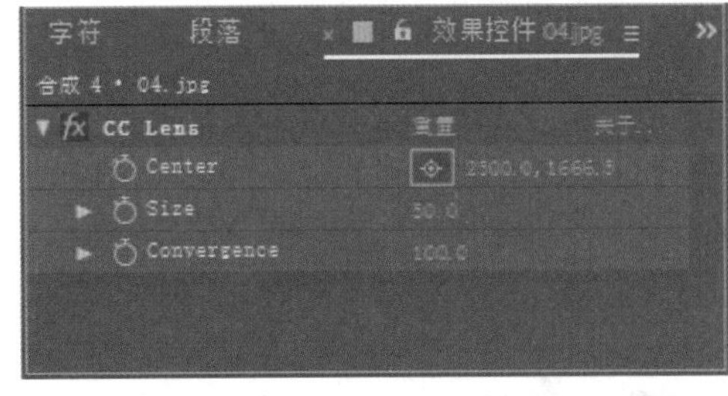

图8-22　CC透镜参数

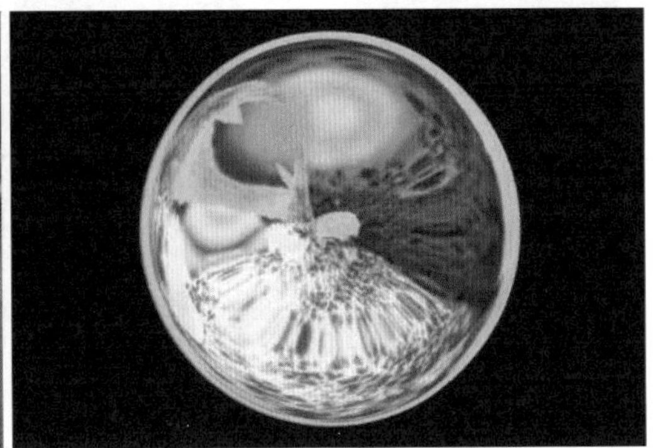

图8-23　添加特效前后的效果对比

- Center（中心）：设置创建透镜效果的中心。
- Size（大小）：用于设置变形图像的尺寸大小。
- Convergence（聚合）：用于设置透镜效果中图像像素的聚焦程度。如图 8-24 所示设置为聚焦程度前后的效果对比。

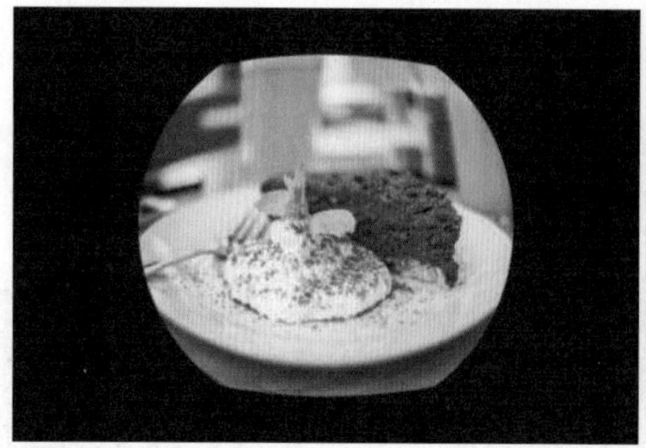
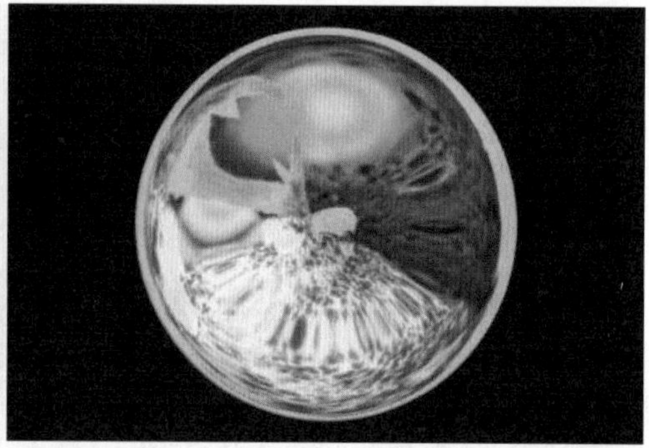

图8-24　显示不同的效果

8.1.7 CC Slant（CC倾斜）特效

CC Slant（CC 倾斜）特效可以使对象产生平行倾斜。其参数如图 8-25 所示，添加效果前后的对比如图 8-26 所示。

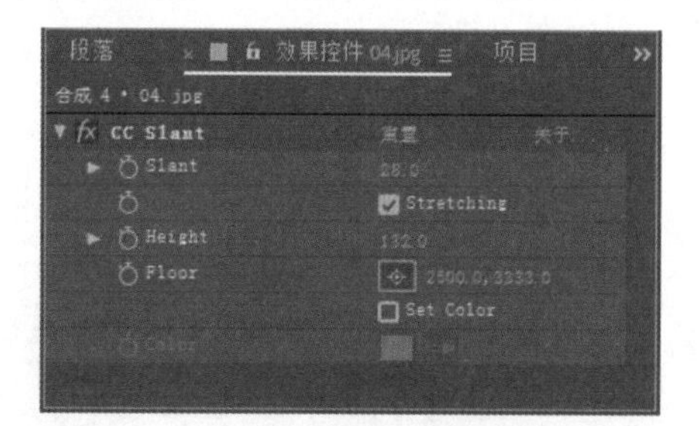

图8-25　CC Slant特效参数

- Slant（倾斜）：用于设置图像的倾斜程度。
- Stretching（拉伸）：选中该复选框，可以将倾斜后的图像展开。
- Height（高度）：用于设置图像的高度。
- Floor（地面）：用于设置图像距离视图底部的距离。
- Set Color（设置颜色）：选中该复选框，可以为图像填充颜色。
- Color（颜色）：指定填充的颜色，此选项只有在选中 Set Color（设置颜色）复选框时才可用。

图8-26　添加效果前后的效果对比

8.1.8 CC Smear（CC涂抹）特效

CC Smear（CC 涂抹）特效是在原图像中设置控制点的位置，并通过调整该特效的属性参数来模拟手指在图像中进行涂抹的效果。其参数如图 8-27 所示，添加该特效前后的效果对比如图 8-28 所示。

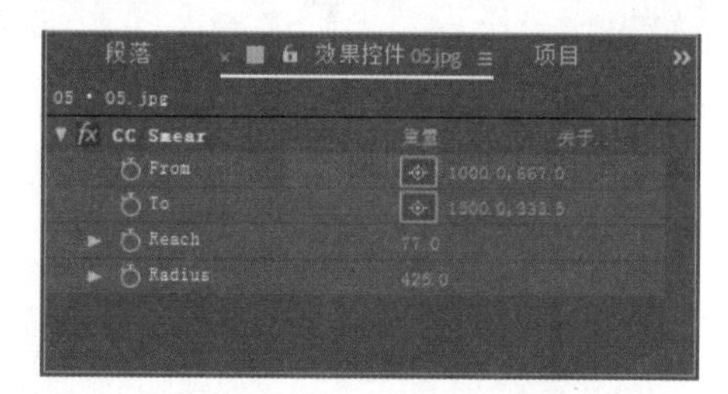

图8-27　CC Smear特效参数

图8-28 添加特效前后的效果对比

- From（开始点）：设置涂抹开始点的位置。
- To（结束点）：设置涂抹结束点的位置。
- Reach（涂抹范围）：设置开始点与结束点之间涂抹的范围。如图 8-29 所示为值为 50 和 100 时的不同效果。

图8-29 设置不同范围时的效果

- Radius（涂抹半径）：设置涂抹半径的大小。如图 8-30 所示为设置不同半径时的效果。

图8-30 设置不同半径时的效果

8.1.9 CC Split（CC分割）特效与CC Split 2（CC分割2）特效

CC Split（CC 分割）特效可以使对象在两个分裂点之间产生分裂，以达到想要的效果。该特效的参数如图 8-31 所示，应用该特效前后的效果对比如图 8-32 所示。

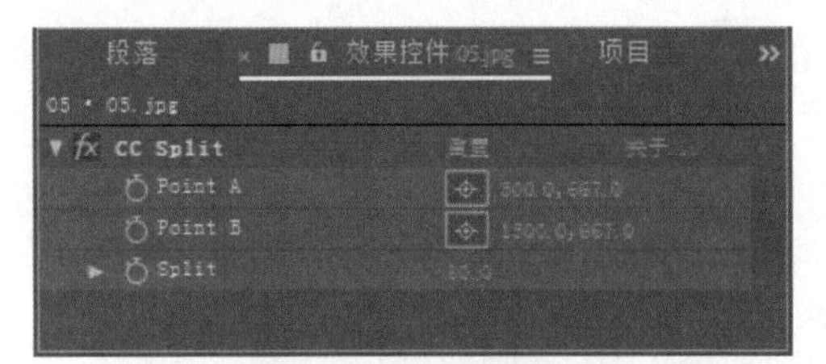

图8-31 CC Split特效参数

- Point A（分割点A）：设置分割点A的位置。
- Point B（分割点B）：设置分割点B的位置。
- Split（分裂）：设置分裂的大小。数值越大，则两个分裂点的分裂口越大。

图8-32 添加特效前后的效果对比

CC Split 2（CC分割2）特效的使用方法与CC Split（CC分割）特效相同。该特效的参数如图8-33所示，添加该特效前后的效果对比如图8-34所示。

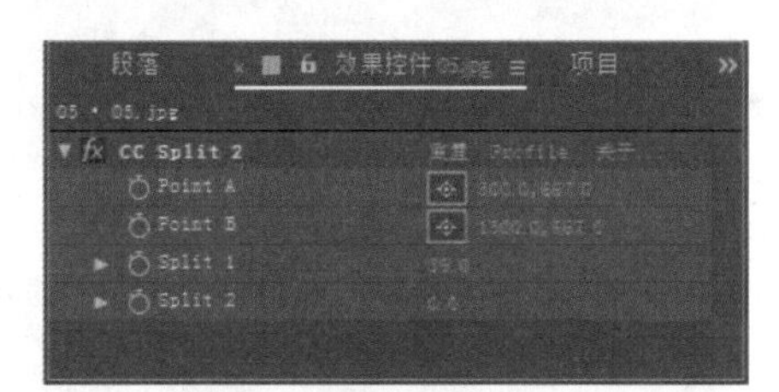

图8-33 CC Split 2特效参数

图8-34 添加特效前后的效果对比

8.1.10 CC Tiler（CC平铺）特效

CC Tiler（CC平铺）特效可以使图像经过缩放后，在不影响原图像品质的前提下，快速地布满整个合成窗口。该特效的参数如图8-35所示，添加该特效前后的效果对比如图8-36所示。

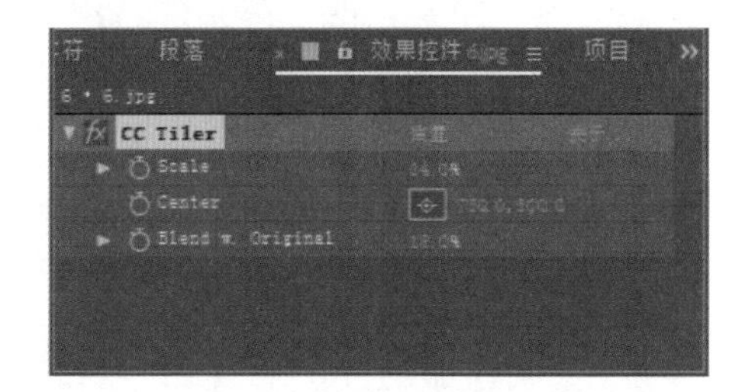

图8-35 CC Tiler特效参数

图8-36 添加特效前后的效果对比

- Scale（缩放）：设置拼贴图像的多少。
- Center（拼贴中心）：设置拼贴图像的中心位置。
- Blend W.Original（混合程度）：用于调整拼贴后的图像与原图像之间的混合程度，值越大越清晰。混合程度不同时的效果对比如图 8-37 所示。

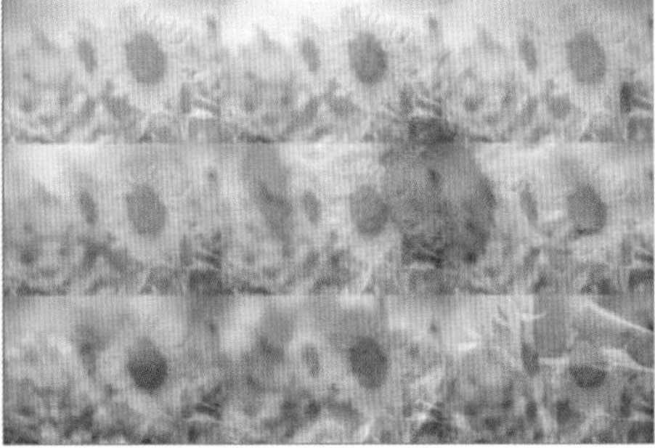

图8-37 混合程度不同时的效果对比

8.1.11 贝塞尔曲线变形特效

【贝塞尔曲线变形】特效通过调整围绕图像四周的贝塞尔曲线来对图像进行扭曲变形。该特效的参数如图 8-38 所示。添加【贝塞尔曲线变形】特效前后的效果对比如图 8-39 所示。

- 【上左 / 右上 / 下右 / 左下顶点】：分别用于调整图像四个边角上的顶点位置。
- 【上左 / 上右 / 右上 / 右下 / 下右 / 下左 / 左下 / 左上切点】：分别用于调整相邻顶点之间曲线的形状。每个顶点都包含两条切线。
- 【品质】：用于设置图像弯曲后的品质。

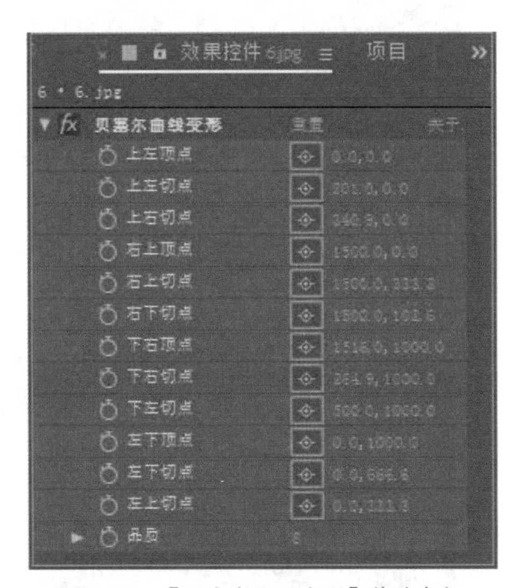

图8-38 【贝塞尔曲线变形】特效参数

图8-39　添加特效前后的效果对比

8.1.12 变换特效

【变换】特效可以对图像的位置、尺寸、不透明度等进行综合调整，以使图像产生扭曲变形效果。该特效的参数如图 8-40 所示，添加【变换】特效前后的效果对比如图 8-41 所示。

- 【描点】：设置图像中线定位点坐标。
- 【位置】：设置图像的位置。
- 【统一缩放】：选中该复选框，可对图像的宽度和高度进行等比例缩放。

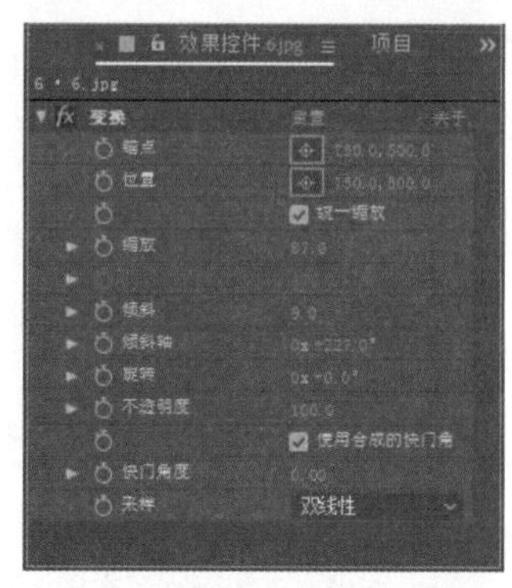

图8-40　【变换】特效参数

图8-41　添加特效前后的效果对比

- 【缩放】：设置图像的缩放比例。当取消【统一缩放】复选框的勾选时，缩放将变为【高度比例】和【宽度比例】两项，可以分别设置图像的高度和宽度的缩放比例。将【高度比例】和【宽度比例】分别设置为 123 和 89 时的效果如图 8-42 所示。

图8-42　设置不同比例时的效果

- 【倾斜】：设置图像的倾斜度。
- 【倾斜轴】：用于设置图像倾斜轴线的角度。
- 【旋转】：用于设置图像的旋转角度。
- 【不透明度】：用于设置图像的透明度。
- 【使用合成的快门角度】：选中该复选框，使用【合成】面板中的快门角度，否则使用特效中设置的角度作为快门角度。
- 【快门角度】：快门角度的设置，将决定运动模糊的程度。

8.1.13 变形特效

【变形】特效可以使图像产生不同形状的变化，如弧形、鱼形、膨胀、挤压等。其参数如图 8-43 所示，添加该特效前后的效果对比如图 8-44 所示。

- 【变形样式】：设置图像的变形样式，包括【弧形】、【下弧形】、【上弧形】等几种样式。
- 【变形轴】：设置变形对象以水平或垂直轴变形。
- 【弯曲】：设置图像的弯曲程度。数值越大，则图像越弯曲。如图 8-45 所示为不同弯曲度的效果。
- 【水平扭曲】：设置水平方向的扭曲度。
- 【垂直扭曲】：设置垂直方向的扭曲度。

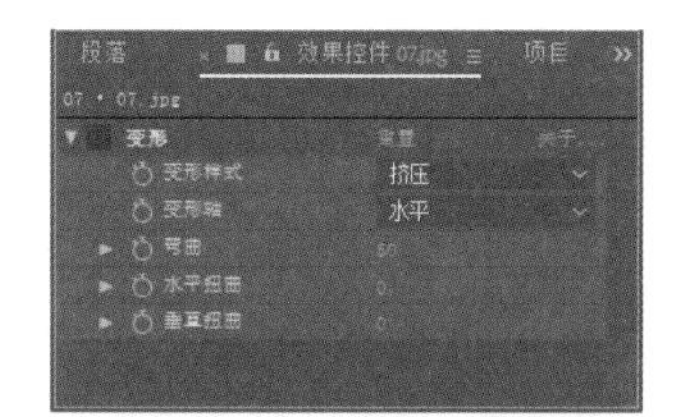

图8-43　【变形】特效参数

图8-44　添加特效前后的效果对比

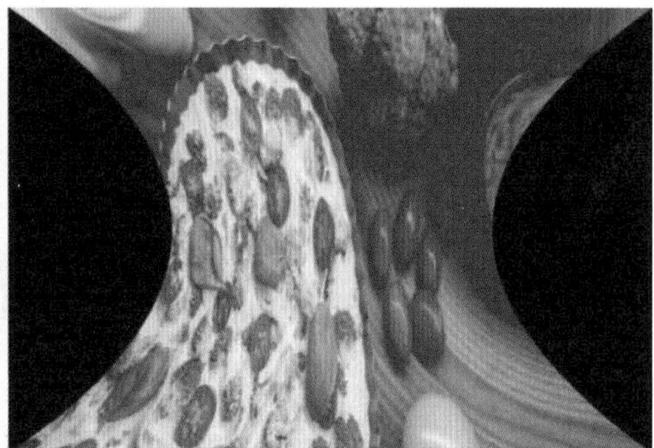

图8-45　不同弯曲度的效果

8.1.14 波纹特效

【波纹】特效可以在图像上模拟波纹效果，其参数如图 8-46 所示，添加该特效前后的效果对比如图 8-47 所示。

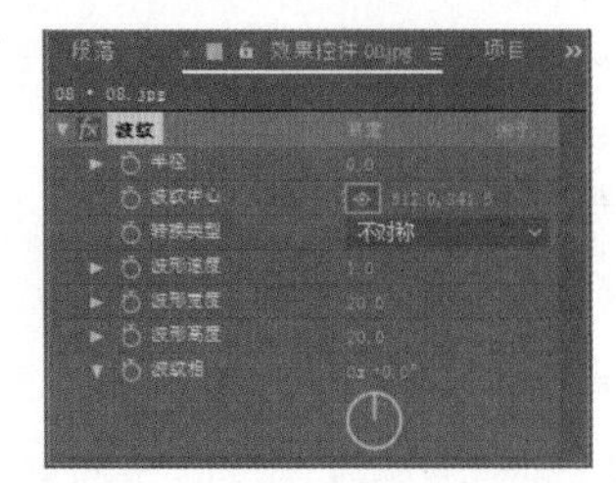

图8-46 【波纹】特效参数

- 【半径】：用于设置波纹的半径大小。数值越大，效果就越明显。
- 【波纹中心】：用于设置波纹效果的中心位置。
- 【转换类型】：用于设置波纹的类型。其中提供了【对称】、【不对称】两种类型。
- 【波形速度】：用于设置波纹扩散的速度。当值为正时，波纹向外扩散；当值为负时，向内扩散。
- 【波形宽度】：用于设置两个波峰间的距离。
- 【波形高度】：用于设置波峰的高度。
- 【波纹相】：用于设置波纹的相位。利用该选项可以制作波纹动画。

图8-47 添加特效前后的效果对比

8.1.15 波形变形特效

【波形变形】特效可以使图像产生一种类似波浪的扭曲效果。该特效的参数如图 8-48 所示，添加该特效前后的效果对比如图 8-49 所示。

- 【波浪类型】：用于设置波纹的类型。其中提供了【正弦】、【锯齿】、【半圆形】等 9 种类型。如图 8-50 所示从左向右依次为【正弦】和【锯齿】类型的效果。

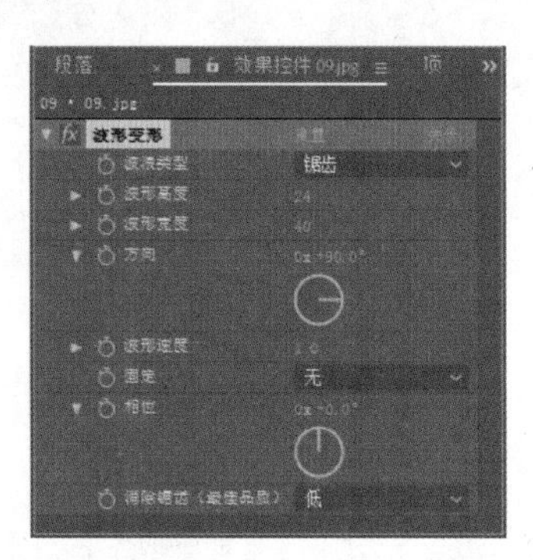

图8-48 【波形变形】特效参数

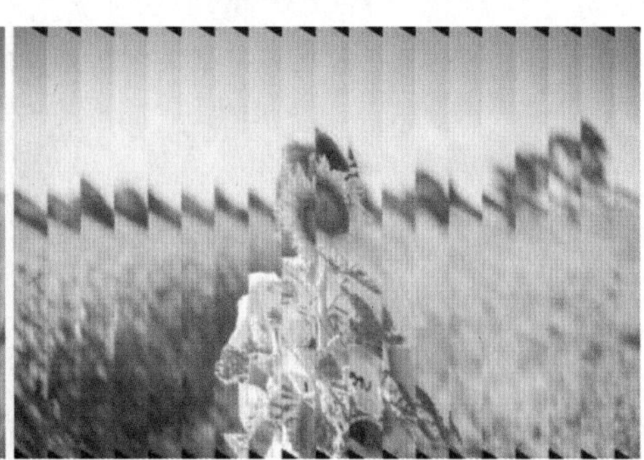

图8-49 添加特效前后的效果对比

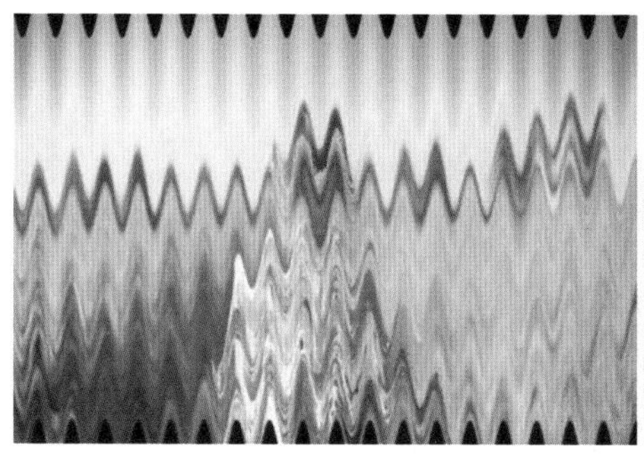

图8-50 【正弦】和【锯齿】效果

- 【波形高度】：设置波形的高度。
- 【波形宽度】：设置波形的宽度。
- 【方向】：用于设置波浪弯曲方向。
- 【波形速度】：用于设置波形的移动速度。
- 【固定】：用于设置图像中不产生波形效果的区域。其中提供了【无】、【所有边缘】、【左边】、【底边】等 9 种。
- 【相位】：用于设置波形的位置。
- 【消除锯齿（最佳品质）】：用于设置波形弯曲效果的渲染品质。其中提供了【低】、【中】、【高】3 种。

8.1.16 放大特效

【放大】特效是在不损害图像的情况下，将局部区域进行放大，并可以设置放大后的画面与原图像的混合模式。该特效的参数如图 8-51 所示，添加该特效前后的效果对比如图 8-52 所示。

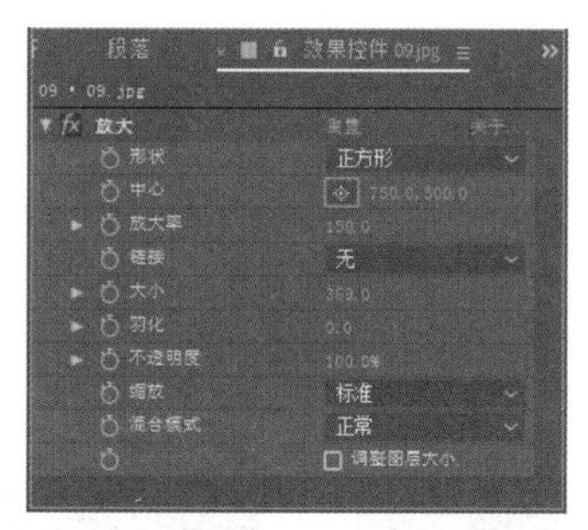

图8-51 【放大】特效参数

图8-52 添加特效前后的效果对比

- 【形状】：用于选择放大区域将以哪种形状显示。其中包括【圆】和【正方形】两种。
- 【中心】：用于设置放大区域中心在原图像中的位置。
- 【放大率】：用来调整放大镜的倍数。数值越大，放大倍数越大。
- 【链接】：用来设置放大镜与放大镜的倍数的关系，包括【无】、【大小至放大率】、【大小和羽化至放大率】3 个选项。
- 【大小】：设置放大镜的大小。

- 【羽化】：用来设置放大镜的边缘柔化程度。
- 【不透明度】：设置放大镜的透明程度。
- 【缩放】：从右侧的下拉列表框中可以选择一种缩放比例，包括【标准】、【柔和】、【散布】3个选项。
- 【混合模式】：从右侧的下拉列表框中选择放大区域与原图的混合模式，与层模式设置相同。
- 【调整图层大小】：选中该复选框可以调整图层的大小。

8.1.17 改变形状特效

【改变形状】特效需要借助多个遮罩才能实现，通过同一个图层中的多个遮罩，重新限定图像的形状，并产生变形效果。其特效参数如图8-53所示，添加该特效前后的效果对比如图8-54所示。

- 【源蒙版】：在右侧的下拉列表框中可选择要变形的遮罩。
- 【目标蒙版】：用于产生变形目标的蒙版。
- 【边界蒙版】：从右侧的下拉列表框中可以指定变形的边界蒙板区域。
- 【百分比】：用于设置变形效果的百分比。
- 【弹性】：用于设置原图像与遮罩边缘的匹配度。其中提供了【坚硬】、【正常】、【松散】、【液态】等9个选项。
- 【对应点】：用于显示源蒙版和目标蒙版对应点的数量。对应点越多，渲染时间越长。
- 【计算密度】：在右侧的下拉列表框中可以选择【分离】、【线性】【平滑】特性。

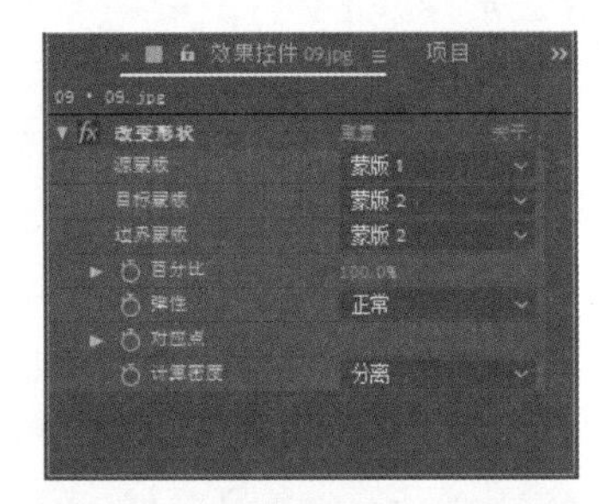

图8-53 【改变形状】特效参数

图8-54 添加特效前后的效果对比

8.1.18 光学补偿特效

【光学补偿】特效用来模拟摄影机的光学透视效果。其参数如图8-55所示，添加该特效前后的效果对比如图8-56所示。

- 【现场（FOV）】：用于设置镜头的视野范围。数值越大，光学变形程度越大。
- 【反转镜头扭曲】：选中该复选框，则镜头的变形效果反向处理。

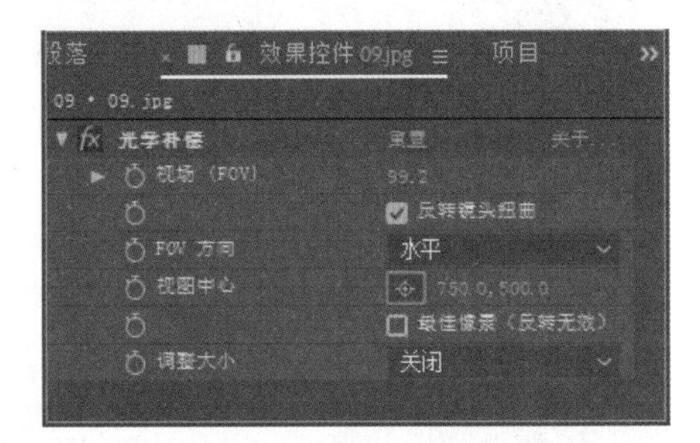

图8-55 【光学补偿】特效参数

图8-56 添加特效前后的效果对比

- 【FOV 方向】：用于设置视野区域的方向，其中提供了【水平】、【垂直】和【对角】3 种方式。
- 【视图中心】：用于设置视图中心点的位置。
- 【最佳像素（反转无效）】：选中该复选框，将对变形的像素进行最佳优化处理。
- 【调整大小】：用于调节反转效果的大小。当选中【反转镜头扭曲】复选框后才有效。

8.1.19 极坐标特效

【极坐标】特效可以将图形的直角坐标系和极坐标互相转换，而产生变形效果。该特效的参数如图 8-57 所示，添加该特效前后的效果对比如图 8-58 所示。

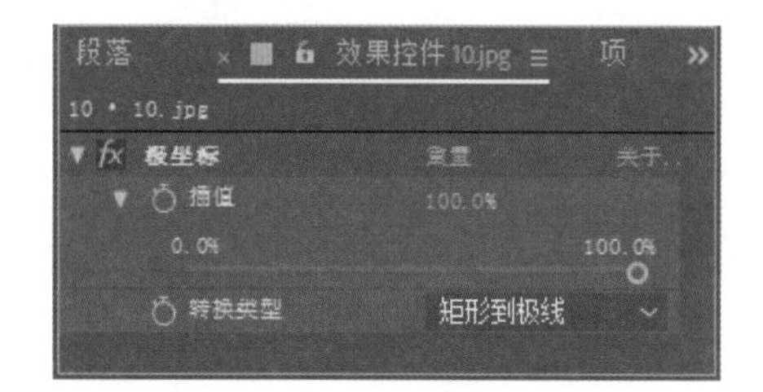

图8-57 【极坐标】特效参数

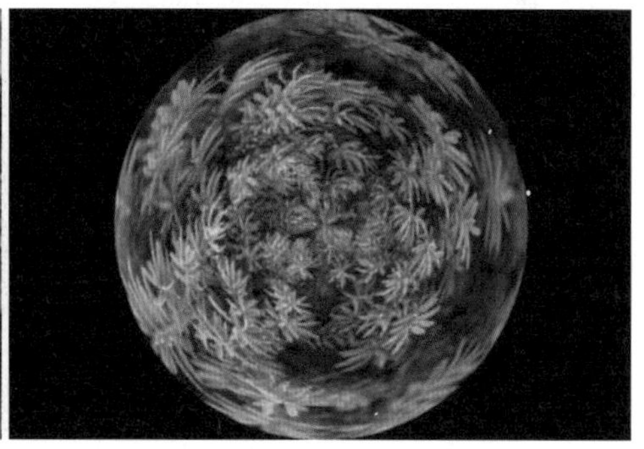

图8-58 添加特效前后的效果对比

- 【插值】：用来设置应用极坐标时的扭曲变形程度。
- 【转换类型】：用来切换坐标类型。可以从右侧的下拉列表框中选择转换类型，系统提供了【矩形到极线】和【极线到矩形】两种类型。

8.1.20 镜像特效

【镜像】特效通过设定中心点与角度大小来将画面进行反射，产生对称效果。其参数如图 8-59 所示，添加该特效前后的效果对比如图 8-60 所示。

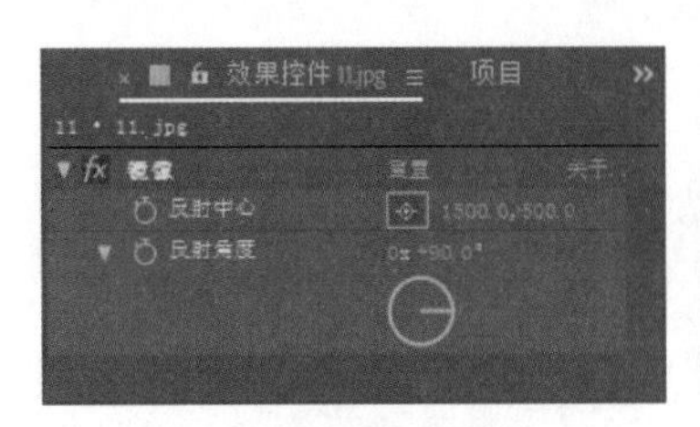

图8-59 【镜像】特效参数　　图8-60 添加特效前后的效果对比

- 【反射中心】：用来设置反射中心点的坐标位置。
- 【反射角度】：用来调整反射的角度大小，也就是反射参考线的斜率。

8.1.21 偏移特效

【偏移】特效通过在原图像范围内分割并重组画面来创建图像偏移效果。该特效的参数如图 8-61 所示，添加特效前后的效果对比如图 8-62 所示。

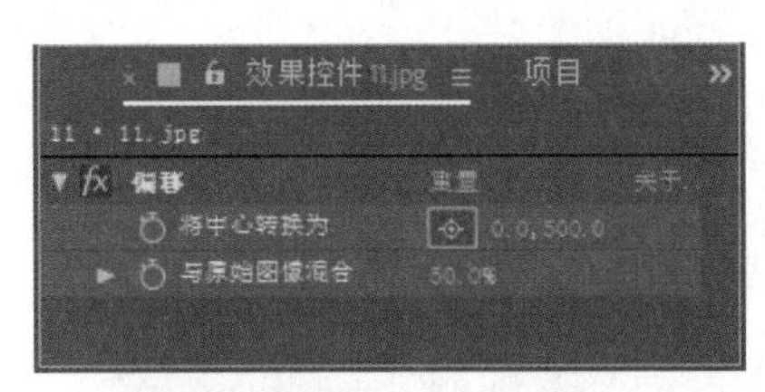

图8-61 【偏移】特效参数　　图8-62 添加特效前后的效果对比

- 【将中心转换为】：用来调整偏移中心的位置。
- 【与原始图像混合】：设置偏移图像与原始图像间的混合程度，值为 100% 时显示原始图像。

8.1.22 球面化特效

【球面化】特效主要是使图像产生球形化的效果。该特效的参数及应用特效前后的效果对比分别如图 8-63 和图 8-64 所示。

- 【半径】：设置变形球面化的半径。
- 【球面中心】：设置变形球体的中心位置坐标。

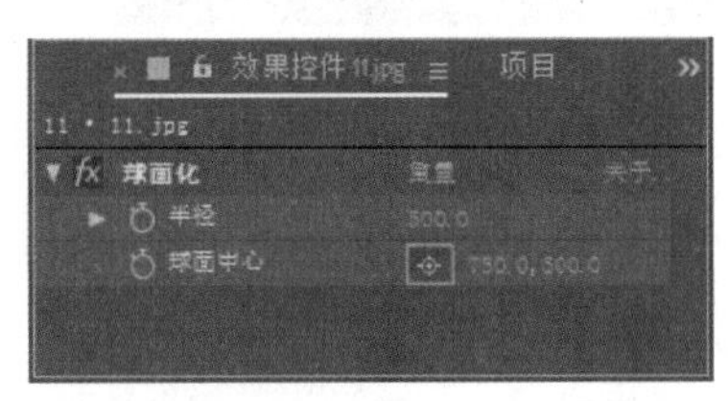

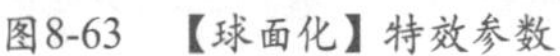

图8-63 【球面化】特效参数　　图8-64 添加特效前后的效果对比

8.1.23 凸出特效

【凸出】特效是通过设置透视中心点位置、区域大小来对该区域产生膨胀、收缩的扭曲效果。可以用来模拟透过气泡或放大镜时所产生的放大效果。该特效的参数及添加特效前后的效果对比分别如图 8-65 和图 8-66 所示。

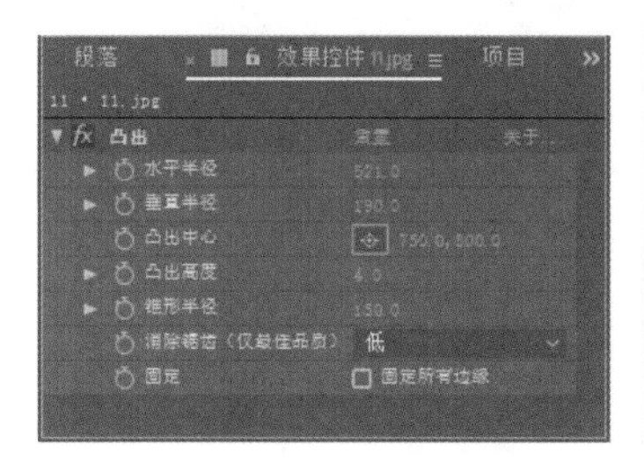

图8-65 【凸出】特效参数

图8-66 添加特效前后的效果对比

● 【水平半径】：用于设置水平方向膨胀效果的半径。

● 【垂直半径】：用于设置垂直方向膨胀效果的半径。

● 【凸出中心】：用于设置膨胀效果的中心点位置。

● 【凸出高度】：用于设置扭曲效果的程度。正值为凸，负值为凹。

● 【锥形半径】：用于设置产生变形效果的半径。

● 【消除锯齿（仅最佳品质）】：用于设置变形效果的品质。其中提供了【低】和【高】2 个选项。

● 【固定】：选中其右侧的【固定所有边缘】复选框，将不对扭曲效果的边缘产生变化。

8.1.24 湍流置换特效

【湍流置换】特效主要利用分形噪波对整个图像产生扭曲变形效果。该特效的参数及添加特效前后的效果对比分别如图 8-67 和图 8-68 所示。

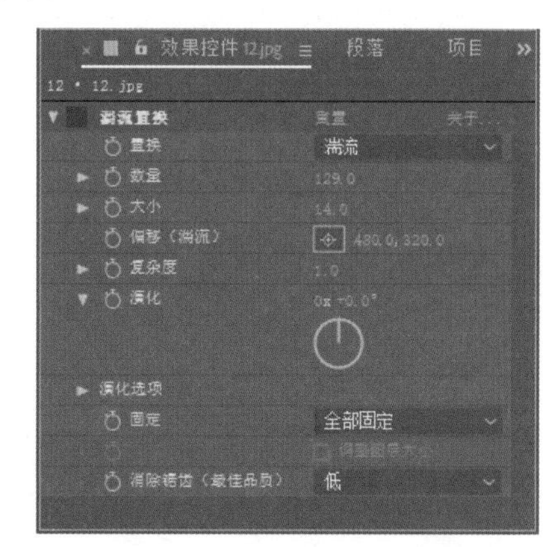

图8-67 【湍流置换】特效参数

图8-68 添加特效前后的效果对比

● 【置换】：用于选择置换的方式。其中提供了【紊乱】、【凸出】、【扭曲】等 9 种方式。

● 【数量】：用于设置扭曲变形程度。数值越大，变形效果越明显。如图 8-69 所示为值为 50 和 200 时的效果。

图8-69　不同数量时的效果

- 【大小】：用于设置对图像变形的范围，如图 8-70 所示为值为 2 和 100 时的效果。

 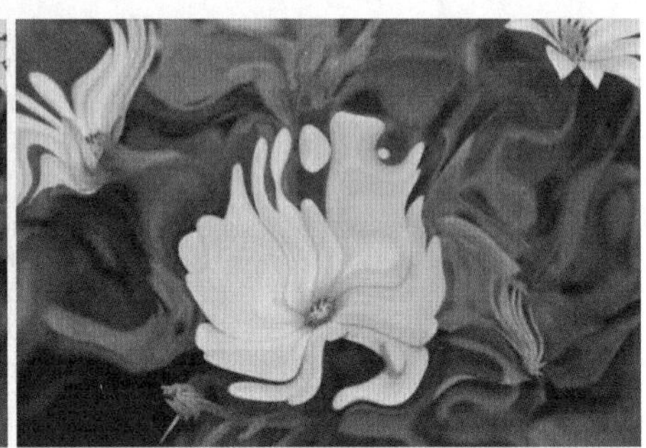

图8-70　不同大小时的效果

- 【偏移（湍流）】：用于设置扭曲变形效果的偏移量。
- 【复杂度】：用于设置扭曲变形效果中的细节。数值越大，变形效果越强烈，细节也就越精确。如图 8-71 所示为复杂度为 1 和 5 时的效果。

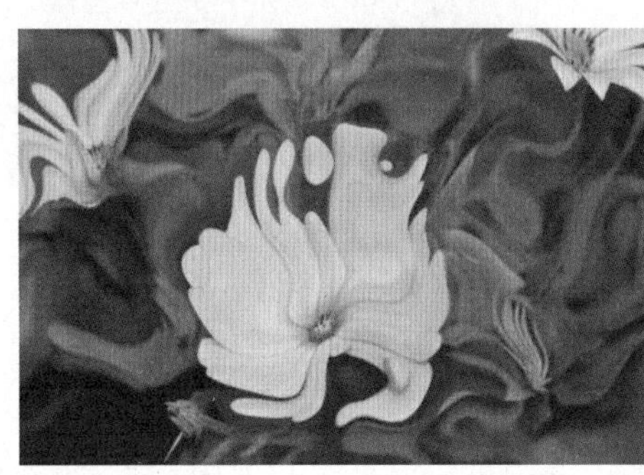 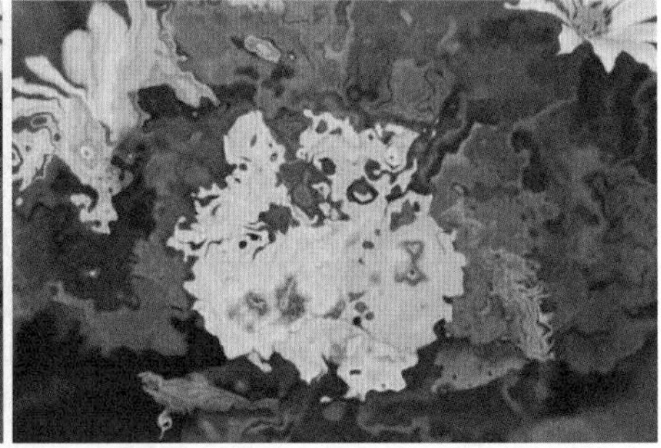

图8-71　不同复杂度时的效果

- 【演化】：用于设置随着时间的变化产生的扭曲变形的演进效果。
- 【演化选项】：用于对演化进行设置。
  - 【循环演化】：当选中该复选框时，演化处于循环状态。
  - 【循环（旋转次数）】：设置循环时的旋转次数。
- 【固定】：用于设置边界的固定，其中提供了【无】、【全部固定】、【水平固定】等 15 个选项。
- 【调整图层大小】：用于调整图层的大小，当【固定】处于【无】状态时此选项才可用。
- 【消除锯齿（最佳品质）】：用于设置置换效果的质量。其中提供了【低】和【高】两个选项。

8.1.25 网格变形特效

【网格变形】特效是通过调整网格化的曲线来控制图像的弯曲效果。在设置好网格数量后，在【合成】面板中通过鼠标拖曳网格上的节点来进行弯曲。该特效的参数如图 8-72 所示。应用【网格弯曲】特效前后的效果对比如图 8-73 所示。

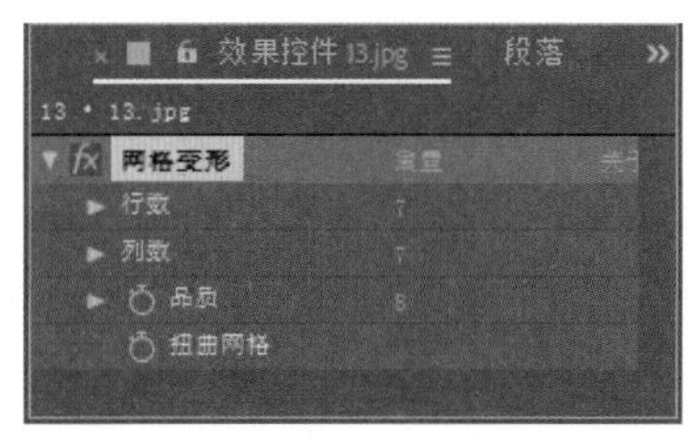

图8-72 【网格变形】特效参数

图8-73 应用特效前后的效果对比

- 【行数】：用于设置网格的行数。
- 【列数】：用于设置网格的列数。
- 【品质】：用于设置图像进行渲染的品质。数值越大，品质越高，渲染时的时间也越长。
- 【扭曲网格】：通过添加关键帧来创建网格弯曲的动画效果。

8.1.26 旋转扭曲特效

【旋转扭曲】特效可以使图像产生一种沿指定中心旋转变形的效果。该特效的参数及应用特效前后的效果对比分别如图 8-74 和图 8-75 所示。

- 【角度】：用于设置图像的旋转角度。当值为正数时，按顺时针旋转；当值为负数时，按逆时针旋转。如图 8-76 所示为值为正负时的效果对比。
- 【旋转扭曲半径】：设置图像旋转的半径。
- 【旋转扭曲中心】：设置图像旋转的中心坐标。

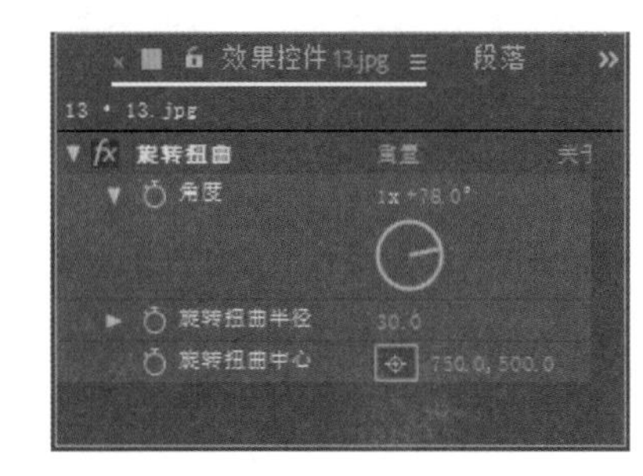

图8-74 【旋转扭曲】特效参数

图8-75 应用特效前后的效果对比

图8-76　正负值时的顺逆变化

8.1.27　液化特效

【液化】特效可以对图像进行涂抹、膨胀、收缩等变形操作。【液化】特效的参数及应用特效前后的效果对比分别如图 8-77 和图 8-78 所示。

- 【工具】：在该选项组中提供了多种液化工具供用户选择。
    - 【变形工具】 ：以模拟手指涂抹的效果。选择该工具，在图像中单击鼠标左键并进行拖动即可，效果如图 8-79 所示。

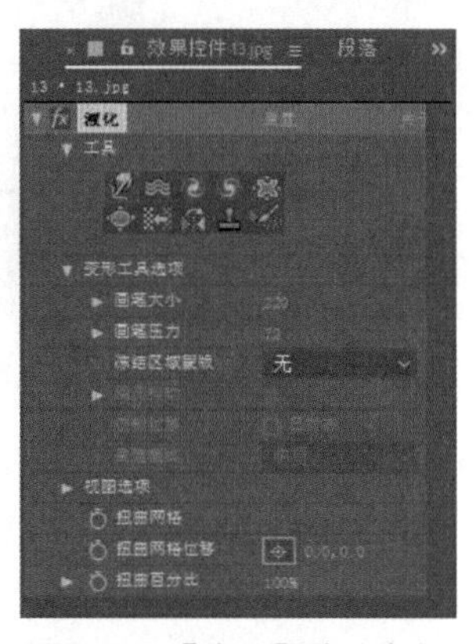

图8-77　【液化】特效参数

图8-78　应用特效前后的效果对比

图8-79　变形效果

- 【湍流工具】：该工具可以使图像产生无序的波动效果。
- 【顺时针旋转工具】、【逆时针旋转工具】：可对图像像素进行顺时针或逆时针旋转。选择该工具后在图像中按住鼠标左键不放即可进行变形操作。顺时针和逆时针效果分别如图 8-80 和图 8-81 所示。

图8-80 顺时针旋转效果

图8-81 逆时针旋转效果

- 【凹陷工具】：该工具可以将图像像素向画笔中心处收缩。如图 8-82 所示为使用该工具前后的效果对比。
- 【膨胀工具】：其功能与【凹陷工具】相反，是从画笔中心处向外膨胀。使用【膨胀工具】后的效果如图 8-83 所示。

图8-82 使用凹陷工具前后的效果对比

- 【转移像素工具】：沿着与绘制方向相垂直的方向移动图像素材，如图 8-84 所示。
- 【反射工具】：在画笔区域中复制周围的图像像素。
- 【仿制工具】：使用该工具可以复制变形效果。按住 Alt 键在需要的变形效果上单击，然后松开 Alt 键，并在要应用效果的位置单击鼠标即可。
- 【重建工具】：使用该工具可以将变形的图像恢复到原始时的样子。

图8-83 膨胀工具使用效果

图8-84　移动图像素材

- 【变形工具选项】：主要用于设置画笔大小及画笔硬度。
  - 【画笔大小】：用于设置画笔的大小。
  - 【画笔压力】：用于设置画笔产生变形的效果。数值越大时，变形效果越明显。
  - 【冻结区域蒙版】：用于设置不产生变形效果区域的遮罩层。
  - 【湍流抖动】：用于设置产生紊乱的程度。数值越大，效果越明显。只有选择【湍流工具】时，该项才被激活。
  - 【仿制位移】：当选择【仿制工具】时，该项才被激活。选中【已对齐】复选框后，在使用【仿制工具】时可复制相应位置的效果。
  - 【重建模式】：当选择【重建工具】时，该项才被激活。用于设置图像恢复方式。其中提供了【恢复】、【置换】、【放大扭曲】和【仿射】4种方式。
- 【视图选项】：主要对图像对象视图进行设置，包括扭曲网格、扭曲网格位移。
  - 【扭曲网格】：设置关键帧来记录网格的变形动画。
  - 【扭曲网格位移】：设置扭曲网格中心点位置坐标。
- 【扭曲百分比】：用于设置图形扭曲的百分比。

8.1.28 置换图特效

【置换图】特效可以指定一个图层作为置换层，应用贴图置换层的某个通道值对图像进行水平或垂直方向的变形。该特效的参数及应用特效前后的效果分别如图 8-85、图 8-86 所示。

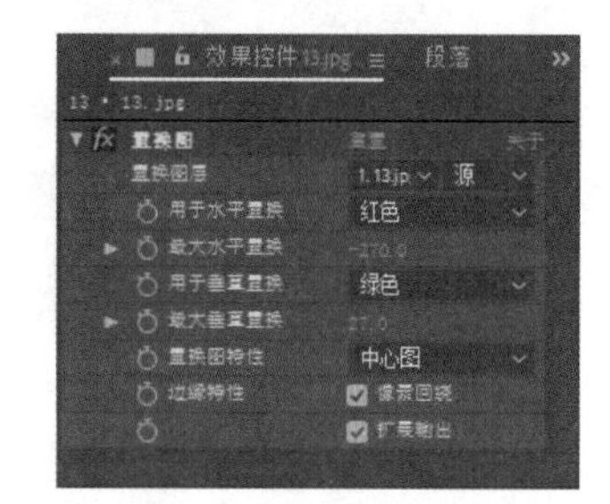

图8-85　【置换图】特效参数

图8-86　应用【置换图】特效前后的效果对比

- 【置换图层】：设置置换的图层。
- 【用于水平置换】：用于选择映射图层对本图层水平方向起作用的通道，其中提供了【红色】、【绿色】、【蓝色】等11个选项。
- 【最大水平置换】：设置水平变形的程度。
- 【用于垂直置换】：用于选择映射图层对本图层垂直方向起作用的通道，其中提供了【红色】、【绿色】、【蓝色】等11个选项。
- 【最大垂直置换】：设置垂直变形的程度。
- 【置换图特性】：在其右侧的下拉列表框中，可以选择一种置换的方式，系统提供了【中心图】、【伸缩对应图以适应】和【拼贴图】3种置换方式。
- 【边缘特性】：选中【像素回绕】复选框将覆盖边缘像素。
- 【扩展输出】：选中该复选框，将使用扩展输出。

8.2 制作流光线条——透视特效

本例将介绍流光线条的制作，首先使用【钢笔工具】绘制路径，然后为绘制的路径添加【勾画】和【发光】效果，最后为线条添加【湍流置换】特效并复制线条，完成后的效果如图8-87所示。

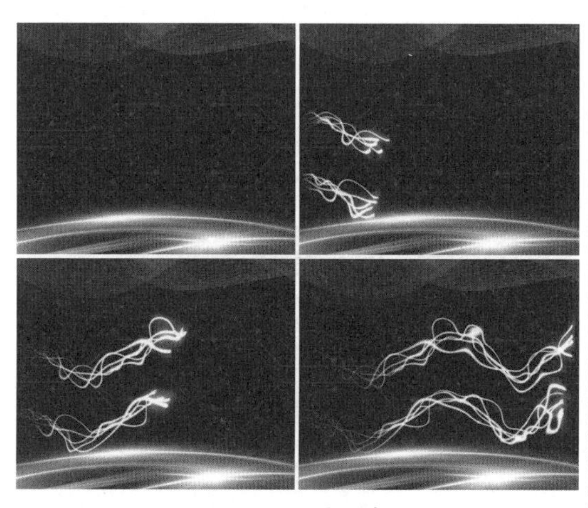

图8-87 流光线条

素材	素材\Cha08\背景.jpg
场景	场景\Cha08\制作流光线条——透视特效.aep
视频	视频教学\Cha08\8.2 制作流光线条——透视特效.mp4

01 新建一个项目文件，按Ctrl+N组合键，在弹出的【合成设置】对话框中将【合成名称】设置为【光线】，将【预设】设置为PAL D1/DV，将【像素长宽比】设置为D1/DV PAL (1.09)，将【持续时间】设置为0:00:05:00，如图8-88所示。

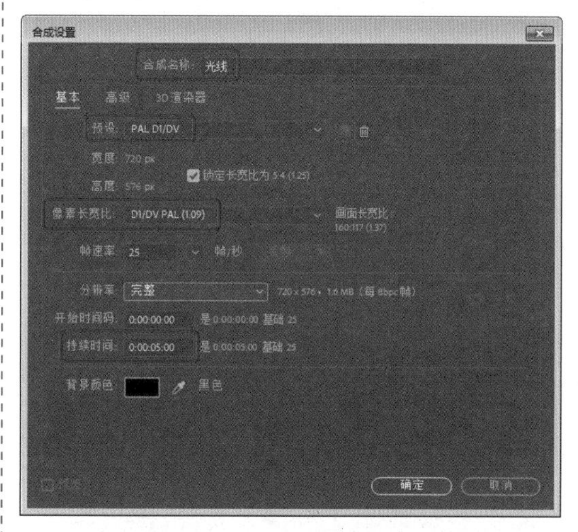

图8-88 设置合成参数

02 设置完成后，单击【确定】按钮，在时间轴中右击，在弹出的快捷菜单中选择【新建】|【纯色】命令，如图8-89所示。

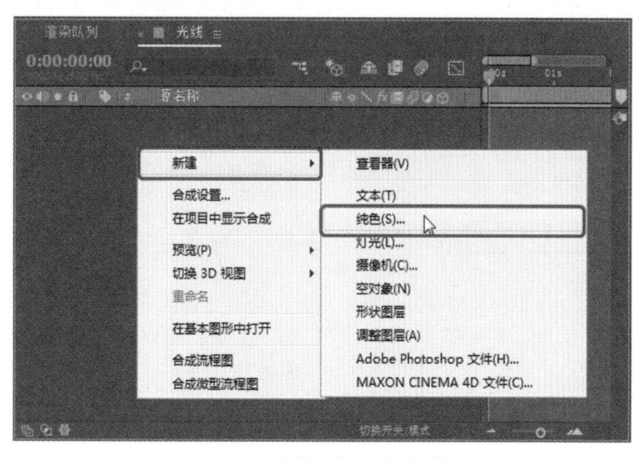

图8-89 选择【纯色】命令

03 在弹出的【纯色设置】对话框中将【名称】设置为“光线1”，将【颜色】设置为黑色，如图8-90所示。

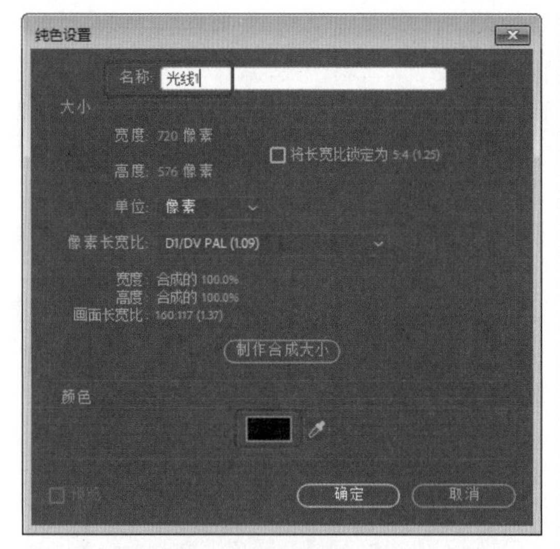

图8-90　设置纯色参数

04 设置完成后，单击【确定】按钮，在工具栏中单击【钢笔工具】，在【合成】面板中绘制一条路径，如图8-91所示。

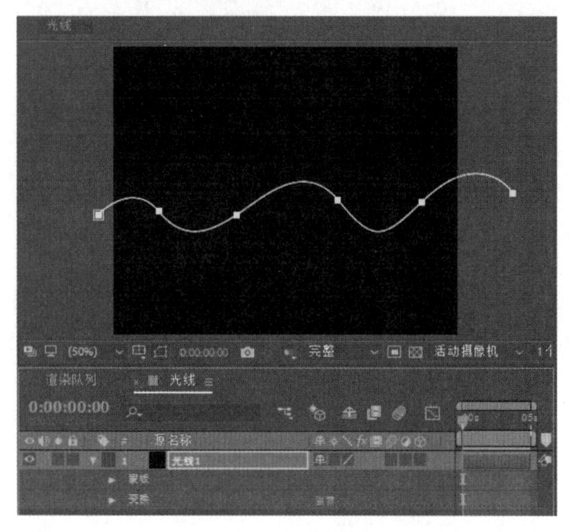

图8-91　绘制路径

疑难解答　如何对绘制的路径进行调整？

使用【选取工具】选择顶点并拖动，可以调整路径形状。通过使用工具栏中的【转换"顶点"工具】可以更改顶点类型，也可以使用【添加"顶点"工具】和【删除"顶点"工具】在路径上添加或删除顶点。

05 选中"光线1"图层，在菜单栏中选择【效果】|【生成】|【勾画】命令，如图8-92所示。

06 将当前时间设置为0:00:00:00，将【勾画】下的【描边】设置为【蒙版/路径】，在【片段】选项组中将【片段】、【长度】、【旋转】分别设置为1、0、0，并单击【长度】和【旋转】左侧的按钮，在【正在渲染】选项组中将【颜色】设置为白色，将【中心位置】设置为0.366，如图8-93所示。

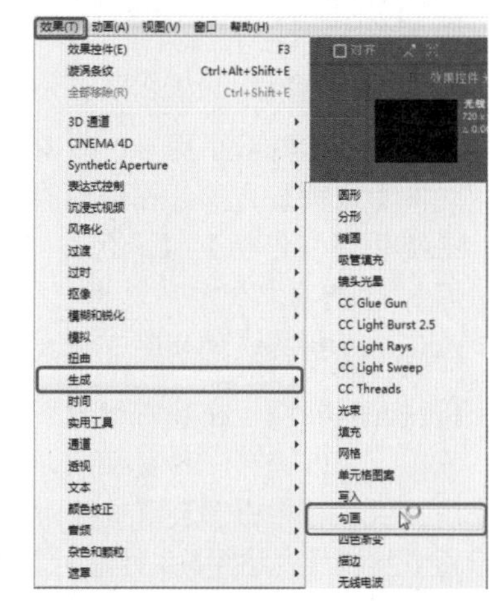

图8-92　选择【勾画】命令

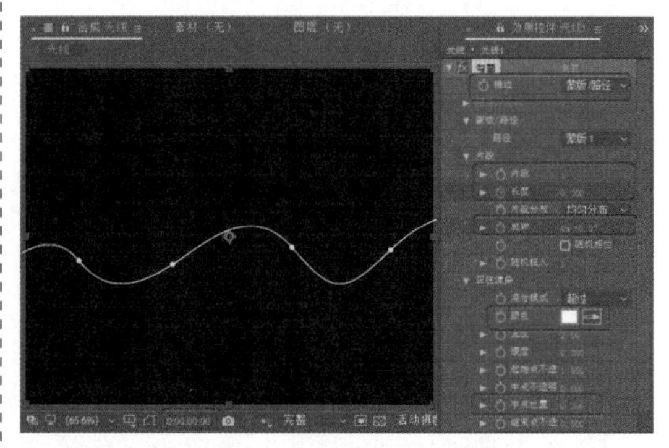

图8-93　设置【勾画】参数

07 将当前时间设置为0:00:04:24，将【勾画】下的【长度】、【旋转】分别设置为1、-1x，如图8-94所示。

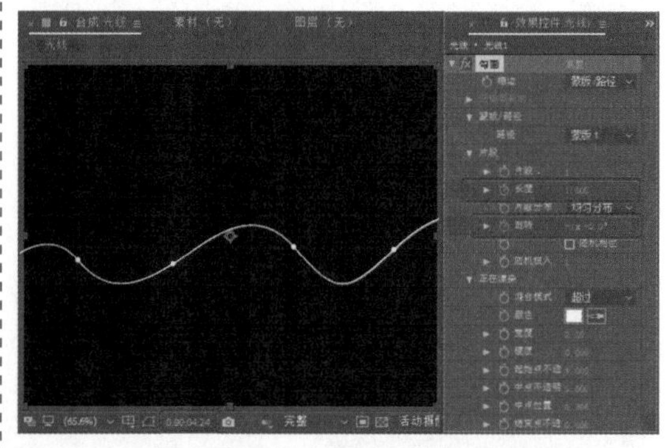

图8-94　设置【长度】和【旋转】参数

08 继续选中该图层，在菜单栏中选择【效果】|【风格化】|【发光】命令，如图 8-95 所示。

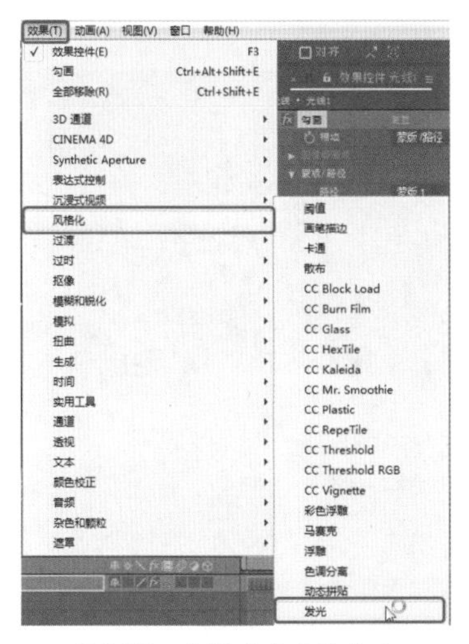

图8-95　选择【发光】命令

09 将【发光】下的【发光阈值】、【发光半径】、【发光强度】分别设置为 20、5、2，将【发光颜色】设置为【A 和 B 颜色】，将【颜色 A】的颜色值设置为 #FEBF00，将【颜色 B】的颜色值设置为 #F30000，如图 8-96 所示。

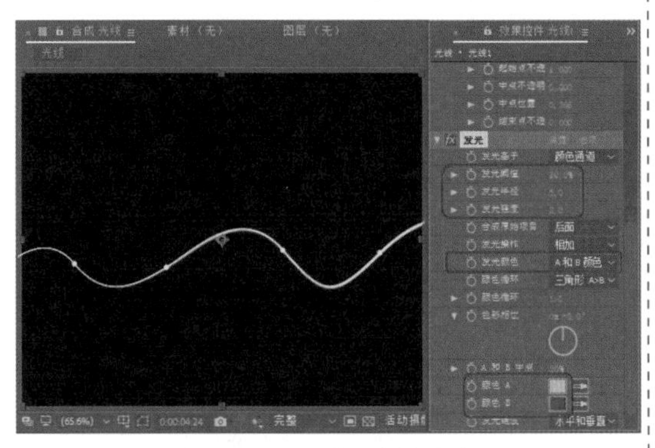

图8-96　设置【发光】参数

10 选中该图层，按 Ctrl+D 组合键，并将其命名为【光线 2】，将图层的混合模式设置为【相加】，如图 8-97 所示。

提　示

【相加】：每个结果颜色通道值是源颜色和基础颜色的相应颜色通道值的和。

11 继续选中该图层，将【片段】选项组中的【长度】设置为 0.05，并单击其左侧的按钮取消关键帧，将【片段分布】设置为【成簇分布】，将【正在渲染】选项组中的【宽度】、【硬度】、【中点位置】分别设置为 5.7、0.6、0.5，如图 8-98 所示。

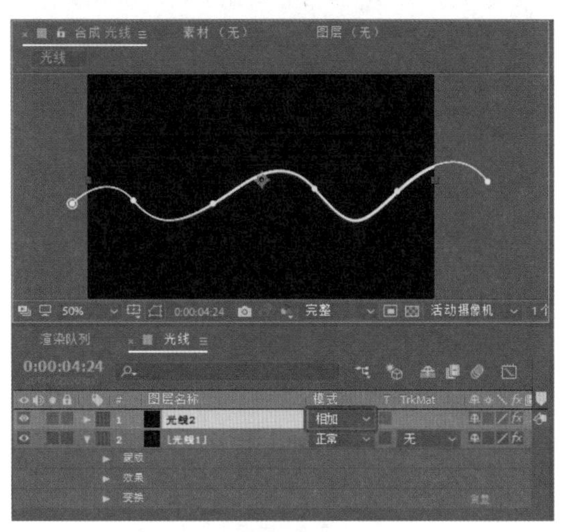

图8-97　复制图层并设置混合模式

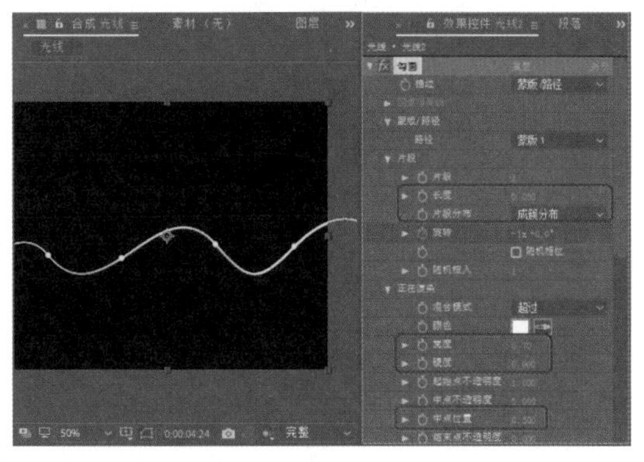

图8-98　修改【勾画】参数

12 将【发光】下的【发光半径】设置为 30，将【颜色 A】的颜色值设置为 #0095FE，将【颜色 B】的颜色值设置为 #015DA4，如图 8-99 所示。

13 按 Ctrl+N 组合键，在弹出的【合成设置】对话框中将【合成名称】设置为【流动光线】，将【预设】设置为 PAL D1/DV，将【像素长宽比】设置为 D1/DV PAL（1.09），将【持续时间】设置为 0:00:05:00，单击【确定】按钮。在【项目】面板中双击，在弹出的【导入文件】对话框中选择“素材 \Cha08\ 背景 .jpg”素材文件，如图 8-100 所示。

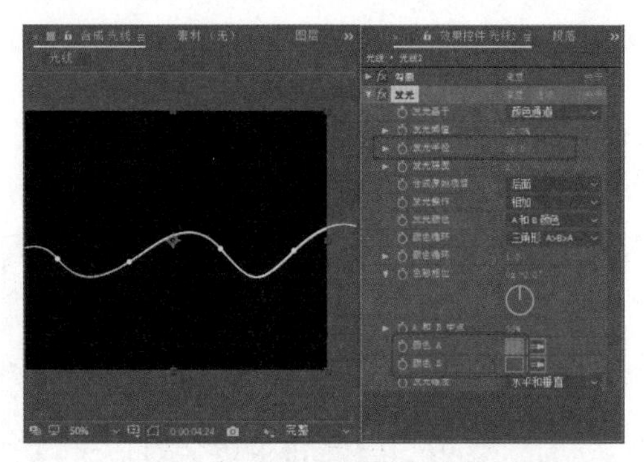

图8-99　修改【发光】参数

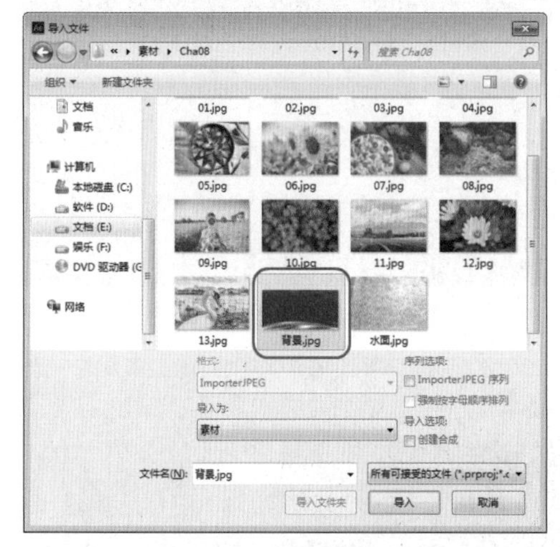

图8-100　选择素材文件

14 单击【导入】按钮，选中该素材文件，按住鼠标将其拖至【时间轴】面板中，将【变换】选项组中的【位置】设置为435、288，将【缩放】设置为78%，如图8-101所示。

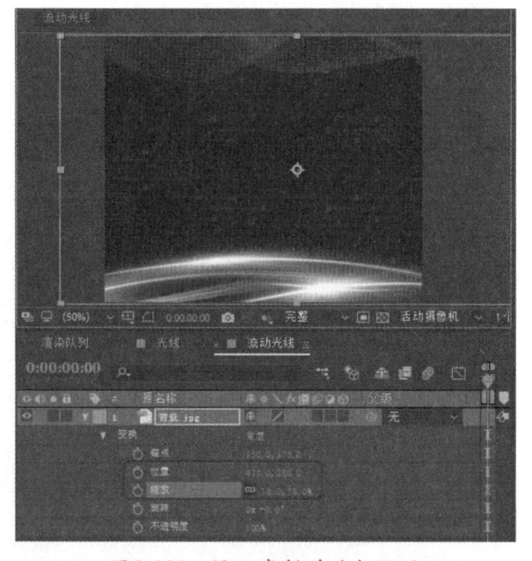

图8-101　添加素材并进行设置

15 在【项目】面板中选择“光线”合成文件，按住鼠标将其拖至【合成】面板中，在时间轴中将图层的混合模式设置为【相加】，如图8-102所示。

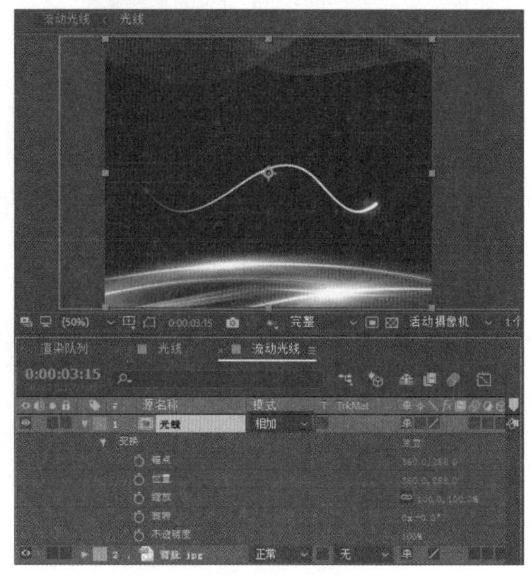

图8-102　设置图层混合模式

16 在菜单栏中选择【效果】|【扭曲】|【湍流置换】命令，如图8-103所示。

图8-103　选择【湍流置换】命令

17 在【效果控制】面板中，将【湍流置换】下的【数量】、【大小】分别设置为60、30，将【消除锯齿（最佳品质）】设置为【高】，如图8-104所示。

18 继续选中“光线”图层，在菜单栏中选择【效果】|【透视】|【3D眼镜】命令，如图8-105所示。

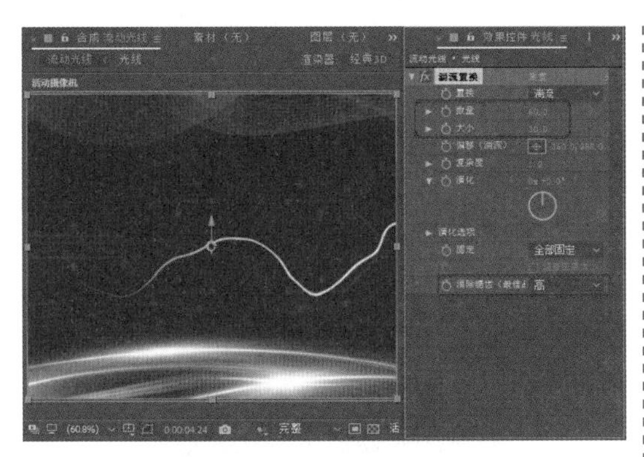

图8-104　设置【湍流置换】参数

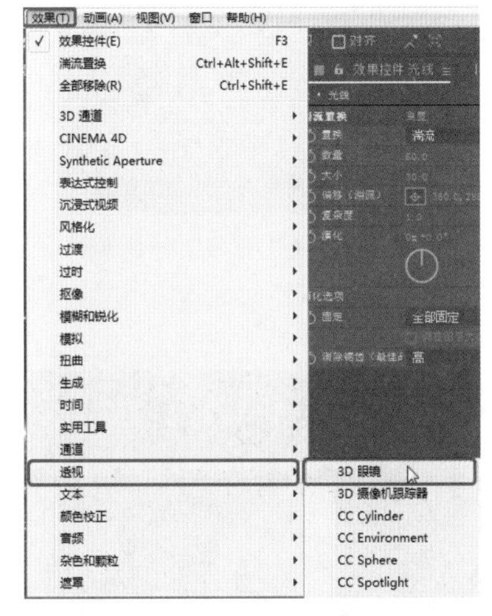

图8-105　选择【3D眼镜】命令

19 打开“光线”层的3D图层模式，在【效果控件】面板中将【3D眼镜】下的【左视图】设置为【1.光线】，将【场景融合】、【垂直对齐】分别设置为-10、77，将【3D视图】设置为【差值】，如图8-106所示。

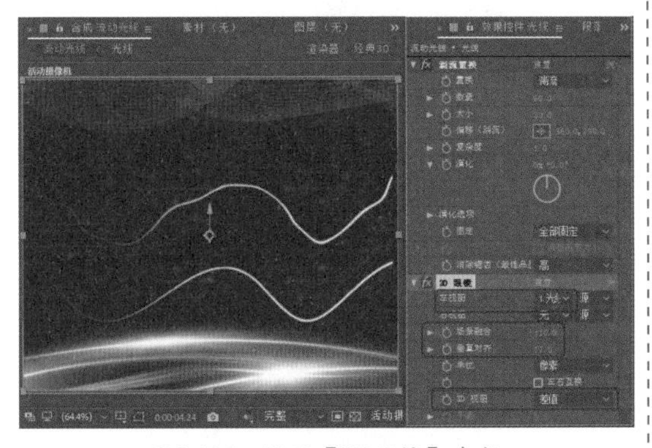

图8-106　设置【3D眼镜】参数

20 在【效果控件】面板中将【3D眼镜】调整至【湍流置换】效果的上方，对“光线”图层进行复制，并调整其参数，效果如图8-107所示。对完成后的场景进行保存即可。

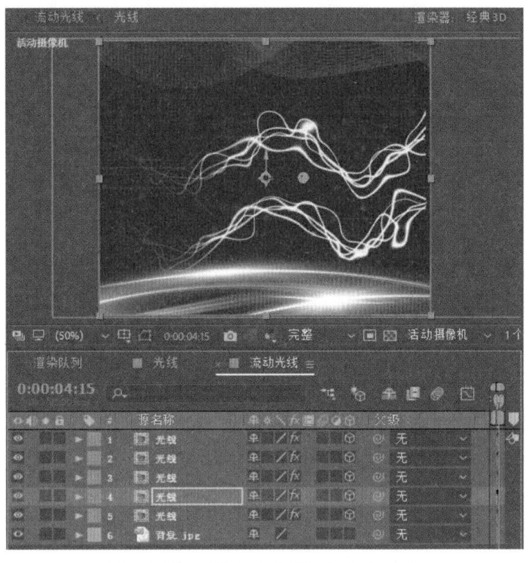

图8-107　制作其他图层后的效果

8.2.1　3D摄像机跟踪器特效

【3D摄像机跟踪器】可以模仿3D摄像机对动画进行跟踪拍摄，其参数如图8-108所示。

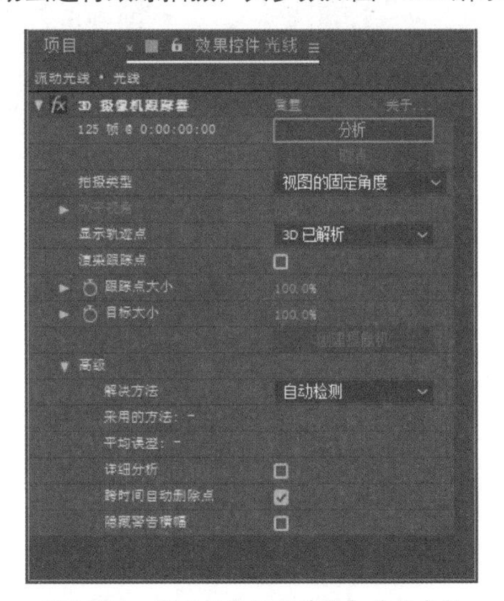

图8-108　【3D摄像机跟踪器】特效参数

- 【分析】：此按钮用于开始素材的后台分析。
- 【取消】：当对对象进行分析时，如果

需要停止分析，可以单击该按钮。

- 【拍摄类型】：在其右侧的下拉列表框中可以选择一种拍摄类型，系统提供了【视图的固定角】、【水平视角】和【指定视角】3 种类型。
- 【水平视角】：设定水平视角的角度，当拍摄类型为【指定视角】时才可用。
- 【显示轨迹点】：设置视频的显示方式，包括【2D 源】和【3D 以解析】两种方式。
- 【渲染跟踪点】：当选中该复选框时，可以渲染设置的跟踪点。
- 【跟踪点大小】：用于设置跟踪点的大小。
- 【目标大小】：用于设置目标的大小。
- 【创建摄像机】：单击该按钮，可以在【合成】面板中设定摄像机。
- 【高级】：用于设置跟踪器的高级设置。

8.2.2 3D眼镜特效

【3D 眼镜】特效主要是创建虚拟的三维空间，并将两个图层中的图像合到一个层中。该特效的参数及应用特效前后的效果对比分别如图 8-109、图 8-110 所示。

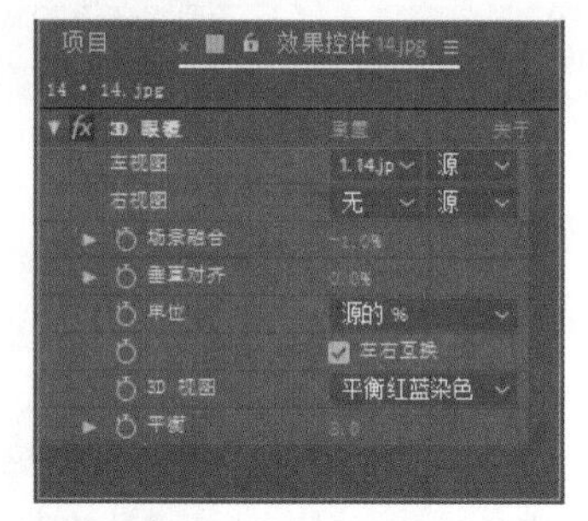

图8-109 【3D眼镜】特效参数

图8-110 应用特效前后的效果对比

- 【左视图】：用于指定左边显示的图像层。
- 【右视图】：用于指定右边显示的图像层。
- 【场景融合】：用于设置左右两个视图的融合。
- 【垂直对齐】：用于设置左右视图相对的垂直偏移数值。
- 【单位】：用于设置图像的单位，包括【像素】和【源的 %】两个选项。
- 【左右互换】：选中该复选框，将对左右两边的图像进行互换。
- 【3D 视图】：用于定义视图的模式。其中提供了【立体图像对】、【上下】、【隔行交错高场在左，低场在右】等 9 种模式。如图 8-111 所示从左向右依次为【立体图像对 (并排)】、【平衡左红右绿】、【平衡红蓝染色】模式效果。
- 【平衡】：用于设置【3D 视图】选项中平衡模式的平衡值。

图8-111 不同的3D视图

8.2.3 CC Cylinder（CC 圆柱体）特效

CC Cylinder（CC 圆柱体）特效可将二维图像模拟为三维圆柱体效果。该特效的参数及添加特效前后的效果对比分别如图 8-112、图 8-113 所示。

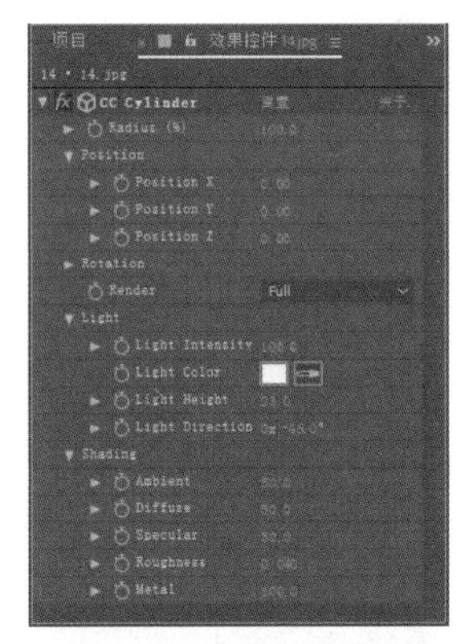

图8-112 【CC圆柱体】特效参数

图8-113 添加特效前后的效果对比

- Radius（半径）：用于设置模拟的轴圆柱体的半径，当半径为 100 和 200 时的效果如图 8-114 所示。

 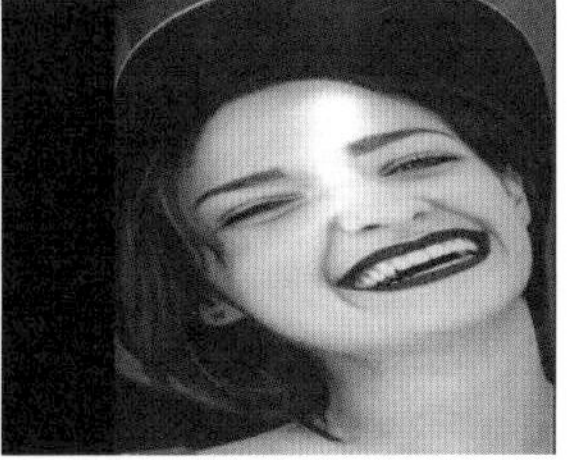

图8-114 半径不同时的效果

- Position（位置）：用于调节圆柱体在画面中的位置变化，其中包括 Position X（X 轴位置）、Position Y（Y 轴位置）和 Position Z（装修轴位置）3 个选项。
- Rotation（旋转）：用于设置圆柱体的旋转角度。

Render（渲染）：用于设置图像的渲染部位。在其右侧的下拉列表框中可以选择渲染类型，包括 Full（全部）、Outside（外侧）和 Inside（内侧）3 种类型。

- Linger（光照）：设置光照。
  - Light Intensity（光强度）：用于设置照明灯光的强度。如图 8-115 所示为光强度为 100 和 150 时的效果。

图8-115 不同光强度的效果

  - Light Color（光颜色）：用于设置灯光的颜色。
  - Light Higher（灯光高度）：用于设置灯光的高度。
  - Light Direction（照明方向）：用于设置照明的方向。
- Shading（阴影）：用于设置图像的阴影。
  - Ambient（环境）：用于设置环境

光的强度。数值越大，模拟的圆柱体整体越亮。当数值为 50 和 100 时的效果如图 8-116 所示。

图8-116　环境光强度不同时的效果

- Diffuse（扩散）：用于设置照明灯光的扩散程度。
- Specular（反射）：用于设置模拟圆柱体的反射强度。
- Roughness（粗糙度）：用于设置模拟圆柱体效果的粗糙程度。
- Metal（质感）：用于设置模拟圆柱体产生金属效果的程度。

8.2.4 CC Sphere（CC 球）特效

CC Sphere（CC 球）特效，可将二维图像模拟成三维球体效果。该特效的参数及应用特效前后的效果分别如图 8-117、图 8-118 所示。

该特效中的参数与【CC 圆柱体】中的参数大部分类似。

- Rotation（旋转）：用于设置图像对象在不同轴的旋转，包括 Rotation X（X 轴旋转）、Rotation Y（Y 轴旋转）和 Rotation Z（Z 轴旋转）。
- Radius（半径）：用于设置球体的半径。
- Offset（偏移）：用于设置球体的位置变换。
- Render（渲染）：用来设置球体的显示。在其右侧的下拉列表框中，提供了 Full（整体）、Outside（外部）和 Inside（内部）3 个选项。

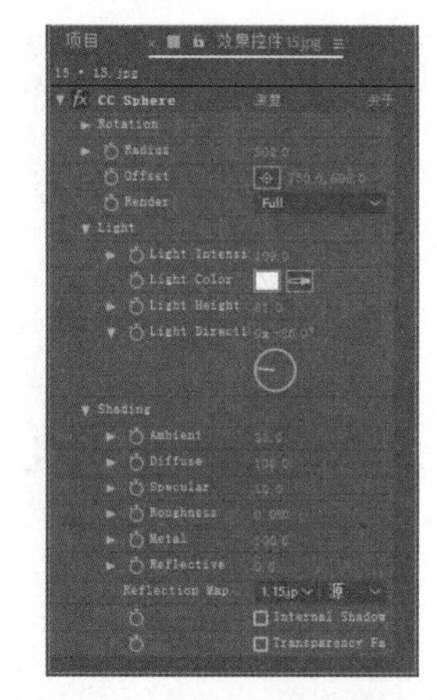

图8-117　CC Sphere特效参数

图8-118　应用特效前后的效果对比

8.2.5 CC Spotlight（CC 聚光灯）特效

CC Spotlight（CC 聚光灯）特效主要用来模拟聚光灯照射的效果。该特效的参数及添加特效前后的效果对比分别如图 8-119、图 8-120 所示。

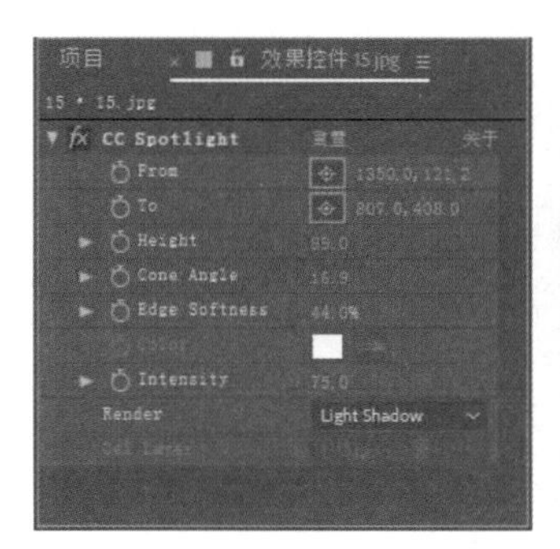

图8-119 【CC聚光灯】特效参数

图8-120 添加特效前后的效果对比

- From（开始）：用于设置聚光灯开始点的位置，可以控制灯光范围的大小。
- To（结束）：用于设置聚光灯结束点的位置。
- Height（高度）：模拟聚光灯照射点的高度。
- Cone Angle（边角）：用于调整聚光灯照射的范围，当将边角设置为 10 和 25 时的不同效果如图 8-121 所示。
- Edges Softness（边缘柔化）：用于设置聚光灯效果边缘的柔化程度。数值越大，边缘越模糊。当将边缘柔化设置为不同的值时的效果如图 8-122 所示。
- Intensity（亮度）：用于设置灯光以外部分的不透明度。
- Render（渲染）：在其右侧的下拉列表框中可以选择不同的渲染类型。

图8-121 设置不同边角的效果

图8-122 设置不同边缘柔化的效果

- Gel Layer（滤光层）：用于选择聚光灯的滤光层。当选择 Gel Only（仅滤光）、Gel Add（增加滤光）、Gel Add+（增加滤光 +）和 Gel Showdown（滤光阴影）任意一项就可以激活该选项。

8.2.6 边缘斜面特效

【边缘斜面】特效通过对图像的边缘进行设置，使其产生立体效果。另外，斜角边只能对矩形的图像产生效果。该特效的参数及添加特效前后的效果分别如图 8-123、图 8-124 所示。

- 【边缘厚度】：用于设置图像边缘的厚度。设置不同边缘厚度时的效果如图 8-125 所示。
- 【灯光角度】：用于调整照明灯光的方向。
- 【灯光颜色】：用于设置照明灯光的颜色。
- 【灯光强度】：用于设置照明灯光的强度。

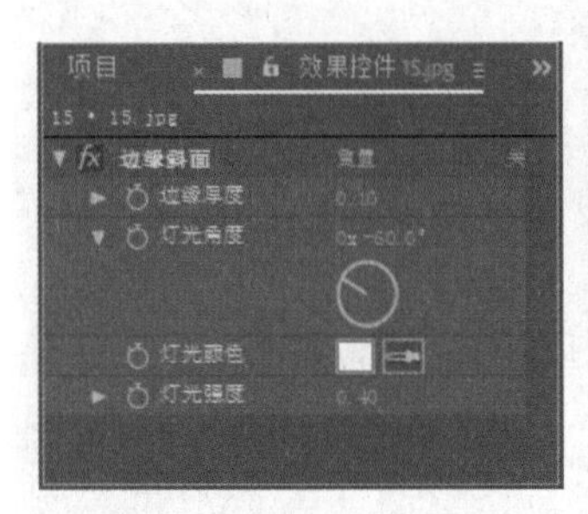

图8-123 【边缘斜面】特效参数

图8-124 添加特效前后的不同效果

8.2.7 径向阴影特效

【径向阴影】特效模拟灯光照射在图像上并从边缘向其背后呈放射状的阴影，阴影的形状由图像的Alpha通道决定。该特效的参数及添加特效前后的效果对比分别如图 8-126、图 8-127 所示。

图8-125 设置不同厚度的效果

- 【阴影颜色】：用于设置阴影的颜色。
- 【不透明度】：用于设置阴影的透明度。
- 【光源】：用于调整光源的位置。
- 【投影距离】：用于设置阴影的投射距离。
- 【柔和度】：用于设置阴影边缘的柔和程度。
- 【渲染】：用于选择不同的渲染方式。其中提供了【规则】、【玻璃边缘】两种方式。
- 【颜色影响】：用于设置玻璃边缘效果的影响程度。
- 【仅阴影】：选中该复选框将只显示阴影部分。
- 【调整图层大小】：选中该复选框可以对图层图像的大小进行调整。

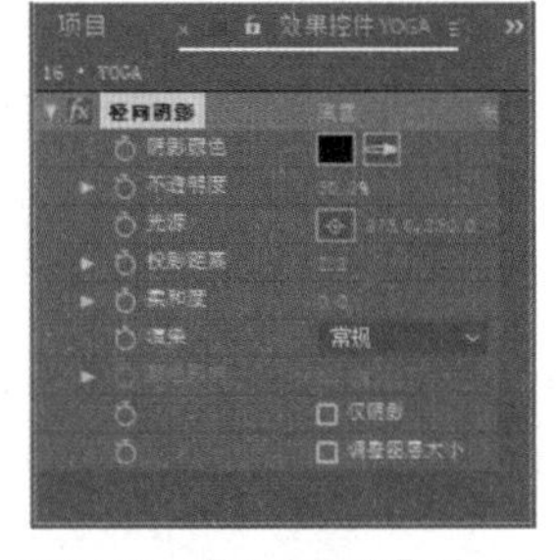

图8-126 【径向阴影】特效参数

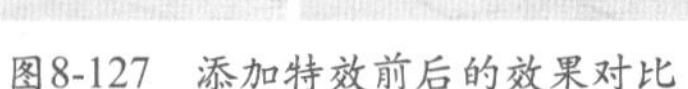

图8-127 添加特效前后的效果对比

8.2.8 投影特效

【投影】特效与【径向阴影】特效的效果类似，【投影】特效是在图层的后面产生阴影，同时所产生的阴影形状也是由 Alpha 通道决定。其参数及添加特效前后的效果对比分别如图 8-128、图 8-129 所示。

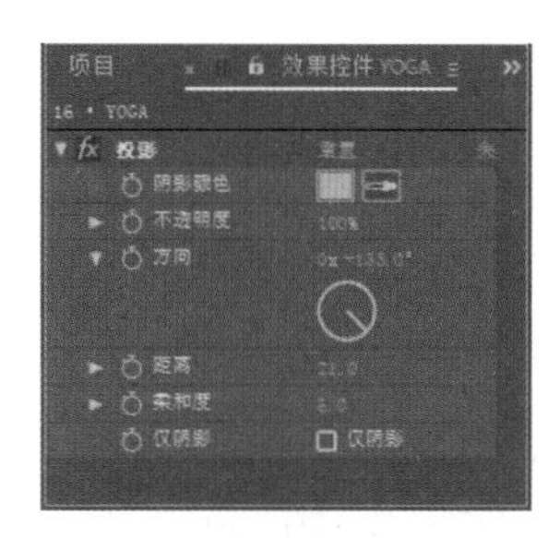

图8-128 【投影】特效参数

图8-129 添加特效前后的不同效果

- 【阴影颜色】：用于设置阴影的颜色。
- 【不透明度】：用于设置阴影的透明度。
- 【方向】：用于调整阴影所产生的方向。
- 【距离】：用于设置阴影与图像的距离。
- 【柔和度】：用于设置阴影边缘的柔化程度。
- 【仅阴影】：选中其右侧的【仅阴影】复选框将只显示阴影。

8.2.9 斜面Alpha特效

【斜面 Alpha】特效是通过图像的 Alpha 通道使图像的边缘产生倾斜度，看上去就像三维的效果。其参数及应用特效前后的效果分别如图 8-130、图 8-131 所示。

- 【边缘厚度】：用于设置图像边缘的厚度。
- 【灯光角度】：用于调整照明灯光的方向。
- 【灯光颜色】：用于设置照明灯光的颜色。
- 【灯光强度】：用于设置照明灯光的强度。

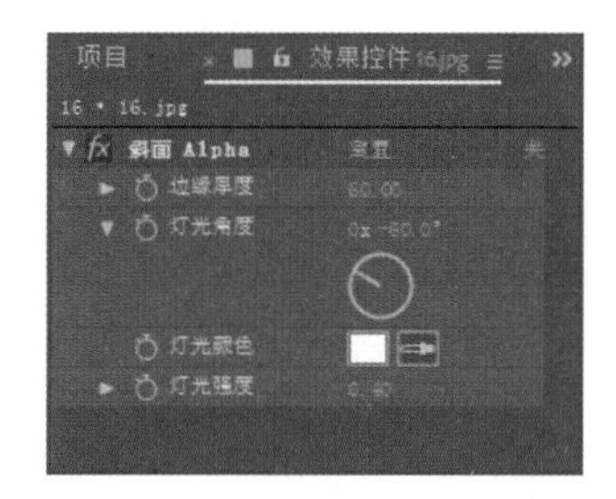

图8-130 【斜面Alpha】特效参数

图8-131 添加特效前后的不同效果

8.3 上机练习——制作魔法球效果

数千年以来，魔法一直是深深吸引世人、令人着迷的主题。下面将讲解如何制作魔法球动画效果，完成后的效果如图 8-132 所示，其具体操作步骤如下。

素材	素材\Cha08\女巫.jpg
场景	场景\Cha08\上机练习——制作魔法球效果.aep
视频	视频教学\Cha08\8.3 上机练习——制作魔法球效果.mp4

图8-132 魔法球

01 新建一个项目文件，按 Ctrl+N 组合键，在弹出的【合成设置】对话框中将【合成名称】设置为“魔法球”，将【预设】设置为 PAL D1/DV，将【像素长宽比】设置为 D1/DV PAL (1.09)，将【持续时间】设置为 0:00:10:00，如图 8-133 所示。

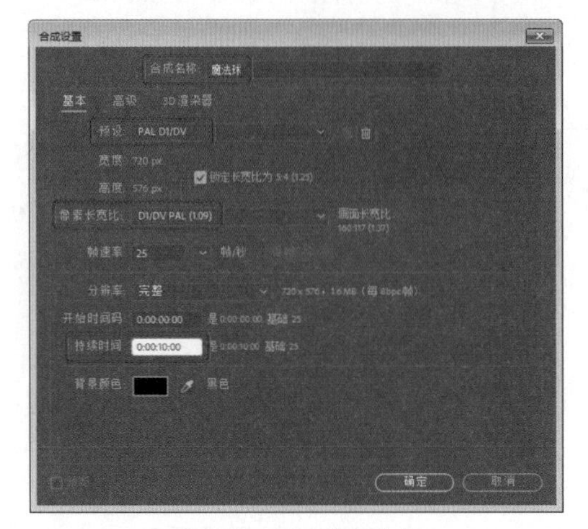

图8-133　设置合成参数

02 设置完成后，单击【确定】按钮，在时间轴中右击，在弹出的快捷菜单中选择【新建】|【纯色】命令，如图8-134所示。

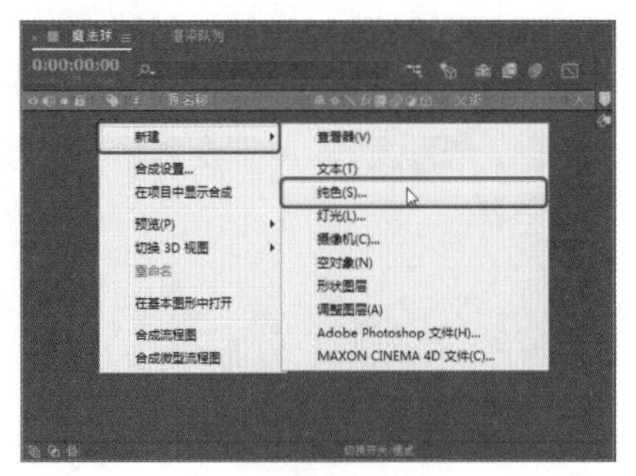

图8-134　选择【纯色】命令

03 在弹出的【纯色设置】对话框中将【名称】设置为【紫色】，将【颜色】的颜色值设置为#9F00E9，如图8-135所示。

图8-135　设置纯色参数

04 设置完成后，单击【确定】按钮。选中“紫色”图层，在菜单栏中选择【效果】|【生成】|【圆形】命令，将【圆形】下的【半径】设置为85，将【羽化外侧边缘】设置为375，将【混合模式】设置为【模板 Alpha】，如图8-136所示。

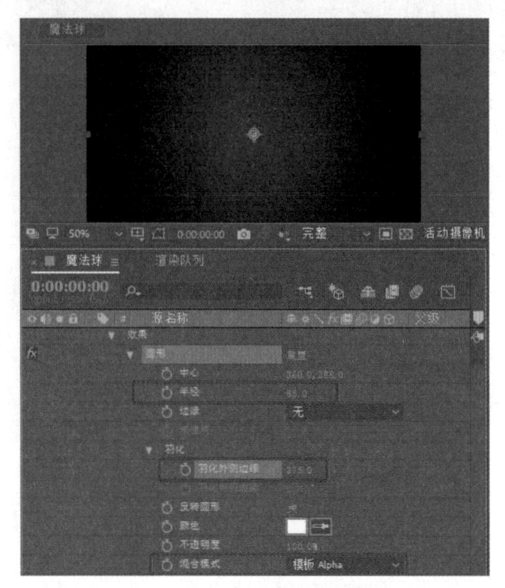

图8-136　设置【圆形】参数

知识链接：【圆形】特效

【圆形】效果可创建可自定义的实心磁盘或环形。

- 【中心】：该参数用于设置圆形的中心。
- 【半径】：该参数用于设置圆形的半径。
- 【边缘】：【无】用于创建实心磁盘。其他选项都可创建环形。每个选项均对应一组不同的属性，这些属性可确定环形的形状和边缘处理。
- 【边缘半径】：该属性和【半径】属性之间的差异是环形的厚度。
- 【厚度】：该属性用于设置环形的厚度。
- 【厚度 * 半径】：【厚度】属性和【半径】属性的乘积用于确定环形的厚度。
- 【厚度和羽化 * 半径】：【厚度】属性和【半径】属性的乘积用于确定环形的厚度。【羽化】属性和【半径】属性的乘积用于确定环形的羽化。
- 【羽化】：用于设置羽化的厚度。
- 【反转圆形】：该选项用于反转遮罩。
- 【颜色】：用于设置圆形的颜色。
- 【不透明度】：用于设置圆形的不透明度。
- 【混合模式】：用于设置合并形状和原始图层的混合模式。这些混合模式的效果与【时间轴】面板中的混合模式一样，但【无】除外，此设置仅显示形状，而不显示原始图层。

05 在工具栏中单击【椭圆工具】，在【合成】面板中绘制一个椭圆形，如图 8-137 所示。

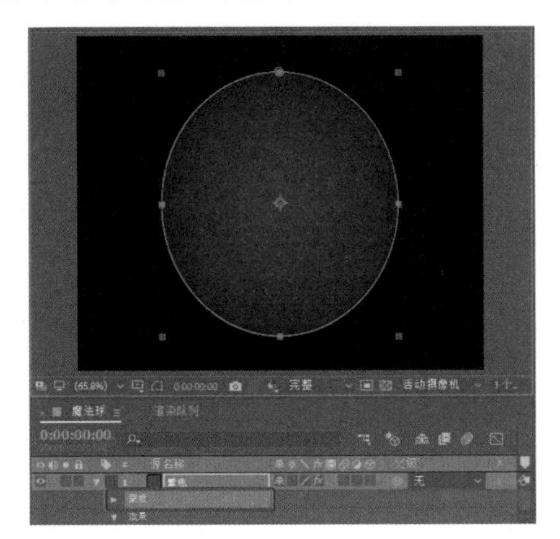

图8-137　绘制椭圆形

06 在时间轴中右击，在弹出的快捷菜单中选择【新建】|【纯色】命令，如图 8-138 所示。

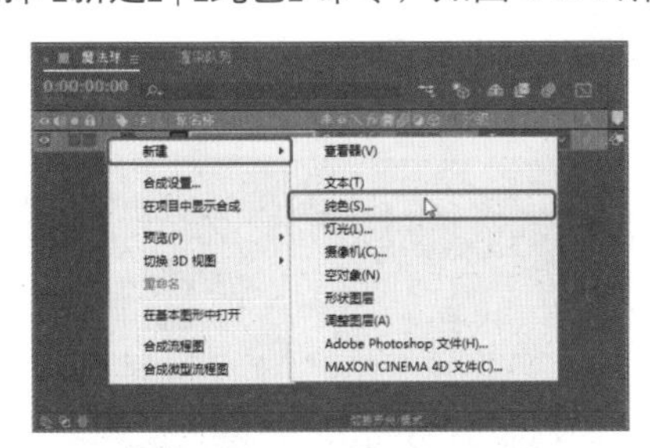

图8-138　选择【纯色】命令

07 在弹出的【纯色设置】对话框中将【名称】设置为【球】，将【颜色】设置为黑色，如图 8-139 所示，然后将该图层的混合模式设置为【屏幕】。

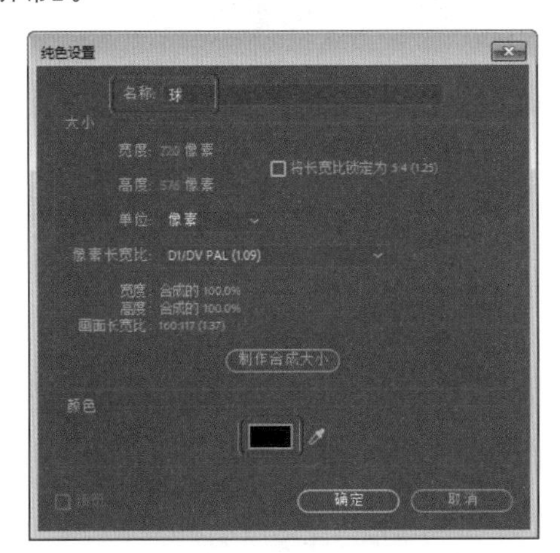

图8-139　设置纯色参数

08 设置完成后，单击【确定】按钮，选中该图层，在菜单栏中选择【效果】|【生成】|【高级闪电】命令，如图 8-140 所示。

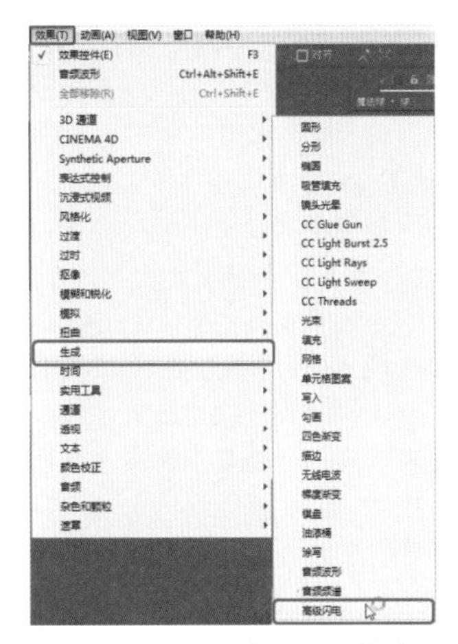

图8-140　选择【高级闪电】命令

知识链接:高级闪电

【高级闪电】特效可模拟放电。与【闪电】特效不同，【高级闪电】特效不能自行设置动画。为【传导率状态】或其他属性设置动画可为闪电设置动画。

【高级闪电】特效包括【Alpha 障碍】功能，使用此功能可使闪电围绕指定对象。

- 【闪电类型】：指定闪电的特性。该类型可确定【方向 / 外半径】上下文控制的性质。在【阻断】类型中，分支随着【源点】和【方向】之间的距离增加朝方向点集中。
- 【源点】：为闪电指定源点。
- 【方向】：指定闪电移动的方向。如果选择以下任何闪电类型，则此控件已启用:【方向】、【击打】、【阻断】、【回弹】和【双向击打】。
- 【传导率状态】：更改闪电的路径。
- 【核心设置】：这些控件用于调整闪电核心的各种特性。
- 【发光设置】：这些控件用于调整闪电的发光。要禁用发光，请将【发光不透明度】设为 0。此设置可显著加快渲染速度。
- 【Alpha 障碍】：指定原始图层的 Alpha 通道对闪电路径的影响。在【Alpha 障碍】大于零时，闪电会尝试围绕图层的不透明区域，将这些区域视为障碍。在【Alpha 障碍】小于零时，闪电会尝试停留在不透明区域内，避免进入透明区域。闪电可以穿过不透明和透明区域之间的边界，但【Alpha 障碍】值距零较远时，则很少会产生这种穿过效果。如果将【通道障碍】

设为非零值，则无法在低于完整分辨率的环境中预览正确的结果，完整分辨率可能会显示新的障碍。请务必在最后渲染之前以完整分辨率检查结果。

- 【湍流】：指定闪电路径中的湍流数量。值越高，击打越复杂，其中包含的分支和分叉越多；值越低，击打越简单，其中包含的分支越少。
- 【分叉】：指定分支分叉的百分比。【湍流】和【Alpha 障碍】的设置会影响分叉。
- 【衰减】：指定闪电强度连续衰减或消散的数量，会影响分叉不透明度开始淡化的位置。
- 【主核心衰减】：衰减主要核心以及分叉。
- 【在原始图像上合成】：使用【添加】混合模式合成闪电和原始图层。取消选择此选项时，仅闪电可见。
- 【复杂度】：指定闪电湍流的复杂度。
- 【最小分叉距离】：指定新分叉之间的最小像素距离。值越低，闪电中的分叉越多；值越高，分叉越少。
- 【终止阈值】：根据空气阻力和可能的 Alpha 碰撞，指定路径终止的程度。如果值较低，在遇到阻力或 Alpha 障碍时，路径更易于终止。如果值较高，路径会更持久地绕 Alpha 障碍移动。增加【湍流】或【复杂度】值，会导致某些区域阻力增加。这些区域会随传导率的改变而改变。在 Alpha 边缘，增加【Alpha 障碍】值会使阻力增加。
- 【仅主核心碰撞】：计算仅在主要核心的碰撞。分叉不受影响。仅当选择【Alpha 障碍】时，此控件才有意义。
- 【分形类型】：指定用于创建闪电的分形湍流的类型。
- 【核心消耗】：指定创建新分叉时消耗核心强度的百分比。增加此值会减少出现新分叉的核心的不透明度。因为分叉会从主要核心汲取强度，所以减少此值也会减少分叉的不透明度。
- 【分叉强度】：指定新分叉的不透明度。以【核心消耗】值的百分比形式量度此数量。
- 【分叉变化】：指定分叉不透明度的变化量，并确定分叉不透明度偏离【分叉强度】设置量的数量。

09 将当前时间设置为0:00:00:00，将【高级闪电】下的【闪电类型】设置为【全方位】，将【源点】设置为360、288，将【外径】设置为601、294.3，单击【传导率状态】左侧的【时间变化秒表】按钮，将【核心设置】选项组中的【核心颜色】的颜色值设置为#5C53EE，将【在原始图像上合成】设置为【开】，如图8-141所示。

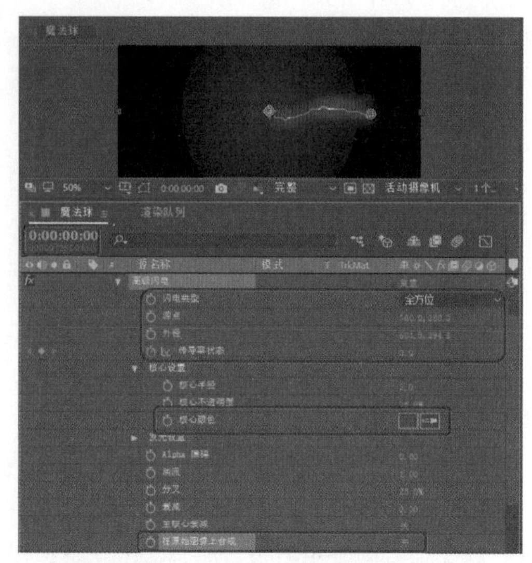

图8-141　设置【高级闪电】参数

10 将当前时间设置为 0:00:09:24，将【传导率状态】设置为 60，如图 8-142 所示。

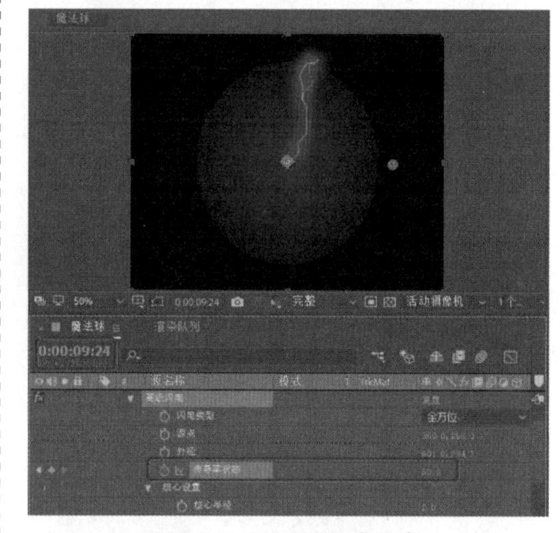

图8-142　设置传导率状态

11 继续选中该图层，在菜单栏中选择【效果】|【扭曲】| CC Lens（透镜）命令，如图 8-143 所示。

12 将 CC Lens 下的 Size（大小）、Convergence（变形强度）分别设置为 47、89，如图 8-144 所示。

13 对该图层进行复制，并设置图层的旋转角度，效果如图 8-145 所示。

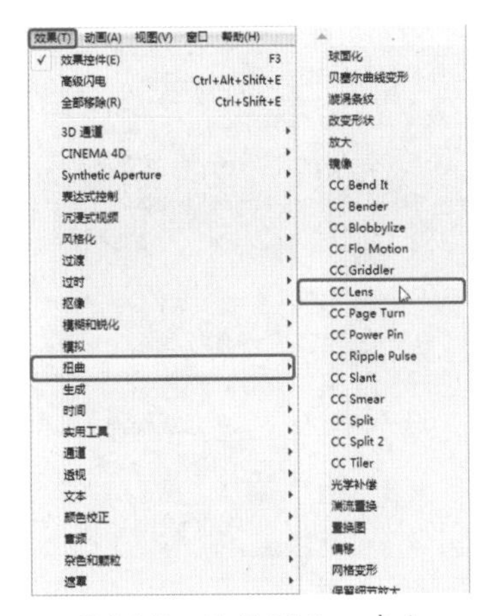

图8-143　选择CC Lens命令

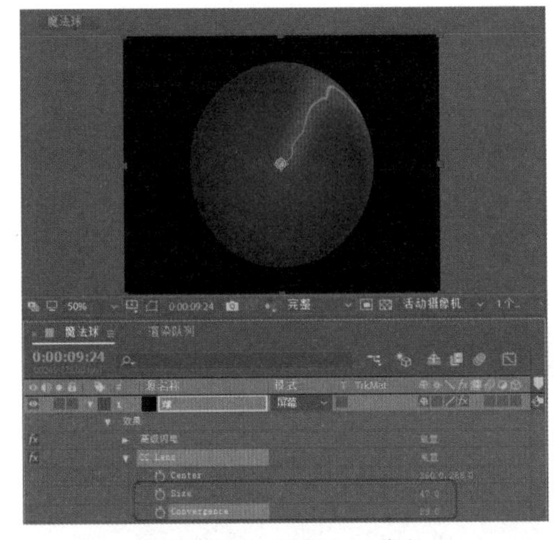
图8-144　设置CC Lens参数

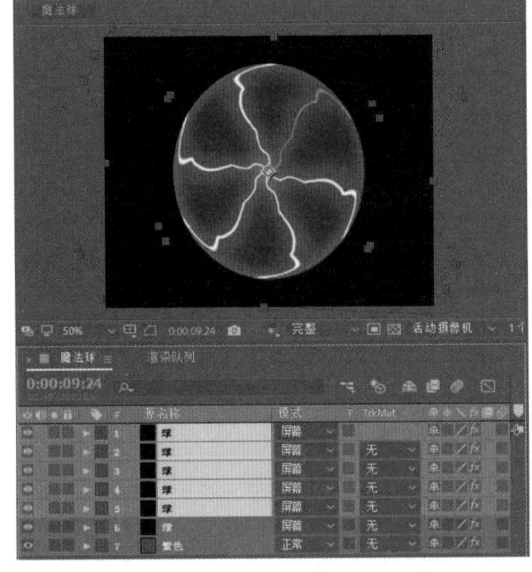
图8-145　复制图层并设置其旋转角度

14 按 Ctrl+N 组合键，在弹出的【合成设置】对话框中将【合成名称】设置为【魔法球动画】，将【宽度】、【高度】分别设置为 630 px、889 px，将【像素长宽比】设置为 D1/DV PAL (1.09)，将【持续时间】设置为 0:00:10:00，如图 8-146 所示。

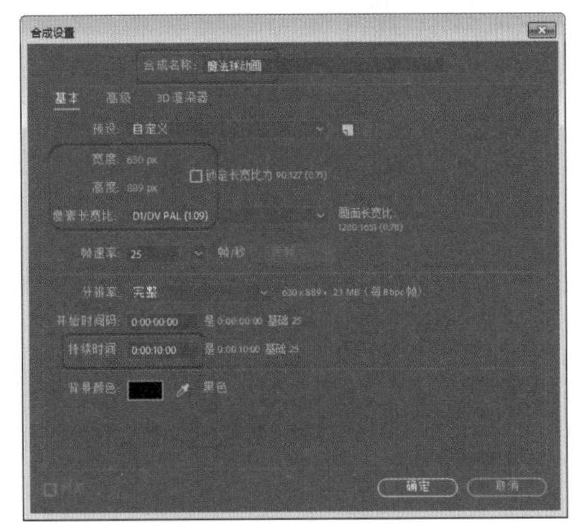

图8-146　设置合成参数

15 设置完成后，单击【确定】按钮。按 Ctrl+I 组合键，在弹出的【导入文件】对话框中选择“素材 \Cha08\ 女巫 .jpg”素材文件，如图 8-147 所示。

图8-147　选择素材文件

16 单击【导入】按钮，按住鼠标左键将其拖至【合成】面板中，在【时间轴】面板中将【位置】设置为 315、430.5，将【缩放】设置为 46%，如图 8-148 所示。

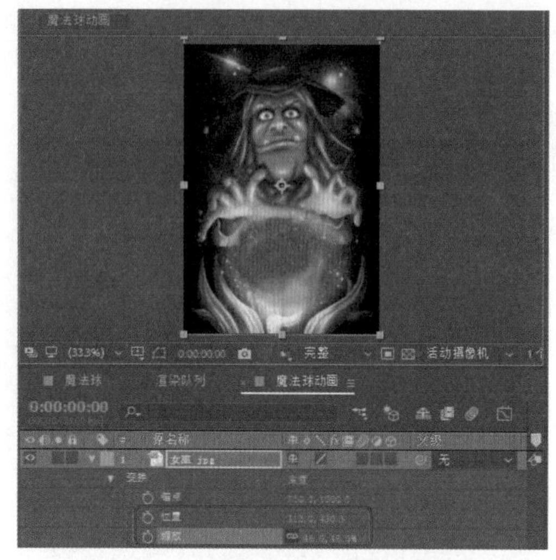

图8-148 设置【位置】与【缩放】参数

17 在时间轴中右击，在弹出的快捷菜单中选择【新建】|【纯色】命令，在弹出的对话框中将【名称】设置为“深紫”，将【宽度】、【高度】均设置为630像素，将【颜色】的颜色值设置为#5000AA，如图8-149所示。

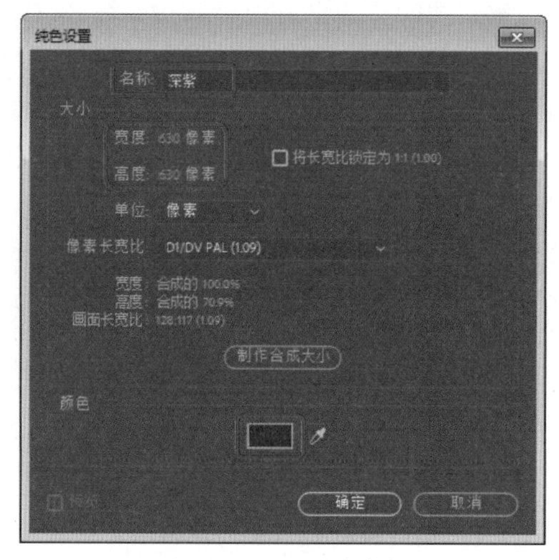

图8-149 设置纯色参数

18 设置完成后单击【确定】按钮，在工具栏中单击【椭圆工具】，在【合成】面板中绘制一个圆形，将【蒙版1】下的【蒙版羽化】设置为90像素，将【蒙版不透明度】设置为18%，如图8-150所示。

提 示

使用【椭圆工具】绘制椭圆时，按住Shift键可以绘制正圆。

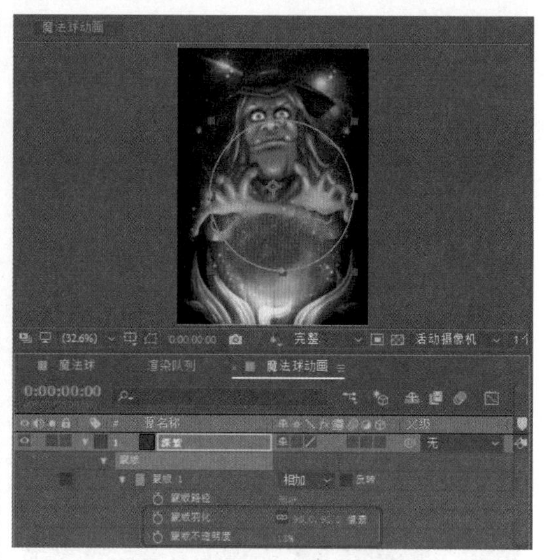

图8-150 绘制蒙版并设置其参数

19 将当前时间设置为0:00:00:00，在时间轴中将【锚点】设置为321、321，将【位置】设置为310、670，将【变换】下的【缩放】设置为12%，并单击其左侧的【时间变化秒表】按钮，如图8-151所示。

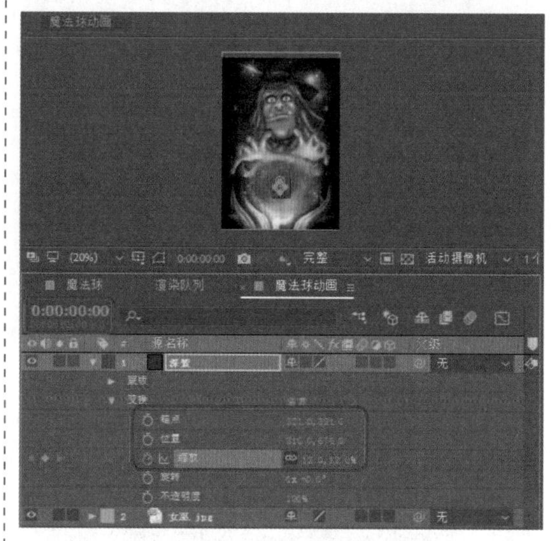

图8-151 设置【缩放】参数

20 将当前时间设置为0:00:05:00，在时间轴中将【变换】下的【缩放】设置为120%，如图8-152所示。

21 将当前时间设置为0:00:00:00，在【项目】面板中选择“魔法球”合成文件，按住鼠标将其拖至【合成】面板中，将【变换】下的【位置】设置为331、676，将【缩放】设置为0，并单击其左侧的【时间变化秒表】按钮，如图8-153所示。

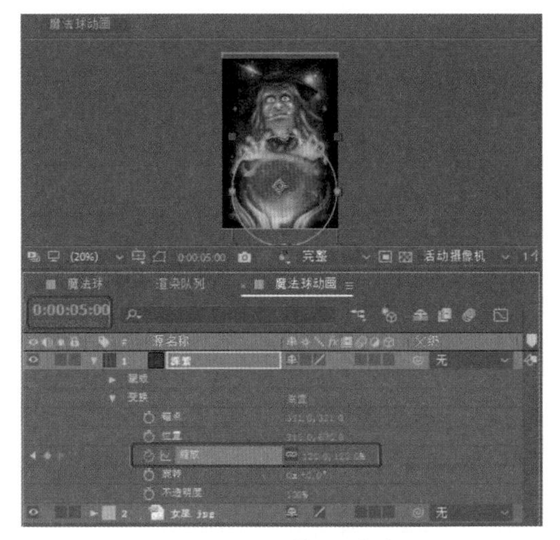

图8-152 设置【缩放】参数

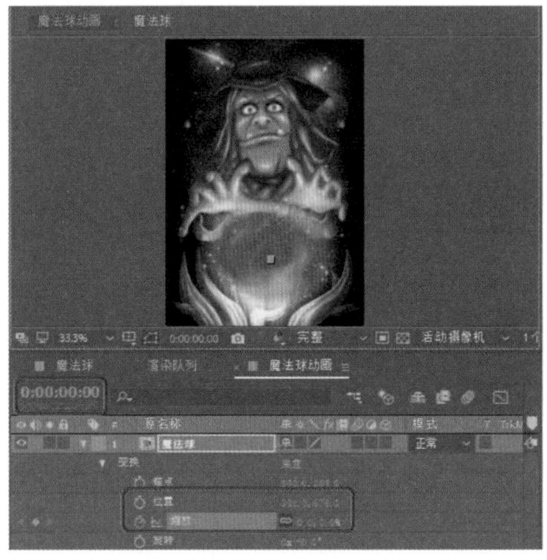

图8-153 设置【位置】和【缩放】参数

22 将当前时间设置为 0:00:05:00，在时间轴中将【缩放】取消锁定，将其设置为 91%、86.3%，并将其图层的混合模式设置为【Alpha 添加】，如图 8-154 所示。

23 继续选中该图层，按 Ctrl+D 组合键对其进行复制，将图层的混合模式设置为【相加】，如图 8-155 所示。

24 继续选中该图层，在时间轴中将【变换】下的【不透明度】设置为 63%，如图 8-156 所示。

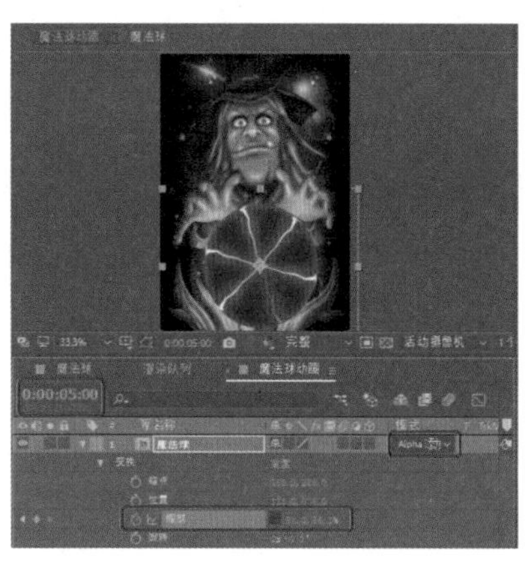

图8-154 设置【缩放】参数和图层混合模式

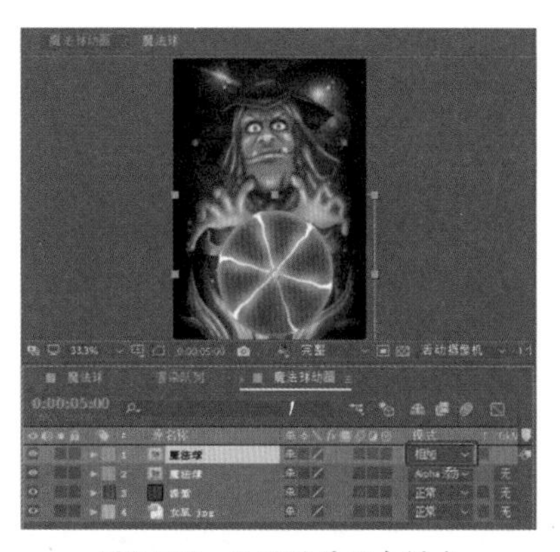

图8-155 设置图层混合模式

图8-156 设置图层的不透明度

8.4 思考与练习

1. CC Lens（CC 透镜）特效有什么作用？
2. 变换特效有什么作用？
3. 3D 眼镜特效有什么作用？

附录1　After Effects CC常用快捷键

项目窗口		
新项目（Ctrl+Alt+N）	打开项目（Ctrl+O）	打开项目时只打开项目窗口（Shift）
打开上次打开的项目（Ctrl+Alt+Shift+P）	保存项目（Ctrl+S）	选择上一子项（↑）
选择下一子项（↓）	打开选择的素材项或合成图像（双击）	在AE素材窗口中打开影片（Alt+双击）
激活最近激活的合成图像（\）	增加选择的子项到最近激活的合成图像中（Ctrl+/）	显示所选的合成图像的设置（Ctrl+K）
引入多个素材文件（Ctrl+Alt+I）	引入一个素材文件（Ctrl+I）	增加所选的合成图像的渲染队列窗口（Ctrl+Shift+/）
设置解释素材选项（Ctrl+F）	替换素材文件（Ctrl+H）	扫描发生变化的素材（Ctrl+Alt+Shift+L）
重新调入素材（Ctrl+Alt+L）	新建文件夹（Ctrl+Alt+Shift+N）	记录素材解释方法（Ctrl+Alt+C）
应用素材解释方法（Ctrl+Alt+V）	设置代理文件（Ctrl+Alt+P）	退出（Ctrl+Q）

合成图像、层和素材窗口		
在打开的窗口中循环（Ctrl+Tab）	显示/隐藏标题安全区域和动作安全区域（'）	显示/隐藏网格（Ctrl+'） 显示/隐藏对称网格（Alt+'）
居中激活的窗口（Ctrl+Alt+\）	动态修改窗口（Alt+拖动属性控制）	在当前窗口的标签间循环（Shift+,或Shift+.）
在当前窗口的标签间循环并自动调整大小（Alt+Shift+,或Alt+Shift+.）	快照（多至4个）（Ctrl+F5,F6,F7,F8）	显示快照（F5,F6,F7,F8）
清除快照（Ctrl+Alt+F5,F6,F7,F8）	显示通道（RGBA）（Alt+1,2,3,4）	带颜色显示通道（RGBA）（Alt+Shift+1,2,3,4）
带颜色显示通道（RGBA）（Shift+单击通道图标）	带颜色显示遮罩通道（Shift+单击Alpha通道图标）	

显示窗口和面板		
项目窗口（Ctrl+0）	项目流程视图（F11）	渲染队列窗口（Ctrl+Alt+0）
工具箱（Ctrl+1）	信息面板（Ctrl+2）	时间控制面板（Ctrl+3）
音频面板（Ctrl+4）	显示/隐藏所有面板（Tab）	General偏好设置（Ctrl+"）
新合成图像 Ctrl+N	关闭激活的标签/窗口（Ctrl+W）	关闭激活窗口（所有标签）（Ctrl+Shift+W）
关闭激活窗口（除项目窗口）（Ctrl+Alt+W）		

续表

时间布局窗口中的移动		
到工作区开始（Home）	到工作区结束（Shift+End）	到前一可见关键帧（J）
到后一可见关键帧（K）	到前一可见层时间标记或关键帧（Alt+J）	到后一可见层时间标记或关键帧（Alt+K）
到合成图像时间标记（主键盘上的0～9）	滚动选择的层到时间布局窗口的顶部（X）	滚动当前时间标记到窗口中心（D）
到指定时间（Ctrl+G）	到图层的出点（O）	到开始处（Home或Ctrl+Alt+左箭头）
到结束处（End或Ctrl+Alt+右箭头）	向前一帧（Page Down或左箭头）	向前十帧（Shift+Page Down或Ctrl+Shift+左箭头）
向后一帧（Page Up或右箭头）	向后十帧（Shift+Page Up或Ctrl+Shift+右箭头）	到图层的入点（I）
到层的出点（O）	逼近子项到关键帧、时间标记、入点和出点（Shift+ 拖动子项）	

合成图像、图层和素材窗口中的编辑		
复制（Ctrl+C）	取消（Ctrl+D）	剪切（Ctrl+X）
粘贴（Ctrl+V）	撤销（Ctrl+Z）	重做（Ctrl+Shift+Z）
选择全部（Ctrl+A）	取消全部选择（Ctrl+Shift+A或F2）	

时间布局窗口中查看图层属性		
定位点（A）	音频级别（L）	音频波形（LL）
效果（E）	遮罩羽化（F）	遮罩形状（M）
遮罩不透明度（TT）	不透明度（T）	位置（P）
旋转（R）	时间重映象（RR）	缩放（S）
显示所有动画值（U）	隐藏属性（Alt+Shift+单击属性名）	弹出属性滑杆（Alt+单击属性名）
增加/删除属性（Shift+单击属性名）	为所有选择的图层改变设置（Alt+单击层开关）	打开不透明对话框（Ctrl+Shift+O）
打开定位点对话框（Ctrl+Shift+Alt+A）		

时间布局窗口中工作区的设置		
设置当前时间标记为工作区开始（B）	设置当前时间标记为工作区结束（N）	设置工作区为选择的图层（Ctrl+Alt+B）
未选择层时，设置工作区为合成图像长度（Ctrl+Alt+B）		

时间布局窗口中修改关键帧		
设置关键帧速度（Ctrl+Shift+K）	设置关键帧插值法（Ctrl+Alt+K）	增加或删除关键帧（计时器开启时）或开启时间变化计时器（Alt+Shift+属性快捷键）

续表

选择一个属性的所有关键帧（单击属性名）	增加一个效果的所有关键帧到当前关键帧（Ctrl+单击效果名）	向前移动关键帧一帧（Alt+右箭头）
向后移动关键帧一帧（Alt+左箭头）	向前移动关键帧十帧（Shift+Alt+右箭头）	向后移动关键帧十帧（Shift+Alt+左箭头）
在选择的层中选择所有可见的关键帧（Ctrl+Alt+A）	到前一可见关键帧（J）	到后一可见关键帧（K）
合成图像窗口中合成图像的操作		
显示/隐藏参考线（Ctrl+；）	锁定/释放参考线锁定（Ctrl+Alt+Shift+；）	显示/隐藏标尺（Ctrl+ R）
改变背景颜色（Ctrl+Shift+B）	设置合成图像解析度为full（Ctrl+ J）	设置合成图像解析度为Half（Ctrl+ Shift+J）
设置合成图像解析度为Quarter（Ctrl+ Alt+Shift+J）	设置合成图像解析度为Custom（Ctrl+ Alt+J）	合成图像流程图视图（Alt+F11）
合成图像和实际布局窗口中的遮罩操作		
定义遮罩形状（Ctrl+ Shift+M）	定义遮罩羽化（Ctrl+ Shift+F）	设置遮罩反向（Ctrl+ Shift+I）
新遮罩（Ctrl+ Shift+N）		
效果控制窗口中的操作		
选择上一个效果（↑）	选择下一个效果（↓）	扩展/卷收效果控制（`）
清除层上的所有效果（Ctrl+Shift+E）	增加效果控制的关键帧（Alt+单击效果属性名）	激活包含图层的合成图像窗口（\）
应用上一个喜爱的效果（Ctrl+Alt+Shift+F）	应用上一个效果（Ctrl+Alt+Shift+E）	
渲染队列窗口		
制作影片（Ctrl+ M）	激活最近激活的合成图像（\）	增加激活的合成图像到渲染队列窗口（Ctrl+ Shift+/）
在队列中不带输出名复制子项（Ctrl+ D）	保存帧（Ctrl+Alt+S）	打开渲染对列窗口（Ctrl+Alt+O）
工具箱操作		
选择工具（V）	旋转工具（W）	矩形工具（C）
椭圆工具（Q）	钢笔工具（G）	向后移动工具（Y）
手形工具（H）	缩放工具（使用Alt缩小）（Z）	从选择工具转换为笔工具（按住Ctrl）
从笔工具转换为选择工具（按住Ctrl）	在信息面板显示文件名（Ctrl+Alt+）	

附录2　参考答案

第1章

1. 非线性编辑是相对于线性编辑而言的，非线性编辑是直接从计算机的硬盘中以帧或文件的方式迅速、准确地存取素材，进行编辑的方式。它是以计算机为平台的专用设备，可以实现多种传统电视制作设备的功能。编辑时，素材的长短和顺序可以不按照制作的长短和顺序的先后进行。

2. 常用的色彩模式有RGB色彩模式、CMYK色彩模式、Lab色彩模式、HSB色彩模式、灰度模式、Bitmap（位图模式）、Duotone（双色调）。

3. 帧速率是视频中每秒包含的帧数。

第2章

1. 可在【时间轴】面板中单击要隐藏的图层前面的【视频】按钮，该图标消失，在【合成】面板中该图层就不会显示。

2. (1) 单击【合成】面板底部的【3D视图弹出式菜单】按钮，在弹出的下拉列表中可以选择一种视图模式。

(2) 在菜单栏中选择【视图】|【切换3D视图】命令，在弹出的子菜单中可以选择一种视图模式。

(3) 在【合成】面板或【时间轴】面板中右击，在弹出的快捷菜单中选择【切换3D视图】命令，在弹出的子菜单中选择一种视图模式。

3.【父级】功能可以使一个子级层继承另一个父级层的属性，当父级层的属性改变时，子级层的属性也会产生相应的变化。

第3章

1. (1) 可以设置关键帧属性的效果和参数左侧都有一个按钮，单击该按钮，图标变为状态，这样就打开了关键帧记录，并在当前的时间位置设置了一个关键帧。

(2) 将时间轴移至一个新的时间位置，对设置关键帧属性的参数进行修改，此时即可在当前的时间位置自动生成一个关键帧。

2. 选择一个图层的关键帧，在菜单栏中选择【编辑】|【复制】命令，对关键帧进行复制。然后选择目标层，在菜单栏中选择【编辑】|【粘贴】命令，粘贴关键帧。在对关键帧进行复制、粘贴时，可使用快捷键Ctrl+C（复制）和Ctrl+V（粘贴）来执行。

3. 该功能根据关键帧属性及指定的选项，通过对属性增加关键帧或在已有的关键帧中进行随机插值，对原来的属性值产生一定的偏差，使图像产生更为自然的运动。

第4章

1. 在After Effects CC中，用户可以通过文本工具创建点文本和段落文本两种。所谓的点文本，就是每一行文字都是独立的，在对文本进行编辑时，文本行的长度会随时变长或缩短，但是不会因此与下一行文本重叠；而段落文本与点文本唯一的区别就是段落文本可以自动换行。

2. 表达式是由传统的JavaScript语言编写而成，利用表达式可以实现界面中不能执行的命令或将大量重复性操作简单化。使用表达式可以制作出层与层或属性与属性之间的关联。

第5章

1. 用户可以在菜单栏中选择【图层】|【蒙版】|【蒙版羽化】命令，或在图层的【蒙版】|【蒙版1】|【蒙版羽化】参数上右击，在弹出的快捷菜单中选择【编辑值】命令，弹出【蒙版羽化】对话框，在该对话框中设置羽化参数即可。

2. 一般来说，蒙版需要有两个层，而在After Effects中，蒙版绘制在图层中，虽然是一个层，但可以将其理解为两个层：一个是轮廓层，即蒙版层；另一个是被蒙版层，即蒙版下面的层。蒙版层的轮廓形状决定看到的图像形状，而被蒙版层决定显示的内容。

第6章

1. CC Color Offset（CC色彩偏移）特效可以对图像中的色彩信息进行调整，可以通过设置各个通道中的颜色相位偏移来获得不同的色彩效果。

2.【颜色稳定器】特效可以根据周围的环境改变素材的颜色，用户可以通过设置采样颜色来改变画面色彩的效果。

3.【溢出抑制】特效可以去除键控后图像残留的键控痕迹，可以将素材的颜色替换成另外一种颜色。

第7章

1. CC Snowfall下雪特效可以模仿真实世界中的下雪效果。

2.【卡片动画】特效是根据指定层的特征分割画面的三维特效，用户可以通过调整其参数，使画面产生卡片飞舞的效果。

第8章

1. CC Lens（CC透镜）特效可以使图像变形为镜头的形状。

2.【变换】特效可以对图像的位置、尺寸、不透明度等进行综合调整，以使图像产生扭曲变形效果。

3.【3D眼镜】特效主要是创建虚拟的三维空间，并将两个图层中的图像合并到一个层中。